J. C. POGGENDORFF

BIOGRAPHISCH-LITERARISCHES HANDWÖRTERBUCH DER EXAKTEN NATURWISSENSCHAFTEN

Herausgegeben von der

Sächsischen Akademie der Wissenschaften zu Leipzig

Band VIIb • Teil 8

4. Lieferung

Leitung der Redaktion

DR. LEBRECHT WEICHSEL

DIPL.-CHEM. MARGOT KÖSTLER

AKADEMIE-VERLAG BERLIN
1988

ISBN 3-05-500401-9

Redaktionsschluß: 31. Dezember 1984
Erschienen im Akademie-Verlag Berlin, DDR-1086 Berlin, Leipziger Straße 3–4

Printed in the German Democratic Republic
Lizenznummer: 202 · 100/415/88
Gesamtherstellung: VEB Druckerei „Thomas Müntzer", 5820 Bad Langensalza
LSV 1007
Bestellnummer: 763 745 5 (3050/VIII/4)

02400

13–16: Discours solennel par le Président de la Fondation Nobel [auch schwed.: S. 10–12]; ∼ en 1961 ('62) 13–16: ≈ [auch schwed.: S. 10–12]; ∼ en 1962 ('63) 15–19: ≈ [auch schwed.: S. 10–14]; ∼ en 1963 ('64) 16–20: ≈ [auch schwed.: S. 12–15]; ∼ en 1964 ('65) 15–18: ≈ [auch schwed.: S. 11–14]. — Nobel Lectures, Chemistry, 1942–1962 (Amsterdam—London—New York '66) 109–13: The Nobel Prize for Chemistry 1946; 195–215: Electrophoresis and adsorption analysis as aids in investigations of large molecular weight substances and their breakdown products; 221–26: The 1949 Nobel Prize for Chemistry; 355–58: The 1952 ∼; 541–43: The 1958 ∼. — Gamma globulins. Structure and control of biosynthesis. Proc. 3rd Nobel symposium, Södergarn, Lidingö, 1967 (J. Killander) (Stockholm—New York—London '67) 283–86: Introduction at the visit to the Institute of Biochemistry in Uppsala. — Samhälle in omvandling. 16 forskare behandlar problem av central betydelse för dagens och morgondagens svenska ekonomi (Stockholm '67) 173–81: Betrachtungen zur Forschungspolitik [schwed.]. — U.S. philanthropic foundations: their history, structure, management, and record (W. Weaver) (New York '67) 241–51: Biochemistry, chemistry, and private foundations. — Proc. 6th International congress of clinical chemistry, München 1966, **1**: Clinical protein chemistry (Basel—New York '68) 7–22: Modern separation methods in protein chemistry. — Gastronomi: Vetenskap, konst, teknik. A symposium, Stockholm 1968 (Stockholm '69) 36–43: Geschmack - eine komplizierte Erscheinung [schwed.].

W. Colloid chemistry (m. T. Svedberg). Neudruck [2](New York '47) 302 S. — Purity and purification of chemical substances (1st Humphry Davy Lecture, 1958) (London '58) 20 S. (Royal Institute of Chemistry. Lectures monographs, and reports, 1958, Nr. 2). — Development of separation methods applied to biochemical materials (De Laval Memorial Lecture, 1970 [zusammen mit: *S. Strandh: It began with a farm separator] (Stockholm '70) [insgesamt] 32 S. (Ingenjörsvetenskapsakademiens meddelande, 165).

Acta chem. scand. Adsorption experiments with gramicidin and related substances. The heterogeneity of tyrocidine [41]): **1** ('47) 749–62. — Some adsorption experiments with amino acids and peptides, especially compounds of tryptophan [41]): **3** ('49) 231–46. — Note on "carrier displacement" chromatography [16]): **4** ('50) 394f. — Zone electrophoresis in a glass powder column. Preliminary report [17]): 957–62. — The separation of small amounts of aromatic amino acids [19]): **5** ('51) 854–58. — Gradient elution analysis, 1: A general treatment [2])[45]): **6** ('52) 826–36.

Advances Colloid Sci. A new method of adsorption analysis and some of its applications: **1** ('42) 81–98.

Advances Protein Chem. Adsorption analysis of amino acid mixtures: **3** ('47) 67–93. — Zone electrophoresis [12]): **8** ('53) 461–86.

American Rev. Tuberculosis Molecular weight, electrochemical and biological properties of tuberculin protein and polysaccharide molecules [36])[32]): **38** ('38) 399–405.

Analytical Biochem. Electrophoretic "particle sieving" in polyacrylamide gels as applied to ribosomes [22])[25]): **11** ('65) 211–18. — Some aspects of the use of "continuous" and "discontinuous" buffer systems in polyacrylamide gel electrophoresis [22])[25]): 219–23. — Apparatus for large-scale preparative polyacrylamide gel electrophoresis [22])[25]): **27** ('69) 108–29.

Angewandte Chem. Elektrophorese und Chromatographie von Eiweißkörpern und Polypeptiden: **67** ('55) 245–51.

Annual Rev. Biochem. The chemistry of proteins and amino acids: **8** ('39) 155–84 — Reflections from both sides of the counter [Autobiographical essay]: **37** ('68) 1–24 (m. Bildn.).

Annual Rev. physic. Chem. The Svedberg and fifty years of physical chemistry in Sweden [6]): **18** ('67) 1–8.

Archiv ges. Virusforsch. "Particle-sieve" electrophoresis of viruses in polyacrylamide gels, exemplified by purification of turnip yellow mosaic virus [22])[25]): **17** ('65) 512–21.

Archives Biochem. and Biophysics Protein chromatography on calcium phosphate columns [22])[29]): **65** ('56) 132–55.

Arkiv Kemi, Mineral. och Geol. Electrophoretic technique, 1: Electrophoresis of hemocyanins [23]): **13A** ('39/40) Nr. 18, 20 S. — A new method for adsorption analysis of solutions: **14B** ('40/41) Nr. 22, 5 S. — Some experiments on the enzymatic digestion of diphtheria antitoxic globulin [8]): Nr. 31, 7 S. — Adsorption analysis: Experimental arrangement and some. results with mixtures of glucose and lactose: Nr. 32, 8 S. — Zur Kenntnis der Gamonwirkungen bei Psammechinus miliaris und Echinocardium cordatum [34])[42]): **15A** ('41/42) Nr. 16, 18 S. — Adsorption analysis of amino acids and peptides: **15B** ('41/42) Nr. 6, 5 S. — Adsorption analysis by interferometric observation [6]): Nr. 18, 6 S. — Displacement development in adsorption analysis: **16A** ('43) Nr. 18, 11 S. — Enzymatischer Abbau von Tuberkulin [14]): **17A** ('43/44) Nr. 13, 11 S. — A study of the starch phosphorylase of potato [43]): **19A** ('45) Nr. 19, 25 S. — Note on the acid hydrolysis of bacterial flagellae [43]): **20B** ('45) Nr. 3, 4 S. — Adsorption separation by salting out: **26B** ('48) Nr. 1, 5 S.

Arkiv Kemi The homogeneity of a reported peptide fraction [11]): **3** ('51/52) 369–71. – Elution and displacement analysis procedures with special reference to chromatography on carbon [16])[45]): **4** ('52) 193–219. – Some further studies of chromatographic methods with particular reference to carbon adsorbents [45])[16]): **7** ('54/55) 1–15. – Chromatography of proteins on calcium phosphate columns: 443–49. – Some general relations between the composition of fragments and the structure from which they originate, 1: Random fragmentation: **15** ('60) 171–80.

Arkiv Zool. Action of androgamone III on the sea urchin egg [34])[31]): (1) **36A** ('45) Nr. 22, 25 S.

Årsbok, Riksfören. mot Cancer Neue Methoden zur Isolierung einzelner Elemente in Zellen: **1960**, 62–64 [schwed.].

Biochemical J. Electrophoresis of serum globulin, 1: **31** ('37) 313–17; ~ 2: Electrophoretic analysis of normal and immune sera: 1464–77. – Electrophoresis of pepsin [21])[39]): **32** ('38) 1814–18. – Some observations on peptic digestion of egg albumin [10]): **33** ('39) 1752–56. – Fractionation of hydrolysis products of amylose by electrokinetic ultrafiltration in an agar-agar jelly [41]): **46** ('50) XLIf. – Tricalcium phosphate as an adsorbent in the chromatography of proteins [40]): **48** ('51) 171–74.

Biochemische Z. Eine einfache Apparatur für präparative Elektrophorese [18]): **314** ('43) 336–43. – Elektrophorese von Eiweiß in Filtrierpapier [7]): **320** ('50) 273–83.

Biographical Mem. Fellows roy. Soc. Kaj Ulrik Linderstrøm-Lang, 1896–1959: **6** ('60) 157–68.

Boll.sci.Fac.Chim. industr. Bologna Electrophorèse et chromatographie dans l'étude des protéins: **13** ('55) 93–97.

Bull. New York Acad.Med. Electrophoretic analysis and the constitution of native fluids: **16** ('40) 751–80.

Bull.Soc.Chim.biol. Gel filtration: **50** ('68) 2201–10.

Chemical and Engng.News Some recent trends in biochemistry: **27** ('49) 1041–44.

Chemistry and Industry The Nobel Foundation and its activities: Some aspects and experiences (Messel Medal Address): **1962**, 1388–92.

Clinica chim. Acta [Amsterdam] Electrophoresis, past, present and future: **3** ('58) 1–9.

Commentarii, Pontificia Acad.Sci. Partition phenomena in two-phase polymer systems and their significance for particle separation: **1**, Nr. 12 ('63) 8 S. – Priorities in scientific research: **2**, Nr. 26 ('70) 6 S.

Dansk Tidsskr. Farm. Über die Wechselwirkung zwischen Problem- und Verfahrensforschung in der modernen Biochemie (Baggesgaard-Vorlesung 1959): **34** ('60) 121–43 [schwed.].

Discuss. Faraday Soc. Chromatographic analysis: General introduction: **7** ('49) 7–11; ~ : The chromatography of proteins; the effect of salt concentration and pH on the adsorption of proteins to silica gel [37]): 275–85. – Zone electrophoresis in filter paper and other media: **13** ('53) 29–33.

Endeavour Neuere Fortschritte auf dem Gebiet der Chromatographie: **11** ('52) 5–16.

Experientia Group separation of amino acids by adsorption analysis [9])[16]): **3** ('47) 21–26 [m. deutscher Zusammenfassg.]. – Einige neue Trennungsmethoden und ihre Anwendung auf biochemische und organisch-chemische Probleme: **17** ('61) 433–43 [m. engl. Zusammenfassg.].

Experientia, Suppl. The analysis of macromolecular and colloidal systems by some physico-chemical methods: Nr. **5** ('56) 9–20.

Fokus [Uppsala] Womit beschäftigt sich der Biochemiker?: **10** ('49) Mai-Nr., 4f. [schwed.].

Gazz. chim. ital. Quelques aspects généraux sur les progrès de la biochimie: **84** ('54) 1177–89.

Harvey Lectures Electrophoretic analysis and the constitution of native fluids: **35** ('40) 37–70.

IVA Meddelande Development of separation methods applied to biochemical materials (De Laval Memorial Lecture 1970): **165** ('70) 17–33.

J. biol. Chemistry Lipids and polysaccharides in electrophoretically separated blood-serum proteins [3])[39]): **137** ('41) 485–94. – Chromatography of adrenocorticotropic peptides [30])[32])[16])[5]): **190** ('51) 317–29.

J. chem. Soc., London Some applications of the separation of large molecules and colloidal particles (Centenary Lecture, 1953): **1954**, 2650–57.

J. exper. Medicine Electrophoresis of purified antibody preparations: **65** ('37) 641–46. – Molecular weight, electrochemical and biological properties of tuberculin protein and polysaccharide molecules [36])[32]): **68** ('38) 413–38. – Mixed molecules of hemocyanins from two different species [23]): **69** ('39) 83–101. – An electrophoretic study of immune sera and purified antibody preparations [26]): 119–31.

J. gen. Physiol. Electrophoresis of proteins on filter paper [28]): **35** ('51) 89–118.

J. physic. Chem. Adsorption and diffusion in zeolite crystals: **40** ('36) 223–32.

Jenaer Rdsch. Rede zur Feier der Verleihung der Nobelpreise 1964: **10** ('65) 267f. (m. Bildn. u. Faks.).

Kemisk Maanedsbl. og Nordisk Handelsbl. kem. Industri Chemische Analyse durch Adsorption: **24** ('43) 173–80 [schwed.].

Kolloid-Z. Über den Einfluß der Ladung auf die Sedimentationsgeschwindigkeit von Kolloiden, besonders in der Ultrazentrifuge: **59** ('32) 306–09. – Messungen der Diffusion von Eiweißkörpern [15]): **66** ('34) 11–20. – Elektrophoretische Messungen am Eiweiß: **85** ('38) 129–37. – Studien über Adsorptionsanalyse, 1: **105** ('43) 101–09; ~ 2: Adsorptionsanalytische Trennungen von Abbauprodukten der Stärke [18]): 177–82.

Kungl. svenska Vetenskapsakad. Årsb. Torbern Olof Bergman; Lebensbeschreibung: **1957**, 275–90 [schwed.].

Kungl. Vet.-Soc. Årsb., Uppsala Einiges über das Elektronenmikroskop und seine Verwendung bei biologischen und medizinischen Problemen: **1943**, 37–58 [schwed.]. – Chemische Analyse und biologische Struktur: **1961**, 69–81 [~].

Metabolism, clin. and exper. Brook Lodge conference on proteins and polypeptides: Introduction: **13** ('64) 965–68.

Nature [London] Diffusion of water in a zeolite crystal: **133** ('34) 212f. – Ultracentrifugal and electrophoretic studies on antibodies [20])[32]): **138** ('36) 165. – Observation of ultracentrifugal sedimentation by the Toepler schlieren method [32])[10]): **139** ('37) 546. – Analytical measurements of ultracentrifugal sedimentation [32])[38]): **140** ('37) 848f. – Gamones from the sperm of sea urchin and salmon [34])[31]): **153** ('44) 285f., 649. – Adsorption analysis of oxidized insulin [35]): **160** ('47) 433f. – Salting-out chromatography of amino acids and peptides in filter paper and other media [16]): **170** ('52) 799f.

Naturwissenschaften Übermikroskopische Beobachtungen an Poliomyelitis-Viruspräparaten [13]): **30** ('42) 728–31. – Elektrophorese und Adsorptionsanalyse als Hilfsmittel zur Untersuchung hochmolekularer Stoffe und ihrer Zerfallsprodukte (Nobelvortrag, 13. Dez. 1948): **37** ('50) 25–33.

Naturwissenschaftliche Rdsch. Die Nobelstiftung. Gedanken über ihre Tradition und ihr Wirken: **11** ('58) 451–55 [engl. in der engl. Ausgabe von Universitas [Stuttgart] **2** ('58/59) 397–405].

Nordisk Familjeboks Månadskrönika Biologie und Eiweißforschung (Antrittsvorlesung): **1** ('38) 835–41 [schwed.].

Nordisk Med. Konservierung empfindlicher biochemischer Präparate durch Trocknen. Einige allgemeine Gesichtspunkte: **13** ('42) 229–31 [schwed.].

Physico-chemical Biol. [Japan] Electrophoresis, past, present and future: **15** ('70) 21–34.

Pontificiae Acad. Sci. Scripta varia Some recent advances in biochemical separation methods and their significance as an analytical approach to the study of biological structures: **22** ('62) 379–99.

Proc.Soc.biol. Chemists, India Some recent work at the Institute of Biochemistry in Uppsala: **18** ('59) 13–22.

Rend. Ist. sup. Sanità Electrophorèse et chromatographie dans la chimie des protéines: **13** ('50) 916–37. – Alcuni recenti progressi nella cromatografia e l'electroforesi delle proteine e delle polipeptidi: **19** ('56) Suppl., 215–30.

Revue techn. Industries Cuir Récents développements en électrophorèse: **41** ('49) 37–43.

Science [USA] Electrophoresis of immune serum [26]): **87** ('38) 416f. – A new procedure for adsorption analysis: **94** ('41) 145f. – Reversed phase partition chromatography of steroids on silicone-treated paper [27]): **114** ('51) 299f. – Separation and fractionation of macromolecules and particles [33])[1]): **141** ('63) 13–20.

Scientia Méthodes d'électrophorèse dans la biochimie: **86** ('51) 163–69.

Skandinavisk Veterinärtidskr. Bakteriol., Patol. samt Kött- och Mjölkhyg. Neuere Fortschritte auf dem Gebiet der Immunchemie: **34** ('44) 734–45 [schwed.] [auch als Sonderdruck: Meddelande från Sällskapet för Veterinärmedicinsk Forskning, 44].

Suomalaisen Tiedeakatemian Toimituksia, Sarja A II Chromatographic experiments with proteins: Nr. **60** ('55) 257–61.

Svensk kem. Tidskr. Some aspects of the purification and characterisation of high molecular substances: **50** ('38) 58–68. – Stationary electrolysis of ampholyte solutions: **53** ('41) 305–10.

Svensk Linje Gesichtspunkte betreffs der europäischen Zusammenarbeit auf dem Gebiet der naturwissenschaftlichen und technischen Forschung: **1965**, Nr. 3, 77–80 [schwed.].

Svenska Läkartidn. Einige neuere Ergebnisse der Zusammenarbeit von medizinischer und biochemischer Forschung, besonders in bezug auf Krankheitserreger und Schutzstoffe: **40** ('43) 477–91 [schwed.].

Teknisk Tidskr. Ramaneffekt und Molekülbau: **63** ('33) Kemi och Bergsvet., 1–7 [schwed.]. – Intensivierung unserer Auslandsbeziehungen auf dem Gebiet von technischer und wissenschaftlicher Forschung: Wissenschaftliche Forschung: **76** ('46) 723–27 [~].

Tekniska Samfundets Handl. Chemische Analyse durch Adsorption: **1942**, 85–104 [schwed.].

Tiden [Stockholm] Betrachtungen über die Forscherkarriere: **55** ('63) 287–91 [schwed.].

Tidskr. i Militär Hälsovård Bericht über Versuche zur Trocknung menschlichen Plasmas für Transfusionszwecke, ausgeführt am Physikalisch-Chemischen Institut in Uppsala 1940/41 [44]): **71** ('46) 30–41 [schwed.].

Trans. Faraday Soc. A new apparatus for electrophoretic analysis of colloidal mixtures: **33** ('37) 524–31. – The influence of electrolytic concentration on the electrophoretic mobility of egg albumin [39]): **36** ('40) 16–22.

Universitas [Stuttgart] Die Nobelpreise als Manifestation übernationaler Ideale: **17** ('62) 817–26.

Z. physik. Chem., Abt. A Sorption von Wasserdampf an Chabasit bei verschiedenen Temperaturen [4]): **168** ('34) 248–56. – Die Diffusion von Wasser in einem Zeolithkristall. Ein Beitrag zur Frage der Beweglichkeit adsorbierter Moleküle: **169** ('34) 425–58. — Sorption und Diffusion von Ammoniak in Analcim: **174** ('35) 401–23.

Ferner einige Berichte über Kolloidforschung und kolloidchemische Untersuchungen von Zuckerrübensaft in den Sitzungsberichten der "Svenska Sockerfabriksdirigenternas Förening" (1941–1944) (zum Teil m. B. Ingelman). – Ausführlicher Bericht von L. E. Krejci über eine Gastvorlesung von A. Tiselius mit Diskussion zum Thema "Electrophoresis in theory and practice" an der Biochemical Research Foundation of the Franklin Institute, Philadelphia, Pa., 1939: J. Franklin Inst. **228** ('39) 797–810.

Mit: [1]) P. A. Albertsson; [2]) R. S. Alm; [3]) G. Blix; [4]) S. Brohult; [5]) H. Carstensen; [6]) S. Claesson; [7]) H. D. Cremer; [8]) O. Dahl; [9]) B. Drake; [10]) I.-B. Eriksson-Quensel; [11]) I. G. Fels; [12]) P. Flodin; [13]) S. Gard; [14]) A. Grönwall; [15]) D. Gross; [16]) L. Hagdahl; [17]) H. Haglund; [18]) L. Hahn; [19]) D. A. Hall; [20]) M. Heidelberger; [21]) G. E. Henschen; [22]) S. Hjertén; [23]) F. L. Horsfall, jr.; [24]) –; [25]) S. Jerstedt; [26]) E. A. Kabat; [27]) T. K. Kritchevsky; [28]) H. G. Kunkel; [29]) Ö. Levin; [30]) Ch. H. Li; [31]) S. Lindvall; [32]) K. O. Pedersen; [33]) J. Porath; [34]) J. Runnström; [35]) F. Sanger; [36]) F. B. Seibert; [37]) C. C. Shepard; [38]) T. Svedberg; [39]) H. Svensson; [40]) S. M. Swingle; [41]) R. L. M. Synge; [42]) E. Vasseur; [43]) C. Weibull; [44]) G. Widström; [45]) R. J. P. Williams.

VI **TITANI** (Chitani), Toshizo. Chem. (physik.). – 1931–34 Assist. Prof., '34– Prof., (Imp.) Univ. Osaka; '53– Prof., Metropolitan Univ., Tokyo. (⊠)

* 1901, Juni 14, Tokyo.

S. Genshiryoku shimpojiumu hôbun-shû. Proc. 2nd Symposium on atomic energy, Tokyo 1957, **4** (Tokyo '58) 139–42: Radiation effect of γ-rays on aqueous solutions of poly-(vinyl alcohol), 1 [20])[22]) [japan.]; 145f.: Radiation effect of γ-rays on organic halogen compounds, 1: Aqueous solutions of chloral hydrate [16])[24]) [∼].

Annual Rep. sci. Works, Fac. Sci., Osaka Univ. Heavy hydrogen and oxygen: **1** ('52) 39–51.

Bull. chem. Soc. Japan The viscosity of vapours of organic compounds, 3: **8** ('33) 255–76. – Concentration of deuterium by electrolysis of sulphuric acid solutions [18])[7]): **9** ('34) 269–71. – Concentration of deuterium by electrolysis of neutral salt solutions, 1 [27])[7]): 272f. – The concentration of deuterium in some industrial waters [7]): 457–59. – On the content of deuterium in the water of crystallization [27])[7]): 460f. – On the vapour-phase hydrolysis [33]): 501–04. – The isotopic fractionation of water by distillation [7]): **10** ('35) 39f. – The isotopic fractionation of water due to evaporation and distillation [7]): 41f. – Die Konzentration der schweren Isotope in Kohlenhydraten [7]): 205, 261–63. – Isotopenzusammensetzung des Regen- und Schneewassers [7]): 206, 263–66. – Erzeugung des leichten Wassers und Bestimmung der Deuterium-Konzentration im normalen Wasser [23]): 257f.; **11** ('36) 403–14. – Isotopenzusammensetzung des Wassers aus Petroleumquellen [27]): **10** ('35) 259. – Die Wirkung des verdünnten schweren Wassers auf die Tuberkelbazillen [10])[9]): 260. – Konzentration der schweren Isotope in Zellulosen [27]): 465f. – Isotopenaustausch in Sojabohnen [27]): 552–54. – Isotopenaustausch zwischen Wasser und einigen organischen Verbindungen [7]): 554–57; **11** ('36) 465–74. – Monodeuteriobenzol [23]): **10** ('35) 557f. – Über den Unterschied in der Isotopenzusammensetzung von Luft- und Wassersauerstoff (und den elektrolytischen Trennfaktor von Sauerstoffisotopen) [23]): **11** ('36) 36–38, 414–18. – Die Geschwindigkeit der Austauschreaktion der Wasserstoffatome zwischen Zucker und Wasser [7]): 55f. – Über den Einfluß des Dichteunterschieds zwischen Luft- und Wassersauerstoff auf die Versuchsergebnisse von Sauerstoff- und Wasserstoffisotopen [23]): 419–24. – Der Isotopenaustausch zwischen Anilinchlorhydrat und schwerem Wasser [7]): 554–56. – Über den Gehalt des Salzwassers aus Petroleumquellen an schwerem Wasser, 1 [27]): 593–97. – Über den Gehalt der Kohlenhydrate an schwerem Sauerstoff [23]): 695–97; ∼ [23])[6]): **13** ('38) 99–110. – Über den Gehalt der atmosphärischen Feuchtigkeit an schwerem Wasser [27]): **12** ('37) 11–15. – Der katalytische Isotopentausch zwischen Wasser und Sauerstoff [23]): 104–06. – Austausch der Wasserstoffatome zwischen Pyrrol und Wasser [7]): 107f. – Über den Austausch der Wasserstoffatome zwischen Pyrrol, Indol sowie ihren Methylderivaten und Wasser, 1: Austausch der Wasserstoffatome zwischen Pyrrol und Wasser [7]): **13** ('38) 85–94; ∼ 2: Austausch der Wasserstoffatome zwischen Thiophen sowie Furan und Wasser [7]): 95–98; ∼ 3: Austausch der Wasserstoffatome zwischen N-Methylpyrrol und Wasser [7]): 298–304; ∼ 4: Austausch der Wasserstoffatome zwischen Indol und Wasser [7]): 307–18; ∼ 5: Austausch der Wasserstoffatome zwischen N-Methylindol und Wasser [7][15]: 643–51. – Polymerisation von Styrol in schwerem Wasser und schwerem Alkohol [7]: 304f. – Austauschreaktion der Wasserstoffatome zwischen Nitrophenol und Wasser, 1: Austauschreaktion und Wasserstoffbindung [7]: 318–28; ~ 2: Chemismus der Reaktion [7]: 595–600, 631–43; ~ 3: Aktivierungsenergie [7]: **14** ('39) 40–47. – Ein Versuch zur Austauschreaktion der Sauerstoffatome zwischen Carbonat-Ion und Wasser [23][6]: **13** ('38) 329f. – Der katalytische Isotopenaustausch des gasförmigen Sauerstoffs, 1: Die Austauschreaktion der Sauerstoffatome zwischen Sauerstoff und Wasserdampf sowie Kohlendioxyd auf der Oberfläche des Platinschwamms und metallischen Platins [23]: 357–70; ~ 2: Die Austauschreaktion der Sauerstoffatome zwischen Sauerstoff und Wasserdampf auf der Oberfläche amorphen Siliciumdioxyds, Quarzglases, Asbests sowie Bimssteins [23]: 601–07; ~ 3: Die Austauschreaktion der Sauerstoffatome zwischen Sauerstoff und Wasserdampf an der Oberfläche des Kupferoxyds [23]: 656–67; ~ 4: Die Austauschreaktion der Sauerstoffatome zwischen Sauerstoff und Wasserdampf an der Oberfläche der Oxyde von Calcium, Titan, Vanadin, Chrom, Mangan, Eisen und Nickel [23][32]: **14** ('39) 9–15; ~ 12: Die Austauschreaktion der Sauerstoffatome zwischen Sauerstoff und Wasserdampf an der Oberfläche des Natrium- und Kaliumcarbonats [28][23]: **17** ('42) 189–96. – Die Vergleichung der Dichte des Leitungswassers von Osaka, Japan, und von Cambridge, USA [23]: **13** ('38) 409–18. – Neubestimmung des Deuterium-Protium-Verhältnisses in gewöhnlichem Wasser [23]: 419–26. – Zur Kenntnis der Austauschgeschwindigkeit der Wasserstoffatome zwischen Zukker und Wasser [7]: 427–36. – Austauschreaktion der Sauerstoffatome zwischen Wasser und einigen organischen Verbindungen [7]: 463f., 607–17. – Diffusion des an schwerem Wasserstoff sowie schwerem Sauerstoff angereicherten Wassers durch verdünntes Gelatinegel [23]: 543–55. – Austauschreaktion der Sauerstoffatome zwischen einigen anorganischen Anionen und Wasser [6]: 667f.; **14** ('39) 77–85. – Austauschreaktion der Kernwasserstoffatome des Phenols, 1: Austauschreaktion in alkalischer Lösung [7]: **13** ('38) 681–90. – Polymerisation von Styrol in schwerem Alkohol. Ein Beitrag zum Mechanismus der Kettenpolymerisation von Styrol in Lösungen [34]: **16** ('41) 125–36. – Untersuchungen der chemischen Eigenschaften von Kohlenhydraten mittels schweren Sauerstoffs, 1: Reaktionen des Austauschs von Sauerstoff zwischen Monosen und Wasser [6]: 172–77 [ ]; ~ 2: Austauschreaktion und Mutarotation von Glucose und Fructose [6]: 403–08 [ ]. – Katalytische Oxydation des Kohlenoxyds mittels schweren Sauerstoffs an der Oberfläche des Kupferoxyds [26][11]: **17** ('42) 288–96. – Die Wirkung des elektrostatischen Feldes auf die Polymerisation des Styrols [21]: **23** ('50) 212–14 [ ]. – A study of the mechanism of the catalytic action of manganese dioxide on the decomposition of potassium chlorate by use of heavy oxygen as an isotopic tracer [5][8]: **25** ('52) 245–48. – Adsorption of metallic ions by cotton clothing [14][31][21]: **37** ('64) 931–34. – The exchange reaction of oxygen atoms between inorganic anions and water [4][2]: **38** ('65) 1388–91. – An isotopic exchange reaction between oxygen and carbon dioxide on zinc oxide [12][1]: 2075–78. – The effect of ionizing radiations on the adsorption rate of hydrogen on manganese dioxide [12]: 2196f.

Chemical Industry [Tokyo] Schweres Wasser als Bremsmittel für Neutronen und seine Gewinnung: **6** ('55) 797–99 [japan.].

Chemistry and chem. Industry [Japan] Der gegenwärtige Stand der chemischen Forschung in Japan: Anorganische Chemie: **6** ('53) 480f. [japan.]. – Die Theorie der Gewinnung des schweren Wassers [36]: **7** ('54) 496–99 [~].

Collected Papers Fac. Sci., Osaka (imp.) Univ., Ser. C Action of dilute heavy water on tubercle bacilli [10][9]: **3**. 1935 ('36) Nr. 12 [ ]. – The effect of electric field on the degree of polymerization of styrene [21]: **11**. 1943/1949 ('50) Nr. 4, 1-3.

Denki Kagaku Die Geschichte des schweren Wassers: **22** ('54) 658–61 [japan.].

J. amer. chem. Soc. The reactions of atomic hydrogen with several alkyl halides [3]: **55** ('33) 1363–76.

J. atom. Energy Soc. Japan Past and present state of isotope separation in Japan: **5** ('63) 768–73 [japan. m. engl. Zusammenfassg.].

J. ceram. Assoc., Japan Über das schwere Wasser: **64** ('56) 300–03 [japan.].

J. chem. Soc. Japan Kolloidchemische Untersuchungen an den Böden nahe dem Hafen von Osaka, 1: Dichteprüfung [23]: **60** ('39) 826–30; ~ 2 [nicht nachgewiesen]; ~ 3: Wirkung von Meer- und Süßwasser auf einige kolloidale Eigenschaften der Böden [23]: **61** ('40) 339–44; ~ 4: Diskussion über die Ursache des Absinkens des Bodens in der Nähe des Hafens von Osaka [23]: **62** ('41) 609–11. – – Alle Arbeiten japan.

J. chem. Soc. Japan, Industr. Chem. Sect. Durch Strahlung induzierte Pfropf-Reaktion von Organosiliconöl auf Baumwollgewebe [30][31][21]: **67** ('64) 1281–84 [japan.].

J. chem. Soc. Japan, Pure Chem. Sect. Absorption von Wasserstoff und Deuterium durch metallisches Titan [25][17]: **77** ('56) 295–97 [japan.]. – Combustion apparatus of organic substances for the determination of their deuterium content [8][35]: **81** ('60) 1624f. [japan., engl. Zusammenfassg. S. A 108f.].

J. Soc. high Pressure Gas Industry Die Gewinnung von schwerem Wasser mit der Zweitemperaturmethode [8]): **23** ('59) 274–79 [japan.].

J. Soc. org. synthet. Chem., Japan Untersuchungen über den Mechanismus organischer katalytischer Reaktionen unter Verwendung von Isotopen: **14** ('56) 325–31 [japan.].

Kagaku [Kyoto] Die Entwicklung der Isotopenchemie in Japan: **14** ('59) 719–22 [japan.]. – Begründer der Chemie in Japan, 18: Masao Katayama: **17** ('62) 510–12 [~].

Kagaku [Tokyo] Reaktionsgeschwindigkeit und Reaktionsmechanismus der Polymerisation [34]): **11** ('41) 437–40 [japan.].

Kagaku Hyôron Anwendung von schwerem Wasserstoff und schwerem Sauerstoff bei chemischen Untersuchungen: **6** ('40) 12–26 [japan.].

Kagaku Kogaku Isotopentrennung: **29** ('65) Nr. 2, 127–32 [japan.].

Kagaku no Ryôiki Bestimmung von Deuterium im natürlichen Wasser: **11** ('57) Nr. 5, 14–18 [japan.]. – Bestimmung des Deuteriumgehalts natürlicher Wässer [8]): 334–38 [~]. – Dr. Masao Katayama † [29]): **15** ('61) 560f. [~].

Kôbunshi Kagaku The relation between polymerization ability and chemical structure of vinyl derivatives, 1: Introduction: **8** ('51) 128–33. – Molecular-weight distribution curve of polystyrene [21])[19]): **10** ('53) 175–80. – Studies on the effect of aldehyde on the polymerization of vinyl acetate with heavy hydrogen as a tracer [21])[20]): **11** ('54) 337–43. – Radical polymerization of styrene in heavy p-diethylbenzene [8])[13]): **15** ('58) 438–44. – – Alle Arbeiten japan., möglicherweise m. engl. Zusammenfassg.

Nuclear Engng. [Tokyo] Über die Anwendung radioaktiver Strahlung: **8** ('62) Nr. 6, 40–42 [japan.].

Proc. imp. Acad., Tokyo Austauschreaktion der Sauerstoffatome zwischen Glucose bzw. Fructose und Wasser [6]): **15** ('39) 298f. – Polymerisation von Styrol in schwerem Alkohol (Ein Beitrag zum Mechanismus der Kettenpolymerisation von Styrol in Lösungen) [34]): **16** ('40) 33–35. – Katalytische Oxydation des Schwefeldioxyds mittels schweren Sauerstoffs an der Oberfläche des Platinschwamms [26]): 184–86. – Die Austauschreaktion und Mutarotation der Glucose und Fructose [6]): 398–400. – Austauschreaktion der O-Atome zwischen Schwefeldioxyd und -trioxyd im flüssigen Zustand [26]): **19** ('43) 77–79.

Rep., Japan. Assoc. Advancement Sci. Studies on the mechanism of styrene polymerization by using heavy hydrogen [34]): **17** ('42) 67–70 [ ].

Ferner eine Monographie: "Schwerer Wasserstoff und schweres Wasser" [japan.].

Mit: [1]) A. Adachi; [2]) M. Ambe; [3]) H. M. Chadwell; [4]) K. Date; [5]) S. Fukushima; [6]) K. Goto; [7]) M. Harada (→ Koizumi); [8]) Y. Horibe; [9]) K. Inoshita; [10]) M. Ito[h]; [11]) A. Kanome; [12]) T. Kiyoura; [13]) M. Kobayakawa; [14]) R. Koga; [15]) Y. Komaki; [16]) M. Kondo; [17]) A. Konishi; [18]) K. Kurano; [19]) Y. Matsui; [20]) A. Matsumoto; [21]) G. Mes[h]it[s]uka; [22]) T. Mihara; [23]) N. Morita; [24]) Y. Murata; [25]) Y. Naito; [26]) S. Nakata; [27]) K. Okabe; [28]) Y. Osumi; [29]) Y. Shibata; [30]) H. Shimizu; [31]) Y. Shinosaki; [32]) H. Tanaka; [33]) S. Yamasaki; [34]) T. Yos[h]ida; [35]) S. Koda; [36]) Kubota.

VI **TITCHMARSH,** Edward Charles. Math. – 1931–63 Savilian Prof. of Geom. and Fellow of New College, Univ. of Oxford; '28, '35–37 Vice-Pres., '45–47 Pres., London Math. Soc. – '53 Hon. Sc. D. (Univ. of Sheffield). – '53 De Morgan Medal, '56 Berwick Prize (London Math. Soc.); '55 Sylvester Medal (Roy. Soc. London).
* 1899, Juni 1, Newbury, Berks.;
† 1963, Jan. 18, Oxford.

Zur Biogr. *Lord Adrian, Proc. roy. Soc. London, Ser. A **234** ('56) 153f. – Nature [London] **176** ('55) 1094.

Nekr. *M. L. Cartwright, Biographical Mem. Fellows roy. Soc. **10** ('64) 305–24 (m. Bildn., Faks., Schr.verz.); J. London math. Soc. **39** ('64) 544–65 (m. Schr.verz.). – *J. L. B. Cooper, Nature [London] **198** ('63) 1039. – *B. M. Levitan, Usp. mat. Nauk **19** ('64) Nr. 6 (120), 123–31 (m. Bildn. u. Schr.verz.).

MH. Collected papers of G. H. Hardy **1** (Oxford '66); darin eig. Beitr.: S. 1–12: Introduction (Biography).

S. Proc. International congress of mathematicians, Amsterdam 1954, **1** (Amsterdam '57) 393–403: Eigenfunction problems arising from differential equations. – Studies in mathematical analysis and related topics. Essays in honor of George Pólya (G. Szegö, C. Loewner, S. Bergman, M. M. Schiffer, J. Neyman) (Stanford, Calif.–London '62) 399–403: On an eigenvalue problem occurring in quantum mechanics.

W. The theory of functions (Oxford '32) 10 + 454 S.; [2](London '39), Neudrucke: ('44), ('49), ('52); chines.: (Peking '64) 8 + 500 S. – Introduction to the theory of Fourier integrals (Oxford '37) 10 + 390 S.; [2]('48) 8 + 394 S., Neudrucke: ('50), ('59). – Eigenfunction expansions associated with second-order differential equations, **1** (Oxford '46) 7 + 175 S., Neudruck: ('50); [2]('62) 7 + 203 S.; **2** ('58) 11 + 404 S.; russ.: **1** (Moskva '60) 278 S., **2** ('61) 555 S. – Mathematics for the general reader (London–NewYork '48) 160 S.; (Garden City, N. Y. '59 [?]) 197 S. (Doubleday Anchor book A 169); span.: Esquema de la matemática actual (México '51) 196 S. – The theory of the Riemann zeta-function (Oxford '51) 6 + 346 S.; russ.: (Moskva '53) 407 S. – The zeta-function of Riemann. Neudruck (New York '65) 104 S. [Orig.: 1930].

Acta Sci. math. [Szeged] On the discreteness of the spectrum of a differential equation: **12B** ('50) 16–18.

Annali Mat. pura ed appl. On the discreteness of the spectrum associated with certain differential equations: (4) **28** ('49) 141–47.

Biographical Mem. Fellows roy. Soc. George Barker Jeffery: **4** ('58) 129–37.

Bull. amer. math. Soc. Two statements concerning the article [by Norbert Wiener] on G. H. Hardy [3])[8])[7])[1]): **55** ('49) 1082.

Bull. Soc. roy. Sci. Liège Travaux récents sur la théorie des fonctions caractéristiques: **20** ('51) 543–62.

Canadian J. Math. On the uniqueness of the Green's function associated with a second-order differential equation: **1** ('49) 191–98.

J. Analyse math. Some theorems on perturbation theory, 5: **4** ('54/55) 187–208 [m. hebräischer Zusammenfassg.].

J. London math. Soc. A proof of a theorem of Watson: **8** ('33) 217–20. – A discontinuous integral: **10** ('35) 89–91. – The summability of Fourier's integral [4]): **11** ('36) 313–18. – A convexity theorem: **13** ('38) 196f. – On a series of Lambert's type: 248–53. – Solutions of some functional equations: **14** ('39) 118–24. – On expansions in eigenfunctions [, 1]: 274–78. – On the eigenvalues of differential equations: **19** ('44) 66–68. – On series involving divisors: **22** ('47) 179–84. – Some integrals involving Hermite polynomials: **23** ('48) 15f. – Analysis for physicists: 69–79. – Godfrey Harold Hardy: **25** ('50) 81–101. – Some aspects of Hardy's mathematical work, 6: The Riemann zeta-function, and lattice-point problems: 125–28. – A relation between Green's functions: **26** ('51) 31–36. – Harald Bohr: **28** ('53) 113–15. – Ughtred Shuttleworth Haslam-Jones, 1903–1962: **38** ('63) 311f. – On the mean convergence of trigonometrical series: **40** ('65) 594–96; **43** ('68) 367.

Nature [London] Harald Bohr †: **167** ('51) 342. – Dr. U. S. Haslam-Jones: **196** ('62) 413f.

Obituary Notices Fellows roy. Soc. London Godfrey Harold Hardy: **6** ('48/49) 447–58.

Proc. Cambridge philos. Soc. An integral equation [2]): **28** ('32) 165–73. – On the Riemann zeta-function: 273f.

Proc. London math. Soc. A class of Fourier kernels [2]): (2) **35** ('33) 116–55. – On Epstein's zeta-function: **36** ('34) 485–500. – The lattice-points in a circle: **38** ('35) 96–115, 555. – The zeros of Epstein's zeta-function [9]): **39** ('35) 372–84. – New solution of an integral equation [2]): **41** ('36) 1–15. – Eigenfunction expansions associated with partial differential equations [, 1]: (3) **1** ('51) 1–27; ~ 2: **3** ('53) 80–98; ~ 3: 153–69; ~ 5: **5** ('55) 1–21. – Some eigenfunction expansion formulae: **11** ('61) 159–68. – A problem in relativistic quantum mechanics: 169–92.

Proc. roy. Soc. London, Ser. A The zeros of the Riemann zeta-function: **151** ('35) 234–55; **157** ('36) 261–63. – Some theorems on perturbation theory [, 1]: **200** ('49) 34–46; ~ 2: **201** ('50) 473–79; ~ 3: **207** ('51) 321–28; ~ 4: **210** ('52) 30–47. – Eigenfunction problems with periodic potentials: **203** ('50) 501–14. – On the eigenvalues in problems with spherical symmetry[, 1]: **245** ('58) 147–55; ~ 2: **251** ('59) 46–54; ~ 3: **252** ('59) 436–44. – On the completeness problem for the eigenfunction formulae of relativistic quantum mechanics: **262** ('61) 489–502. – On the relation between the eigenvalues in relativistic and non-relativistic quantum mechanics[, 1]: **266** ('62) 33–46.

Quarterly J. Math., Oxford Ser. On van der Corput's method and the zeta-function of Riemann, 3: **3** ('32) 133–41; ~ 4: **5** ('34) 98–105; ~ 5: 195–210; ~ 6: **6** ('35) 106–12. – On the function $1/\zeta(1 + it)$: **4** ('33) 64–70. – The mean-value of $\left|\zeta\left(\frac{1}{2} + it\right)\right|^4$: **8** ('37) 107–12. – On $\zeta(s)$ and $\pi(x)$: **9** ('38) 97–108. – The approximate functional equation for $\zeta^2(s)$: 109–14. – On divisor problems: 216–20. – An example in the theory of the spectrum of a function: **10** ('39) 75–80. – On expansions in eigenfunctions, 2: **11** ('40) 129–40; ~ 3: 141–45; ~ 4: **12** ('41) 33–50; ~ 5: 89–107; ~ 6: 154–66; ~ 7: **16** ('45) 103–14; ~ 8: 115–28. – An eigenfunction problem occurring in quantum mechanics: **13** ('42) 1–10. – On the order of $\zeta\left(\frac{1}{2} + it\right)$: 11–17. – Some problems in the analytic theory of numbers: 129–52. – Some properties of the Riemann zeta-function: **14** ('43) 16–26. – An extension of the Sturm-Liouville expansion: **15** ('44) 40–48. – On the zeros of the Riemann zeta-function: **18** ('47) 4–16. – Complex Fourier-Bessel transforms: **19** ('48) 164–76. – Eigenfunction expansions for a finite two-dimensional region: **20** ('49) 238–53. – Some eigenfunction formulae [10]): (2) **1** ('50) 165–75. — On the summability of eigenfunction expansions: **2** ('51) 258–68. — On the convergence of eigenfunction expansions [, 1]: **3** ('52) 139–44; ~ 2: **8** ('57) 236–40. – Eigenfunction expansions associated with partial differential equations, 4: **4** ('53) 254–66. – Some properties of eigenfunction expansions: **5** ('54) 59–70. – On the asymptotic distribution of eigenvalues: 228–40; ~ [6]): **10** ('59) 313–20. – On the Parseval formula in the theory of eigenfunction expansions arising from differential equations [5]): **6** ('55) 197–206. – On the nature of the spectrum in problems of relativistic quantum mechanics[, 1]: **12** ('61) 227–40; ~ 2: **13** ('62) 181–92; ~ 3: 255–63. – On the relation between the eigenvalues in relativistic and non-relativistic quantum mechanics, 2: **15** ('64) 193–207.

Rend. Circolo mat. Palermo A divisor problem. Correction: **57** ('33) 478f.

Revista Ci. [Lima] A differential equation whose solutions are self-reciprocal functions: **41** ('39) Nr. 427, 99–103.

Mit: [1]) H. Davenport; [2]) G. H. Hardy; [3]) J. E. Littlewood; [4]) M. S. Macphail; [5]) A. I. Martin; [6]) J. B. McLeod; [7]) L. J. Mordell; [8]) G. Pólya; [9]) H. S. A. Potter; [10]) D. B. Sears; [11]) N. Wiener.

IV–VI **ŢIŢEICA** [Tzitzéica], Gheorghe. Math. — 1900–03 außerord. Prof., '03–38 ord. Prof. analyt. Geom. u. sphär. Trigonom., '19–23 Dekan d. naturwiss. Fak., Univ. Bucureşti; '27–28 außerplanmäß. Prof., '28–39 Titularprof. Infinitesimalrechnung, Techn. Hochsch. Bucureşti; Gastvorlesungen: '26, '30, '37 Paris (Sorbonne), '26 Bruxelles, '37 Roma; '08– Pres., Sozietät d. Naturwiss., Bucureşti; '22–25 Vizepräs. d. Naturwiss. Sekt., '28–29 Vizepräs., '29–39 Generalsekretär, Rumän. Akad. Wiss. — '34 Dr. h.c. (Univ. Warszawa).
* 1873, Okt. 17(4), Turnu-Severin;
† 1939, Febr. 5, Bucureşti.

Zum 60. Geb.tag Jubiläumsausgabe (zugleich für D. Pompeiu): Bull. math. Soc. roumaine Sci. **35** ('33). — [Ansprachen bei einer Festsitzung]: Natura [Bucureşti] **22** ('33) Nr. 10.

Nekr. *E. Abason, Bull. Math. et Physique pures et appl. Ecole polytechn. Bucarest **10** ('38/39) 206–09. — *N. Ciorănescu; Buletinul Soc. politecn. România **53** ('39) 170–99 (m. Schr.verz.). — *I. Ionescu, ibid. **54** ('40) 288–95. — *N. Vasilescu-Karpen, ibid. 296f. — *T. Lalescu, Numerus [Bucureşti] **5** ('39) 135–40. — *G. Macovei, Discursuri de Recepţiune, Acad. română **76** ('40) 38 S. — *O. Onicescu, *G. Vrănceanu, Bull. math. Soc. roumaine Sci. **43** ('41) 147–61. — * D. Pompeiu, Analele Acad. române, Desbaterile (3) **59**. 1938/39 ('40) 92f. — *C. Rădulescu-Motru, ibid. 62–64. — *I. Popa, Revista şti. "V. Adamachi" **25** ('39) 34–36. — *V. Vâlcovici, Gazeta mat. [Bucureşti] **44** ('38/39) 281f. — *V. D. Ionescu, ibid. 505–09, 561–64. — *G. T. Gheorghiu, ibid. **45** ('39/40) 169–73, 281–88, 339–44, 396–405, 452–57. — *C. Ionescu-Bujor, ibid. **49** ('43/44) 711f. — *P. Zervos, Revue math. Union interbalkan. **2** ('39) 1. — Boll. Mat. **37** ('41) XXXV (zwischen S. 66 u. 67) [französ.]. — Bull. math. Soc. roumaine Sci. **41** ('39) Nr. 1, 3–5. — Gazeta mat. [Bucureşti] **44** ('38/39) 449–51. — Mathematica [Cluj] **15** ('39) 209–11. — Gedenkheft: Natura [Bucureşti] **29** ('40) Nr. 3; darin: *H. Lebesgue, G. Ţiţeica und die Ecole Normale Supérieure in Paris: 99–103; *P. Montel, Ţiţeica und Frankreich: 103–05; *D. Pompeiu, 106; *S. Stoilow, 108–10; *G. Vrănceanu, Das mathematische Werk von G. Ţiţeica: 111–18. Alle Beiträge rumän. — Revista mat. Timişoara **18** ('39) 137f.

Zum 100. Geb.tag *N. M. Ostianu, Trudy geom. Semin., Vses. Inst. naučn. i techn. Informacii **6** ('74) 25–36 [russ. m. engl. Zusammenfassg.]. — Simpozionul de geometrie şi analiză globală "G. Ţiţeica – D. Pompeiu", Bucureşti 1973 (Bucureşti '76) 296 S.

Zur Biogr. *G. Ş. Andonie, Istoria matematicii în România, **1** (Bucureşti '65) 309–41. — *G. Ş. Andonie, Istoria ştiinţelor în România: Matematica, Mecanica, Astronomia (Bucureşti '81) 21–25. — *D. Barbilian, Numerus [Bucureşti] **5** ('39) 27–30. — *N. C. Dumitru, Gazeta mat. [Bucureşti] **86** ('81) 227. — *G. T. Gheorghiu, in: Lucrările Consfătuirii de geometrie diferenţială, Timişoara 1955 (Bucureşti '56) 55–62. — *D. Rimer, Studii şi Cercetări mat., Acad. Republ. popul. romîne, Bucureşti **31** ('79) 479–82 [m. französ. Zusammenfassg.]. — *Gabriela Ţiţeica, Gazeta mat. [Bucureşti] **85** ('80) 17f. — *G. Vrănceanu, Revue roumaine Math. pures et appl. **24** ('79) 983–88. — Numerus [Bucureşti] **2** ('36/37) 5–8. — Scripta math. [USA] **3** ('35) 276.

Zur Biobibliogr. Gheorghe Ţiţeica, 1873–1939 (Bucureşti '55) 69 S. (m. Bildn.) (Biblioteca Academíci Republicii Populare Romine, Seria de bio-bibliografii); darin 5–7: Biographische Daten [rumän.]; 9–15: *G. Vrănceanu, Das wissenschaftliche Werk von Gheorghe Ţiţeica [~]; 17–60: Schr.verz.; 61–63: Verzeichnis der Publikationen über G. Ţiţeica.

Zur Bibliogr. *P. Sergescu, Die ersten Publikationen von G. Ţiţeica: Gazeta mat. [Bucureşti] **51** ('45/46) 140–47 [rumän.].

Teilsammlung Œuvres de Georges Tzitzéica publiées par l'Académie Roumaine, 1: Notes et mémoires (Bucureşti '41) 15 + 504 S.; darin S. III–XV: *O. Onicescu, *G. Vrănceanu, La vie et l'œuvre de Georges Tzitzéica.

MHZ. (Mitbegründer) Natura [Bucureşti] **1** ('05) — **27** ('38). — (Mitbegründer) Mathematica [Cluj] 1929ff.

S. Verhandlungen des internationalen Mathematiker-Kongresses, Zürich 1932, **2** (Zürich–Leipzig '33) 173: Sur les courbes quadratiques. — *G. Enescu, Despre Iacob Negruzzi şi despre intrarea muzicei la Academia Română (Bucureşti '33) (Academia Română, Discursuri de recepţiune, 64) 9–17: Erwiderung auf die Antrittsvorlesung von George Enescu [rumän.]. — Actes du 1er Congrès interbalkanique des mathématiciens, Athènes 1934 (Athēnai '35) 34: Allocution; 81f.: Une classe de réseaux: Sur les réseaux à invariants constants; 107–13: Réseaux et congruences. — "Gazeta Matematică" 1895–1935. Istoric-Învăţăminte (Volum jubilar) (Bucureşti '35) (Biblioteca "Gazetei Matematice", 11) 5–7: Vorwort [rumän.]; 67–75: Die Rolle der "Gazeta Matematică" bei der Entwicklung der mathematischen Wissenschaften in Rumänien [~]. — Congresul al IX-lea al Asociaţiunei Române pentru Inaintarea Ştiinţelor, Bucureşti 1934 (Bucureşti '37) 105: Die affine Geometrie der Raumkurven [rumän.]. — C. R. Congrès international des mathématiciens, Oslo 1936, **2** (Oslo '37) 174–76: Sur la géométrie différentielle de l'équation de Laplace.

W. Curs de geometrie superioră (Suprafetele riglate). Profesat ... studenţilor de anul IV dela Facultatea de Ştiinţe – Matematici – Bucureşti in anul scolar 1935–1936 (Bucureşti '36) 80 S. [Vorlesungsskript]. — Culegere de probleme de geometrie analitică, **1** (N. G. Botea) [2](Bucureşti '39) 7 + 192 S. (Biblioteca "Gazetei Matematice", 16); **2** (N. G. Botea, C. Ionescu-Bujor) [2]('44) 7 + 164 S. (~ 22). — Geometrie diferenţială proiectivă a retelelor (Bucureşti '56) 286 S. [Übersetzung d. französ. Orig. von 1923].

Anale, Acad. română Constantin Hamangiu †: **52**. 1931/32 ('32) 63f. [rumän.]. — — Zahlreiche weitere kurze Beiträge als Generalsekretär der Akademie.

Analele Acad. române, Mem. Secţ. şti. Zum Gedenken: Spiru Haret, 1851–1912: (3) **13** ('38) 339–51 [rumän.].

Annales Univ. Paris Discours [Inauguration des laboratoires de l'École Normale Supérieure]: **12** ('37) 373f.

Boletín mat. Relaciones entre los elementos de un tetraedro: **14** ('41) 74–78. — Nota de geometria: 106–09. — Sobre unas envolventes de circulos y esferas: 137–39. — Sobre los cuadriláteros inscriptibles: 201–05. — Una eliminación: 234–36.

Buletinul Şedinţelor, Soc. română Şti., Sect. Mat. Eine Klasse von Linienelementen: **1** ('36) 13–15. — Das Verfahren von Kubota: 50. — Die konforme und die kongruente Abbildung: **2**('37/38) Nr. 1, 20–22. — Über einen Satz von Morley. Nr. 2, 4f. — — Alle Arbeiten rumän.

Buletinul Soc. politecn. România [Louis] Navier als Professor der mathematischen Analysis an der Ecole Polytechnique in Paris: **50** ('36) 1028–30 [rumän.].

Bull. Math. et Physique pures et appl. Ecole polytechn. Bucarest Sur quelques propriétés affines: **6**. 1934/35 ('36) 8–10. — La méthode de M. Kubota: **8**. 1936/37 ('37) 6–8.

Bull. math. Soc. roumaine Sci. Mouvements à un paramètre d'un solide: **40** ('38) 23–26.

Bull. Sect. sci., Acad. roumaine Sur une nouvelle propriété des congruences de droites: **18** ('36/37) 109–12.

C. R. hebd. Séances Acad. Sci., Paris Sur la représentation conforme: **195** ('32) 476–78. — Sur les fonctions rationnelles osculatrices à une fonction analytique: **197** ('33) 974–76. — Sur certains réseaux: **200** ('35) 191f. — Sur quelques propriétés affines: 1563–65. — Sur une déformation d'ordre supérieur: **202** ('36) 547f. — Sur certaines courbes quadratiques et sur le déplacement à un paramètre: **205** ('37) 639f. — Sur certaines déformations d'ordre supérieur: **207** ('38) 707f.

Enseignement math. Un cas particulier du théorème de Clifford: **31** ('32/33) 213–16. — Les modifications essentielles de l'enseignement mathématique depuis 1912 en Roumanie: **36** ('37) 384–86.

Gazeta mat. [Bucureşti] Paul Painlevé: **39** ('33/34) 161f. — Der Balkankongreß der Mathematiker, Athen 1934: **40** ('34/35) 59–62. — Ergebnisse des Preisausschreibens der "Gazeta Matematică": 433–35; **41** ('35/36) 457–60; **42** ('36/37) 505–08. — 40 Jahre "Gazeta Matematică": **41** ('35/36) 17–19. — Elementare Topologie: 30f. — Der Internationale Mathematikerkongreß, Oslo 1936: **42** ('36/37) 57–59. — Aus dem Leben und der Tätigkeit von Descartes: **43** ('37/38) 170–73. — — Alle Arbeiten rumän.

Mathematica [Cluj] Discours [à la Séance d'ouverture du 2e Congrès des mathématiciens roumains, Turnu-Severin 1932]: **9** ('35) 9f.

Natura [Bucureşti] Die Struktur der Materie – die früheren Theorien: **20** ('31) Nr. 10, 1–7; **21** ('32) Nr. 1, 4–10. — Die Entwicklung der mathematischen Wissenschaften in Rumänien: Nr. 3, 6–10; **22** ('33) Nr. 5, 12–17. — Bei der Feier für Prof. Rădulescu-Motru: **21** ('32) Nr. 10, 1–. — Prof. Urbain in Bukarest: **22** ('33) Nr. 6, 1–. — Dankesworte (bei der Feier des 60. Geburtstages): Nr. 10, 18–. — Ansprache bei der Hundertjahrfeier des Lyzeums von Craiova: **23** ('34) Nr. 1, 1–3. — Ansprache im Namen der Rumänischen Akademie am Denkmal von Spiru Haret: **24** ('35) Nr. 7, 1f. — 40 Jahre "Gazeta Matematică": **25** ('36) Nr. 3, 1–3. — Ansprache im Namen der Rumänischen Akademie bei der Feier für Dr.-Ing. Ion Ionescu: Nr. 10, 8f. — Wissenschaft und Kunst: **26** ('37) Nr. 1, 5–10; Nr. 2, 53–59. — — Alle Arbeiten rumän.

Numerus [Bucureşti] Mathematische Porträts: Spiru Haret: **1** ('35/36) 193–206 [rumän.]. — Die Bedeutung der mathematischen Wissenschaften: **2** ('36/37) 5–8 [~]. — [300 Jahre] "Discours de la méthode" [von Descartes]: **4** ('38/39) 6–25 [~].

Revue math. Union interbalkan. Sur les fonctions rationnelles osculatrices à une fonction analytique: **1** ('36) 1–9.

VI **TOCCHI,** Luigi Stefano Antonio. Math. — 1924– Prof. Mat. e Fis., R. Liceo scientif., Napoli; '32–34 Libero Doc., '34–ca. 49 [?] Prof. incar., Univ. di Napoli. — — Weitere Daten nicht bekannt.
* 1884, Juni 19, Perugia;
† .

W. Le omografie involontarie di un iperspazio (Napoli '39) 22 S.

Esercitazioni mat. Sopra una semplificazione delle condizioni di Eulero-Sylvester-Bézout affinchè due polinomi abbiano un M. C. D. [massimo comun divisore] di dato grado: (2) **10** ('37) 109–30. — Sui fondamenti della teoria delle serie doppie: **11** ('38) 82–140.

Giorn. Mat. Battaglini Sopra alcune conseguenze d'un noto teorema: (3) **23** ('32) 140–42. — Sul problema delle lamine vibranti: **25** ('34) 153–68. — Sopra un criterio di convergenza: **27** ('36) 1–14. — Sopra una proprietà delle matrici: 207f. — Sul massimo comun divisore delle funzioni intere: **28** ('37) 87–96.

VI **TOCH,** Maximilian. Chem. — 1924– Prof. Chem. of artistic painting, Nation. Acad. of Design, New York; Pres. and Chief Chemist, Toch Brothers, Inc., Brooklyn, N.Y.; Vice-Pres., Standard Varnish Works, New York; Pres., Amer. Inst. of Chemists. (⊠)
* 1864, Juli 17, New York;
† 1946, Mai 28.

Zum 80. Geb.tag *M. T. Bogert, To my friend, Maximilian Toch: Chemist **21** ('44) 542f.

Todesanzeige Chemistry and Industry **1946**, 255.

W. Paint, paintings and restoration ²(New York '45) 149 S.

Communications Sci. and Practice Brewing Some practical notes on the control of molds in the brewery: Nr. **2** ('38) 33–38.

Drugs, Oils and Paints Submarine paintings: **48** ('33) 427.

Oil and Soap Fish oils as paint vehicles: **13** ('36) 226f.

III–VI **TODD,** David Peck. Astron., Navigat. — 1881–82 Instructor, 1881–1920 Dir. of the Observat., 1882–92 Assoc. Prof., 1892–1920 Prof., '20 Prof. Emer., Amherst College, Amherst, Mass.; 1882–87 Prof. and Founder of the Observat., Smith College, Northampton, Mass.; chief of several astron. expeditions. — 1896 Imperial Saki Cup (Emperor of Japan).
* 1855, März 19, Lake Ridge, N.Y.;
† 1939, Juni 1, Madison Heights, Amherst Co., Va.

Nekr. *R. H. Baker, Science [USA] **90** ('39) 8f. — *F. S. Hogg, J. roy. astron. Soc. Canada **33** ('39) 262. — *C. J. Hudson, Popular Astron. **47** ('39) 403, 472–77 (m. Bildn.). — Publ. astron. Soc. Pacific **51** ('39) 247.

W. The story of the starry universe; the science of astronomy — the size, motions, relative positions and other phenomena of the heavenly bodies (m. A. Ward) (Neuausgabe von: Astronomy; the science of the heavenly bodies ('22)) (New York '33) 3 + 416 S. (Popular science library, 2); weitere revidierte Ausgaben: (J. E. Merrill) ('39) 3 + 396 S.; (D. H. Menzel) ('41) 8 + 368 S., ('43) 8 + 374 S., ('48) 8 + 381 S., ('54) 381 S.

Popular Astron. On accurate and speedy adjustment of coronographs for totality of August 31, 1932: **40** ('32) 403–05. — Automatic photography of the sun's corona: **41** ('33) 309–17.

VI **TODD,** George William. Physik (exper.). — 1919–50 Prof., Armstrong College → King's College, Newcastle-upon-Tyne, '39–41 Dean of the Fac. of Sci., Univ. of Durham. (⊠)
* 1886, Apr. 11, Birmingham;
† 1950, Febr. 24, Ponteland, Northumb.

Nekr. *W. E. Curtis, Proc. physic. Soc., Sect. A **63** ('50) 1378 f. – *J. F. Wood, Nature [London] **165** ('50) 669.

H. *J. H. Poynting, *Sir J. J. Thomson, University textbook of physics, **1**: Properties of matter [14](London '47) [früher u. d. T.: Textbook of physics].

Nature [London] Positrons and atomic nuclei: **132** ('33) 65. – Kepler, Newton and Bode: **141** ('38) 412. – H. Stroud †: **146** ('40) 552f. – J. W. Bullerwell †: **153** ('44) 580f.

VI **TODD,** John Arthur. Math. (Geometrie). – 1931–37 Assist. Lecturer, Victoria Univ. of Manchester; '32 Ph.D., '37–60 Lecturer, '60–73 Reader, '73 Reader Emer., '58–73 Fellow and '73 Hon. Fellow of Downing College, Univ. of Cambridge.
* 1908, Aug. 23, Liverpool.

H. Proc. International congress of mathematicians, Edinburgh 1958 (Cambridge '60).

S. Simposio internazionale di geometria algebrica, Roma 1965 (Roma '67) 29–32: A representation of the Mathieu group M_{24} as a collineation group.

W. Projective and analytical geometry (London–NewYork '47) 10 + 289 S., Neudruck: (New York '48); revidierte Aufl.: (London '54) 10 + 289 S., Neudrucke: ('58), ('60), ('65).

Annali Mat. pura ed appl. On the quartic combinant of a pencil of quadric surfaces: (4) **28** ('49) 189–93. – A representation of the Mathieu group M_{24} as a collineation group: **71** ('66) 199–238.

Annals Math. Some group-theoretic considerations in algebraic geometry: (2) **35** ('34) 702–04. – Algebraic correspondences between algebraic varieties: **36** ('35) 325–35.

Biographical Mem. Fellows roy. Soc. John Hilton Grace, 1873–1958: **4** ('58) 93–97.

Boletín Soc. mat. mexicana Canonical systems on algebraic varieties: (2) **2** ('57) 26–44.

Canadian J. Math. Note on a paper by Robinson: **2** ('50) 331–33. – An extreme duodenary form [3]: **5** ('53) 384–92. – Finite unitary reflection groups [6]: **6** ('54) 274–304.

J. Instn. civil Engr. The moment-distribution method: **22** ('44) 45–48.

J. London math. Soc. Note on the double points of a ruled surface in [4]: **7** ('32) 194f. – Notes on the linear fractional group: 195–200; **11** ('36) 103–07. – Polytopes associated with the general cubic surface: **7** ('32) 200–05. – A configuration in space of nine dimensions related to Kummer's 16_6 configuration: **8** ('33) 126–29. – The arithmetic genus of a V_3 in S_4: **9** ('34) 206–10. – The figure formed by six lines in space with a common transversal: **10** ('35) 194–99. – On double integrals of the first kind attached to an algebraic variety: **11** ('36) 35–37. – Note on certain reducible polynomials: **20** ('45) 204–09. – A note on ternary-binary forms: 209–13. – On algebraic curve branches: **21** ('46) 233–40. – On a conjecture in group-theory: **25** ('50) 246. – On the overlap of an algebraic surface: **26** ('51) 73f. – On the holomorph of the elementary abelian group of order 8: **27** ('52) 145–52. – Christine Mary Hamill †: **32** ('57) 384. – John Hilton Grace †: **34** ('59) 113–17. – On representations of the Mathieu groups as collineation groups: 406–16. – On a certain invariant of three quaternary quadratics: Corrigendum [5]): **38** ('63) 5–8.

J. Math. and Physics A combinatorial problem: **12** ('33) 321–33.

Mathematical Gaz. Dual vectors and the Petersen-Morley theorem: **20** ('36) 184f. – Correspondences in projective geometry: **23** ('39) 58–61. – Ponçelet's poristic polygons: **32** ('48) 274–80.

Philosophical Trans. roy. Soc. London, Ser. A Ternary quadratic types: **241**. 1948/49 ('49) 399–456.

Proc. Cambridge philos. Soc. Configurations defined by six lines in space of three dimensions: **29**. 1932/33 ('33) 52–68. – On points with arbitrarily assigned mutual distances [3]): **30**. 1933/34 ('34) 1–3. – Abstract definitions for the symmetry groups of the regular polytopes, in terms of two generators, 1: The complete groups [3]): **32** ('36) 194–200. – Intersections of loci on an algebraic V_4: **33** ('37) 425–37. – Note on the invariants of the canonical system of an algebraic variety [4]): 438–43. – Birational transformations possessing fundamental curves: **34** ('38) 144–55. – A remark on a theorem of Severi: **35** ('39) 516f. – The postulation of a multiple variety: **36** ('40) 27–33. – The geometry of the binary quintic form: **40** ('44) 1–5. – The "odd" number six: **41** ('45) 66–68. – Covariant line complexes of a pair of quadric surfaces: 127–35. – The complete system of the binary (3,1) form: **42** ('46) 196–205. – The complete system of the binary (4,1) form: 206–16. – Combinants of a pencil of quadric surfaces, 1: **43** ('47) 475–87; ~ 2: 488–90; ~ 3: **44** ('48) 186–95; ~ 4: 196–99. – A note on the algebra of S-functions: **45** ('49) 328–34. – The invariants of a finite collineation group in five dimensions: **46** ('50) 73–90. – On a conjecture of D. E. Littlewood: **48** ('52) 203. – On the invariants of the canonical system of a V_d: **49** ('53) 410–12. – On complex Stiefel manifolds [1]): **56** ('60) 342–53.

Proc. Edinburgh math. Soc. On the topology of certain algebraic threefold loci: (2) **4** ('34/36) 175–

84. — A practical method for enumerating cosets of a finite abstract group [3]): **5** ('37/38) 27–34. — Birational transformations with isolated fundamental points: 117–24.

Proc. London math. Soc. Some important doubly infinite line systems in higher space: (2) **33** ('32) 328–52. — Conics in space, and their representation by points in space of nineteen dimensions: **36** ('34) 172–206. — Some types of rational quartic primal in four dimensions: **42** ('37) 316–23. — Rational quartic primals and associated Cremona transformations of four-dimensional space [2]): 324–39. — Note on the canonical series of a V_d: **43** ('37) 139–41. — The geometrical invariants of algebraic loci[, 1]: 127–38; ~ 2: **45** ('39) 410–24. — The arithmetical invariants of algebraic loci: **43** ('37) 190–225. — Invariant and covariant systems on an algebraic variety: **46** ('40) 199–230. — Birational transformations with a fundamental surface: **47** ('41/42) 81–100. — A table of partitions: **48** ('43/45) 229–42. — Combinant forms associated with a pencil of conics: **50** ('48/49) 150–68. — The geometry of the binary (3,1) form: 430–37. — On syzygies connecting the covariant line-complexes of two quadric surfaces: **51** ('49/50) 325–47. — The complete irreducible system of two quaternary quadratics: **52** ('50/51) 1–13. — The complete irreducible system of four ternary quadratics: 271–94.

Proc. roy. Soc. London, Ser. A On the simple group of order 25920: **189** ('47) 326–58. — The characters of a collineation group in five dimensions: **200** ('50) 320–36.

Quarterly J. Math., Oxford Ser. A note on two special primals in four dimensions: **6** ('35) 129–36. — On a quartic primal with fourty-five nodes, in space of four dimensions: **7** ('36) 168–74. — A note on real quadratic forms: **18** ('47) 183–85. — Abstract definitions for the Mathieu groups: (2) **21** ('70) 421–24.

Rend. Mat. e Appl., Univ. Roma A representation of the Mathieu group M_{24} as a collineation group: (5) **25** ('66) 29–32.

Mit: [1]) M. F. Atiyah; [2]) D. W. Babbage; [3]) H. S. M. Coxeter; [4]) E. A. Maxwell; [5]) T. Scott; [6]) G. C. Shephard.

VI **TODESCO,** Giorgio. Physik. — 1921–35 Assist., '23–35 Prof. incar., Univ. di Bologna; '35–36 Prof. straord. e Dir. dell'Ist. di Fisica e dell'Osservat. meteorol., Univ. di Sassari; '35–38 Prof. straord., '38–39, '45–47 Prof. ord. e Dir. dell'Ist. di Fisica e dell'Osservat. meteorol., Univ. di Perugia; '47–58 Prof. ord., '55–58 Pres. della Fac. di Sci. mat., fisiche e naturali, Univ. di Parma; '47–58 Prof., Apostolico Ist. del Sacro Cuore, Castelnuovo Fogliani, Piacenza; '29–38 Dir. tecn. per la Radiofonia, Provincia di Bologna. — '31 Premio Sella (Accad. Nazion. dei Lincei); '33 Premio (Univ. di Bologna); '33 Premio nazion. (Centro Nazion. delle Ricerche); '33 Premio nazion. "A. Righi" (Accad. delle Sci. di Bologna); '35 Cavaliere del Regno d'Italia.
* 1897, Juni 9, Firenze;
† 1958, Aug. 30, Bologna.

Nekr. *O. Specchia, Boll. Soc. ital. Fisica **16** ('60) 18f. (m. Bildn. u. Faks.).

MH. Opere di Macedonio Melloni **1** (Bologna '54).

S. Conferenze di fisica 1950 (Società italiana di Fisica, Sezione lombarda) (Milano '51) 183–217: Aspetti recenti dell'indagine ionosferica.

W. Lezioni di fisica per i medici per gli studenti delle Facoltà di Medicina e Chirurgia, Medicina veterinaria, Farmacia e Agraria (R. Università di Perugia) (Bologna '46) 415 S. (Vorlesungsskript). — Lezioni di matematica per gli allievi delle Facoltà di Agraria e di Economia e Commercio (R. Università di Perugia) (Bologna '46) 242 S. (~).

Alta Frequenza Ricerche sperimentali sulla propagazione di un'onda elettromagnetica in un mezzo ionizzato magneto-attivo: **1** ('32) 68–85.

Atti reale Accad. nazion. Lincei, Rend. Verifica sperimentale dell'assorbimento selettivo delle onde hertziane provocato da un gas elettronico in campo magnetico: (6) **15** ('32) 144–50.

Nature [London] Propagation of Hertzian waves in electronic gas under the influence of a magnetic field: **129** ('32) 203.

Nuovo Cimento Ancora sull'effetto Debye in dielettrici vischiosi: (N.S.) **9** ('32) 125–31. — Microfotometro registratore a cellula fotoelettrica ed amplificatore termojonico: 138–49. — Ricerche sperimentali sulla propagazione di un'onda elettromagnetica in un mezzo jonizzato magneto-attivo: **10** ('33) 243–59. — Sull'assorbimento delle onde hertziane provocato da un gas elettronico magneto-attivo: **11** ('34) 661. — π^+-Proton scattering at 100 MeV [2])[5])[1]) [3]): (10) **5** ('57) 1658f. [m. italien. Zusammenfassg.].

Rend. Sess. R. Accad. Sci. Ist. Bologna, Cl. Sci. fisiche Ulteriori constatazioni sperimentali sull'effetto di assorbimento delle onde hertziane provocato da un gas elettronico magneto-attivo: **38** ('33/34) 117–25. — Doppia rifrazione di un gas elettronico magneto-attivo in prossimità di una banda hertziana di assorbimento (Nota preliminare): **39** ('34/35) 169–72. – Sulla ricezione di onde corte a breve distanza in relazione ai bassi strati jonosferici: **41** ('36/37) 23–29.

Ricerca sci. L'impiego dei raggi infrarossi nella ricerca scientifica e nelle applicazioni tecniche: **6** ('35) 467–87.

Suppl. Nuovo Cimento Opera e vita di Macedonio Melloni: (10) **2** ('55) 501–09. – La pubblicazione delle "Opere di Macedonio Melloni"[4]): 516f.

Mit: [1]) G. Dascola; [2]) R. Gessaroli; [3]) S. Mora; [4]) G. Polvani; [5]) G. Quareni.

VI **TOGLIATTI,** Eugenio Giuseppe. Math. (Geometrie). – 1926–29 Prof. straord., '29–44, '45–61 Prof. ord., '61–66 Prof. fuori ruolo, '67 Prof. emer., '31–63 Pres. della Fac. di Sci., '35–66 Dir. dell'Ist. mat., Univ. di Genova; '56–74 Vice-Pres., Accad. ligure di Sci. e Lettere; '58–60 Pres., Soc. ital. di Sci. fisiche e mat. "Mathesis". – '22 (per '09–14) Steiner-Preis (Preuß. Akad. Wiss., Berlin); '57 Medaglia d'oro dei Benemeriti della Pubbl. Istruzione (Ministero della pubbl. Istruz.); '71 Fronda d'oro (Comune di Chiavari).

* 1890, Nov. 3, Orbassano, Torino;
† 1977, Okt. 5, Genova.

Bruder des Politikers Palmiro Togliatti.

Zur Biogr. Conferenze Semin. mat. Univ. Bari **1** ('54) Nr. 19 (Kurzbiogr. m. Bildn.).

Nekr. *N. Bobbio, Atti Accad. Sci. Torino **112** ('78) 27, 28. – *D. C. Demaria, ibid. 367–70. – *D. Gallarati, Annuario, Univ. Genova **1976/77**, 75f. (m. Bildn.); Atti Accad. ligure Sci. e Lettere **35** ('78) 72–78 (m. Schr.verz. 62 Nrn.); Boll. Unione mat. ital. (5) **A15** ('78) 490–93 (m. Schr.verz. 63 Nrn.). – *E. Marchionna, Atti Accad. nazion. Lincei, Rend. (8) **66** ('79) 309–19 (m. Bildn. u. Schr.verz. 63 Nrn.).

Zur Biobibliogr. Biografie e bibliografie degli accademici lincei (R. Ridolfi) (Roma '76) 654–58 (m. Bildn. u. Schr.verz. 62 Nrn.).

H. Luigi Bianchi, Opere **11**: Corrispondenza (Roma '59); darin eig. Beitr. S. 1–3: Prefazione. – C. Segre, Opere **4** (Roma '63); darin eig. Beitr. S. V–XIII: Prefazione.

S. Enciclopedia italiana di scienze, lettere ed arti **11** (Milano '31) 596f.: Computo di costanti; **12** ('31) 171f.: Curvatura; 188: Cuspide; **26** ('35) 275–77: Paradossi matematici; **32** (Roma '36) 337–39: Sperimentale, geometria. – Enciclopedia delle matematiche elementari (L. Berzolari, G. Vivanti, D. Gigli) **1**,2 (Milano '32) 261–321: Equazioni di 2°, 3°, 4° grado ed altre equazioni algebriche particolari; sistemi di equazioni algebriche di tipo elementare; **2**,2 (Milano '38) 1–71: Massimi e minimi; 251–306: Geometria proiettiva. – Studi in onore del Professore Salvatore Ortu Carboni (Roma '35) 253–59: Alcune osservazioni intorno ad una particolare superficie di 5° ordine. – Scritti matematici offerti a Luigi Berzolari (Pavia '36) 577–93: Sulle forme cubiche dello spazio a cinque dimensioni aventi il massimo numero finito di punti doppi. – Atti del 1° Congresso dell'Unione Matematica Italiana, Firenze 1937 (Bologna '38) 254–58: Ancora sulle forme cubiche dello spazio a cinque dimensioni aventi il massimo numero finito di punti doppi. – Scritti matematici in onore di Filippo Sibirani (Bologna '57) 281–84: Un'osservazione sulle reti omaloidiche di curve piane. — 2ᵉ Colloque de géométrie différentielle, Liège 1961 (Centre Belge de Recherches Mathématiques) (Louvain '62) 65–76: Sur les variétés à trois dimensions de l'espace à cinq dimensions dont les tangentes principales présentent des coincidences. – Dizionario biografico degli Italiani **14** (Roma '72) 722f.: Luigi Brusotti.

Annali Mat. pura ed appl. Alcune osservazioni sulle superficie razionali che rappresentano equazioni di Laplace: (4) **25** ('46) 325–39. – Sulle superficie monoidi col massimo numero di punti doppi: **30** ('49) 201–09. – Un'osservazione sulle direzioni inflessionali d'una trasformazione Cremoniana tra due piani: **57** ('62) 405–08.

Archimede [Firenze] La formazione del professore delle scuole secondarie nella facoltà di scienze: **16** ('64) 1–8.

Atti Accad. ligure Sci. e Lettere Superficie algebriche ed equazioni di Laplace: **9** ('53) 136–54. – Francesco Sbrana †: **15** ('59) 466–71. – Matematici in Liguria: **29** ('73) 27–36.

Atti Accad. Sci. Torino Alessandro Terracini: **103** ('68/69) 397–407.

Atti Soc. ital. Sci. fisiche e mat. "Mathesis" La proprietà isoperimetrica del cerchio dal punto di vista elementare: **1956**, Nr. 2, 8–12. – Ugo Amaldi: **1957** [Zitat unsicher]. – Guido Ascoli: ibid. [~]. – Francesco Sbrana: **1958**, Nr. 2, 17–21. – Luigi Brusotti: **1959**, Nr. 1, 74–76.

Boll. Mat. Sopra una proprietà caratteristica delle rette e delle coniche: **36** ('40) 2–6.

Boll. Unione mat. ital. Maria Giovanna Sittignani: (3) **3** ('48) 96. — Gino Loria: **9** ('54) 115–18. — Alessandro Terracini: (4) **2** ('69) 145–52. – Leonard Roth: **3** ('70) 326–32. – Alpinolo Natucci: **12** ('75) 425f.

Celebrazioni lincee, Accad. nazion. Lincei Oscar Chisini: Nr. **26** ('69) 1–16.

Conferenze Semin. mat. Univ. Bari Alcune vedute recenti sulle trasformazioni Cremoniane: Nr. **19** ('56) 12 S.

Cultura e Scuola Il "programma" di Erlangen: **2** ('62/63) 224–29.

Enseignement math. Introduction à la théorie des séries d'équivalence sur une surface algébrique: **35** ('36) 256–68.

Periodico Mat. Sulle curve piane di larghezza costante: (4) **46** ('68) 359–71. — Storia di "π": **47** ('69) 134–42.

Problemi attuali Sci. e Cultura L'insegnamento della matematica: Quaderno Nr. **59** ('63) 31–46. — La formazione del professore delle scuole secondarie nella facoltà di scienze: Quaderno Nr. **68** ('65) 137–50.

Rassegna mens. Israel Gino Loria: **18** ('52) 499–505.

Rend. Mat. e Appl., Univ. Roma Federigo Enriques: (5) **16** ('57) 12–22.

Rend. Semin. mat. e fisico Milano Sulla geometria intrinseca d'un gruppo continuo di trasformazioni: **22**,1951 ('52) 90–102.

Rend. Semin. mat., Univ. e Politecn. Torino Sulle superficie algebriche col massimo numero di punti doppi: **9**. 1949/50 ('50) 47–59. — Sulla matrice caratteristica d'una trasformazione Cremoniana tra piani: **16**. 1956/57 ('57) 361–70. — Varietà a tre dimensioni particolari: **21**. 1961/62 ('63) 77–85.

Vjschr. naturforsch. Ges. Zürich Una notevole superficie di 5° ordine con soli punti doppi isolati: **85** ('40) Beibl. Nr. 32 (= Festschrift Rudolf Fueter) 127–32.

Ferner Vorlesungsskripten: "Lezioni di geometria analitica e proiettiva" 1931/32, 1939/40, 1941/42, 1944, 1945/46, 1947/48, 1950/51, 1952, 1956, 1960; "Lezioni di geometria descrittiva" 1936/37, 1941/42, 1942/43, 1946, 1948, (m. D. Gallarati) 1955/56, (~) 1958/59; "Appunti di storia delle matematiche, 1" 1966/67.

VI **TOIVONEN,** Niilo Johannes. Chem. (org.). — 1913–24 Assist., '24 außerord. Prof., '28–58 ord. Prof., '39–58 Dir. d. Chem. Institute, Univ. Helsinki; '17–20 Chemiker, Konsumgenossenschaft Elanto; '23–24 Planer, '24–27 Chemiker u. Leiter d. warenchemischen Labor., Genossenschaftsgroßhandel OTK; '19 Mitbegründer, '23–24 Vorsitzender, '57 Ehrenvorsitzender, Ges. Finnischer Chemiker; '39–40, '41–42 Subdirektor bei d. pharm. Fabriken Orion; '52–53 Präs., Finn. Akad. Wiss. — '49 Goldene Gadolin-Medaille (Ges. Finnischer Chemiker).

* 1888, Febr. 7, Hämeenlinna;
† 1961, Sept. 11, Helsinki.

Zum 60. Geb.tag *P. Heinänen, Suomen Kemistilehti **21A** ('48) 1–3.

Zum 70. Geb.tag *A. I. Virtanen, Suomen Kemistilehti **31B** ('58) 1f. — *T. Voitila, ibid. **31A** ('58) 78–84.

Nekr. *W. Hückel, Chemische Ber. **99** ('66) I–XXXIII (m. Bildn., Faks. u. Schr.verz. 151 Nrn.). — *A. I. Virtanen, S.-Ber. finn. Akad. Wiss. **1962** ('63) 61–73 (m. Bildn.).

Schriftenverzeichnis *H. Toivonen, *A. Andersen, Suomen Kemistilehti **34A** ('61) 237–41.

MH. (Mitredakt.) Iso tietosanakirja **1** (Helsinki '31) — **15** ('39), Neuaufl. **1** ('57) — **5** ('61); darin eig. Beiträge. — Biochemistry of nitrogen; a collection of papers on biochemistry of nitrogen and related subjects; dedicated to Artturi Ilmari Virtanen on the occasion of his 60th birthday (Helsinki '55).

MHZ. Suomen Kemistilehti **1** ('28) — **33** ('60).

S. Forhandlinger. Det 4. Nordiske kjemikermøte, Oslo 1932 (Oslo '33) 278f.: Untersuchungen über die Autoxydation cyclischer β-Diketone [schwed.]. — Pohjoismainen (19. skandinaavinen) luonnontutkijain kokous, Helsinki 1936 (Helsinki '36) 377f.: Über die Einwirkung verschiedener Dehydrationskatalysatoren auf Fenchol und auf einige verwandte Verbindungen. — The Finland year book 1947 (Helsinki '47) 332–43: Scientific research in Finland, 2: Mathematic and natural science. — Berättelse och föredrag. Det 6. Nordiska kemistmötet, Lund 1947 (Lund '48) 276–78: Untersuchungen über endo–exo-Isomerie in der Camphergruppe, 1: Konfiguration der Borneole und Fenchole [schwed.]. — Kulttuurin saavutuksia **2** (Porvoo '48) 1–11: Ergebnisse und Bestrebungen der Chemie [finn.]. — Kokousselostus ja esitelmät. Seitsemäs [= 7.] Pohjoismainen kemistikokous, Helsinki 1950 (Helsinki '51) 53–69: Über die Formen der Moleküle und ihre Einwirkung auf die Eigenschaften der Verbindungen [schwed.]. — Abstracts of papers. 13th International congress of pure and applied chemistry, Stockholm and Uppsala 1953 (Stockholm '53) 216: Über die gegenseitige Umwandlung von Verbindungen der Fenchol- und Isofencholreihe. — Beretning og foredrag. Det 8. Nordiske kjemikermøte, Oslo 1953 (Oslo '54) 237: Untersuchungen in der 1-Methylnorcamphergruppe [schwed.] [32]). — 14. Internationaler Kongreß für reine und angewandte Chemie, Zürich 1955 [Referatenband] (Basel '55) 45: Über die Konfiguration der 2-Methylnorborneole und 2-Methyldehydronorborneole. – Det 9. Nordiske kemikermøde, Aarhus 1956, **2**: Beretning (Aarhus '57) 117–34: Über die Stereochemie in der Camphangruppe [schwed.].

W. Orgaaninen kemia (Helsinki '38) 280 S., [2]('40) 298 S., [3]('45), [4]('53), [5]('60), (ab 6. Aufl. m. H. Toivonen) [6]('63) 303 S., . . ., [9]('71) 303 S.

Acta chem. scand. Über eine Methode zur Abspaltung des Carbalkoxyrestes aus β-Keto- und β-Dicarbonsäureestern [31][5][24][25]: **1** ('47) 133–39. – Über eine Totalsynthese der Camphersäure resp. des Camphers [31][5][26][45][43]: **2** ('48) 597–610. – Über die endo–exo-Isomerie bei Verbindungen vom Camphertypus, 2: Die Konfiguration des Borneols und Isoborneols [13][30][18][9][35]: **3** ('49) 991–1010.

Elanto [finn.]. Nachruf auf K. N. Rauhalasta: **1937** [finn.].

Hälläpyörä Meine Beziehungen zur Landschaft Häme: **1948**, 33 [finn.].

J. prakt. Chem. Zur Chemie der synthetischen Diterpene, 1: Dimerisation der Fenchene mit Tonkatalysatoren: β-Difenchen [1][3][4][12]: (2) **159** ('41) 70–114.

Kuluttajain Lehti Die chemische Industrie als Erfüllerin der Bedürfnisse des menschlichen Lebens: **1943**, Nr. 32/34, 1–4 [finn.].

Makromolekulare Chem. Über die endo–exo-Isomerie bei Verbindungen des Bicyclo-(1,2,2)-Heptansystems, 6: Über die thermische Beständigkeit der Ester von α- und β-Norborneol [32]: **18/19** (Staudinger-Festband) ('56) 414–21 [m. engl. Zusammenfassg.].

Nuorten Pellervo Die Zucker und andere süße Stoffe: **9** ('34/35) 90–92 [finn.].

S.-Ber. finn. Akad.Wiss. Frans Oskari Routala †: **1938** ('41) 61–. – Eine neue Methode zur Abspaltung der Carbonsäureestergruppe aus β-Keto- und β-Dicarbonsäureestern: **1947** ('49) 131–34. – Gustaf Komppa, 1867–1949: **1949** ('50) 77–117. – Über die Molekülformen der Verbindungen vom Camphertypus: 147–57. – Zum Anteil der Chemie an der Entwicklung unserer Naturerkenntnis. Über die Ordnung in der Natur: **1952** ('53) 87–116.

Suomalaisen Tiedeakatemian Toimituksia, Sarja A II Über die endo–exo-Isomerie bei Verbindungen des Bicyclo-(1,2,2)-Heptansystems, 4: Die endo–exo-isomeren 2-Methylnorborneole [39][32]: Nr. **64** ('55) 11 S.

Suomen Kemistilehti Über die Autoxydation des Methylmethons (2,5,5-Trimethylcyclohexan-3,5-dion) [22]: **5A** ('32) 91 [finn.]. – Untersuchungen über die Autoxydation cyclischer β-Diketone [28][22]: **5B** ('32) 31f. – Zur Darstellung der β,β-Dimethylglutarsäure [20]: 44. – Über die Dehydratation des α,α-Dimethylborneols mit Aluminiumphosphat [27]: 48f. – Über die beim Fenchylalkohol die Santenverschiebungen verursachenden Dehydratations-Katalysatoren (Vorläufige Mitteilung) [38][47][48]: **6A** ('33) 56f. [finn.]. – Über die Kondensationsprodukte des Methons und die Reduktionsprodukte der Methylmethone [11][14]: 72f. [~]. – Über die Einwirkung von Phosphorpentachlorid auf Dimethylmethon (Vorläufige Mitteilung) [21]: 130 [~]. – Zur Darstellung der 2-Phenyl-1,3-cyclohexandione [8]: 130 (~]. – Die Methylierung mit Dimethylsulfat bei Anwesenheit von kleinen Alkalijodidmengen [40]: 132 [~]. – Zur Kenntnis der Nitroderivate der β-Diketone [34][33]: **6B** ('33) 67f. – Über 2-Isoalkylidencyclan-1,3-dione [10]: **7A** ('34) 23 [finn.]. – Über die aus Fenchylalkohol unter Einwirkung von schwach sauren Dehydratations-Katalysatoren entstehenden Terpene [46]: 126 [~]. – Diphenylmethylen- und Diphenylmethylbarbitursäure [41]: 135f. [~]. – Über die Einwirkung von Phosphorpentachlorid auf Dimethylmethon [21]: **7B** ('34) 79f. – 5-Bromcamphersäure [43]: **8A** ('35) 24 [finn.]. – Über Methylsantenol und Methylsantenon: 24 [~]. – Über die Einwirkung von Brom auf Dimethylmethon und Diphenylmethylenmethon. Beiträge zur Kenntnis der Form des Cyclohexanringes [2][10]: 50 [~]. – Über die aus Fenchylalkohol entstehenden Verbindungen der Methylsantenreihe: **8B** ('35) 10–12. – Über Anhydro-bis-methon (Bithon) [6][11]: 32f. – Über die Konstitution des aus Fenchylalkohol mit schwach sauren Dehydratations-Katalysatoren entstehenden Methylsantens [46][7]: 44–46. – Über die Synthese der 1-Methylcyclopentan-1,3-dicarbonsäure (1-Methylnorcamphersäure) [16][36][23]: 46f. – Über die katalytische Dehydratation von β-Fenchol: **9A** ('36) 72f. – Über die Racemisierung des Methylsantens: 73–75. – Über die Einwirkung von Isomerisationskatalysatoren auf tricyclische Kohlenwasserstoffe der Terpenreihe: 75f. – Über die Santenverschiebung beim Fenchol und ihre Bedingungen: **9B** ('36) 15f. – Über ein neues Diterpen, das β-Difenchen [12][3]: **10A** ('37) 49f. [finn.]. – Über das Forscherwerk der ersten Empfänger (O. Aschan u. G. Komppa) der Gadolin-Denkmünze und seine Bedeutung: 110–13 [~] – Über die Strukturchemie der Cellulose: 120–22 [finn. m.deutscher Zusammenfassg.]. – Die Einwirkung von Benzopersäure auf den aus Santenol mit Xanthogenatverfahren erhaltenen Kohlenwasserstoff, das π-Apobornylen [37]: 156 [finn.]. – Der Chemie Weg (Gedicht, vertont von H. Klemetti): **11A** ('38) 21 [~]. – Über die diastereomeren Formen der Verbindungen der Methylsantenolreihe; die Einwirkung von Benzopersäure auf 4-Methyl-π-apobornylen [42]: 118 [~]. – Professor Ossian Aschan †: **12A** ('39) 17f. [~]. – Zur Reduktion der 2,2-dialkylierten 1,3-Diketone; elektrolytische Reduktion des Di-methylmethons (2,2,5,5-Tetramethylcyclohexan-1,3-dions) [14]: **12B** ('39) 2f. – Jalo Ant-Wuorinen †: **13A** ('40) 3 [finn.]. – Prof. Hermann Staudinger zum 60. Geburtstag: **14A** ('41) 64 [~]. – Über die Methylierung des Isofenchons [15]: **15B** ('42) 8. – Olavi Tuohimaa †: **16A** ('43) 3 [finn.]. – Die Erneuerung des Studiums der Chemie an der Universität Helsinki: 5–7 [~]. – Über den Unterricht der Chemie und die chemischen Laboratorien an der Universität Helsinki: **17A** ('44) 48–52 [~]. – Mikko Ilmari Erich †: 86 [~]. – Eelis Arvi Eskelinen †: 130 [~]. – Über die Oxydation des Isobornylacetats [9]: **19B** ('46) 1–3. – Ein Rückblick auf meine bisherigen Untersuchungen: **21A** ('48) 94–103 [finn.]. – Über die Nomenklatur organischer Verbindungen: **23A** ('50) 147–49 [~]. – Über die Reduktion des Fenchons mit Aluminiumisopropylat [13]: **23B** ('50) 14–17. – Über das Absorptionsspektrum einiger stereoisomerer, bicyclischer Terpenalkohole im nahen Ultrarot [44][35][13]: 53–59. – Das "Wachsen" der Moleküle zu Makromolekülen. Zum Forscherbild Hermann Staudingers: **24A** ('51) 32–34. – Zur Kenntnis der Fenchol⇆Isofenchol-Umlagerung (Vorläufige Mitteilung): **24B** ('51) 62–69. – Gustaf Komppas wissenschaftliche Veröffentlichungen und sonstige schriftliche Tätigkeit: **26A** ('53) 145–50 [finn.]. – An der Ruhestätte Gustaf Komppas: 309–12 [~]. – Prof. Terje Enkvist zum 50. Geburtstag: **27A** ('54) 256–58 [~]. – Über meine neuen Untersuchungen betr. der Konfigurationen in der Camphanreihe (Vorläufige Mitteilung): 348f. [~]. – Trismethon, ein Oxydationsprodukt des Methons [19]: **27B** ('54) 9–11. – Rede auf Professor H. v. Euler-Chelpin beim Gadolin-Bankett am 3. 12. 1954: **28A** ('55) 31f. [finn.]. – Rede auf Prof. Artturi I. Virtanen beim Bürgerfestmahl zum 60. Geburtstag: 92–96 [~]. – Zum 100. Geburtstag von Edvard Hjelt: 211–14 [~]. – Über die Oxydation des Dehydronorborneols sowie einiger anderer Alkohole der Camphangruppe nach der Methode von Oppenauer [17]: **28B** ('55) 91–93. – Rede auf der 10. Jahresversammlung der Societas Biochemica, Biophysica et Microbiologica Fenniae: **29A** ('56) 34– [finn.]. – Sulo Kilpi zum 70. Geburtstag: 51f. [~]. – Über das Forscherwerk Hermann Staudingers (Zum 75. Geburtstag): 66–70 [~]. – Phil. mag., Apotheker Eino Tikkanen †: 277 [~]. – Über die Diensynthese des 2-Methyldehydronorbornylacetats: Abhängigkeit des sterischen Verlaufs der Synthese von der Temperatur [29]: **31B** ('58) 146–48. – Aus den Gründungsjahren der Gesellschaft Finnischer Chemiker (Rede auf der 40-Jahrfeier der Gesellschaft): **32A** ('59) 117–20 [finn.]. – Die bedeutendsten chemischen Errungenschaften während der letzten 40 Jahre: 149–61 [~]. – Investigations on the endo–exo isomerism of compounds of the bicyclo-(2,2,1)-heptane system: The infrared spectra of 2-methyldehydronorborneols and 2-methylnorborneols [29]: **32B** ('59) 277–79. – Zum 100. Geburtstag von Ossian Aschan: **33A** ('60) 138–42 [finn.]. – On the diene synthesis of 2-methyldehydronorbornyl acetates; the Diels-Alder reaction of isopropenyl acetate with cyclopentadiene [29]: **33B** ('60) 53–57. – Eine neue Synthese des Santens (Vorläufige Mitteilung) [49]: **33B** ('60) 119f. – Zum 80. Geburtstag von Hermann Staudinger: **34A** ('61) 51f. [finn.]. – Das Atom und der Mensch: 233–37 [~]. – Über die Mischschmelzpunktskurve der sauren Phthalate des α-Fenchols und des β-Fenchols [13]: **34B** ('61) 39f. – Über die thermische Beständigkeit der Ester von Borneol und Isoborneol [29]: 148–51.

Suomen Kulttuurirahasto Wissenschaftliche Forschungsarbeit gestützt auf das Stipendium des Kulturfonds: **1940,** Nr. 4, S. 8, 13f. [finn.].

Teknillinen Aikakauslehti Das Komitee der chemischen Industrie (Gutachten): **33** ('43) 256f. [finn.].

Valvoja Die Bedeutung der wissenschaftlichen Arbeit von Artturi I. Virtanen: **75** ('55) 9–11 [finn.].

Weitere Beiträge in Zeitschriften und Tageszeitungen.

Mit: [1]) V. Alfthan; [2]) K. Bökman; [3]) L. H. Böök; [4]) M. I. Erich; [5]) S. Eskola; [6]) T. Fjäder; [7]) S. Friberg; [8]) C. Gustafsson; [9]) A. Halonen; [10]) E. Hase; [11]) A. Heikel; [12]) E. K. Heino; [13]) P. Hirsjärvi; [14]) V. P. Hirsjärvi; [15]) E. Johansson; [16]) A. John; [17]) J. Kaila; [18]) A. Kainulainen; [19]) N. Kajola; [20]) N. Karlsson; [21]) A. Kayser; [22]) H. Kivikoski; [23]) T. Kuusinen; [24]) P. V. Laakso; [25]) P. Laukkanen; [26]) S. Lang (Loukamo); [27]) E. Leikola; [28]) T. Lewison; [29]) P. J. Mälkönen; [30]) A. Melaja; [31]) S. Niininen (Tommila); [32]) K. Ojala; [33]) O. Ollila; [34]) E. Osara; [35]) E. Pulkkinen; [36]) E. Sainio; [37]) T. J. Savolainen; [38]) V. I. Salminen; [39]) E. Siltanen; [40]) A. Sipi; [41]) O. Suolahti; [42]) A.-L. Tawastjerna; [43]) A. Tuhkanen; [44]) P. Tuomikoski; [45]) E. Turunen; [46]) T. Veijola; [47]) U. O. A. Vuoristo; [48]) K. K. E. Wichmann; [49]) E. Wuolijoki.

VI **TOKODY,** László [Ladislaus]. Mineral. – 1920–24 Assist., '24–33 Adjunkt, József-Univ. f. Techn. u. Wirtschaftswiss., Budapest; '28–38 Privatdoz., '39– außerord. Prof., Pázmany-Univ. Budapest; '29–33 stellvertr. Mittelschullehrer, '33–43 Mittelschullehrer u. Studieninspektor m. Titel „Gymnasialdirektor"; '43–63 Leiter d. Mineral. u. Petrogr. Abt., '46–49 Stellvertr. d. Hauptdirektors, Ungar. Naturwiss. Museum, Budapest. – '56 Dr. h.c. (Ungar. Akad. Wiss.). – '35 P.-Bugát-Preis (Ungar. Akad. Wiss.); '63 Auszeichnung „Für sozialistische Arbeit" u. Titel „Titularextraordinarius" (Ministerium f. Bildungswesen).

* 1898, Febr. 2, Budapest;

† 1964, Apr. 15, Budapest.

Nekr. *C. Ravasz, Annales historico-natur. Musei nation. Hungarici **57** ('65) 7–14 (m. Bildn. u. Schr.-verz.) [deutsch].

Zur Biogr. *H. Vincze-Szeberényi, Annales historico-natur. Musei nation. Hungarici **76** ('84) 9–11 (m. Bildn.) [deutsch].

MHZ. Földtani Közlöny **83** ('53).

S. *J. Erdélyi, Kristályszerkesztés (Budapest '54) 217–55: Wiedergabe der Kristallstruktur ohne Verwendung von Kugelprojektionen [ungar.].

W. Magyarország meteoritgyűjteményei. Meteorite collections in Hungary (m. M. Dudichné Vendl) (Budapest '51) 107 S. [Katalog, m. ungar., russ. u. engl. Einleitung].

Acta geol. Acad. Sci. hungar. Kristallographische Untersuchungen an Pyriten aus dem Karpatenbecken: **1** ('52) 327–39 [m. russ. Zusammenfassg.]. – Proustit und Xanthokon von Baia Lapuşului (Láposbánya), Rumänien: **2** ('53/54) 185–90 [~]. – Kritische Bemerkungen zur Struktur des Hessits: 327–33 [~]. – Der Bentonit von Komló: **3** ('55) 185–205 [~]. – Ein Versuch zur Feststellung der vom Teufenunterschied abhängigen Typenänderung am Beispiel des Bournonits: **4** ('56/57) 469–76 [~]. – Die Mineralien von Füzérkomlós: **6** ('59/60) 173–94 [m. engl. u. russ. Zusammenfassg.]. – Mineralien von Erdőbénye: **7** ('62) 315–49 [~].

Acta mineral.-petrogr. [Szeged] Quarzkristalle aus dem Gutingebirge: **11** ('58) 43–49. – Kristallographische Beobachtungen: **13** ('60) 67–72.

Akadémiai Értesítő Bericht über den Zsigmond-Kornfeld-Preis 1943: **53** ('43) 127–31 [ungar.].

Annales historico-natur. Musei nation. Hungarici Fundorte der aus den Formen a (100), o (111), e (210), s (321) bestehenden Kombinationen der Pyritkristalle [8]): **28** ('34) 113–46 [ungar. m. deutscher Zusammenfassg.]. – Antimonit von Nagyág: **31** ('37/38) 165–70 [~]. – Aragonit von Fülek (Nógrád, Ungarn): 171–78 [~]. – Gips von Nagybánya und Felsőbánya: **32** ('39) 12–18 [~]. – Zur Kristallographie einiger ungarischer Mineralien: **34** ('41) 1–15 [~]. – Einige Mineralien von Baia Mare (Nagybánya) und Baia Sprie (Felsőbánya): (N. S.) **2** ('52) 287–94 [~]. – Proustit und Xanthokon von Baia Lapuşului (Láposbánya), Rumänien: **3** ('52) 27–31 [~]. – Über das Vorkommen des gediegenen α- und β-Schwefels von Recsk im Mátragebirge: **5** ('54) 15–19. – Zur Morphologie des Diaphorits: 21–25 [m. ungar. Zusammenfassg.]. – Minerogenetische Trachtstudien an Pyriten aus dem Velenceer-Gebirge: **6** ('55) 15–20 [~]. – Zum Gedenken an Ágoston Franzenau aus Anlaß der hundertsten Wiederkehr seines Geburtstages [3]): **7** ('56) 195–99. – Mauritzit, ein neues Mineral von Erdőbénye [4])[5]): **49** ('57) 17–21 [ungar. m. russ. Zusammenfassg.]. – Erinnerung an Margareta Herrmann: **50** ('58) 7–10. – Kristallmorphologische Untersuchungen des Gipses von Gánt [1]): **53** ('61) 7–12. – Mauritzit, ein selbständiges Mineral: **54** ('62) 27–30. – Mineralien des Kopaszhegy bei Tállya im Tokajer Gebirge: **55** ('63) 11–21. – "Welt der Mineralien und Gesteine". Neue Ausstellung der Mineralien- und Gesteinsammlung des Ungarischen Naturwissenschaftlichen Museums: 573–76 [m. russ. Zusammenfassg.]. – Die Mineralien von Aranyosvölgy und Boldogkőváralja im Tokajer Gebirge: **56** ('64) 9–15. – Die Mineralien des Királyhegy bei Sárospatak: **57** ('65) 15–18.

Búvár 25 Jahre Laue-Diagramm: **3** ('37) 901–04. – Die flüssigen Kristalle: **4** ('38) 188–92. – In Stein gehauene Legenden: **6** ('40) 29–33. – Neuere Angaben zur Chemie der Kristallkörper: 113–18. – Warum glitzert der Edelstein?: **7** ('41) 236–39. – Der "Pischkolt": 507. – Bygdøy [bei Oslo]: **8** ('42) 177–79. – Ein die Farbe wechselndes Mineral: 274f. – Lumineszenz-Versuche: 394f. – "Nagyapó" ["Großväterchen"]: 397f. – Die Verwendung des Glimmers in der Industrie: **9** ('43) 66f. – Der Asbest und seine Verwendung: 420–23. – Neue Forschungsrichtungen in der Mineralogie: **10** ('44) 81–84. – Die Kunst der Steinbearbeitung in China: 261–65. – Der ungarische Edelopal: 347. – – Alle Arbeiten ungar.

Chemie der Erde Über die Lumineszenz des Cerussits: **15** ('45) 395–405.

Földtani Értesítő Der 25. Jahrestag der Entdekkung des Laue-Diagramms: (N. F.) **2** ('37) 156–59 [ungar.]. – Die neuen Ergebnisse und Forschungsrichtungen in der Mineralogie: **8** ('43) 109–26 [~].

Földtani Közlöny Neuere Vorkommen einiger ungarischer Mineralien: **62** ('32) 187–94 [m. ungar. Zusammenfassg.]. – Asterismus der Hessit-Röntgenogramme: 210–13 [ungar. m. deutscher Zusammenfassg.]. – Neues Vorkommen des Anglesits, Cerussits und Wulfenits in Ungarn: **64** ('34) 341–47 [ungar. u. deutsch]. – Ankerit und Cosalit von Vaskő [7]): **65** ('34) 301–05 [ungar. m. deutscher Zusammenfassg.]. – Beiträge zur Kenntnis der Mineralien von Luciabánya und Jászómindszent, Komitat Abauj-Torna: **67** ('37) 64–77 [~]. – Kristallographische Untersuchungen an ungarischen Pyriten: **69** ('39) 141–65 [ungar.], 201–19 [deutsch]. – Waldemar Christopher Brögger: **71** ('41) 177–80 [ungar.]. – Márton Löw: **73** ('43) 623–32 [~]. – Eine geochemische Regel und ihre Anwendung: 688–713. – Verzeichnis der ungarischen geologischen und mineralogischen Literatur 1940–1947: **77** ('47) 87–108 [ungar.]. – Pulszkyit, ein neues Mineral [2]): **78** ('48) 205f. [ungar. m. deutscher Zusammenfassg.]. – Zinkfauserit, ein neues Mineral von Felsőbánya (Baia Sprie, Rumänien): **79** ('49) 68–89 [~]. – Neuere Angaben zur Kenntnis der

Mineralien von Rudabánya: **80** ('50) 156–67 [~]. – Mineralogische Mitteilungen, 1: 277–303 [~]; ~ 2: **81** ('51) 293–97 [ungar. u. deutsch]. – Translation und Fältelung des Vivianits: 168–70 [~]. – Neue Mineralien aus der Sowjetunion: 201f. [ungar.]. — Über das Azurit-Vorkommen von Kozár im Mecsek-Gebirge: **82** ('52) 262–69 [ungar. u. deutsch]. — Erinnerung an Paul Niggli: **83** ('53) 180f. [ungar.]. — Das Kristallsystem des Hessits: 386–90 [ungar. m. russ. Zusammenfassg.]. — Erinnerung an Viktor Zsivny: **84** ('54) 178f. [ungar.]. — Über den Schwefel von Recsk: 221–24 [~]. – Zum Gedenken an Ferenc Schafarzik aus Anlaß der 100. Wiederkehr seines Geburtstages: 286–88 [~]. – Andesittuff von Komló: **85** ('55) 220–22 [ungar. m. russ. u. französ. Zusammenfassg.]. — Kristallographische Notizen [9]): 228–31 [ungar.]. — Der Bentonit von Komló: 389f. [~]. – Ein Versuch zur Feststellung der vom Tiefenunterschied abhängigen Typenänderung am Beispiel des Bournonits: **86** ('56) 435–40 [ungar. m. deutscher Zusammenfassg.]. — Gorceixit von Felsőbánya (Baia Sprie) [4])[5]): **88** ('58) 76–82 [ungar.]. — Die Mineralien des Királyhegy von Sárospatak: **95** ('65) 95–98 [ungar. m. deutscher Zusammenfassg.]. — Elaterit von Borpatak (Valea Borcutului, Rumänien): 99–101 [ungar.].

Geologiska Fören. Stockholm Förh. Calcite and barite from Persberg: **62** ('40) 22–30.

Magyar Kemikusok Lapja Eine geochemische Regel und ihre Anwendung: **2** ('47) 1–8, 25–30 [ungar. m. deutscher Zusammenfassg.].

Magyar term. Társulat Évkönyve Ignác Born: **1942**, 128–31 [ungar.]. – Martin Heinrich Klaproth: **1943**, 69f. [~]. – René Just Haüy: 71–73 [~]. – Paul Groth: 78–81 [~]. – József Szabó: **1944**, 85–88 [~].

Matematikai és term. Értesítő Einige Mineralien von Désakna: **48** ('31/32) 776–81. – Die Morphologie des Pyrits [8]): 782–99. – Über die Struktur des Hessits: **49** ('33) 325–37. – Der Turmalin von Bindtbánya: **50** ('34) 650–59. – Über einige Mineralien von Lice: **51** ('34) 495–501. — Beiträge zur Kenntnis einiger Mineralien des Szepes-Gömörer Erzgebirges: **54** ('36) 650–75. – Kristallographische Untersuchungen einiger ungarischer Quarzkristalle: **55** ('36/37) 985–1004. – Kalzit und Baryt von Persberg (Schweden): **57** ('38) 1096–107. – Über den Chalkopyrit, Bournonit und Tetraedrit von Felsőbánya: **59** ('40) 1023–38. – Struktur und Morphologie des Cerussits: **60** ('41) 163–90. — Die Mineralien von Felsőbánya in geochemischer Betrachtung: **61** ('42) 191–227. – Wachstum der Kristalle in strömender Flüssigkeit [6]): 428–42. – Über die Lumineszenz des Cerussits: 1116–130. – Über den monoklinen Hessit: **62** ('43) 603–08. – – Alle Arbeiten ungar., meist m. deutscher Zusammenfassg.

Matematikai és term. Közlemények vonatkozólag hazai Viszonyokra Untersuchung über die Kristallisation der ungarischen Pyrite: **38** ('38) Nr. 2, 55 S. [ungar.]. – Kristallographische Untersuchungen an ungarischen Pyriten: **40** ('44) 34 S. [~].

Neues Jahrb. Mineral., Monatsh. Eggonit von Felsőbánya (Baia Sprie): **1954**, 204–07. – Mauritzit, ein neues Mineral von Erdőbénye (Ungarn) [4])[5]): **1957**, 33–39. – Gorceixit von Felsőbánya (Baia Sprie) [4])[5]): 255–63. – Elaterit von Borpatek–Valea Borcutului (Rumänien): **1963**, 315–17.

Pótfüzetek a Természettudományi Közlönyhöz Kristallchemie: **70** ('38) 49–64. — Neuere Ergebnisse der Geochemie: **72** ('40) 193–207. – Die Untersuchung der Farbe der Kristalle: **74** ('42) 43f. – Lichterscheinungen bei Uranmineralien: 44–46. – Eggonit, ein Mineral mit besonderer Geschichte: **75** ('43) 32–34. — Neue Methode zur Altersbestimmung der Mineralien: 109–11. – Die Wanderung der Elemente in der Erdkruste: 199–202. – Neuere Ansicht über die Zusammensetzung des Kerns der Erde: 202. — Leuchtende Kristalle: **76** ('44) 138–44. – – Alle Arbeiten ungar.

Schweizerische mineral. u. petrogr. Mitt. Wurtzit von Felsőbánya: **28** ('48) 702–06. – Pulszkyit, ein neues Mineral [2]): 707f. – Vivianit von Kisbánya: **29** ('49) 510–16.

Természettudományi Közlöny Krankheiten verursachende Mineralien: **73** ('41) 236–39. – "Lebendige" Kristalle: 480f. – Riesenkristalle: **74** ('42) 370–74. – Der Mikanit: 121f. – Organischer Stoff im Meteor: 382f. – Die im Karpatbecken gefallenen Meteoriten: **88** ('57) 278–80. – Die wissenschaftliche Arbeit der Mineralogisch-Petrographischen Abteilung: **93** ('62) 369–71. – – Alle Arbeiten ungar.

Z. Kristallogr., Kristallgeom., Kristallphysik, Kristallchem. Über Hessit: **82** ('32) 154–57; **89** ('34) 416. – Cerussit von Felsőbánya und Almásbánya: **96** ('37) 325–28. – Quarz von Felsőbánya: **99** ('38) 56–60.

Zbl. Mineral., Geol. u. Paläontol., Abt. A Über die Limonitpseudomorphosen nach Pyrit von Menyháza: **1932**, 83–87. – Turmalin von Bindtbánya: **1933**, 184–90. – Einige Mineralien von Kisbánya: **1938**, 109–12, – Über den Kupferkies, Bournonit und Fahlerz von Felsőbánya: **1941**, 166–74. – Dr. Karl Zimányi (1862–1941): **1942**, 34–39.

Mit: [1]) J. Fehér; [2]) J. Krenner; [3]) L. Majzon; [4]) T. Mándy; [5]) S. Nemes-Varga; [6]) K. Sztrókay; [7]) G. Vavrinecz; [8]) K. Zimányi; [9]) V. Zsivny.

VI **TOLANSKY,** Samuel. Physik (Optik, Spektroskopie). — 1934–37 Assist. Lecturer, '37–45 Lecturer, '45–46 Senior Lecturer,

'46–47 Reader, '45 D. Sc., Univ. of Manchester; '47–73 Prof. and Head of Physics Labor., Royal Holloway College, Englefield Green → Egham, Surrey, Univ. of London. — '48 Charles Vernon Boys Prize (London Physical Soc.); '61 Silver Medal (Royal Soc. of Arts).

* 1907, Nov. 17, Newcastle-upon-Tyne; † 1973, März 4, Richmond-upon-Thames, Surrey.

Zur Biogr. Nature [London] **158** ('46) 938.

Nekr. *R. W. Ditchburn, *G. D. Rochester, Biographical Mem. Fellows roy. Soc. **20** ('74) 429–55 (m. Bildn., Faks. u. Schr.verz.).

H. *V. S. Burakov, *A. A. Yankovskij, Practical handbook on spectral analysis (Oxford–London '64). — *S. I. Vavilov, The human eye and the sun, [and] "Hot" and "cold" light (Oxford–London–NewYork '65).

S. The examination of metals by optical methods; phase-contrast microscopy, reflecting microscopes, multiple-beam interferometry. A summary of the Proceedings of the conference of the British Iron and Steel Research Association, Leamington, Engl., 1949 (London '49) 33–40: The principles of multiple-beam interference methods. — Le contraste de phase et le contraste par interférences. Mémoires et discussions, Colloque de la Commission Internationale d'Optique, Paris 1951 (M. Françon) (Paris '52) 155–63: The micro-optical examination of metal surfaces turned by diamond tools. — Properties of metallic surfaces, a symposium, London 1952 (London '53) (Institute of Metals, Monograph and report series, 13) 1–22: Specialized microscopical techniques in metallurgy; 295–330: Discussion. — Interferometry. A symposium held at the National Physical Laboratory, Teddington, Engl., 1959 (London '60) 3, 1, S. 1–10: An oscillating Fabry-Pérot interferometer [6]). — Proc. 1st International congress of diamonds in industry, Paris 1962 (London '63) 343–59: Surface topography of natural and synthetic diamonds. — Physical properties of diamond (R. Berman) (Oxford '65) 135–73, 427: Optical studies on diamond. — Science and technology of industrial diamonds. Proc. of the International industrial diamond conference, Oxford 1966 (J. Burls) **2**: Technology (London '67) 341–49: Early historical uses of diamond tools. — Pears Cyclopaedia [80](London '71): Scientific findings from the Apollo 11 mission. — Encyclopaedia Britannica; a new survey of universal knowledge, **11** (Chicago,Ill.–London–Toronto '71) 605f.: Holography; **12** ('71) 352–60: Interferometer; **13** ('71) 190f.: Kaleidoscope. [Alle Artikel auch in anderen Auflagen]. — The moon. Proc. 2nd International symposium, Newcastle-upon-Tyne 1971 (S. K. Runcorn, H. C. Urey) (Dordrecht '72) (International Astronomical Union, Symposium 47) 249–62: Interferometric studies on Apollo 11 and Apollo 12 lunar glass objects. — Encyclopaedia Judaica **13** (Jerusalem '72 [?]) 390f.: The Jewish contribution to modern physics.

W. Fine structure in line spectra and nuclear spin (London '35) 8 + 112 S.; 2. Aufl. u. d. T.: Hyperfine structure in line spectra and nuclear spin [2](London–NewYork '48) 8 + 120 S., Neudrucke: (New York '50), (London '53). — Introduction to atomic physics (London–NewYork–Toronto '42) 12 + 343 S.; [2]('46) 11 + 351 S., Neudruck: ('48); [3]('49) 11 + 371 S.; [4]('56) 13 + 435 S.; [5]('63) 10 + 452 S., Neudruck: ('65); span.: Física atómica (Buenos Aires '48) 455 S.; italien.: Introduzione alla fisica atomica (Torino '50) 484 S. (Biblioteca di cultura scientifica, 21). — High resolution spectroscopy (London–NewYork '47) 11 + 291 S.; russ.: Spektroskopija vysokoj razrešajuščej sily (Moskva '55) 436 S. — Multiple-beam interferometry of surfaces and films (Oxford–London–NewYork '48) 8 + 187 S.; Neuauflagen: ('49), ('70), ('71) 8 + 187 S. — An introduction to interferometry (London–NewYork '55) 8 + 223 S., Neudruck: ('62); [2](Harlow, Essex–NewYork '73) 10 + 253 S. — The microstructures of diamond surfaces (London '55) 8 + 67 S. + 143 Tafeln. — Surface microtopography (London–NewYork '60) 8 + 296 S. — The history and use of diamond (London '62) 166 S. — Curiosities of light rays and light waves (Oxford–London '64) 8 + 111 S., (New York '65) 7 + 109 S.; poln.: Osobliwości promieni i fal świetlnych (Warszawa '67) 144 S. (Współczesna biblioteka naukowa, 66); russ.: Udivitel'nye svojstva sveta (Moskva '69) 136 S. — Optical illusions (Oxford–London–NewYork–Paris '64) 10 + 157 S.; ('67) 9 + 156 S.; russ.: Optičeskie illjuzii (Moskva '67) 127 S.; auch japan. — Interference microscopy for the biologist (Springfield, Ill. '68) 12 + 166 S. (American lecture series, 694). — Microstructures of surfaces, using interferometry (London–NewYork '68) 6 + 65 S. — The strategic diamond (Edinburgh '68) 7 + 119 S. (Contemporary science paperbacks, 26). — Revolution in optics (Harmondsworth '68) 222 S. (Pelican books, A 969); deutsch: Linse, Licht und Laserstrahl, Revolution in der Optik (Frankfurt/M. '69) 188 S. (Wege zum Wissen, 269); russ.: Revoljucija v optike (Moskva '71) 211 S. — Multiple-beam interference microscopy of metals (London–NewYork '70) 9 + 147 S.

Applied Optics Multiple-beam interferometry applied to oscillating systems: **4** ('65) 727–30.

Astronomy and Space The moon landings: Apollo 11 and 12: **1** ('71/72) 2–24.

Bild Wiss. Diamanten für die Technik: **3** ('66) 181–89. — Glashütte Mond: **9** ('72) 1324–28.

Biographical Mem. Fellows roy. Soc. Frits Zernike, 1888–1966: **13** ('67) 393–402.

British J. appl. Physics, Suppl. Symposium on optical and surface methods of non-destructive testing [33)15)]: **6** ('57)5–9.

Chemistry and Industry Television lectures for sixth form science pupils: **1961**, 2123–25. — Diamonds in industry: **1963**, 1339–41. — Science and technology of industrial diamonds: **1967**, 1950–52.

Contact [London] Diamond: **1958**, Herbst-Nr., 29–34.

Contemporary Physics Diamond, 1: **1** ('59/60) 96–111; ~ 2: 276–86.

Diamant [Antwerpen] The etching of diamond: **1** ('58) Nr. 2, 14f. — Some historical curiosities about diamond: **2** [?] ('59) Sept.-Nr., 5–7. — The invention of the glazier's diamond for cutting glass sheet: **4** ('61) Nr. [?], 9f. — The great table diamond of Tavernier: **5** ('62) Nr. [?], 14–. — Early historical uses of diamond: **9** ('66) Nr. [?], 14–16; **10** ('67) Nr. [?], 23f.

Diamond Res. Graphitized natural diamond: **1968**, 8–10. — Abundance of type II diamond amongst natural micro-diamonds [32)]: **1969**, 2–6. — Distribution of type I and type II in South African diamonds: **1973**, 28–31.

Discovery Surface micro-structure of diamonds: **18** ('57) 324f. — Gravitation: cosmos and atomic particles: 522f. — Diamond: fiction, fancy and fact: **19** ('58) 10–16. — Magnetohydrodynamics: 291. — Optical illusions and scientific observations: 450–55. — Plasma dynamics and magnetohydrodynamics: **20** ('59) 331. — Interferometric studies on oscillating quartz crystals: 528–35. — Scientific and educational television in the U.S.A: **21** ('60) 346–50. — A theory on snow crystal symmetry: 524–28. — A new look at some surfaces with multiple-beam interferometry, 1: **22** ('61) 4–13; ~ 2: 65–68.

Encounter The science of optics: **36** ('71) 68–71.

Endeavour Multiple-beam interferometry: **9** ('50) 196–202. — Glass spherules in the lunar dust: **29** ('70) 135–39.

Engineers' Digest The technological uses of industrial diamonds: **23** ('62) 89–98.

Gemmologist Studies on the surfaces of diamonds: The etching of diamond (Herbert Smith Memorial Lecture): **27** ('58) 73–76. — Some folklore and history of diamond: **30** ('61) 155–58, 167–70, 205–10, 232–35.

Illustrazione sci. Un microscopio topografico: 7 ('54) 24–28.

Industrial Diamond Rev. Comments on a paper by H. Meincke: Static modulation hardness with an indenter indicating direction: **11** ('51) 41f. — The surfaces of diamonds: **13** ('53) 271–76. — Diamond dodecahedra - some new observations: **19** ('59) 6–13. — The production of percussion marks on diamond: 131–35. — Some growth characteristics of synthetic diamonds: A distinction between natural and synthetic diamonds [35)]: **20** ('60) 7–13. — Interferometric studies of synthetic diamonds [35)]: 106–09. — Gem diamond examination: **23** ('63) 197–.

International Sci. and Technol. Surface microtopography: **1962**, 32–39.

Israel Diamonds The earliest diamond rock-drill: **5** ('72) 27–.

J. chem. and physic. Soc., Univ. College, London The development of multiple-beam interferometry: **1**, Summer term ('56) 78–81.

J. Chim. physique et Physico-Chim. biol. Sur la reproduction des reliefs par les couches minces utilisées en interférométrie à ondes multiples [5)]: **53** ('56) 563–69.

J. Electrodepositors' techn. Soc. Some applications of interferometry to the examination of an electrodeposited film: **27** ('51) 171–80. — The properties of metallic coatings produced by evaporation and sputtering: **28** ('52) 155–65.

J. Electronics and Control Three-dimensional microscopy: **4** ('58) 63–95.

J. Gemmol. and Proc. gemmol. Assoc. Great Britain The great table diamond of Tavernier: **8** ('62) 171–74.

J. opt. Soc. America The measurement of thin film thickness by interferometry: **41** ('51) 425f. — Use of multilayer films for surface topography interferometry [4)38)]: **44** ('54) 5–10. — Precision multiple-beam interference fringes with high lateral microscopic resolution [8)]: **45** ('55) 792–95.

J. Physique et Radium Interferometric evaluation of thicknesses of thin films: **11** ('50) 373f. — Some further applications of multiple-beam interferometry, 1: Interferometric method for measuring differential polarization phase change at metallic reflection: 432f.; ~ 2: New multiple-beam localized fringes formed by strongly curved silvered thin plates: 434f.; ~ 3: A further application of localized white-light fringes of superposition: 436f.; ~ 4: The oscillations of quartz crystals as revealed by multiple-beam interferometry: 438–40.

J. Quekett microscop. Club Some techniques for microtopographical observations: **4** ('56) 247–59.

J. roy. Soc. Arts Some folklore and history of diamond: **109** ('61) 743–61. — Curiosities of light and curiosities of sound (Dr. Mann Juvenile Lecture): **113** ('65) 262–.

J. sci. Instruments Simple method of cutting wide "Pyrex" tubing: **13** ('36) 25. — The sputtering of large-aperture Fabry-Pérot interferometer mirrors [21]): 261–63. — New contributions to interferometry, with applications to crystal studies: **22** ('45) 161–67. — The reflectivity of speculum metal [7]): **24** ('47) 248f. — A micro-reference flat for multiple-beam interferometry [25]): **30** ('53) 337f.

J. theoret. Biology Interferometry and biological microtopography: **5** ('63) 306–20.

Jenaer Rdsch. Bartons Knöpfe – eine Kuriosität in der Geschichte der Optik: **12** ('67) 285–88.

Laboratory Practice Surface profile measurement using the microscope: **1** ('52) 193–96. — An edge graticule for the light-profile microscope: **2** ('53) 291–93. — An optical shadow-casting microscope technique: **3** ('54) 405–09. — The rapid assessment of multilayer dielectric high-reflectors: **4** ('55) 361–64. — A simple workshop technique for a rapid comparative grading of surface roughness: **5** ('56) 365f., 377. — A source for adjusting interferometers: **6** ('57) 442f. — Modulated multiple-beam interference fringes and their unsuitability for biological studies: **7** ('58) 457–60. — The assessment of high-reflecting films for interferometry and monochromatic filters: **8** ('59) 265–67. — Hidden treasure: 369, 387. — The Royal Society tercentenary: Physics: **9** ('60) 500–03. — An optical illusion affecting instrument cross-wires: 635–37. — Interferometry as an aid to studying coal sections: **10** ('61) 465–68. — A rapid assessment of paint finishes using interferometry: **11** ('62) 455–57. — Fire polished glass as an optical interference reference surface: **12** ('63) 722–24. — Interferometric examination of biological surface microtopography: **13** ('64) 816–23. — The optical microscope today: 844f. — Multiple-beam superposition fringes: **14** ('65) 1270–72, 1296. — Notes on biological interference microscopy: **15** ('66) 1236–38. — Diamond in the laboratory (Introduction): **16** ('67) 1469–. — Note on the preparation of thin silver optical films: **17** ('68) 1011f., 1014. — The strategic diamond (Labex Lecture): **18** ('69) 543–46. — Measurement of elastic recovery in hardness indentation testing: 927f., 952. — New test-objects for high magnification interference microscopy: **19** ('70) 895f., 900. — Bismuth oxide reflecting films for multiple-beam interferometry on steels [36]): **20** ('71) 794–96. — White-light multiple-beam interference fringes: **21** ('72) 621–23. — — Mehrere Arbeiten m. französ. u. deutscher Zusammenfassg.

Leonardo [Oxford] Complex curvilinear designs from pendulums: **2** ('69) 267–74.

M and B Labor. Bull. Moon dust: **9** ('71) 50–58.

Materials Res. Bull. Type II abundance in natural micro-diamonds [32]): **4** ('69) 555–62.

Metal Treatment and Drop Forging The interferometric study of metal surfaces: **16** ('49/50) 195–203. — Examination of machined metal surfaces. Use of light-profile microscope: **21** ('54) 103–11.

Metallography Multiple-beam interferometry in analytical metallography: **2** ('69) 1–18.

Mineralogical Mag. and J. mineral. Soc. An interferometric survey of the micas [23]): **28** ('47/49) 137–45. — An interferometric examination of synthetic mica [23]): 146–50.

Monthly Notices roy. astron. Soc. High intensity reflection interferometry for weak sources [31]): **109** ('49) 86–93.

Nature [London] Hyperfine structure of the mercury line λ 4916: **129** ('32) 204. — The nuclear spin of arsenic: 652. — Nuclear magnetic moments: **130** ('32) 402f. — Nuclear spin and magnetic moment of tin: **132** ('33) 318. — Nuclear moments of the antimony isotopes: **133** ('34) 531f. — Negative nuclear spins and a proposed negative proton: **134** ('34) 26. — Nuclear spin of iodine: 851f. — Distribution of nuclear mechanical moments: **135** ('35) 620f. — Isotope displacement in the arc spectrum of platinum [21]): **137** ('36) 908. — Distribution of atomic nuclear spins: 1071. — The electric quadrupole moment of the nucleus $^{127}_{53}I$: **138** ('36) 404. — Hyperfine structure perturbations in iodine due to nuclear quadrupole moment: **142** ('38) 393. — Hyperfine structure in the spark spectrum of iodine: **144** ('39) 754f. — Hyperfine structure in the arc spectrum of bromine [37]): **146** ('40) 687f. — Laws of nuclear structure derived from nuclear spins: **147** ('41) 269. — Use of the term "resolving power" in spectroscopy: **148** ('41) 54. — An interferometric procedure for the examination of crystal surfaces: **152** ('43) 722f. — Topography of a quartz crystal face: **153** ('44) 195f. — New interference phenomena with Newton's rings: 314f. — An interferometric procedure for the examination of crystal surfaces: 435. — Topography of the face of a diamond crystal [39]): **157** ('46) 583. — Cleavage of calcite [19]): 661f. — Cleavage of selenite and mosaic structure [19]): **158** ('46) 519. — F. Paschen †: **159** ('47) 529f. — "Structure of spectral lines": **160** ('47) 909. — Application of multiple-beam interferometry to the study of oscillating quartz crystals [3]): **161** ('48) 925. — New localized interference fringes [2]): **162** ('48) 816f. — A new application of white-light superposition fringes: **163** ('49) 637. — Optical properties of solid thin films: 885f. — Interferometric examination of hardness test indentations [24]): **164** ('49) 103f. — Abrasion tests on diamonds. Interferometric examination [1]): 194f. — Interferometric study of slip bands on metal crystals [16]): 754f. — Interferometric examination of hardness indentations on tin [24]): 840. — Applications of multiple-beam interferometry: **167** ('51) 815f. — A high-resolution surface-profile microscope: **169** ('52) 445f. — Interferometric studies of coal: 660f. — Measurements of amplitudes of micro-oscillations using a microscope light-cut technique [30]): 1060. — Thin-film interferometric techniques for high-magnification topographical studies [25]): **170** ('52) 81 f. — Evaluation of small radii of curvature using the light-profile microscope [25]): 758 f. — Shadow microscopy for measurement of height: **171** ('53) 564–66. — A conjectured electrolytic enrichment of tin isotopes: **179** ('57) 623. — P. Grodzinski †: 655. — Symmetry of snow crystals: **181** ('58) 256 f. — Isotope enrichment in a continuous feed process: 1730. — Spiral and other growth forms of synthetic diamonds: a distinction between natural and synthetic diamond [35]): **184** ('59) 1526 f. — Interferometric studies on synthetic diamonds [35]): **185** ('60) 203 f. — A notable growth spiral on synthetic diamond: **190** ('61) 992. — Resemblance between macro-impact with a great meteorite and micro-impact with a drop or sphere: **202** ('64) 75. — Birefringence of diamond: **211** ('66) 158–60. — Physics exhibition 1968: **217** ('68) 996. — Interferometric examination of tektites: **222** ('69) 259 f. — Goethe on interferometry: **229** ('71) 248.

New Scientist An 18th century scientist's report on Mozart: **5** ('59) 1026–29.

Optima [Johannesburg] From the shock-waves of lunar explosions – diamonds?: **15** ('65) 160–62. — An early diamond rock drill: **16** ('66) 119 f.

Philosophical Mag. (and J. Sci.) Hyperfine structure in the arc spectrum of tin [10]): (7) **32** ('41) 315–23. — New contributions to interferometry, 1: New non-localized interference fringes: **34** ('43) 555–65; ~ 2: New interference phenomena with Newton's rings: **35** ('44) 120–36; ~ 3: The differential polarization phase change on reflection at a thin silver film: 179–87; ~: Correspondence: 211–13; ~ 4: The ghost images and scatter rings of the Fabry-Pérot interferometer and their effects in hyperfine structure observations: 229–41; ~ 5: New multiple-beam white light interference fringes and their applications: **36** ('45) 225–36; ~ 6: White light Fabry-Pérot fringes: 236–41; ~ 7: Monochromatic and white-light multiple-beam interferometric studies on mica: **37** ('46) 390–98; ~ 8: Interferometric examination of small local irregularities in mica: 453–62. — Interferometric studies of hardness-test indentations: Investigations on tungsten carbide, steel, duralumin-ium, and tin [24]): **43** ('52) 410–21. — An unusual birefringence interference pattern [34]): 547 f. — Etch spirals on a diamond octahedron face [25]): 808 f. — Observations on slip found in a diamond [25]): **44** ('53) 514–18. — Rectilinear etch pits on diamond [28]): (8) **2** ('57) 1003–05. — On the occurrence of slip in diamond [12])[8]): **3** ('58) 675–79. — Changes in orientation of etch pits produced on the cubic faces of diamond [22])[29]): **26** ('72) 1275–80.

Physica The intensity efficiency of the Fabry-Pérot interferometer, both in transmission and reflection: **12** ('46) 649–55. — Multiple-beam interferometric studies on oscillating quartz crystals [41]): **24** ('58) 508–18.

Physics Bull. Optical illusions: their influence on scientific observation: **11** ('60) [oder **12** ('61)?] 1–6. — Are there diamonds on the moon?: **19** ('68) 184–.

Physics Educat. The teaching of interference fringe localization: **1** ('66) 79–87. — Multiple-beam interferometry in elementary teaching: **5** ('70) 1–7.

Physics in Med. and Biol. Application of interferometry to biological micro-structures: **9** ('64) 125–42.

Physikalische Bl. Mehrfachreflex-Interferometrie an Oberflächen und Schichten: **4** ('49) 472–80.

Proc. physic. Soc. The absence of fine structure in the arc spectrum of silver: **45** ('33) 559–64. — Fine structure in the (^{2}D) series limit terms of the I^+ spectrum: **48** ('36) 49–56. — The nuclear magnetic moment of copper [10]): **50** ('38) 826–32. — Low-order multiple-beam interferometry: **58** ('46) 654–62. — A transparent-replica technique for interferometry [9]): **59** ('47) 951–57. — Friedrich Paschen †: 1040 f.

Proc. physic. Soc., Sect. B New localized multiple-beam interference fringes formed with curved thin sheets [2]): **63** ('50) 545–52. — Interferometric studies on the vibration of piezoelectric plates [3]): **64** ('51) 224–30. — Optical studies of ring cracks on glass [17]): **67** ('54) 467–72. — Oriented ring cracks on diamond [12]): 473–76. — Directional hardness studies on single crystals of tin and bismuth [40]): **68** ('55) 548–58. — An occasional mode of growth in diamond [8]): 559–61. — Induction of ring cracks on diamond surfaces [17]): **70** ('57) 521–26. — Micro-disc patterns on diamond dodecahedra [26]): **78** ('61) 12–16.

Proc. roy. Instn. Great Britain The examination of crystals and metal surfaces using interferometry: **34** ('49) 382–91. — The microtopographies of surfaces: **40** ('65) 341–54. — Moon dust: **44** ('71) 53–63.

Proc. roy. Soc. London, Ser. A Fine structure in the arc spectra of bromine and iodine: **136** ('32) 585–604. — The nuclear spin of arsenic: **137** ('32) 541–58. — The nuclear spin of tin: **144** ('34) 574–87. — The nuclear spins and magnetic moments of the isotopes of antimony: **146** ('34) 182–99. — Intensity measurements in a fine structure multiplet of As II [14]): 818–24. — The nuclear spin of iodine, 1: Fine structure in the first spark spectrum: **149** ('35) 269–81; ~ 2: Fine structure in the arc spectrum and a fine structure perturbation effect: **152** ('35) 663–72; ~ 3: Further measurements upon the fine structures in the first spark spectrum [10]): **168** ('38) 78–103; ~ 4: A new type of hyperfine structure deviation from the interval rule: **170** ('39) 205–22. — Fine structure in the arc spectrum of platinum: (A) The nuclear spin of Pt 195, (B) Even isotope displacement [21]): **158** ('37) 110–27. — Hyperfine structure in the arc spectrum of bromine [37]): **175** ('40) 366–82. — The topography of crystal faces, 1: The topography of a (100) face of a left-handed quartz crystal: **184** ('45) 41–51; ~ 2: The topography of cleavage faces of mica and selenite: 51–63. — Further interferometric studies with mica. New multiple-beam fringes and their application: **186** ('46) 261–71. — Interference studies of diamond faces. A crossed fringe technique [39]): **191** ('47) 182–94. — The etching of diamond, 1: Octahedron faces [25])[27]): **225** ('54) 33–40; ~ 2: Cleavage, dodecahedron and cube faces [27]): 40–48. — Pressure crack-figures on diamond faces, 1: The octahedral face [17]): **230** ('55) 287–93; ~ 2: The dodecahedral and cubic faces [17]): 294–301. — The microstructure of dodecahedral faces of diamond [8]): **239** ('57) 289–95. — The etching of crystal cleavages, 1: Mica [28]): **243** ('57) 33–40; ~ 2: Diamond octahedral cleavages [28]): 41–47. — Optical studies of spirals on synthetic quartz crystals [18]): **260** ('61) 475–80. — Comparative optical and interferometric studies on synthetic diamonds: **263** ('61) 31–38. — Synthetic diamonds: Growth and etch phenomena: **270** ('62) 443–51. — Growth history of a natural octahedral diamond [13]): **279** ('64) 490–96.

Proc. Univ. Durham philos. Soc. Refractive indices and birefringence of Australian muscovite mica over the wavelength range λ 5870–9400 [11]): **12** ('55) Nr. 10, 94–101.

Research [London] Microtopography of diamond surfaces: **6** ('53) 8–15.

Science [USA] Abundance of type II diamonds [20]): **157** ('67) 1173–75. — Interferometric examination of small glassy spherules and related objects in a 5 gram lunar dust sample: **167** ('70) 742f. — Lunar glass: Interferometric evidence for low-temperature shock: **176** ('72) 671–73.

Scientific American A topographic microscope: **191** ('54) 54–59.

Vacuum Multiple-beam interferometry and the influence of vacuum technique: **1** ('51) 75–91. — The use of multilayer high-reflecting films for reflection multiple-beam interferometry: **2** ('52) 231–44. — Perfection of contour by vacuum-deposited thin films: **4** ('54) 456–63 [m. französ. Zusammenfassg.].

Z. Elektrochem., Ber. Bunsenges. physik. Chem. A light-profile microscope for surface studies: **56** ('52) 263–67.

Z. Physik Die g(I)-Faktoren der Kerne Chlor, Phosphor und Aluminium: **74** ('32) 336–43. — Die Kernmomente der leichteren Elemente: **78** ('32) 71–73. — Feinstruktur im Spektrum von Arsen II: **87** ('33/34) 210–16.

Mit: [1]) E. Austin; [2]) N. Barakat; [3]) W. Bardsley; [4]) J. A. Belk; [5]) V. G. Bhide; [6]) D. J. Bradley; [7]) W. K. Donaldson; [8]) S. H. Emara; [9]) R. C. Faust; [10]) G. O. Forester; [11]) W. Hall; [12]) A. Halperin; [13]) E. R. Harrison; [14]) J. F. Heard; [15]) O. S. Heavens; [16]) J. Holden; [17]) V. R. Howes; [18]) M. S. Joshi; [19]) A. Khamsavi; [20]) H. Komatsu; [21]) E. Lee; [22]) R. F. Miller; [23]) P. G. Morris; [24]) D. G. Nickols; [25]) M. Omar; [26]) D. C. Pandeya; [27]) N. S. Pandya; [28]) A. R. Patel; [29]) J. Punglia; [30]) H. Rahbek; [31]) J. D. Ranade; [32]) M. A. Rawle-Cope; [33]) R. Stephens; [34]) F. S. A. Sultan; [35]) I. Sunagawa; [36]) M. Thyer; [37]) S. A. Trivedi; [38]) D. Turnbull; [39]) W. L. Wilcock; [40]) A. P. Williams; [41]) A. F. B. Wood.

IV–VI **TOŁŁOCZKO,** Stanisław Karol. Chem. — 1905–08 außerord. Prof., '09–35 ord. Prof., '11–35 Dir. d. I. Chem. Inst., '14–17 Dekan d. Philos. Fak., Univ. Lwów; '13–14 Präs., Poln. Naturhistor. Kopernikus-Ges.; '31–32 Präs., Poln. Chem. Ges. — '32 Kommandeur d. Ordens "Polonia Restituta".

* 1868, Aug. 22, Czelejewo, okr. Brześć; † 1935, März 5, Lwów.

Nekr. *W. Kemula, Roczn. Chem. **15** ('35) 249–57 (m. Bildn. u. Schr.verz.). — *K. Kling, Przemysł chem. **19** ('35) 133–36 (m. Bildn. u. Schr.verz.). — *E. Votoček, Collection Trav. chim. Tchécoslovaquie **7** ('35) 359–63 (m. Bildn. u. Schr.verz.).

W. Chemia nieorganiczna, łacznie z zasadami chemii ogólnej (W. Kemula) [9](Kraków '48) 19 + 731 S.; [10](Warszawa '54) 512 S., [11]('56), [12]('64), [13]('66), [14]('70) 583 S. — Chemia organiczna (B. Bobrański) [7](Warszawa '54) 11 + 683 S.

Chemické Listy pro Vědu a Průmysl Einwirkung von ultravioletten Strahlen auf Äthan [1])[2]): **26** ('32) 466–73 [poln.].

Collection Trav. chim. Tchécoslovaquie Action of ultra-violet rays on ethane [1])[2]): **5** ('53) 263–78.

Przemysł chem. Über den Mechanismus der Kondensation des Methans: **17** ('33) 167f. [poln.].

Sprawozd. Towarz. nauk. we Lwowie Der Mechanismus der Photokondensation des Äthans: **12** ('32) 196–200 [poln.]. — Über die Kondensation des Methans im Feld elektrischer Entladungen: 201–04 [~].

Mit: [1]) W. Kemula; [2]) S. Mrazek.

V, VI **TOLMAN,** Richard Chace. Chem. (physik.), Physik (math.). — 1910–11 Instructor, Univ. of Michigan, Ann Arbor, Mich.; '11–12 Assist. Prof., Univ. of Cincinnati, O.; '12–16 Assist. Prof., Univ. of California, Berkeley, Calif.; '16–18 Prof.,

Univ. of Illinois, Urbana, Ill.; '19–20 Assoc. Dir., '20–22 Dir., Fixed Nitrogen Research Labor., U.S. Departm. of Agriculture; '22–48 Prof., '34–46 Dean of Graduate School, California Inst. of Technol., Pasadena, Calif.; '22–48 Pres. of Pacific Divis., Amer. Assoc. for the Advancem. of Sci.; '40–45 [?] Vice-Chairman, Nation. Defense Research Committee. — '42 Hon. Sc. D. (Princeton Univ., Princeton, N. J.). — Medal of Merit (U.S.A.); Officer [?] of the Order of Brit. Empire.

* 1881, März 4, West Newton, Mass.;
† 1948, Sept. 5, Pasadena, Calif.

Erfindung Tolman-Experiment (zum Nachweis der Trägheit der Elektronen).

Nekr. *L. H. Adams, J. Washington Acad. Sci. **39** ('49) 280. — *V. Bush, Science [USA] **109** ('49) 20f. — *J. G. Kirkwood, *O. R. Wulf, *P. S. Epstein, Biographical Mem., Nation. Acad. Sci. USA **27** ('52) 139–53 (m. Bildn., Faks. u. Schr.verz.). — *H. P. Robertson, Yearb., Amer. philos. Soc. **1948**, 295–99. — Chemical and Engng. News **26** ('48) 2828 (m. Bildn.). — Isis **40** ('49) 118. — School and Soc. **68** ('48) 185.

W. Relativity, thermodynamics and cosmology (Oxford '34) 15 + 502 S. — The principles of statistical mechanics (Oxford '38) 19 + 662 S., Neudrucke: (London '42), ('50), ('55).

Astrophysical J. Two methods of investigating the nature of the nebular red-shift [3]): **82** ('35) 302–37. — On the stability of spheres of simple mechanical fluid held together by Newtonian gravitation: **90** ('39) 541–67. — On the stability of stellar models, with remarks on the origin of novae: 568–600.

Bull. amer. math. Soc. Thermodynamics and relativity: **39** ('33) 49–74.

California Inst. Forum A survey of the sciences: **1947**, Sept.-Nr., 1–12.

J. amer. chem. Soc. Experiments on the rate of dissociation of nitrogen tetroxide [1]): **54** ('32) 1003–20. — The thermal decomposition of nitrosyl chloride [6]): **57** ('35) 689–92.

J. chem. Physics Consideration of the Gibbs theory of surface tension: **16** ('48) 758–74. — The superficial density of matter at a liquid–vapor boundary: **17** ('49) 118–27. — The effect of droplet size on surface tension: 333–37.

J. Proc. and Addresses, Assoc. amer. Universities Remarks on the Doctor of Philosophy degree: **40** ('38) 77–84.

Physical Rev. Possibilities in relativistic thermodynamics for irreversible processes without exhaustion of free energy: (2) **39** ('32) 320–36. — On the behavior of non-static models of the universe when the cosmological term is omitted [7]): 835–43. — On the interpretation of heat in relativistic thermodynamics [4]): **43** ('33) 564–68. — Static solutions of Einstein's field equations for spheres of fluid: **55** ('39) 364–73. — On the establishment of grand canonical distributions: **57** ('40) 1160–68.

Proc. nation. Acad. Sci. USA Effect of inhomogeneity on cosmological models: **20** ('34) 169–76. — Remarks on the possible failure of energy conservation: 379–83. — Suggestions as to the energy-momentum principle in a non-conservative mechanics: 437–39. — Suggestions as to metric in a non-conservative mechanics: 439–44. — Thermal equilibrium in a general gravitational field: **21** ('35) 321–26.

Publ. astron. Soc. Pacific The age of the universe from the red shift in the spectra of extragalactic objects: **47** ('35) 202.

Review sci. Instruments A mechanical rectifier for the measurement of small, commercial-frequency, alternating potentials [5]): (N.S.) **5** ('34) 312–14.

Reviews modern Physics On the irreversible production of entropy [2]): **20** ('48) 51–77. — The age of the universe: **21** ('49) 374–78.

Science [USA] Models of the physical universe: **75** ('32) 367–73. — Herman Carl Ramsperger †: **76** ('32) 92f. — Thermodynamics and relativity[, 1]: **77** ('33) 291–98; ~ 2: 313–17. — The age of the universe from the red shift in the spectra of extragalactic objects: **82** ('35) 53. — A survey of the sciences: **106** ('47) 135–40.

Scientific Monthly The present status of cosmology[, 1]: **43** ('36) 491–507; ~ 2: **44** ('37) 20–40. — Physical science and philosophy: **57** ('43) 166–74.

Mit: [1]) P. D. Brass; [2]) P. C. Fine; [3]) E. P. Hubble; [4]) H. P. Robertson; [5]) C. C. Steffens; [6]) G. Waddington; [7]) M. Ward.

VI **TOMÍČEK,** Oldřich. Chem. (analyt.). — 1925–30 Privat-Doz., '30–35 außerord. Prof., '30–53 Dir. d. Inst. f. analyt. Chem., '35–53 ord. Prof., '48–49, '49–53 Dekan u. '49–50 Prodekan d. naturwiss. Fak., Karlova Univ., Praha; '41, '43, '47, '49, '50 Vizepräs., Tschechoslowak. Chem. Ges. — '52 Dr.Sc. (Tschechoslowak. Akad. Wiss.).

* 1891, Okt. 10, Praha;
† 1953, Okt. 21, Praha.

Zum 50. Geb.tag Festschrift in: Čas. českoslov. Lékárnictva **21** ('41).

Zum 60. Geb.tag *R. Přibil, Chemické Listy **45** ('51) 425–27 (m. Bildn. u. Schr.verz. 65 Nrn.).

Nekr. *J. Heyrovský, Nature [London] **173** ('54) 288. — *A. Okáč, Věstn. českoslov. Akad. Věd **62** ('53) 282–85 (m. Schr.verz. 1952/53 14 Nrn.). — *R. Přibil, Chemické Listy **47** ('53) 1733–36 (m. Bildn. u. Schr.verz.-Ergänzung); Collection czechoslov. chem. Commun. **19** ('54) 405–11 (m. Bildn. u. Schr.verz. 86 Nrn.) [deutsch]. — Československá Farm. **2** ('53) 333f., 397–402. — Chemical and Engng. News **31** ('53) 4992.

Zum 70. Geb.tag *R. Přibil, Chemické Listy **55** ('61) 1258.

MH. Československý lékopis (ČsL 1), Pharmacopoea Bohemoslovenica (PhBs 1) (Praha '47); ~ (CsL 2), ≈ (PhBs 2) ²('54).

MHZ. (Mehrere Jahre Präs. d. Redaktionsrates) Čas. českoslov. Lékárnictva.

S. Atti del X Congresso internazionale di chimica, Roma 1938, **3** (Roma '39) 480–85: Analytical application of some oxidations in alkaline solutions. — Handbuch der analytischen Chemie (R. Fresenius, G. Jander) **2**: Qualitative Nachweisverfahren, 1a: Elemente der ersten Hauptgruppe einschl. Ammonium (Berlin '44) 114–45: Ammonium [33]); **2**, 6: Elemente der sechsten Gruppe (Berlin–Heidelberg '48) 1–36: Sauerstoff; 37–103: Schwefel; 104–21: Selen; 122–37: Tellur. — Proc. 11ᵗʰ International congress of pure and applied chemistry, London 1947, **1** (London '50) 637–47: The determination of sulphonamides by titration in anhydrous acetic acid solution. — Sborník 1. Celostátní pracovní konference analytických chemiků v ČSR, Praha 1952 (Praha '53) 144–48: Über neue Fluoreszenzindikatoren [38]); 246–53: Titrationen in nichtwässerigen Lösungen; 345–53: Acidobasische Farbindikatoren in Eisessig [38]). [Alle Beiträge tschech.].

W. Základy kvantitativní chemické analysy (Praha '33) 213 S. — Potenciometrické titrace (Praha '41) 142 S. (Cestak vědění, 13). — Chemické indikátory (Praha '46) 245 S.; engl.: Chemical indicators (London–NewYork '51) 10 + 258 S. — Kvantitativní analysa (Praha '47) 356 S.; ²('50) 351 S.; ³('54) 7 + 387 S.; (m. V. Simon) ⁴('58) 4 + 427 S. — Odměrná analysa (Praha '49) 8 + 371 S.

Acta pharm. int. [København] The possibility of direct titrimetric determination of the iodine number [3]): **1** ('50) 31–41.

Analyst Chemical indicators: **76** ('51) 618–.

Arhiv Kem. i Tehnol. Analytical applications of some oxidations in alkaline solutions: **12** ('38) 105–10 [ ] [m. engl. Zusammenfassg.].

Čas. českoslov. Lékárnictva Die Bedeutung der chemischen Ausbildung für den Pharmazeuten: **12** ('32) 243–46. — Fortschritte der chemischen Analyse und ihr Einfluß auf die Methoden der Arzneimittelkontrolle: **13** ('33) 9–14. — Chemische Untersuchungsmethoden in Arzneibüchern: 124–28. — Untersuchungen von böhmischen Trinkwässern auf ihren Jodgehalt [40]): 193–97. — Über Quecksilberoxycyanid [24]): **14** ('34) 322–34. — Über die Bestimmung des Säuregehalts nichtwässeriger Lösungen [4]): **15** ('35) 127–37. — Beitrag zur quantitativen Bestimmung der Halogene in organischen Verbindungen [22]): **17** ('37) 309–26. — — Alle Arbeiten tschech.

Čas. českého Lékárnictva Über die Bedeutung mikrochemischer Reaktionen für die Untersuchung von Heilmitteln: **20 (53)** ('40) 104–13 [tschech.]. — Über die Möglichkeiten einer titrimetrischen Bestimmung von Sulfonamiden in Lösungen von wasserfreier Essigsäure: **23 (56)** ('43) 73–77 [tschech. m. deutscher Zusammenfassg.]. — Über die bromometrische Bestimmung einiger Heilmittel [44]): (N.F.) **5 (62)** ('49) 49–60 [tschech.]. — Über die argentometrische Bestimmung des Theophyllins und des Theobromins [9]): **63** ('50) 186–97 [~].

Čas. Lékařů česk. Ein Fall von Siderosilikose bei einem Bergarbeiter [30]): Jirásek-Nr. ('37) 26 [tschech.].

Čas. národn. Musea Untersuchungen von Trinkwässern in Böhmen auf ihren Jodgehalt [40]): **108** ('34) 102–06 [tschech.].

Československá Farm. Maßanalytische Bestimmungen in stark basischen Medien, 7: Titration des Chinidinäthojodids mit Kaliumferricyanid [31]): **1** ('52) 25–36 [tschech.]. — Weitere bromometrische Bestimmungen einiger Heilmittel [18])[44]): 244–52 [~].

Chemické Listy pro Vědu a Průmysl Die gravimetrische Bestimmung von Kobalt mit Dinitrosoresorcin [15]): **26** ('32) 515–20. — Über die argentometrische Bestimmung von Nitroprussiden [27]): **27** ('33) 297–301. — Über die mercurimetrische Bestimmung von Nitroprussiden [17]): **31** ('37) 456–60. — Über die Anwendung des Natriumnitroprussids zur Bestimmung von Kupfer, Cadmium, Kobalt und Nickel [17]): 471–78. — Über die Verwendung von Hypohalogeniden in der Maßanalyse, 1: Hypobromit [12]): **32** ('38) 386–92; ~ 2: Hypochlorit und Hypobromit [5]): 410–15; ~ 3: ≈ [5]): **33** ('39) 2–8. — Über die analytische Anwendung einiger Oxydationen im basischen Medium: **32** ('38) 442–45. — Radim Uzel: **33** ('39) 417f. — Von der Verwendung flüssigen Amalgams in der Analyse: **34** ('40) 162–65. — Über maßanalytische Bestimmungen in stark basischem Medium, 4: Arsen-, Antimon-, Selen- und Tellurbestimmung mit Permanganat [25])[21]): 185–91; ~ 5: Titrationen mit p-Nitroisochinolinjodmethylat [29]): **40** ('46) 219–21; ~ 7: Die potentiometrische Bestimmung von Kupfer und Wismut mit Vanadylsulfat [20]): **43** ('49) 169–76. — Über die Reduktion von Perrhenaten [39]): **35** ('41) 1–16, 19–23 [m. deutscher

Zusammenfassg.]. — Über den Nachweis geringer Kobaltmengen im Nickel: **36** ('42) 44f. — Über Titrationen in wasserfreier Essigsäure: **37** ('43) 273–77. — Titrationen in nichtwässerigen Lösungen, 1: Bromometrie in wasserfreier Essigsäure und Bestimmung der Jodzahl durch direkte Titration mit Brom [3]): **43** ('49) 193–203; ~ 2: Beitrag zur Neutralisationsbestimmung in wasserfreier Essigsäure [8]): **44** ('50) 169–77; ~ 4: Redoxtitrationen in wasserfreier Essigsäure [8]): 245–53; ~ 5: Weitere oxydimetrische Titrationen in wasserfreier Essigsäure [41]): 283–91. — — Alle Arbeiten tschech.

Chemické Listy Beitrag zur Analyse von Niob und Tantal, 1: Über die Kathodenreduktion von Niob [34]): **46** ('52) 6–8; ~ 2: Über die volumetrische Bestimmung von Titan neben Niob und Tantal [34]): 9–11; ~ 3: Über die Verwendung von Morin und Quercetin zum Nachweis und zur gravimetrischen Bestimmung von Niob und Tantal [10]): 11–14; ~ 4: Über die kolorimetrische Bestimmung von Niob und Tantal [13]): 144–48. — Chemische Indikatoren, 1: Untersuchung der Fluoreszenzindikatoren (Einleitung) [38]): 139–44. — Titrationen in nichtwässerigen Lösungsmitteln, 7: Titrationen in Eisessig, beruhend auf der Bildung unlöslicher Salze [43]): 263–67; ~ 8: Einige reduktometrische Titrationen in Eisessig [35])[7]): **47** ('53) 516–20; ~ 9: Neutralisationstitrationen in wasserfreier Ameisensäure [42]): 521–25; ~ 10: Neutralisationstitrationen in wasserfreiem Pyridin [16]): 526–30. — Polarographische und polarometrische Studie einiger Edelmetalle, 1: Polarometrische Palladiumbestimmung mit Hilfe organischer Reagenzien [2])[3])[32])[44]): **46** ('52) 710–14; ~ 2: Polarographisches Verhalten von Palladium, Gold und Silber [2])[3])[32])[44]): 714–18; ~ 3: Die Komplexe von Palladium und Gold in Lösungen einiger Amine [2])[3])[32])[44]): **47** ('53) 363–66. — Über die potentiometrische Bestimmung von Natriumionen mit Hilfe einer Glaselektrode [26]): **49** ('55) 497–502. — — Alle Arbeiten tschechisch.

Chemické Zvesti Titrationen in nichtwässerigen Lösungen, 6: Polarometrische und potentiometrische Bestimmungen einiger ungesättigter organischer Verbindungen [1])[28]): **4** ('50) 479–513 [tschech.].

Chimija [Praha] Titrationen in nichtwässerigen Lösungen, 1: Bromometrie in Eisessig und Bestimmung der Jodzahl durch direkte Titration mit Brom [3]): **1** ('51) 343–[ ]; ~ 2: Neutralisationsbestimmungen im Medium von Eisessig [8]): **2** ('52) 29–[ ].

Collection Trav. chim. Tchécoslovaquie Chloramine as a reagent in volumetric analysis [37]): **4** ('32) 285–99. — Sur le dosage argentométrique du nitroprussiate [27]): **5** ('33) 129–35. — On the determination of acidity in non-aqueous solutions [4]): **6** ('34) 408–22. — Mercuric cyanide and mercuric oxycyanide electrodes [24]): **7** ('35) 10–24. — Argentometric studies, 4: Determination of ferricyanide [11]): **8** ('36) 293–305. — The tellurium electrode [23]): 520–31. — Sur le dosage mercurométrique du nitroprussiate [17]): **9** ('37) 377–87. — Application du nitroprussiate de sodium au dosage du cuivre, du cadmium, du cobalt et du nickel [17]): 525–41. — On the use of hypohalogenites in volumetric analysis, 1: The hypobromite [12]): **10** ('38) 353–67; ~ 2: Hypochlorite and hypobromite [5]): 340–52; ~ 3: ≈ [5]): 415–29. — Volumetric determinations in strongly alkaline solutions, 4: Titration of arsenic, antimony, selenium and tellurium with permanganate [25])[21]): **11** ('39) 449–58; ~ 6: Oxidimetric determination of manganese and cobalt [29])[32]): **14** ('49) 20–27. — The reduction of perrhenates [39]): **11** ('39) 626–38 [m. deutscher Zusammenfassg.]. — Determination of sulfonamides by titration in anhydrous acetic acid solution: **13** ('48) 116–30. — Titrations in nonaqueous solutions, 2: Neutralization determinations in anhydrous acetic acid solutions [8]): **15** ('50) 984–96; ~ 4: Reduction–oxidation titrations [8]): 997–1020.

Collection czechoslov. chem. Commun. Titrationen in nichtwässerigen Lösungen, 5: Weitere oxydimetrische Titrationen in Eisessig [41]): **16** ('51) 113–. — Beitrag zur Analyse von Niob und Tantal [34])[13])[10]): **18** ('53) 757–79 [m. russ. Zusammenfassg.]. — Über die potentiometrische Bestimmung von Na-Ionen mit der Glaselektrode [26]): **21** ('56) 1444–49 [~].

J. amer. chem. Soc. Volumetric determinations in strongly alkaline solutions, 1: The titration of cobalt with ferricyanide [6]): **57** ('35) 801–04; ~ 2: The titration of manganese with ferricyanide [14]): 1209–11; ~ 3: The titration of thallium and cerium with hypobromite [12]): 2409–11.

Trans. electrochem. Soc. An electro-analytical estimation of rhenium [39]): **76** ('39) Preprint 16, 7 S.

Věstn. českoslov. fysiatr. Spol. Wasseranalyse des alaunhaltigen Sees in Chomutov [19]): **26** ('48) 210–14 [tschech.].

Z. analyt. Chem. Zur gewichtsanalytischen Kobaltbestimmung durch Dinitrosoresorcinol [15]): **91** ('32) 90–105.

Mit: [1]) A. Blažek; [2]) J. Čihalík; [3]) J. Doležal; [4]) J. Feldmann; [5]) P. Filipovič; [6]) F. Freiberger; [7]) M. Herman; [8]) A. Heyrovský; [9]) B. Hoch; [10]) V. Holeček; [11]) M. K. Hubrová; [12]) M. Jašek; [13]) L. Jerman; [14]) J. Kalný; [15]) K. Komárek; [16]) S. Křepelka; [17]) J. Kubík; [18]) R. Kučera; [19]) J. Malík; [20]) J. Mandelík; [21]) V. Pavelka; [22]) K. Peták; [23]) F. Poupě; [24]) R. Přibil; [25]) O. Pročke; [26]) R. Půlpán; [27]) Z. Rektořík; [28]) Z. Roubal; [29]) Z. Šandl; [30]) H. Šikl; [31]) J. Šimon; [32]) V. Simon; [33]) H. Spandau; [34]) K. Spurný; [35]) A. Stodolová; [36]) —; [37]) B. Sucharda; [38]) V. Suk; [39]) F. Tomíček; [40]) R. Uzel; [41]) J. Valcha; [42]) P. Vidner; [43]) M. Zukriegelová; [44]) J. Zýka.

VI **TOMITA,** Masaji. Biochem. — 1910–14 Stud., Kyôto Imp. Univ., Kyôto; '21 Dr. med.; '23–35 Prof. and Dir. of Biochem. Inst., Med. College → Med. Univ. Nagasaki; '35– Prof., Taihoku Univ., Taihoku, Taiwan; '44–46 Prof. → Prof. Emer., Yamaguchi Univ., Yamaguchi City; '49–55 Prof., Kobe Univ. and Kobe Women's Pharmaceutical College, Kobe; later on Prof., Ashiya Women's College, Ashiya, Hyôgo. — '22 Japan Academy Prize; '36 Medal (Imp. Acad. Sci., Tokyo); Second Order of the Sacred Treasure (Japan).
* 1889, Aug. 7, Kakogawa, Hyôgo;
† 1967, Dez. 20, Kobe.

Gesammelte Werke [**1**:] Untersuchungen über Embryochemie, ω-Amino-oxysäuren, vergleichende Biochemie und Verschiedenes (1921–1934) (Nagasaki '34) 16 + 798 S.; **2**: Untersuchungen in Embryochemie und vergleichender Biochemie, über Oxyaminosäuren, Ketten–Ring-Isomerie der Aminosäuren und Verschiedenes (1935–1949) (Fukuoka '51) 342 S.; **3**: [Gedächtnisausgabe zum 77. Geburtstag von Prof. Dr. Masaji Tomita] (1950–1966) (Ashiya, Hyôgo '66) 450 S. [Zitate von **2** und **3** unsicher; zumindest **1** enthält auch zahlreiche Arbeiten anderer Autoren].

Hoppe-Seyler's Z. physiol. Chem. Über die Oxyaminoverbindungen, welche die Biuretreaktion zeigen, 8: Stereoisomerie des Isoserins [6][12][13]: **211** ('32) 38–46. — Darstellung der γ-Chlor-β-oxy-buttersäure und der α,δ-Diphthalimido-γ-oxyvaleriansäure [13]: **231** ('35) 199–201. — Zur Chemie der Fliegenlarven [7]: **238** ('36) 101–04. — Spektroskopische Untersuchungen des Malariaharns: **270** ('41) 14f. — Über die aus Pankreas isolierten Oxy-aminosäuren, welche eine Biuretreaktion zeigen [2]: 16–21. — Isomerie des Glykokolls [18]: 22–24. — Über die Kupfersalze der Dipeptide [4][20][19][22]: **295** ('53) 128–31. — Zur Kenntnis der Struktur von Enantiostereomeren der γ-Amino-β-hydroxy-buttersäure [23][22]: **316** ('59) 121–26. — Antikrebswirkungen verschiedener Hydroxysäuren auf Ehrlich-Ascites-Carcinoma [11][24][16]: **342** ('65) 177–82.

J. Biochemistry [Tokyo] Embryochemistry of reptiles, 9: Behavior of the ovovitellin during the incubation of the sea-turtle egg [9]: **15** ('32) 325–30. — Amphibian chemical embryology, 1 [1]: **17** ('33) 401–05. — Stereoisomerism of γ-amino-β-hydroxybutyric acid [18]: **30** ('39) 101–05. — Respiratory metabolism of the reptile embryo [21]: **36** ('44) 337–43. — Phytochemical reduction of trimethylamine oxide [21]: 345–48. — Tautomerism of amino acids between chain and ring forms [18]: **37** ('50) 81–90. — Vitamins B_1 and B_2 in the eggs of the giant salamander and sea turtle [3][10][17]: **39** ('52) 299–303.

J. japan. biochem. Soc. Isomers of glycine: **18** ('44) 72.

Mit: 1) H. Fujiwara; 2) Sh. Fukuda; 3) K. Hamada; 4) N. Hamamura; 5) —; 6) J. Karashima; 7) T. Kumon; 8) —; 9) K. Kusui; 10) Y. Manabe; 11) K. Nagai; 12) Y. Nakamura; 13) M. Nakashima; 14) —; 15) —; 16) A. Sano; 17) M. Sasaki; 18) Y. Seiki; 19) M. Takehara; 20) H. Tamiya; 21) T. Tanaka; 22) K. Tomita; 23) T. Tomita; 24) K. Tsuchiya.

VI **TOMLINSON,** George Arthur. Physik (Feinmech., Metrol.). — 1901–04 Stud., Univ. College, Nottingham; '04–06 post-grad. Stud., St. John's College, Cambridge; later on Lecturer Electr. Engng., Rutherford Techn. College, Newcastle-upon-Tyne, and Borough Polytechnic, London; '15–18 Assist., Physics Departm., '18–25 Assist. and '25–33 Senior Assist. and '33–41 Senior Sci. Officer, Metrol. Departm., '41–44 Principal Sci. Officer, Nation. Physical Labor., Teddington, Middx. → London; '32 D.Sc. (Engng.), Univ. of London.
* 1885, Jan. 7;
† 1944, Dez. 1, Hampton Hill, Middx.

Nekr. *J. E. Sears, Nature [London] **154** ('44) 817f.

Engineer [London] Investigation of the performance of gears [4][1]: **153** ('32) 418–20, 455f. — An investigation of the fretting corrosion of closely fitting surfaces [5][3]: **167** ('39) 315f., 324–26, 355f.

Engineering An investigation of the fretting corrosion of closely-fitting surfaces [5][3]: **147** ('39) 293–95.

J. sci. Instruments The performance of relays: **10** ('33) 204–08. — Mechanical and thermal instruments: **15** ('38) 61–65.

Machinery [London] A precision pantograph for profile measurement: **51** ('38) 481–84. — Some notes on serration gauges, and the gauging of splined components: **53** ('39) 721–23.

Mechanical World and Engng. Rec. Efficiency and endurance of spur-gears [4] u. a.): **91** ('32) 411–14. — Fretting corrosion [5][3]: **105** ('39) 416f.

Observatory Recent developments in precision timekeeping: **57** ('34) 189–95.

Proc. Instn. mech. Engr. An investigation of the fretting corrosion of closely fitting surfaces [5][3]: **141** ('39) 223–37 (Diskuss. S. 238–49 u. **142** ('40) 401–06).

Proc. physic. Soc. A new type of free-pendulum clock: **45** ('33) 41–48.

Proc. roy. Soc. London, Ser. A The effect of the Fitzgerald-Lorentz contraction on the frequency of longitudinal vibration of a rod [6])[2]): **158** ('37) 606–33.

Mit: [1]) G. W. C. Allan; [2]) L. Essen; [3]) H. J. Gough; [4]) I. H. Hyde; [5]) P. L. Thorpe; [6]) A. B. Wood.

V, VI **TOMMASINA,** Thomas. Physik. (⊠)
* 1855, Nov. 26, Dorno, Lomellina;
† 1935, Jan. 29.

VI **TOMULA,** Emil Salomon. Chem. (analyt.). — 1924–47 Dir., Staatl. Agrikulturchem. Labor., Helsinki; '28–47 Doz., '47–49 außerord. Prof., Univ. Helsinki; '27–28 Vorsitzender, Finn. Chemiker-Ges.; '32–34 Vorsitzender, Finn. Ges. d. Getreidetechniker; '37–41 Vorsitzender, Getreideforschungskommiss.
* 1889, Juni 8, Mouhijärvi;
† 1952, Febr. 1, Helsinki.

Biogr. in: Helsingin Yliopisto; oppetajat ja virkamiehet vuodesta 1838 täydennys vuoden 1938 loppunn (S. S. Sola, L. O. T. Tudeer) (Helsinki '40) 2 S. (m. Bildn. u. Schr.verz.).

Nekr. *S. Kilpi, Esitelmät ja Pöytäkirjat, Suomalainen Tiedeakatemia **1952**, 75–81 (m. Bildn.); S.-Ber. finn. Akad. Wiss. **1952**, 51–57; Suomen Kemistilehti **25A** ('52) 23f.

HZ. Valtion maanviljelyskemiallisen Labor. Julkaisuja **1** ('36)–**3** ('38). — Valtion maanviljelyskemiallisen Labor. Tiedonantoja **1**.1925 ('26)–**13**.1936 ('38).

S. Forh. 5. Nordiske kemikermøde, København 1939 (København '40) 186f.: Eine neue Methode zur kolorimetrischen Bestimmung von Mangan [schwed.] [1]).

W. Kvantitatiivisen analyysin oppikirja (m. S. Kilpi) (–'39) 402 S.

Koetoiminta ja Käytäntö Über die Entwicklung der agrarchemischen Untersuchungsanstalt und seine gegenwärtige Organisation: **1** ('44) 3 S. [finn.].

Maatalous Über die Backtauglichkeit des Weizens und die Möglichkeiten des Landwirts, diese zu verbessern: **26** ('33) 156 [finn.]. — Über die Beschaffenheit des nach Finnland importierten Ammoniumsulfats: **28** ('35) 92 [~].

Suomalaisen Tiedeakatemian Toimituksia, Sarja A Über den Abbau des Kalifeldspats zur Gewinnung löslicher Kaliumverbindungen, 1: **49** ('38) Nr. 5, 24 S.; ~ 2: **59** ('42/43) Nr. 12, 23 S. — Über die Anwendung einer Pyrophosphatomanganisäure zur kolorimetrischen Bestimmung des Mangans[, 1] [1]): **52** ('38/40) Nr. 4, 19 S.; ~ 2 [1]): **55** ('40) Nr. 1, 10 S.

Suomalaisen Tiedeakatemian Toimituksia, Sarja A II Über die Reaktionen, die sich beim Abbau des Kalifeldspats zwischen diesem und Calciumchlorid abspielen: Nr. **40** ('51) 15 S.

Suomen Kemistilehti Die Bestimmung des Rohfettes in Futtermitteln [6]): **5A** ('32) 1–4 [finn.]. — Anwendung der elektrolytischen Nitratreduktion bei der Untersuchung von Kalksalpeter: **5B** ('32) Suppl., 28. — [Beitrag betr. Weizenanbau]: **7A** ('34) [finn.]. — Zur Bestimmung der Pflanzengifte im Chilesalpeter [4]): **7B** ('34) 78. — Johan Gadolin, ein großer finnischer Chemiker: **9A** ('36) 25–27 [finn.]. — Johan Gadolin, his life and works: **10A** ('37) 106–09 [finn. m. engl. Zusammenfassg.]. — Beiträge zur Kenntnis der Zersetzungsreaktionen des Calciumchlorids bei höherer Temperatur: **19B** ('46) 13–19; ~ 2 [8]): 127–32. — Eine begründete Methode zum praktischen Abbau des Kalifeldspats: 69–72. — Über Reaktionen, die an den Abbau des Kalifeldspats mit Calciumchlorid verknüpft sind: **21A** ('48) 116–23 [finn.]. — Über die Anwendung des künstlichen Calciummetasilicates zur Verbesserung saurer Böden [5]): **21B** ('48) 35–42. — Über die jüngste Entwicklung der Analytik von I. M. Kolthoff und über die zukünftige Tendenz: **22A** ('49) 5 S. [finn.]. — Über die Zersetzung des Strontiumchlorids mit Kieselsäure bei Gegenwart von Luft und Wasserdampf, 1 [2]): **22B** ('49) 41–46. — Eine Modifikation der Bunsenschen Destillationsmethode zur jodometrischen Bestimmung der Chloride [2]): **23B** ('50) 18–24.

Suomen maataloustieteellisen Seuran Julkaisuja Bericht über die Untersuchungen bezüglich der Weizenernte 1940: Nr. **51** ('43) 68 S. [finn. m. deutscher Zusammenfassg.]; ~ 1941: Nr. **55**, 2 ('43) 43 S. [~].

Valtion maatalouskoetoiminnan Julkaisuja Qualitätsuntersuchungen an einheimischen Getreidesorten, 5: Über die Verbesserung der Backfähigkeit des einheimischen Weizens durch einige Chemikalien: **47** ('32) 48 S. [finn. m. deutscher Zusammenfassg.]; ~ 6: Die Backtauglichkeit bei einigen Winter- und Sommerweizensorten: **52** ('33) 145 S. [~].

Z. analyt. Chem. Über die Bestimmung des Chlorats und Perchlorats bei Vorhandensein großer Nitratmengen: **103** ('35) 427–30. — Über die jodometrische Titration des Nickels mit Thiosulfat [3])[7]): **135** ('52) 265–69.

Z. ges. Getreide-, Mühlen- u. Bäckereiwesen Über die Verbesserung der Backfähigkeit des finnischen Weizens durch einige Chemikalien: **19** ('32) 255f.

Ferner Beiträge auf dem Gebiet der anorganischen und analytischen Chemie in der finnischen Enzyklopädie "Iso Tietosanakirja" ('31–38). — Weitere Beiträge in Zeitschriften.

Mit: [1]) V. Aho; [2]) J.-J. Hyyppä; [3]) O. Juutinen; [4]) K. Pelkonen; [5]) P. Purokoski; [6]) E. Takala; [7]) P. Tanskanen; [8]) T. K. Vahervuori.

V, VI **TONELLI,** Leonida. Math. — 1930–39, '42–46 Prof., '30–46 Dir. dell'Ist. di Mat., Univ. di Pisa; '30–46 Prof., '43–45 Dir., Scuola Normale Superiore, Pisa; '39–42 Prof., Univ. di Roma. — '23 Medaglia d'oro (Società dei XL); '25 [oder '27?] Premio Reale (Accad. dei Lincei); '37 Premio internazionale Bressa (Accad. Sci. di Torino); '44 Premio (Accad. d'Italia).
* 1885, Apr. 19, Gallipoli, Lecce;
† 1946, März 12, Pisa.

Nekr. *S. Cinquini, Annali Scuola norm. sup., Pisa (2) **15** ('50) 1–37 (m. Schr.verz.); Rend., Ist. lombardo Sci. e Lettere, Parte gen. e Atti uffic. **79** ('45/46) 73–95 (m. Schr.verz. 145 Nrn.). — *S. Faedo, Rend. Mat. e Appl., Univ. Roma (5) **6** ('47) 217–25 (m. Schr.verz.). — *A. Mambriani, Rivista Mat. Univ. Parma **1** ('50) 157–88 (m. Schr.verz.). — Annali Mat. pura ed appl. (4) **25** ('46) XIII–XVI. — Gedenkband: Leonida Tonelli in memoriam (Università di Pisa) (Pisa '52) 4 + 193 S. (m. Bildn.) [enthält zahlreiche weitere Nekrologe und Kondolenzen sowie Grußadressen und Ansprachen anläßlich einer Gedenkveranstaltung zum 1. Todestag].

Zur Bibliogr. *G. Sansone, L'opera scientifica di L. Tonelli: Atti Accad. nazion. Lincei, Rend. (8) **4** ('48) 594–624.

Teilsammlung Opere scelte **1**: Funzioni di variabile reale (Roma '60) 6 + 604 S. (m. Biogr. u. Schr.verz. S. 1–44); **2**: Calcolo delle variazioni ('61) 6 + 531 S.; **3**: ~ ('62) 508 S.; **4**: Argomenti vari ('63) 6 + 330 S.

MH. Saggi in scienze assicurative **1** (Pisa '35); **2** ('37); **3** ('39), darin eig. Beitr. S. 1–11: Sulla legge dei grandi numeri.

S. Enciclopedia italiana di scienze, lettere ed arti **15** (Milano '32) 823f.: Fourier; **16** ('32) 185–93: Funzione; **19** ('33) 364–67: Calcolo integrale; **34** (Roma '37) 1001–05: Calcolo delle variazioni; einige weitere Beiträge. — Verhandlungen des Internationalen Mathematiker-Kongresses, Zürich 1932, **2** (Zürich–Leipzig '33) 102f.: Sul calcolo delle variazioni. — Scritti matematici offerti a Luigi Berzolari (Pavia '36) 283–89: Su gli integrali continui del calcolo delle variazioni; 404f.: Estratto di lettera al Prof. Giovanni Sansone. — Atti del I Congresso dell'Unione Matematica Italiana, Firenze 1937 (Bologna '38) 26–39: Il calcolo delle variazioni secondo la scuola italiana ed i suoi più recenti risultati; 127–32: Un teorema di semicontinuità per i problemi di Mayer.

W. Lezioni di analisi matematica **1** (Pisa '39), [2]('41) 357 S., ..., [5]('46), ..., [7]('54) 351 S.; **2** ('40), [2]('42) 416 S. — Corso di matematica per la scuola media (m. E. Lindner) **1** (Firenze '41) 6 + 294 S.; **2** ('41) 210 S.; **3** ('42) 334 S. — Esercizi di analisi matematica **1** (Roma '42) 233 S., [2](Pisa '43) 237 S.; **2** (Pisa '42) 225 S. — Aritmetica e algebra (m. E. Lindner) **1**: Per il ginnasio superiore e le altre scuole medie superiori (Firenze '46) 4 + 378 S., Neuauflagen: ('51), ('53) 379 S.; **2**: Per i licei e le altre scuole medie superiori ('47) 3 + 482 S. — Corso di matematica per le scuole di avviamento professionale (m. E. Lindner): Aritmetica pratica (Firenze '56) 4 + 400 S.; Geometria ('57) 335 S.

Annali Mat. pura ed appl. Su alcuni funzionali: (4) **18** ('39) 1–21.

Annali R. Scuola norm. sup., Pisa Sull'esistenza del minimo in problemi di calcolo delle variazioni: (2) **1** ('32) 89–99. — L'estremo assoluto degli integrali doppi: **2** ('33) 89–130. — Sulle proprietà delle estremanti: **3** ('34) 213–37. — Su gli integrali del calcolo delle variazioni in forma ordinaria: 401–50. — Sulle equazioni di Eulero nel calcolo delle variazioni: **4** ('35) 191–216. — Sulle estremali complete: **5** ('36) 159–68. — Sulle funzioni di due variabili generalmente a variazione limitata: 315–20. — Salvatore Pincherle: **6** ('37) 1–10. — Sulle serie doppie di Fourier: 315–26. — Su un teorema relativo alle serie di Fourier: **7** ('38) 329–31. — Sull'equazione differenziale $y'' = f(x, y, y')$: **8** ('39) 75–88. — Su l'esistenza delle estremanti assolute per gli integrali doppi: 161–65. — Sulle funzioni di intervallo: 309–21. — L'analisi funzionale nel calcolo delle variazioni: **9** ('40) 289–302. — Su un nuovo tipo di problemi di calcolo delle variazioni: **10** ('41) 167–89. — Su alcuni concetti dell'analisi moderna: **11** ('42) 107–18. — Sull'integrazione delle funzioni: 235–40.

Atti (reale) Accad. nazion. Lincei, Rend. Un teorema di calcolo delle variazioni: (6) **15** ('32) 417–23. — Sulle estremaloidi del calcolo delle variazioni: **21** ('35) 289–93. — Su una proposizione fondamentale dell'analisi matematica: **23** ('36) 161–65. — Sulle equazioni delle estremanti nei problemi di Mayer: **24** ('36) 180–87; ~ di Lagrange: 239–45. — Sul problema di Plateau, 1: 333–39; ~ 2: 393–98. — Su la semicontinuità nei problemi di Mayer e di Lagrange: 399–404. — Nuove ricerche su una speciale classe di problemi di calcolo delle variazioni: (8) **1** ('46) 247–50.

Atti reale Accad. Sci. Torino Sul problema della superficie limitata da un dato contorno ed avente la minima area: **72** ('36/37) 225–33.

Atti Convegni, Fondaz. Alessandro Volta L'analisi funzionale nel calcolo delle variazioni: **9** ('39) 373–87.

Boll. Unione mat. ital. Su una particolare questione di calcolo delle variazioni: **13** ('34) 205–09.

Rend., Reale Ist. lombardo Sci. e Lettere Sopra alcuni criteri di uguale continuità: (3) **70** ('37) 107–16.

Rend. Semin. mat. e fisico Milano Integrale, lunghezza, area: **13** ('39) 1–14.

Rivista Mat. Univ. Parma Nuove ricerche su una speciale classe di problemi di calcolo delle variazioni: **1** ('50) 125–56.

Trudy tbilissk. mat. Inst. Andrej Razmadze: **1** ('37) 11–16 [ ].

VI **TONKS,** Lewi. Physik. — 1923–46 Research Assoc., General Electric Research Labor., Schenectady, N.Y.; '46–50 Research Assoc. and '50–54 Manager of Physics Sect. at Knolls Atomic Power Labor. (operated by General Electric Co. in Schenectady, N.Y.), '54–55, '57–61 Consultant for the Sherwood Thermonuclear Project, '55–56 Acting Manager of Physics at the Vallecitos Atomic Labor., U.S. Atomic Energy Commiss.; '61–63 Senior Physicist, '63–66 Consultant, General Electric Co., Schenectady, N.Y.; '63–64 Desalination Consultant, U.S. Office of Sci. and Technol.; '66– Industrial Consultant.

* 1897, Dez. 13, New York;

† 1971, Juli 30, Schenectady, N.Y.

Bildn. J. appl. Physics [USA] **10** ('39) 621.

Nekr. G. E. Corporate Research and Development Post **1971**, 4. Aug., S. 3.

S. Foundations of future electronics (D. B. Langmuir, W. D. Hershberger) (New York '61) Kap. 7: Plasma physics.

American J. Physics The birth of "plasma": **35** ('67) 857, 858.

Electrical Engng. [USA] Electric discharges in gases. Ionization and excitation: **53** ('34) 239–43. — Note on Earnshaw's theorem: **59** ('40) 118f.

General Electric Rev. The electromagnetic levitator [3][8]): **42** ('39) 246f.

IEEE Trans. A spark-gap switch for oversize rectangular waveguides [12][10][11]): **MTT-16** ('68) 952–55.

J. appl. Physics [USA] The lack of "sucking" action by the cathode blast of mercury vapor in a pool rectifier: **10** ('39) 654–58. — The complete solution of the one-velocity diffusion problem at intermediate and large distances: **23** ('52) 1085–88. — Filamentary standing-wave pattern in a solid-state maser: **33** ('62) 1980–86. — Magnetic field reversal by relativistic electrons which slow down while circulating in a uniform impressed magnetic field: 1987–99. — Photon avalanches from a population inversion: **35** ('64) 1134–41.

J. chem. Physics Theoretical isotherms for adsorption on a square lattice: **8** ('40) 477–89.

J. Franklin Inst. On the instability and rupture of droplets and bubbles in strong electric fields: **221** ('36) 613–20.

Nature [London] Ionisation density and critical frequency: **132** ('33) 101, 710f. — Electromagnetic standing waves and ball lightning: **187** ('60) 1013f. — A logarithmic scale for pressure measurement [2]): **203** ('64) 633f.

Nuclear Fusion [Wien] The structure of the Astron E-layer: **1** ('61) 273–79, 316, 319, 321 [m. französ., russ. u. span. Zusammenfassg.].

Nuclear Sci. and Engng. Uniformly spaced control elements in a reactor: theoretical basis of application of "absorption area" to reactor control evaluation: **6** ('59) 202–13.

Philosophical Mag. and J. Sci. On the determination of an integral: (7) **24** ('37) 206f.

Physical Rev. Further experiments on the propagation of large Barkhausen discontinuities [9]): (2) **39** ('32) 357f. — Strain and magnetic orientation [9]): **41** ('32) 539f. — Propagation of large Barkhausen discontinuities, 2 [9]): **42** ('32) 419–35; ~ 3: Effect of a circular field with torsion [9]): **43** ('33) 70–80; ~ 4: Regions of reversed magnetization [9]): 931–40. — The pressure of plasma electrons and the force on the cathode of an arc: **46** ('34) 278f. — The momentum of ions leaving a region of ionization: **47** ('35) 621f. — A theory of liquid surface rupture by a uniform electric field: **48** ('35) 562–68. — The force at an anchored cathode spot: **50** ('36) 226–33. — The complete equation of state of one-, two- and three-dimensional gases of hard elastic spheres: 955–63. — Drift of ions and electrons in a magnetic field: **51** ('37) 744–47. — Plasma electron drift in a magnetic field with a velocity distribution function [1]): **52** ('37) 710–13. — The rate of vaporization of mercury from an anchored cathode spot: **54** ('38) 634–39. — A new form of the electromagnetic energy equation when free charged particles are present: 863. — Theory of magnetic effects in the plasma of an arc: **56** ('39) 360–73. — Influence of a longitudinal magnetic field on an electrical discharge in mercury vapor at low pressure [5]): **59** ('41) 514–22. — Transmission of an electron density disturbance along a positive column in a longitudinal field: 522–27. — Loss of weight by rotation: **67** ('45) 195. — Neutron penetration and slowing down at intermediate distances through medium and heavy nuclei [4])[6]): **80** ('50) 11–19. — Particle transport, electric currents and pressure balance in a magnetically immobilized plasma: **97** ('55) 1443–45. — Trajectory-wise analysis of cylindrical and plane plasmas in a magnetic field and without collisions: **113** ('59) 400–07. — Self-consistent field of single-type electrons in a uniform magnetic field: **114** ('59) 637–43. — Self-consistent field and motion of electrons which have a range in canonical angular momentum in a uniform magnetic field: **118** ('60) 390–98.

Physics Impedance characteristics of loaded Lecher systems: **2** ('32) 1–11. — On anchoring the mercury pool cathode spot: **6** ('35) 294–303.

Physics Fluids Diffusion through a finite plasma in a uniform magnetic field: **3** ('60) 758–64.

Physikalische Z. Sowjetunion On the motion of electrons in crossed electric and magnetic fields with space charge: **8** ('35) 572–78.

Proc. IEEE Induced gamma-ray emission [2])[7]): **51** ('63) 1247f.

Scientific Monthly The physicist and evolving civilization: **52** ('41) 430–38.

Trans. electrochem. Soc. Theory and phenomena of high current densities in low-pressure arcs: **72** ('37) 167–82.

U.S. Atomic Energy Commiss. Determination of fuel uniformity by counting: **TID.7560** ('58) 40–55.

Mit: [1]) W. P. Allis; [2]) G. C. Baldwin; [3]) B. D. Bedford; [4]) H. A. Bethe; [5]) C. S. Cummings; [6]) H. Hurwitz, jr.; [7]) J. P. Neissel; [8]) L. H. B. Peer; [9]) K. J. Sixtus; [10]) C. Younger; [11]) E. H. Holt; [12]) J. P. Quine.

VI **TONOLO,** Angelo. Math. (Analysis). — 1930–56 Prof. ord., '47–56 Dir. del Seminario mat., '56–61 Prof. fuori ruolo, '61 Prof. Emer., Univ. di Padova. — '56 Medaglia d'oro dei Benemeriti della Scuola, Cultura e Arte (Ministero della Pubbl. Istruz.).

* 1885, Dez. 5, Casale sul Sile, Treviso; † 1962, Juni 22, Padova.

Nekr. *G. Grioli, Atti, Ist. veneto Sci., Lettere ed Arti, Parte gen. e Atti uffic. **121** ('63) 37–47 (m. Bildn. u. Schr.verz. 77 Nrn.). — *M. Pastori, Boll. Unione mat. ital. **17** ('62) 420–23. — *F. G. Tricomi, Atti Accad. nazion. Lincei, Rend. (8) **35** ('63) 379–88 (m. Schr.verz. 91 Nrn.).

MHZ. Rend. Semin. mat. (R.) Univ. Padova **3** ('32)–**32** ('62).

S. Verhandlungen des Internationalen Mathematiker-Kongresses, Zürich 1932, **2** (Zürich–Leipzig '33) 310: Sull'integrazione delle equazioni di Maxwell–Hertz che regolano i fenomeni luminosi nei mezzi cristallini uniassici. — Scritti matematici offerti a Luigi Berzolari (Pavia '36) 195–206: Integrazione con quadrature di un particolare sistema di Dirac. — Atti del I° Congresso dell'Unione Matematica Italiana, Firenze 1937 (Pavia '38) 168f.: Integrazione con quadrature di una classe di sistemi differenziali di Dirac. — Atti del II° Congresso ~, Bologna 1940 (Roma '42) 541–52: Contributo alla trigonometria dei piccoli triangoli curvilinei tracciati sopra una superficie. — Atti del III° Congresso ~, Pisa 1948 (Roma '51) 196–99: Sopra una classe di deformazioni finite. — Atti del IV° Congresso ~, Taormina 1951, **2** (Roma '53) 578–82: Sopra un problema di Darboux relativo alla meccanica dei mezzi continui.

W. Lezioni di analisi algebrica e infinitesimale (Padova '32) 717 S. [Vorlesungsskript]; Neuauflagen: ('34) 611 S., ('36) 4 + 609 S., ('38) 7 + 591 S., ('39) 8 + 579 S., ('40) 570 S., ('44) 630 S., ('46) 662 S. — Analisi infinitesimale per gli allievi ingegneri (Padova '32) 301 S. [Vorlesungsskript]; Neuauflagen u. d. T.: Lezioni di analisi infinitesimale per gli allievi ingegneri ('33) 380 S., ('34) 4 + 611 S., ('36) 382 S., ('38) 382 S., ('40) 2 + 371 S.; u. d. T.: Lezioni di analisi infinitesimale, redatte per gli studenti del biennio propedeutico di ingegneria ('42) 2 + 393 S., ('46) 528 S. — Esercizi di analisi infinitesimale (Padova '48) 9 + 600 S.; [2]('54) 11 + 599 S.

Acta, Pontificia Acad. Sci. Sulle varietà riemanniane normali a tre dimensioni: **13** ('49) 29–54.

Acta pontificiae Acad. Sci. novi Lyncaei Integrazione delle equazioni di Maxwell–Hertz nei mezzi cristallini biassici: **87** ('34) 435–44.

Annali Mat. pura ed appl. Integrazione con quadrature delle equazioni di Dirac: (4) **15** ('36) 221–41. — Sopra una classe di deformazioni finite: **29** ('49) 99–114. — Sull'integrazione delle equazioni di propagazione delle onde elettromagnetiche nei mezzi omogenei isotropi e cristallini: **39** ('55) 39–61. — Sopra una classe di forze vive del Painlevé: **49** ('60) 253–59. — Sviluppo delle funzioni implicitamente definite da un sistema di equazioni nel campo reale: **50** ('60) 127–33. — Sulle origini del Calcolo di Ricci: **53** ('61) 189–207.

Annali R. Scuola norm. sup., Pisa Sui sistemi isostatici con sforzi costanti di un mezzo elastico in equilibrio: (2) **1** ('32) 277–82.

Annali Univ. Ferrara, Sez. VII Sopra un problema di Darboux della meccanica dei mezzi continui: (N.S.) **1** ('52) 103–09.

Archimede [Firenze] Giuseppe Vitali: **11** ('59) 105–10.

Atti (reale) Accad. nazion. Lincei, Rend. Sull'integrazione delle equazioni di Maxwell–Hertz nei mezzi cristallini uniassici: (6) **17** ('33) 532–37. — Integrazione delle equazioni di Maxwell–Hertz nei mezzi cristallini uniassici: 806–09. — Formule di rappresentazione degli integrali delle equazioni di Maxwell–Hertz nei mezzi cristallini uniassici: 919–23. — Il teorema dei seni per i triangoli tracciati sopra una superficie: **19** ('34) 546–50. — Sull'integrazione del sistema differenziale di Dirac: **22** ('35) 30–33. — Estensione d'un teorema trigonometrico del Legendre: **28** ('38/39) 244–46. — Estensione di un teorema trigonometrico di Gauss sui triangoli geodetici: **29** ('39) 175–79. — Sviluppi di Puiseux–Weingarten generalizzati: 543–52. — Trasporto delle coordinate geografiche e dell'azimut lungo un arco di linea qualunque di un ellissoide di rotazione: 573–80. — Sulle varietà riemanniane normali a tre dimensioni: (8) **6** ('49) 438–44. — Sulla determinazione del campo elettromagnetico all'interno di un conduttore omogeneo ed isotropo, 1: **20** ('56) 403–08; ~ 2: 556–60. — Classi di ds^2 ternari le cui geodetiche ammettono integrali primi quadratici: **24** ('58) 230–38.

Atti, Ist. veneto Sci., Lettere ed Arti, Parte I Annibale Comessati †: **107**.1948/49 ('49) 85–91.

Atti, Reale Ist. veneto Sci., Lettere ed Arti, Parte II Studi di trigonometria dei triangoli tracciati sopra una superficie: **93** ('33/34) 1239–47. — Integrazione con quadrature di un particolare sistema di equazioni a derivate parziali di prim'ordine: **94** ('34/35) 1–8. — Sui polinomi di Frenet: **98**.1938/39 ('39) 179–90. — Contributo alla teoria dell'elasticità dei corpi solidi: **100**.1940/41 ('41) 383–95.

Atti e Mem., Reale Accad. Sci., Lettere ed Arti Padova Sulle funzioni olomorfe (α) di più variabili: **51** ('35) Mem., 67–73. — Sulla riducibilità delle forme differenziali: **59** ('43) Mem., 57–64.

Boletín Semin. mat. argentino Integrazione con quadrature delle equazioni di Dirac: **4** ('34/35) 69–80.

Boll. Unione mat. ital. Espressione analitica dell'integrale del sistema differenziale relativo alle vibrazioni delle membrane elastiche: **12** ('33) 203–08. — Sopra un teorema di confronto di Fubini: **14** ('35) 67–70. — Sul moto gravitazionale per cilindri circolari coassiali di un mezzo continuo indefinito disgregato: (2) **2** ('40) 205–09. — Alcune analogie fra la geometria delle varietà riemanniane a tre dimensioni e la meccanica dei mezzi continui: **3** ('41) 353–59. — Sulle ipersuperficie V_n le cui due forme fondamentali ammettono una stessa trasformazione infinitesima X(f): **5** ('43) 137–40.

Compositio math. Il teorema dei seni per i triangoli infinitesimi tracciati sopra una superficie: **2** ('35) 424–37.

C.R. hebd. Séances Acad. Sci., Paris Sur les intégrales des équations de l'électromagnétisme de M. L. de Broglie, 1: **242** ('56) 2626–29; ~ [2]: 2699–702.

J. Math. pures et appl. Esplicita soluzione del problema di Cauchy per una classe di sistemi lineari di equazioni a derivate parziali del primo ordine a coefficienti costanti: (9) **40** ('61) 233–46.

Mathematische Z. Zur Integration einer Klasse von Systemen linearer homogener partieller Differentialgleichungen erster Ordnung: **41** ('36) 754–67.

Memorie Cl. Sci. fisiche, mat. e natur., Reale Accad. Italia Sull'integrazione delle equazioni di Maxwell–Hertz relative ai fenomeni luminosi nei mezzi cristallini uniassici: **4** ('33) 33–53.

Rend., Ist. lombardo Sci. e Lettere Determinazione di una classe di varietà riemanniane normali a tre dimensioni: (3) **5** ('41) 113–24.

Rend. Semin. mat. e fisico Milano Studi di trigonometria dei piccoli triangoli curvilinei sopra una superficie: **13** ('39) 35–57.

Rend. Semin. mat., R. Univ. Roma Integrazione con quadrature di una classe di sistemi di equazioni a derivate parziali del prim'ordine della fisica-matematica: (4) **1** ('37) 310–39.

Rend. Mat. e Appl., Univ. Roma Sulle equazioni di Weingarten relative ai sistemi tripli ortogonali di superficie isostatiche: (5) **2** ('41) 170–92.

Rend. Semin. mat. (R.) Univ. Padova Giuseppe Vitali †: **3** ('32) 67–81. — Integrazione dell'equazione delle onde sferiche smorzate e forzate: **4** ('33) 52–66. — Sulle funzioni complesse di più variabili olomorfe di ordine n: **6** ('35) 9–20. — Teoria tensoriale delle deformazioni finite dei còrpi solidi: **14** ('43) 43–117. — Annibale Comessatti †: **15** ('46) 1–7. — Sopra un sistema di equazioni differenziali relativo ai moti rigidi delle varietà riemanniane a tre dimensioni a curvatura costante: **19** ('50) 250–72. — Commemorazione di Gregorio Ricci-Curbastro nel primo centenario della nascita: **23** ('54) 1–24 [auch in: Annuario Univ. Studi Padova **1953/54**]. — Sugli spazi riemanniani normali ad n dimensioni: **26** ('56) 328–33.

Revista mat. hisp.-amer. Integrazione con quadrature delle equazioni di Dirac: (2) **11** ('36) 15–25.

Scientiarum Nuncius radiophon. De integratione aequationum Maxwell–Hertz in mediis cristallinis biassicis: Nr. **32** ('34) 4–6.

VI **TOOL,** Arthur Quincy. Physik. — Until 1904 Stud., Grinnell College, Grinnell, Ia.; '04–06 Stud., '14–16 Instructor, '16–18 Assist. Prof., Univ. of Nebraska, Lincoln, Nebr.; '14 Dr. phil., Univ. Berlin; '18–47

Assoc. Physicist → Physicist, U.S. Bureau of Standards, Washington, D.C.; then living in Maryland.
* 1877, Dez. 5, Monroe, Ia.;
† 1967, Juni 4.

Bur. Standards J. Res. Effect of heat treatment on the expansivity of a Pyrex glass [2]: **11** ('33) 799–810.
J. Res. nation. Bur. Standards Observations on crystalline silica in certain devitrified glasses [1]: **21** ('38) 743–72. — Expansion effects on the inversion of silica crystals in certain devitrified glasses [2]: 773–78. — Relaxation of stresses in annealing glass: **34** ('45) 199–211. — Viscosity and the extraordinary heat effects in glass: **37** ('46) 73–90. — Changes caused in the refractivity and density of glass by annealing [3][2]: **38** ('47) 519–26. — Expansion effects shown by some Pyrex glasses [2]: **40** ('48) 67–83. — Expansion effects of annealing borosilicate thermometer glasses [2]: **42** ('49) 171–82.

J. amer. ceram. Soc. Relation between inelastic deformability and thermal expansion of glass in its annealing range: **29** ('46) 240–53. — Effect of heat-treatment on the density and constitution of high-silica glasses of the borosilicate type: **31** ('48) 177–86.

Mit: [1] H. Insley; [2] J. B. Saunders; [3] L. W. Tilton.

VI **TORIYAMA,** Yotsuo. Elektrotechn. — 1915–17, '19–22 Stud., '26 Lecturer, '51–57 Prof., Tôhoku Univ., Sendai; '23–26 Postgrad. Stud., '26 Dr.-Ing., Techn. Hochsch. Aachen; '26–44 Prof., Hokkaido Imp. Univ., Sapporo; '44–47 Senior Researcher, '47–51 Dir., Central Research Labor., Hitachi Manufacturing Comp.; '57–72 Prof., '72 Prof. Emer., Musashi Inst. of Technol., Tokyo. — '30 Hon. D.Engng. (Tôhoku Imp. Univ., Sendai). — '38 4th Class Zuihou Prize, '42 3rd Class Zuihou Prize, '68 3rd Class Kyokujitsu-chu-ju Prize (Japan Governm.).
* 1895, Okt. 25, Matsumoto, Nagano;
† 1981, Dez. 7, Tokyo.

S. Conduction and breakdown in dielectric liquids. Proc. of the 5th International conference, Delft 1975 (Delft '75) 171–74: Cathode fall-like discharge in dielectric liquids [35][17]; 209–12: The observation of dielectric breakdown in liquid nitrogen using discharge figures [8][28].

W. Dust figure of surface discharge and its applications (Tokyo '61) 119 S.

Annual Rep. Conf. electr. Insulat., Nation. Res. Council A.C. tree generation in void-free specially refined PMMA (polymethylmethacrylate) [21][31][37][39]: **1972**, 185–89. — Effects of polar groups on electrical properties of polymer film [48][24][15]: **1976**, 137–45.

Applied Physics Letters Liquid-crystal Lichtenberg figure [21][26]: **24** ('74) 115–17.

Archiv Elektrotechn. Struktur von Funkenentladungen [19]: **28** ('34) 105–09.

British J. appl. Physics The corona resisting property of polytetrafluorethylene [22][11]: **7** ('56) 38. — Space-charge limited current in insulating oil [17][11]: 297f. — Some remarks on the conduction current in insulating liquids [17][22]: **11** ('60) 539–42. — Dielectric breakdown of insulating liquids [17][8]: **15** ('64) 203–05. — Bubble chamber observations of pre-breakdown phenomena in liquids [10][11]: 1585–90. — The study of surface-discharge phenomena using ring-type electrodes [10]: **18** ('67) 1607–15.

Cryogenics Observation of dielectric breakdown in liquid nitrogen using discharge figures [8][28]: **19** ('79) 421–23.

Electrophotography [Tokyo] Drifting mechanism of electrostatic charge in dielectric gap [15][24]: **6** ('66) Nr. 3, 23–28 [japan.]. — Developing technique with separated-capacitance giving non-edge-effect in electrophotography [24][15]: **8** ('68) Nr. 2, 56–62 [~]. — Discharge figure of liquid insulator with liquid-developing method [35][43][17]: **10** ('71) Nr. 4, 15–19 [~]. — Method for estimation of leakage current from surface potential reduction [24][36][15]: **11** ('72) Nr. 2, 58–67 [~].

E.T.J. Electric breakdown of liquid dielectrics [19][3]: **2** ('38) 157–60. — Some applications of charged water vapour [25][3][20]: 217f. — Electrical breakdown of alcohol solution [19][3]: **3** ('39) 47f.
Electrotechnical J. [Tokyo] Sterilization by glow discharge in gases or vapours at low pressures [23]: **4** ('40) 24. — Influence of the boundary of electrodes on the breakdown of solid dielectrics [18]: 27–29. — Separation of fine abrasive powder by means of electrical precipitation, using ionized steam [7]: 216.

Electrotechnical J. Japan The research of spark mechanism in liquid with bubble chamber [11][10]: **6** ('61) 56–60.

Elektrotechnische Z. Stoßkorona: **54** ('33) 909f.

Engineers' Digest The corona-resisting properties of polytetrafluorethylene [22][11]: **18** ('57) 160.

Genshiryoko Kogyo Sterilization of meat by radiation [17]: **6** ('60) Nr. 9, 50–52 [japan.].

IEEE Trans. Degradation of polyethylene by partial discharge [12][5][2]: **EI-2** ('67) 83–91. — Breakdown of insulating materials by surface discharge [12][5]: **EI-6** ('71) 124–29.

J. appl. Physics [USA] Study of prebreakdown phenomena in a liquid using a gas bubble chamber [10]: **45** ('74) 1707–12.

J. Inst. electr. Engr. Japan Research on electrical discharge, 7: On the mechanism of spark discharge, 2 [19]: **52** ('32) 320–28; ~ 8 [18]: 408–15; ~ 9: On the mechanism of spark discharge, 3 [19]: 515–21; ~ 10: ≈ 4 [19]: **53** ('33) 100–09. — On breakdown of a solid insulator[, 1] [19]: **52** ('32) 551–; ~ 2 [19]: 924–. — On electrical breakdown of dielectrics, 3: Impulse corona in liquids [19]: **53** ('33) 517; ~ 4: Impulse corona in water [19]: 517–; ~ 5 [19]: 545–. — Spark at incompletely contacted electrodes [3][33]: 704–. — On electrical breakdown of dielectric materials [19]: **54** ('34) 320. — Discharge figure in liquid insulator [18]: 321–; **55** ('35) 334–, 768–, 1003–; **56** ('36) 371–; **57** ('37) 587–. — Desorption of adsorbed gas by ultrasonic [3]: **54** ('34) 797–. — Lichtenberg figure in liquid dielectrics [18]: **55** ('35) 67–. — Research on electrical breakdown of gas and liquid insulators [19]: 337–. — On breakdown of liquid insulator by high-frequency voltage, 1 [19][3]: 765–. — On thermal breakdown of insulator [19][18][3]: 913–. — On thermal and thermo-electric breakdown of dielectrics [19][18]: **56** ('36) 32–. — On ignition of combustible gas by three-electrode spark [32]: 866f. — On breakdown of liquid insulator [19][18][3]: 1126–. — Electrical breakdown of water and water solutions [19][3]: **57** ('37) 590–. — On breakdown of liquid dielectrics [19][3]: 1208–13. — On electrical breakdown of water solutions [19][3]: **58** ('38) 164–. — Application of electrified water vapour [25][3][20]: 191–93. — Dust cleaning apparatus with use of electrified water vapour [25][3]: 629–. — Separation of fine abrasive powder using electrified-water-vapour dust-cleaning apparatus [7]: **60** ('40) 28–. — On electrical breakdown of alcohol and other water solution [19][3]: 221f. — Electrical breakdown of liquid dielectrics [16]: **61** ('41) 167–. — Discharge figure on colony of germs [23]: 576–. — Investigation of cleaning system of waste oil [16][23]: **62** ('42) 162–. — On ignition of inflammable gases [14]: 427–. — On ignition of methane [14]: **63** ('43) 85. — On photoelectricity in electrode gap with fine protrusion [16][27]: 90–. — On ignition of methane by contact-point spark [14]: 517–; ~: Influence of self-inductance of sparking circuit [14]: 822–. — Influence of third-electrode discharge onto main-gap spark [16][44]: 603–. — On propagation mechanism of surface spark [14]: 714. — On propagation process of light at spark discharge [14]: 715–. — On mechanism of brush discharge [14]: 949–. — High-frequency dielectric loss of liquid dielectrics [16][9]: **64** ('44) 245. — Spectroscopic study of the breakdown of liquid dielectrics [16]: 272. — Trend of research on electrical discharge: **74** ('54) 831–34. — Investigation on discharge mechanism in liquids using bubble chamber [10][11]: **79** ('59) 1543–48. — On corona resistibility of insulating materials: **80** ('60) 355–. — Influence of electro-negative gas onto corona resistibility of insulator and observation of corona erosion with electron microscope [15][4]: **82** ('62) 796–. — Thermo-electron irradiation of polyethylene films [15]: **84** ('64) 1600–07. — Degradation of polyethylene due to ion irradiation [15][21][4]: **86** ('66) 596–. — Observation of treeing in organic insulating material [8]: **87** ('67) 2436–42. — The temperature rise of the insulator exposed to the partial discharge between hemisphere-to-plane electrodes [4][15]: **90** ('70) 2507–13. — Discharge figures in organic insulating material due to high energy electron beam irradiation [8][21][2]: 2532–38 [m. engl. Zusammenfassg. Nr. 12, S. 8f.]. — Correlation between the electrification characteristics and the leakage phenomena of polyester film [24][15]: **91** ('71) 249–54 [~ Nr. 2, S. 1f.]. — The blocking effect of air film on tree development [21][15][8]: 255– [~ Nr. 2, S. 3f.]. — The time dependencies of the internal partial discharge characteristics in an artificial void in polyethylene [4][6][15]: 2358–64 [~ Nr. 12, S. 18f.]. — — Alle Arbeiten japan.

Trans. Inst. electr. Engr. Japan The discharge figures in insulating oil and the effect of a slot on surface discharge in oil [35][17]: **92-A** ('72) 246–50. — Investigation of generation mechanism of AC tree in organic insulation [21][15][8]: 374–. — Conduction of gradual increase of electric current through PETR film electrified by partial discharge and its discussion [24][40][38][15]: 440–48. — Deduction of electric charge distribution in polymer film [24][15]: 537–44. — Transition of gaseous components and distribution of pulsive discharge in artificial polyethylene void to time [4][15]: **93-A** ('73) 115–21. — Deduction of apparent mobility by surface potential decay of PE film [24][48][15]: **94-A** ('74) 32–38. — Study of starting mechanism of tree and partial discharge degradation under wide pressure range (0.01 Torr ... 25 atm) in oxygen [21][34][8]: 453–. — Liquid crystal charge figure [21][30][26]: 523–. — Effect of filler on the growth of tree in the organic insulation compound [39][21]: **95-A** ('75) 103–. — The effect of polar groups on charge injection phenomena of polyethylene film [48][24][15]: 111–17. — A new equivalent circuit to explain the time dependence of the artificial void for the corona resistance measurement [4][15]: 335–40. — Effect of tensile stress on electrical conduction in PETR film [24][45][15]: 491–96. — Effect of injected charge on breakdown voltage of polymer film [48][24][15]: **96-A** ('76) 404–10. — Relation of water tree and physical properties of PE [29][21]: **97-A** ('77) 41–. — Investigation on carrier mobility in polyethylene with charge decay method [24][48][15]: 579–84. — Effect of gaseous environment on electrical conduction phenomena of polyethylene [48][41][24][15]: **98-A** ('78) 459–66. — Effect of surface layer on electrical conduction phenomena of polyethylene [48][41][24][15]: 467–74. — Measurement of space charge quantity in dielectric film by Maxwell stress [24][15]: **99-A** ('79) 451–57. — — Alle Arbeiten japan.

Japanese J. appl. Physics Treeing in solid insulator [8]: **4** ('65) 992f.

Memoirs Fac. Engng., Hokkaido Univ. Electrical discharge in liquid dielectrics [18]: **3** ('33/34) Nr. 3, 83–91. — Liquid insulators [19]: Nr. 7, 158–204. — Impulse corona on the surface of water solution [16]: **8** ('50) Nr. 3, 1–11.

Nature [London] Impulse corona in water [19]: **132** ('33) 240.

Ôyô Butsuri Explosion of methane gas by electric spark [14][13]: **12** ('43) 463–66 [japan.]. — Effect of gas formed by discharge to degradation of polyethylene [4][47][15]: **46** ('77) 224–29 [~].

Physical Rev. Electric breakdown field intensity of water and aqueous solutions [19]: **51** ('37) 680.

Proc. Instn. electr. Engr. Effect and physical behavior of carbon-black papers used as a conductor screen [46][42]: **116** ('69) 566–74.

Proc. physico-math. Soc. Japan Dust figure in gases and liquid dielectrics: (3) **14** ('32) 430–40. — Effect of supersonic wave on the dust figure in liquid dielectrics [18]: **19** ('37) 984–87.

Vacuum Influence of split type electrodes upon the electrical breakdown voltage for a small gap in high vacuum [8][1]: **21** ('71) 231f.

Ferner je eine Monographie über Hochspannungstechnik und über elektrische Isolierungen (vermutlich in japanischer Sprache). — Einige weitere Beiträge in japanischer Sprache in japanischen Zeitschriften.

Mit: 1) Y. Hazeyama; 2) K. Horii; 3) Y. Ichimura; 4) T. Ito; 5) M. Kanazashi; 6) S. Kinoshita; 7) K. Kurihara; 8) H. Mitsui; 9) I. Mori; 10) Y. Murooka; 11) S. Nagao; 12) H. Okamoto; 13) R. Saito; 14) S. Saito; 15) T. Sakai; 16) S. Sakamoto; 17) T. Sato; 18) S. Sawa; 19) U. Shinohara; 20) S. Shiratori; 21) M. Sone; 22) K. Sugita; 23) K. Takada; 24) T. Takada; 25) K. Togasawa; 26) K. Toriyama; 27) Aoki; 28) J. H. Calderwood; 29) Hashizume; 30) Hayakawa; 31) T. Hemni; 32) Iguchi; 33) Kawakami; 34) Kihara; 35) H. Kishida; 36) Kitamura; 37) S. Kojima; 38) Kumakura; 39) A. Machida; 40) Nakamura; 41) Nikaido; 42) H. Sato; 43) Shimizu; 44) Sugimura; 45) Tamura; 46) B. Toda; 47) Ujiie; 48) M. Yumoto.

V, VI **TORTORICI,** Pietro Giuseppe Francesco. Math., Topogr., Geod. — 1929–60 Prof. incar. → Prof. ord. e Dir. dell'Ist. di Topogr. e Geod., '60 Prof. emer., Univ. di Palermo.
* 1891, Mai 2, Trapani;
† 1966, Apr. 9, Palermo.

Nekr. *A. Natucci, Boll. Soc. mat. calabrese **17** ('66) Nr. 4. — *G. Sansone, Boll. Unione mat. ital. (3) **21** ('66) 334f. — Atti Accad. Sci., Lettere e Arti Palermo (4) **27** ('66/67) Parte I.

W. Elementi di analisi matematica (Palermo '33) 8 + 516 S. (Collezione Sandron per le scuole medie: Serie scienze). — Elementi di analisi matematica per le scuole medie superiori (m. V. Marseguerra) (Palermo '34) 430 S.; ('41) 480 S. — Esercitazioni matematiche elementari. Ad uso delle scuole medie ²(Palermo '36) 140 S. — Nozioni sulla teoria degli errori di osservazione con applicazioni alla topografia (Palermo '37) 74 S., Neuaufl.: ('52) 125 S. (Università di Palermo, Facoltà di ingegneria). — Il regolo calcolatore. Nozioni teorico-pratiche (Palermo '38) 33 S. — Elementi di geometria per la scuola media (Palermo '41) 157 S. — Aritmetica pratica per la scuola media (Palermo '41) 191 S. — Algebra per la scuola media (Palermo '42), ..., ⁴('54) [Zitat unsicher]. — Geometria per i licei classici e scientifici e per gli istituti tecnici, **2.3** (Firenze '48) 8 + 174 S., 184 S. [1 nicht erschienen]. — Conferenze, esercizi e problemi sulle curve piane. Per la preparazione agli esami di concorso a cattedre di matematica nelle scuole secondarie ²(Palermo '49) 392 S.; ³('51) 8 + 410 S.; ⁴('56) 10 + 655 S. — Nozioni elementari sui sistemi lineari di circoli (Palermo '49) 44 S. (Quaderni didattici sulle matematiche complementari, 1); Neuaufl.: ('52) 48 S. — La inversione circolare nel piano e nello spazio (Palermo '49) 34 S. (~ 2); Neuauflagen: ('51) 4 + 36 S., ('57) 36 S. — Questioni di concorso assegnate nel 1948/49 (Palermo '49) 84 S. (~ 3); Neuaufl.: ('52) 101 S. — Moduli e campi di razionalità: Decomponibilità (in fattori) dei polinomi; Equazioni risolubili per radicali quadratici; Nozioni sulla ciclotomia; Poligoni regolari costruibili elementarmente (Palermo '49) 87 S. (~ 4); Neuaufl.: ('51) 4 + 88 S. — Elementi di logica formale: Generalità sui sistemi ipotetico-deduttivi; Uguaglianza, Classi, Relazioni; Il principio di astrazione logica; I principali tipi di definizioni (Palermo '50) 56 S. (~ 5); Neuaufl.: ('55) 76 S. — I numeri naturali (Palermo '50) 111 S. (~ 6); Neuaufl. m. d. Untertitel: Le definizioni di numero; I sistemi ordinali di Peano, di Padoa, di Pieri; I numeri cardinali secondo Cantor; i numeri cardinali secondo Russell e Cipolla; I numeri naturali relativi ('57) 142 S. — Elementi di teoria dei numeri: Divisibilità; Numeri primi; Funzioni numeriche; Resti di potenze; Sistemi di numerazione; Caratteri di divisibilità; Congruenze condizionali ad una incognita (Palermo '51) 95 S. (~ 7); Neuaufl. erweitert um die Kapitel: L'indicatore di Gauss [und] Congruenze numeriche ('55) 114 S. — Analisi indeterminata di primo grado; Equazione pitagorica; Prime nozioni di aritmogeometria (Palermo '51) 4 + 78 S. (~ 8); Neuaufl.: ('55) 97 S. — Equazioni e problemi di terzo o quarto grado (Palermo '51)

4 + 119 S. (~ 9); Neuaufl.: ('55) 176 S. — Numeri algebrici e numeri trascendenti: Trascendenza di *e* e di *π*; Rettificazione della circonferenza; Quadratura del cerchio; Questioni connesse (Palermo '51) 90 S. (~ 10); Neuaufl.: ('60) 4 + 110 S. — Nozioni sui fondamenti della geometria e sulla geometria iperbolica (Palermo '52) 4 + 288 S. (~ 11). — Punti singolari delle curve algebriche piane; Nozioni teoriche ed esercizi (Palermo '53) 138 S. (~ 12). — Le trasformazioni quadratiche fra piani; Nozioni teoriche ed esercizi (Palermo '53) 4 + 163 S. (~ 13). — Minimi e massimi in geometria piana elementare (Palermo '57) 11 + 133 S. (~ 14). — Goniometria (Palermo '59) 8 + 149 S. (~ 15). — Lezioni di analisi matematica [Neuaufl.], **1**: Analisi algebrica e introduzione al calcolo infinitesimale (Palermo '50) 8 + 332 S., **2**: Calcolo infinitesimale ('52) 8 + 400 S. [Vorlesungsskripten]. — Esercizi di analisi matematica, **1**: Analisi algebrica e introduzione al calcolo infinitesimale (Palermo '51) 8 + 238 S.; **2**: Analisi infinitesimale ('50) 4 + 318 S., ('52) 8 + 317 S. — Corso di topografia e geodesia: Introduzione; Nozioni di ottica geometrica (Palermo '52) 106 S. (Università di Palermo, Facoltà di ingegneria) [Vorlesungsskript]. — Lezioni di topografia ad uso degli allievi ingegneri (Palermo '52) 8 + 287 S., Neuaufl.: ('56) 8 + 314 S. [Vorlesungsskripten]. — Algebra. Per l'istituto magistrale (Firenze '61) 4 + 254 S. — Algebra. Per il ginnasio, 1ª classe del liceo scientifico ed artistico e 1ª classe dell'istituto tecnico (Firenze '61) 4 + 214 S.

Atti Accad. nazion. Lincei, Rend. Sulle deviazioni angolari locali del Geoide dall'ellissoide: (8) **20** ('56) 777–82.

Atti (R.) Accad. Sci., Lettere e Arti, Palermo Nuove determinazioni di gravità in Sicilia: 2ª campagna, 1929: (3) **17** ('32) 321–27; ~: 3ª campagna, 1929: 329–36; ~: 4ª campagna, 1930: 336–42. — Su una proprietà degli spazi lineari metrici: (4) **3**.1941/43 ('44). — Polinomi di Frenet generalizzati: ibid. — Le congruenze W_{ab} a falde focali applicabili sul catenoide: **4**.1943/44 ('45). — Integrazione di un sistema differenziale e conseguenze geometriche: **6**.1945/46 ('47).

Boll. Soc. mat. calabrese Prime nozioni di calcolo aritmetico-integrale: (2) **5** ('54). — Intorno ad una questione elementare di minimo: **8** ('57) Nr. 3, 6 S. — Prismi e piramidi regolari razionali: **9** ('58). — Massimi e minimi in geometria piana elementare: **11** ('60) Nr. 1.

Boll. Soc. Sci. natur. ed econ. Palermo Sul metodo diretto per la determinazione dell'azimut astronomico di un segnale: (3) **18** ('36) 8 S. — Sugli sferoidi isogravitazionali: **18** ('36). — Intorno a certe compensazioni isostatiche: ibid. — Sul calcolo del settimanale di una data qualunque: **24** ('42).

Boll. Unione mat. ital. Le congruenze W_{ab} a parametro medio costante: **11** ('32) 22–28. — Sulla validità di alcune formule dedotte da quella di Stokes relative alla forma della terra: **12** ('33) 69–72.

Esercitazioni mat. Sugli irrazionali quadratici: (2) **11** ('38) 23–38.

Giorn. Mat. Battaglini Sulla contrazione e sulla distensione dei numeri naturali secondo Kolovrat: **70** ('32) 190–95.

Giorn. Sci. natur. ed econ. Palermo Sulla validità di alcune formule dedotte da quella di Stokes relative alla forma della terra: **1933**.

Periodico Mat. Sulle definizioni di lunghezza e di area: (4) **12** ('32) 206–12.

Pubbl. Ist. Topogr. e Geod. Notizie sul calendario. Calcolo dell'Epatta e della Pasqua: **1** ('35/36) Nr. 1, 30 S. — Sugli sferoidi isogravitazionali: Nr. 2, 8 S. — Sulle distribuzioni della densità nella crosta terrestre, compatibili con la isostasia: Nr. 3, 15 S. — Intorno a certe compensazioni isostatiche: Nr. 4, 9 S.

Pubbl., Osservat. astron. Palermo Azimut astronomico di Monte Pellegrino sull'orizzonte dell'Osservatorio di Palermo: (N.S.) **7** ('35) 15 S. — Notizie sul calendario. Calcolo della Epatta e della Pasqua: **7** ('35).

Rend. Circolo mat. Palermo Intorno ad un problema sulle carte geografiche: **57** ('33) 210–34. — Sulle distribuzioni della densità nella crosta terrestre, compatibili con la isostasia: **60** ('36) 60–72.

Rend. Semin. mat. Messina Su una recente dimostrazione della proprietà estremale del cerchio: **5** ('60/61).

Einige weitere Vorlesungsskripten (Photogrammetrie, darstellende Geometrie u. a.) sowie weitere Lehrbücher für Schulen. — Eine Arbeit „Sulla interpretazione delle misure eötvössiane nella prospezione del sottosuolo" ('42), vermutlich in: Atti reale Accad. Italia.

VI **TOURNEUX,** Camille René. Chem. — 1921– Prof. Chim. gén., pendant quelques années Doyen de la Fac. des Sci., Univ. de Besançon. — — Weitere Daten nicht bekannt.

* 1881, Febr. 4, Morannes, Maine-et-Loire;
†.

S. Traité de chimie minérale (P. Pascal, P. Baud) **8** (Paris '33) 799–1166: Mercure.

Bull. Soc. chim. France Contribution à l'étude des complexes formés par le chlorure mercurique et les chlorures alcalins en solution aqueuse: (5) **1** ('34) 1043–49.

C.R. hebd. Séances Acad. Sci., Paris Sur les propriétés adsorbantes du phosphomolybdate d'ammonium [1]): **232** ('51) 2430–32. — Nouvelles observations sur les propriétés adsorbantes du phosphomolybdate d'ammonium [1]): **233** ('51) 43–45. — Sur l'application aux vapeurs mixtes de deux liquides non miscibles des lois de Raoult–Van'tHoff, relatives aux solutions diluées [1])[2]): 520–22.

Mit: [1]) C. Devin; [2]) L. Rebéquet.

VI **TOUSSAINT,** Albert Charles Louis. Aerotechn. — 1900–03 Etud., Ecole Nation. des Arts et Métiers, Lille; '03–07 Etud., Ecole Centrale des Arts et Manufactures, Paris; '08–10 activités dans l'industrie privée; '11–20 Collaborateur sci. et '20–53 Dir. de l'Inst. Aéronaut. à Saint-Cyr, '30–53 Prof. à la Sorbonne, Univ. de Paris; aussi: Maître de conférences, Ecole Nation. Supér. de l'Aéronaut., Paris; Prof., Ecole Spéc. des Travaux Aéronaut., Paris; Chargé de cours, Conservatoire Nation. des Arts et Métiers, Paris; Chargé de conférences, Ecole Centrale des Arts et Manufactures, Paris; Prés. de la Commiss. d'Aéronaut., Office Nation. des Recherches et Inventions. — '32 Officier de la Légion d'Honneur (France); '39 Prix Boileau (Acad. Sci. Paris).

* 1885, März 22, Autreppes, Hainault, Belgique;

† 1956, Juni 12, Saint-Georges-de-Didonne, Charente-Maritime.

Zur Biogr. C.R. hebd. Séances Acad. Sci., Paris **209** ('39) 918.

Nekr. *A. Bie, Aviation Mag. [Paris] No. **194** ('56) 12f. — *J. Pérès, Annales Univ. Paris **27** ('57) 52–54. — *M. C., Ailes No. **1587** ('56) 3.

S. Journées scientifiques et techniques de mécanique des fluides, **1**: Partie officielle (Paris '35) 149–56: Influence des limitations d'une veine rectangulaire sur les caractéristiques aérodynamiques des ailes sustentatrices. — Journées techniques internationales de l'aéronautique 1936 (Paris '36) 537–69: De quelques questions d'aérotechnique; 569f.: Discussion.

W. Leçons d'aérodynamique appliquée, **1**: Aérodynamique et mécanique du planeur (Paris '37) 64 S. (Actualités scientifiques et industrielles, 528); **2**: Le groupe motopropulseur en aviation ('38) 78 S. (~ 694); **3**: Théorie et calcul aérodynamique des hélices d'aviation et des hélices ventilateurs ('38) 96 S. (~ 695). — La soufflerie sonique de l'Institut Aérotechnique (m. R. Goethals) ('50) 28 S. (Conservatoire National des Arts et Métiers, Institut Aérotechnique de Saint-Cyr, No. 1, 1950). — Travaux et recherches actuelles de l'Institut Aérotechnique de Saint-Cyr (Paris '51) 27 S. (Les conférences du Palais de la Découverte, 30 juin 1951).

C.R. hebd. Séances Acad. Sci., Paris Comparaison entre les corrections de parois dans les souffleries de section rectangulaire et de section circulaire [3]): **195** ('32) 645–47. — Mesures des caractéristiques aérodynamiques des ailes supérieures et inférieures de 125 biplans en courant plan [3]): **196** ('33) 753–55. — Sur les corrections à apporter aux caractéristiques aérodynamiques d'une aile sustentatrice expérimentée dans une soufflerie à veine rectangulaire semi-guidée par des parois parallèles à l'envergure de l'aile et à la vitesse du vent: **197** ('33) 1188–90. — Sur les corrections à apporter aux caractéristiques aérodynamiques d'une aile sustentatrice expérimentée dans une soufflerie à veine rectangulaire semi-guidée par des parois latérales, perpendiculaires à l'envergure de l'aile: 1291–93. — Contribution à l'étude des interactions entre des ailes sustentatrices en courant plan. Application au cas des cellules biplanes: **199** ('34) 700–02. — Contribution à l'étude des interactions en courant plan pour des ailes sustentatrices en tandem. Application au cas d'une aile principale associée avec une très petite aile auxiliaire avant: 824–26. — Contribution à l'étude de l'interaction-sol pour des ailes sustentatrices: 1095f. — Contribution à l'étude des multiplans infinis en courant plan: **200** ('35) 206–08. — Contribution à l'étude de certaines cellules biplanes rigides d'envergure finie [4]): **201** ('35) 33. — Contribution à la théorie des biplans rigides d'envergure infinie [4]): **202** ('36) 111f. — Contribution à l'étude expérimentale des multiplans infinis en courant plan [4]): 201f. — Veine plane guidée. Influence sur les caractéristiques aérodynamiques des ailes sustentatrices [5]): 1753–56. — Veine plane libre. Influence sur les caractéristiques aérodynamiques des ailes sustentatrices [5]): 1834–36. — Influence des limitations d'une veine fluide sur les caractéristiques aérodynamiques des ailes sustentatrices. Vérifications expérimentales [5]): 1911–13. — Sur les courbes enveloppes du rendement pour les hélices propulsives optima [6]): **204** ('37) 552–54. — Méthode approchée de calcul des cellules multiplanes infinies en courant plan [5]): 952f. — Réalisation expérimentale des parois solides exemptes de couche limite [2]): **207** ('38) 117f. — Contribution à l'étude des profils avec fentes d'aspiration: **224** ('47) 790–92.

J. Physique et Radium Echanges thermiques entre un récipient et l'air ambiant; Dyssymétrie de l'effet suivant le signe de la différence des deux températures [7]): (7) **3** ('32) 129Sf.

Revue gén. Sci. pures et appl. Les grands centres de recherches scientifiques. L'Institut Aérotechnique de Saint-Cyr: **47** ('36) 491–502.

Science aérienne Angle de déflexion en arrière d'une aile sustentatrice monoplane aux emplacements usuels de l'empennage horizontal [4]): **4** ('35) 119–24. — Méthode de calcul des interactions dans les cellules multiplanes d'envergure infinie: 401–14.

Technique aéronaut. L'angle de déflexion en arrière d'une cellule biplane ou multiplane aux emplacements usuels de l'empennage horizontal [4]): **26** ('35) 29–36. — Note sur le calcul des caractéristiques aérodynamiques des cellules biplanes: 277–95. — Sur les courbes enveloppes des familles d'hélices propulsives: **28** ('37) 100–17. — Méthode de calcul des performances des avions: 199–226, 267–81. — Une méthode simplifiée de calcul des hélices aériennes [1]): **29** ('38) 244–58. — Note sur l'établissement des polaires effectives d'avion complet d'après les essais en soufflerie des maquettes motorisées: **30** ('39) 54–68.

Mit: [1]) Doussain; [2]) M. Gdaliahu; [3]) H. Girerd; [4]) M. Nénadovitch; [5]) S. Pivko; [6]) S. Strijevsky; [7]) P. Vernotte.

IV–VI **TOWER,** Olin Freeman. Chem. — 1898–1901 Instructor, '01–07 Assist. Prof., '07–42 Hurlbut Prof. and Dir. of the Chem. Laboratories, '42 Prof. Emer., Adelbert College, Western Reserve Univ., Cleveland, O.

* 1872, März 19, Brooklyn, N.Y.;
† 1945, Dez. 21, Mt. Dora, Fla.

Stiftung '44 Olin F. Tower Prize (for achievement in the undergraduate course in physical chemistry).

Nekr. School and Soc. **63** ('46) 27.

W. A course of qualitative chemical analysis of inorganic substances [6](Philadelphia, Pa. '32) 15 + 92 S.

Chemist Chemistry at Western Reserve: **9** ('32) 239–42.

Colloid Sympos. Monogr. A hydrate-decomposition mechanism [1]): **12**.1935 ('36) 143–52.

J. amer. chem. Soc. The system calcium chloride – magnesium chloride – water at 0°, —15° and —30° [2]): **54** ('32) 3040–47.

J. physic. Chem. Liesegang rings of manganese sulfide, 2: **40** ('36) 599–602.

Science [USA] Centennial celebration of the founding of the Department of Chemistry of Western Reserve University: **91** ('40) 399f.

Mit: [1]) V. R. Damerell; [2]) C. F. Prutton.

VI **TOWNEND,** Donald Thomas Alfred. Chem. — D.Sc., Univ. of London; 1920–38 Fellow, Imperial College of Sci. and Technol., London; '38–46 Livesey Prof. of Coal Gas and Fuel Industries, Univ. of Leeds; '46–62 Dir.-Gen., British Coal Utilisat. Research Assoc.; '57–61 Vice-Pres., '61–64 Vice-Chairman, Parliamentary and Scient. Committee; '48–50 Pres., Inst. of Fuel, London. — '61 Hon. D.Sc.Tech. (Univ. of Sheffield). — '52 Commander of the Order of the Brit. Empire; '52 Melchett Medal (Inst. of Fuel, London); '58 Médaille d'or (Inst. Français des Combustibles et de l'Energie); '63 Coal Science Medal (British Coal Utilisat. Research Assoc.); '60 Birmingham Medal (Instn. of Gas Engrs., London).

* 1897, Juli 15, Hackney, London;
† 1984, Febr. 19, Leatherhead, Surrey.

Zur Biogr. Nature [London] **141** ('38) 964, **155** ('45) 783.

S. Proc. 1st World petroleum congress, London 1933 (A. E. Dunstan, G. Sell) **2** (London '34) 847–52: Production of oxygenated organic compounds from naturally occurring and cracked hydrocarbons [15]). — C.R. 18e Congrès de chimie industrielle, Nancy 1938, **2** (Paris '38) 1023–40: Slow combustion and spontaneous ignition of higher hydrocarbons [ ] [15]). — 3rd Symposium on combustion, flame and explosion phenomena, Madison, Wis., 1948 (Baltimore, Md. '49) 404–15: Two-stage process in the combustion of higher hydrocarbons and their derivatives [20]); 459–65: Mechanism of the oxidation of carbonaceous materials at low temperature [11]). — Progress in coal science (D. H. Bangham) **1** (London '50) 424–47: Recent developments in gasification. — Proc. 11th International congress of pure and applied chemistry, London 1947, **4** (London '52) 553–57: Chemistry in relation to fuel, power and transport.

W. Towards the better use of coal (London '50) 35 S. (Des Voeux Memorial Lecture 1). — Coal science and the gas industry (London '56) 40 S. (Institution of Gas Engineers, Copyright publication 494).

Chemical Age Modern coal-gasification methods, 1: **57** ('47) 357–60; ~ 2: 399f.

Chemical Reviews Ignition regions of hydrocarbons: **21** ('37) 259–78.

Chemistry and Industry Spontaneous ignition temperatures of hydrocarbon–air mixtures [5]): **12** ('34) 267f. — The present era in combustion: **1945**, 346–51. — Science and industry. A two-way traffic: **1947**, 139f. — Dr. Donald Hugh Bangham †: **1950**, 775. — Science and coal: **1954**, 766–74.

Chimie et Industrie Les zones de combustion des aldéhydes supérieures [15]): **45** ('41) No. 3bis, 244–52.

Circular, Nation. Bur. Standards Some reactions of atomic hydrogen in flames [1]): **523** ('54) 99–110.

Coke and Gas Modern ideas on fuel utilization, 1: **12** ('50) 389–93; ~ 2: 423–25, 432.

Colloques int. Centre nation. Rech. sci. The combustion of carbon: an outline of the work of the B.C.U.R.A. Laboratories 1939–1949 [2]): **20** ('49) 3–9.

Communications, Instn. Gas Engr. Inflammable ranges of ethylene–air mixtures at atmospheric and reduced pressures and the influence of small amounts of nitrogen peroxide thereon [7]): Nr. **220** ('39) 12 S. — Some recent views on factors affecting flame velocity [13]): Nr. **221** ('39) 14 S. — Institution Gas Research Fellowship report, 1943/44: Mechanism of the oxidation of coal[, 1] [11]): Nr. **271** ('45) 25 S.; ~ 1944/45: ≈ 2: Nr. **287** ('45) 23 S. — — Nr. **244** u. **245** siehe unten: Gas J. [London].

Engineering Inflammable ranges of ethylene–air mixtures [7]): **149** ('40) 127.

Fuel The mechanism of flame propagation: **29** ('50) 64–67.

Fuel Econ. Rev. William A. Bone, 1871–1938 [18]): **18** ('39) 33–38.

Fuel Econ. Coal and science: **39** ('61) 69–73, 75–80.

Gas J. [London] A new era in combustion: **224** ('38) 558 f. — Recent views on factors affecting flame velocity [13]): **229** ('40) 294–301. — Institution Gas Research Fellowship report, 1939/40 [7])[6]): **237** ('42) 357 (= Communications, Instn. Gas Engr. Nr. 244). — Institution Gas Research Fellowship interim report, 1941 [8])[9]): 357 (= ~ 245). — A symposium on combustion: **250** ('47) 500, 503. — Science and coal: **277** ('54) 593–97, 599, 602.

Gas World Some recent views on factors affecting flame velocity [13]): **111** ('39) 354–56. — A study of aerated burner flames [8])[7])[9]): **120** ('44) 570–72. — Recent developments in gasification: **127** ('47) 406–18. — Value and future of research: **130** ('49) 813–15. — Science and coal: **139** ('54) 726–28, 790–93, 796.

Ingenieur ['s Gravenhage] The combustion of solid fuels, and the aims of flame radiation research in relation to the burning of pulverised coal: **68** ('56) W41–W48.

Iron and Coal Trades Rev. Combustion of solid fuels; flame research for industrial applications: **171** ('55) 1285–92.

J. chem. Soc., London The spontaneous ignition under pressure of the simpler aliphatic hydrocarbons, alcohols and aldehydes [12])[4]): **1937**, 436–43. — The spontaneous ignition under pressure of typical knocking and non-knocking fuels: Heptane, octane, isooctane, diisopropyl ether, acetone, benzene [13]): **1938**, 238–46. — The inflammation of mixtures of air with diethyl ether and with various hydrocarbons at reduced pressures: Green flames [10]): **1939**, 332–37. — An examination of the mechanism by which "cool" flames may give rise to "normal" flames, 1: The inflammable ranges of ether–air mixtures in closed vessels [10]): 337–40; ~ 2: The inflammable ranges of higher paraffin hydrocarbons in air: The establishment of "cool" flame ranges at ordinary temperatures and high pressures [10]): 341–45; ~ 3: The physical characteristics of the two-stage process of ignition of ether–oxygen mixtures [13]): **1940**, 143–50; ~ 4: The chemical character of the "blue" flame initiated in the "cool"-flame products of ether–oxygen mixtures [13]): 151–56.

J. Chim. physique et Physico-Chim. biol. Combustion of carbon: an outline of the work of the B.C.U.R.A. Laboratories 1939/49 [2]): **47** ('50) 315–21. — Role of the peroxidic complex in the low-temperature oxidation of carbon [11]): 348–52.

J. Inst. Fuel Some combustion phenomena of higher hydrocarbons: **12** ('38) 78–86. — Stability of burner flames [8])[7]): **18** ('45) 175–86. — Fundamental aspects of combustion: Some reactions of atomic hydrogen in flames [1]): **26** ('53) 44–51, 61. — The Melchett Lecture for 1952: Highways and byways in combustion: **27** ('54) 534–44, 571. — The combustion of solid fuels and the aims of flame-radiation research in relation to the burning of pulverized coal: **28** ('55) 609–17.

J. Inst. Petroleum Inflammation of hydrocarbon–air mixtures [13]): **25** ('39) 459–86.

J. Soc. chem. Industry Oxidation of coal [11]): **68** ('49) 197–201.

J. Soc. Glass Technol. Some fundamental aspects of heat transmission by radiation from flames and furnace linings [19])[17]): **26** ('42) 113–29.

Mechanical World and Engng. Rec. The mechanism of flame propagation [13]): **107** ('40) 3.

Monthly Bull., Brit. Coal Utilisat. Res. Assoc. Combustion: **11** ('47) 417–21.

Nature [London] Flow states in emergent gas streams [8])[9]): **152** ('43) 748. — The cool-flame and two-stage ignition systems in ether–air mixtures at room temperature [20]): **155** ('45) 330 f. — Mechanism of the oxidation of coal [11]): 424 f. — Britain's fuel problems: **161** ('48) 669 f. — D. H. Bangham †: **166** ('50) 716 f.

Proc. chem. Soc., London Clarence Arthur Seyler, 1866–1959: **1960**, 128 f.

Proc. roy. Soc. London, Ser. A Gaseous combustion at high pressures, 14: Explosions of hydrogen - air and carbonic oxide - air mixtures at initial pressures up to 1000 atmospheres [3][15]: **139** ('33) 57–74; ~ 15: The formation of nitric oxide in carbonic oxide - oxygen - nitrogen explosions [16]: 74–83. — The influence of pressure on the spontaneous ignition of inflammable gas–air mixtures, 1: Butane–air mixtures [14]: **141** ('33) 484–93; ~ 2: Pentane–air mixtures [14]: **143** ('33) 168–76; ~ 3: Hexane- and isobutane–air mixtures [5][14]: **146** ('34) 113–29; ~ 4: Methane-, ethane-, and propane-air mixtures [4]: **154** ('36) 95–112. — The influence of pressure on the spontaneous ignition and limits of inflammability of ether–air mixtures [4]: **158** ('37) 415–29. — The influence of pressure on the spontaneous ignition of inflammable gas–air mixtures. The simpler olefins [12]: **160** ('37) 174–87.

Quarterly, Instn. Fire Engr. Recent development in the science of combustion: **9** ('49) 29–38.

Revue Inst. franç. Pétrole et Ann. Combustibles liquides Two-stage combustion of higher hydrocarbons and their derivatives [20]: **4** ('49) 389–404 [ ].

Revue Matériaux Construct. et Trav. publ. La combustion des combustibles solides et le but des recherches sur le rayonnement des flammes relatives à la combustion du charbon pulvérisé: **1957**, 27–36.

Trans. Faraday Soc. Role of oxygen complexes in the oxidation of carbonaceous materials [11]: **42** ('46) 297–305. — Light emission from "cool" and "blue" flames in the two-stage process of ignition of ether and acetaldehyde–oxygen mixtures [21]: 345–53.

Mit: [1]) J. R. Arthur; [2]) D. H. Bangham; [3]) W. A. Bone; [4]) E. A. C. Chamberlain; [5]) L. L. Cohen; [6]) D. G. R. Davies; [7]) J. S. Forsyth; [8]) J. E. Garside; [9]) A. R. Hall; [10]) M. S. Hsieh; [11]) R. E. Jones; [12]) G. P. Kane; [13]) M. Maccormac; [14]) M. R. Mandlekar; [15]) D. M. Newitt; [16]) L. E. Outridge; [17]) A. L. Roberts; [18]) R. J. Sarjant; [19]) E. C. W. Smith; [20]) K. Spence; [21]) J. E. Topps.

VI **TOWNLEY,** Sidney Dean. Astron., Seismol., Math., Geod. — 1907–09 Assist. Prof., '09–18 Assoc. Prof., '18–32 Prof., '32 Prof. Emer., Stanford Univ., Calif.; '10–30 Secretary and Treasurer, '35–36 Pres., Seismol. Soc. of America; '16 Pres., Astron. Soc. of the Pacific. (☒)
* 1867, Apr. 10, Waukesha, Wis.;
† 1946, März 16, Stanford, Calif.

Nekr. *R. G. Aitken, Publ. astron. Soc. Pacific **58** ('46) 193–95. — *G. D. Louderbach, Bull. seismol. Soc. America **36** ('46) 323–25 (m. Bildn.).

HZ. Bull. seismol. Soc. America **11** ('21)–**25** ('35).

MHZ. Bull. seismol. Soc. America **1** ('11)–**10** ('20).

W. Diary of a student of the University of Wisconsin, 1886 to 1892 (Stanford, Cal. '40) 120 S.

Bull. seismol. Soc. America Descriptive catalog of earthquakes of the Pacific coast of the United States 1769 to 1928 [1]: **29** ('39) 1–297.

Publ. astron. Soc. Pacific G. C. Comstock: **46** ('35) 171–76.

Mit: [1]) M. W. Allen.

VI **TOWNSEND,** Edgar Jerome. Math. — 1893–95 Assist. Prof., 1895–1905 Assoc. Prof., '05–29 Prof., '29 Prof. Emer., Univ. of Illinois, Urbana, Ill. — '15 Hon. LL.D. (Albion College, Albion, Mich.).
* 1864, Febr. 22, Litchfield, Hillsdale Co., Mich.;
† 1955, Juli 8, Champaign, Ill.

Nekr. The Champaign-Urbana News-Gazette **1955**, 8. Juli (m. Bildn.).

Zur Biogr. The National cyclopaedia of American biography **44** (New York '62) 330 (m. Bildn. u. Faks.).

Ue. *D. Hilbert, Foundations of geometry [Grundlagen der Geometrie]. Neudrucke: (La Salle, Ill. '38), ('47), ('50), ('59); ('60) (Open Court classics, P 72); ('65) 7 + 143 S.

W. Functions of a complex variable. Neudruck (New York '42) 7 + 384 S. — A layman's view of the Bible (Ann Arbor, Mich. '53) 135 S.

IV–VI **TOWNSEND,** Sir John Sealey Edward. Physik. — 1900–41 Wykeham Prof., Univ. of Oxford. — Dr h.c. (Univ. de Paris). — Chevalier de la Légion d'Honneur (France); '41 knighted.
* 1868, Juni 7, Galway, Ireland;
† 1957, Febr. 16, Oxford.

Entdeckungen Townsend-Beziehung, Townsend-Entladung, Townsend-Strom u. a.

Zur Biogr. Nature [London] **157** ('46) 293.

Nekr. *M. de Broglie, C.R. hebd. Séances Acad. Sci., Paris **244** ('57) 3105f. — *A. von Engel, Biographical Mem. Fellows roy. Soc. **3** ('57) 257–72 (m. Bildn., Faks., Schr.verz.); Nature [London] **179** ('57) 757f. — *F. L. Jones, Yearb. physic. Soc., London **1957**, 106–10 (m. Bildn.).

S. Handbuch der Radiologie (E. Marx), **1** (Leipzig '20) 1–398: Die Ionisation der Gase.

W. Electricity and radio transmission (Winchester '43) 11 + 183 S. — Electrons in gases (London–NewYork '47 [oder '48?]) 8 + 166 S. — Electromagnetic waves (London–NewYork '51) 60 S.

Nature [London] Ionization by positive ions [2]): **130** ('32) 398. — Jean B. Perrin: **149** ('42) 494.

Obituary Notices Fellows roy. Soc. London Jean Baptiste Perrin: **4** ('42/44) 301–05.

Philosophical Mag. and J. Sci. Electrodeless discharges: **13** ('32) 745–59. — Excitation of continuous and line spectra in helium [4]): **14** ('32) 418–31. — Ionization by positive ions [2]): **15** ('33) 282–94. — Intensity of the radiation from uniform columns in discharge-tubes [5]): **16** ('33) 313–24. — Distribution of energies of electrons in gases: 729–44. — Ionization by collision in helium [3]): **17** ('34) 678–98. — Ionization by positive ions in helium [6]): **18** ('34) 594–606. — Theories of ionization: **20** ('35) 242–63. — Distributions of energies of electrons: **22** ('36) 145–71. — The equations of motion of electrons in gases: **23** ('37) 481–86. — Deflexion of a current in a gas by a magnetic force: 880–85. — Diffusion of electrons in a magnetic field: **25** ('38) 459–70. — Generalization of the theory of electrical discharges [1]): **26** ('38) 290–311. — Ionization by collisions of positive ions: **28** ('39) 111–17.

Proc. roy. Soc. London, Ser. A A comment on the paper by Sten von Friesen "On the values of fundamental atomic constants": **163** ('37) 188f.

Scientific J. roy. College Sci. Uniform columns in electric discharges: **3** ('33) 109–19.

Mit: [1]) E. W. B. Gill; [2]) F. L. Jones; [3]) S. P. McCallum; [4]) M. H. Pakkala; [5]) E. W. Townsend; [6]) G. D. Yarnold.

VI **TOY,** Francis Carter. Physik. — Stud., Univ. College, London; 1919–29 Physicist, Brit. Photogr. Research Assoc.; '30–43 Deputy Dir., '44–55 Dir., Shirley Inst., Research Station of Brit. Cotton Industry Research Assoc., Manchester; '48–50 Pres., Inst. of Physics, London; '51–53 Pres., Manchester Statistical Soc.; '53–55 Pres., Manchester Federat. of Sci. Societies; '56–58 Pres., Manchester Literary and Philos. Soc.; now living at Wilmslow, Cheshire. — '47 Commander of the Order of Brit. Empire. (⊠)
* 1892, Mai 5.

Zur Biogr. Nature [London] **153** ('44) 49; **176** ('55) 1150.

Chemistry and Industry The British Cotton Industry Research Association: **1954**, 1096–99.

J. Textile Inst. Influence of science on the cotton industry: **30** ('39) P387–P399. — Place of research in the organization of the textile industry [1]): **39** ('48) P343–P354. — The impact of new ideas on an old craft industry: **48** ('57) P150–P163.

Memoirs and Proc. Manchester lit. and philos. Soc. Technology and the literature and philosophy: **99** ('57/58) 5–19.

Nature [London] Research and the smaller firm in Britain: **158** ('46) 797. — Sir Robert Pickard †: **164** ('49) 946. — F. T. Peirce †: **165** ('50) 835f.

Mit: [1]) D. W. Hill.

VI **TOYAMA,** Yoshiyuki. Chem. (org.). — Until 1920 Stud., '28 Eng.D., Tokyo Imp. Univ.; '20–40 Chemist, Tokyo Industrial Research Inst.; '40–60 Prof., Fac. of Engng., '60 Prof. Emer., Nagoya Univ., Nagoya. — '51 Imperial Prize (Japan Acad.); '58 Normann-Medaille (Deutsche Ges. f. Fettwiss.).
* 1896, Sept. 6, Tokyo;
† 1980, Febr. 12, Tokyo.

S. Fish as food (G. A. Borgström), **2**: Nutrition, sanitation and utilization (New York '62) 149–73: Nutritive aspects of fish oils [18]).

Bull. chem. Soc. Japan Highly unsaturated acids in sardine oil, 2: Constitution of hiragonic acid $C_{16}H_{26}O_2$ [51]): **10** ('35) 192–99; ~ 3: The isolation and constitution of moroctic acid, $C_{18}H_{28}O_2$ [51]): 232–41; ~ 4: The separation of highly unsaturated C_{20}-acids [51]): 241–48; ~ 5: Constitution of eicosatetrenoic acid $C_{20}H_{32}O_2$ [51]): 296–300; ~ 6: Constitution of eicosapentenoic acids $C_{20}H_{30}O_2$ [51]): 301–04; ~ 7: The separation of highly unsaturated C_{22}-acids [51]): 433–40; ~ 8: The constitution of clupanodonic acid $C_{22}H_{34}O_2$ [51]): 441–53; ~ 9: The constitution of docosahexenoic acid, $C_{22}H_{32}O_2$ [51]): 539–43; ~ 10: The separation of highly unsaturated C_{24}-acids [51]): 543–47; ~ 11: The constitution of nisinic acid, $C_{24}H_{36}O_2$, in sardine oil [51]): 547–51; ~12: A further experiment on the separation of octadecatrienoic acid $C_{18}H_{30}O_2$ [51]): **11** ('36) 741–44; ~ 13: Oxidation of methyl clupanodonate with potassium permanganate in acetone solution [51]): 745–50; ~ 14: Oxidation of potassium clupanodonate with potassium permanganate in aqueous solution [51]): 751–53. — Tetradecenoic and dodecenoic acids in sperm oil, 1: Tetradecenoic and dodecenoic acids in sperm-blubber oil [51]): **10** ('35) 563–69; ~ 2: Dodecenoic acid in sperm-head oil [51]): 570–73. — Hexadecenol and tetradecenol in sperm-head oil [51]): 573–79. — Hexadecenol in sperm-blubber oil [1]): 579–84. — Decenoic acid $C_{10}H_{18}O_2$ in sperm-head oil [51]): **11** ('36) 26–29. — The highly unsaturated alcohols in sperm-blubber oil [1]): 29–34. — Dihydroxystearic acid in castor oil [12]): 735–41. — Sterols and other unsaponifiable substances in the fat of shell fishes, Crustacea and Echinodermata, 10: Corbisterol [21])[47]): **25** ('52) 355–57; ~ 11: Sterols in the fat of the clam [42])[47]): **26** ('53) 154–56; ~ 12: Occurrence of 7-cholestenol as a major component of the sterol mixture of chiton [47]): 497–99; ~ 13: Sterol components of starfish, Luidia quinaria [42]): **27** ('54) 39–41; ~ 14: Unsaponifiable components other than corbisterol in the lipide of Corbicula [47]): 264–67; ~ 15: Occurrence of $\Delta^{7,8}$-cholestenol as a sterol compound of starfish, Asterias amurensis [42]): 421–23; ~ 16: Reinvestigation of hitodesterol and its identity with α-spinasterol [42]): **28** ('55) 469–73; ~ 17: Mono unsaturated sterol components of the starfish, Asterina pectinifera [42]): **29** ('56) 317–19. — An unsaturated cyclic alcohol in the nonsaponifiable matter of the liver oil of the crab, Paralithodes camtschatica [13]): **36** ('63) 1308–11. — The separation and structure determination of an eicosatrienoic and an eicosadienoic acid in Podocarpus nagi seed oil [13])[22]): 1439–44.

Fette u. Seifen, Anstrichmittel Der Verlauf der Oxydation von Methyllinolenat [25]): **53** ('51) 523f. — Hydroxysäuren im Bienenwachs [9]): 556f. — Der Verlauf der Oxydation von Methylclupanodonat [25]): **54** ('52) 755–58. — Die Sterine der fetten Öle von wirbellosen Wassertieren: **60** ('58) 909–15. — Die Ernährung des japanischen Volkes mit besonderer Berücksichtigung von Fetten und Ölen: 1042–46. — Über das Vorkommen der Linol- und Linolensäure in Sardinen- und Makrelenhechtöl [38])[15])[4]): **61** ('59) 461–64. — Eikosapentaen- und Dokosahexaensäure in Tintenfischöl [42]): **64** ('62) 134–37. — Eikosapentaen-, Dokosapentaen- und Dokosahexaensäure in Finwalöl [42]): 137–41. — Reaction between methyl oleate and mercuric acetate in hot acetic acid [45]): **66** ('64) 988–92 [m. deutscher, französ. u. russ. Zusammenfassg.].

J. chem. Soc. Japan Tetradecenoic acid and dodecenoic acid in sperm oil, 1: Tetradecenoic acid and dodecenoic acid in sperm-blubber oil [51]): **56** ('35) 1050–54; ~ 2: Dodecenoic acid in sperm-head oil: 1055–57. — Hexadecenol and tetradecenol in sperm-head oil [51]): 1072–76. — Decenoic acid $C_{10}H_{18}O_2$, in sperm-head oil [51]): 1313–15. — Highly unsaturated alcohols in sperm-blubber oil [1]): 1316–19. — Dihydroxystearic acid in castor oil [12]): **57** ('36) 976–80. — Eicosanol and eicosenol in sperm-blubber oil: **59** ('38) 810–14. — Unsaponifiable matter of bottlenose-whale oil, 1: The constituents of the lower-boiling fraction of unsaponifiable matter [12]): 1193–201. — Highly unsaturated alcohols in the liver oil of Squalus suckleyi [43]): **60** ('39) 1177–80. — Tunny-liver oil, 1: Properties of tunny-liver oil: **63** ('42) 893–96. — Liver oil of "menuke" fish, Sebastolobus macrochir: 905–10. — Highly unsaturated acids of liver oil of Squatina japonica: 911–15. — Change of the highly unsaturated acids during distillation: 1160–64. — Oxidation of the methyl esters of highly unsaturated acids: 1165–69. — Amount of potassium iodide required in the determination of the iodine value of fats: 1341f. — Seed oils of some Leguminosae [37]): 1343–45. — Seed oils of some Cruciferae [43]): 1346–48. — Liver oil of Scoliodon walbeehmi (Bleeker) [43]): 1660–64. — Determination of the saponification value of fats: **64** ('43) 38–40. — Sterols and other unsaponifiable substances in the fats of shell fishes, Crustacea, and Echinodermata, 1: Sterols in the fats of Turbo cornutus, Liolophura japonica, Ligia exotica, Asterina pectinifera, Astropecten scoparius, Heliocidarus crassipina [36]): 322–25; ~ 2: Separation of a new sterol from the fat of Corbicula leana [26]): 326–30; ~ 3: Sterols in the fat of clam, Meretrix meretrix [54]): 878–82; ~ 4: Separation of a new sterol from the fat of starfish, Asterina pectinifera [26]): 1069–71; ~ 5: Crystalline fraction of the unsaponifiable substances in the fat of Asterias rollestoni and Cucumaria chronhjelmi [26])[54]): 1203f.; ~ 6: Sterol components other than corbisterol in the fat of Corbicula leana [26]): **65** ('44) 258–60; ~ 7: Sterols in the fat of oyster, Ostrea gigas: 310–12. — Highly unsaturated acids in fats and oils, 1: Reexamination of the sodium salt-acetone and lithium salt-acetone methods for the separation of highly unsaturated acids of fish oils [35]): **64** ('43) 1327–31; ~ 2: Oxidation of demargarinated sardine oil mixed fatty acids, highly unsaturated acids, and methyl esters prepared from the oil [35]): **65** ('44) 513–18; ~ 3: Influence of various agents upon the oxidation at room temperature of demargarinated sardine oil and highly unsaturated acids prepared from the oil: 611–15. — — Alle Arbeiten japan.

J. chem. Soc. Japan, Industr. Chem. Sect. Fatty acids in lycopodium oil [9]): **52** ('49) 212f. — Electrolysis of fatty acids, 1: Electrolysis of fatty acids of camellia oil [35]): **53** ('50) 359–61; ~ 2: Electrolysis of oleic and elaidic acids [28])[35]): 391–93; ~ 3: Electrolysis of lauric acid: 393–95; ~ 4: Electrolysis of linolenic and linoleic acids [48])[35])[24]): **54** ('51) 47f.; ~ 5: Electrolysis of tetrabromostearic acid [48])[35])[24]): 48–50. — Interesterification of some fats and oils at low temperature [56]): 188–90. — Preparation of paint oil by the dehydration of castor oil [14]): 190–92. — Phthalates from coconut-oil alcohols as plasticizers for vinyl chloride resins [17]): 221–23. — Hydroxy acids in bees wax [9]): 293f. — On the course of oxidation of methyl linoleate [25]): 383–85. — The rates of oxidation of 9-, 12-, and 15-octadecenoic acids with oxygen and perbenzoic acid [57]): **55** ('52) 164f. — The rates of oxidation of oleic, linoleic, and linolenic acids by oxygen and perbenzoic acid [57]): 176f. — Oleic acid and its esters autoxidized during the course of storage [57]): 235–37. — Volatile substances formed by air oxidation of the methyl ester of highly unsaturated acids [25]): **56** ('53) 972f.

— Crystalline deposit from castor oil [44]): 973f. — Preparation of butyl dodecyl phthalate [17]): **57** ('54) 275–77. — Crystalline deposit from sesame oil [44]): 749f. — Volatile substances formed by decomposition of peroxides of methyl esters of highly unsaturated acids [40]): **58** ('55) 52–54. — Boundary-lubricating properties of hydroxy-stearic acids [34]): **64** ('61) 1577–80. — Alkali decomposition of ricinoleic acid by differential thermal analysis and thermal gravimetric analysis [45])[16]): **69** ('66) 1750–54. — Plate cells for differential thermal analysis and measurement of oil, fats, and oil-based paints [45])[43]): 1836–39. — Reaction between methyl linoleate and mercuric acetate [45]): **70** ('67) 1766–71. — Reaction of methyl 10-undecenoate with mercuric acetate in hot alcohols in the presence of perchloric acid as a catalyst [45]): **71** ('68) 715–17. — Synthesis of methyl 11-acyloxy-9-undecenoate [45]): 769f. — — Alle Arbeiten japan.

J. chem. Soc. Japan, Pure Chem. Sect. Sterols and other unsaponifiable substances in fats of shell fish, Crustacea and Echinodermata, 8: Hydrogenation product of corbisterol [21]): **70** ('49) 451–53; ~ 9: Re-examination of meretristerol [21])[32]): **71** ('50) 21f. — Synthesis of 15-octadecenoic acid [57]): **72** ('51) 619–21. — Fatty oils of aquatic invertebrates, 1: Fatty acids and unsaponifiable substances in the fat extracted from salted ovaries of the sea urchin [42]): **74** ('53) 842–45; ~ 2: Fatty acid components of the lipid of clam [42]): 929–31; ~ 3: Fatty acid components of the lipid of Corbicula leana [47]): 1016–18; ~ 4: Fatty acids and sterols in the fat of Spisula sachalinensis [42]): **75** ('54) 1238–41; ~ 5: Properties of some Japanese shellfish oils with special reference to provitamin D content in their crude sterols [42]): 1241–43; ~ 6: Fatty oils of Gorgonocephalus caryi and Ophioplocus japonicus [42]): **76** ('55) 237–40; ~ 7: Properties of the fats from eleven kinds of Japanese shellfish [42]): 240–43; ~ 8: Fatty oils from Cucumaria chronhjelmi, Coscinasterias acutespina and Comanthus japonica with special reference to their sterol components [42]): 243–46; ~ 9: Properties of fatty oils extracted from 13 kinds of Japanese shellfish [47])[23]): 1155–59; ~ 10: Fatty oils of Stichopus japonicus, Astriclypeus manni, Clypeaster japonicus, and Gorgonocephalus caryi [42]): **77** ('56) 102–05; ~ 11: Fatty acids and unsaponifiable matter of the oil of sea anemone (Isoginchaku) [42]): 105–08; ~ 12: Fatty oils of Buccinum perryi, Tegula argyrostoma sublaevis, and Mytilus edulis with a particular reference to their sterol components [47]): 636–39; ~ 13: Fat from horseshoe crab, Tachypleus tridentatus Leach. [42]) [47]): 754–56; ~ 14: Fatty oils from one species of the Holothurioidea, nine species of the Gastropoda, and two species of the Anthozoa [42])[47]): 756–59; ~ 15: Fatty oils from Palaemon nipponensis and Cambarus clarkii [42]): 1539–42; ~ 16: Fatty oils of Cynthia roretzi and Pinna pectinata japonica, with a particular reference to their sterol components [42])[23]): **78** ('57) 88–92; ~ 17: Fatty oils from one species of the Ophiuroidea, three species of the Asteroidea, and three species of the Loricata with a particular reference to their sterol components [42]): 93–96; ~ 18: Fatty oil of Tonna luteostoma and its $\Delta^{5,7}$-sterol [47]): 665–68; ~ 19: Non-conjugated sterols and other unsaponifiable components in the fatty oil from Tonna luteostoma [47]): **79** ('58) 366–70; ~ 20: Fatty oil from the shellfish, Brachidontes senhousia (Benson), with a particular reference to its sterol components [42]): 1236–39; ~ 21: Fatty oil of the sea hare, Aplysia kurodai, and its sterol components [47]): **80** ('59) 1326–28 [m. engl. Zusammenfassg. S. A103]; ~ 22: Unsaponifiable components other than sterol in the fatty oil of the sea hare [47]): 1329–32 [~ S. A103]; ~ 23: Fatty oils and their unsaponifiable components of the moluscs Dendrodoris rubra var. nigromaculata, Littorina brevicula, Mya arenaria japonica, and Pinna pectinata japonica [47]): **81** ('60) 320–22 [~ S. A22]; ~ 24: Fatty oils of the ascidians Sarcodidemnoides miskiense and Cynthia karasboja, with a particular reference to their sterols [13])[42]): 662–64 [~ S. A45]. — Fatty oil of slug, Incillaria confusa, and its sterol components [47]): **78** ('57) 1101. — Isolation of a new eicosatrienoic acid from seed oils of Podocarpus nagi [22]): 1223. — Separation of octadecadienoic and octadecatrienoic acids from oil of Cyprinus auratus [42])[38]): 1690–94. — Fatty oil of the snail Euhadra herklotsi (Martens) [42]): **79** ('58) 526–28. — On the sterols of twenty-five species of marine invertebrates in Japanese waters [21]): **81** ('60) 485–89 [m. engl. Zusammenfassg. S. A33]. — On the fatty oil from egg mass of the sea-hare, Aplysia kurodai, and its unsaponifiable matter [47]): 831f. [~ S. A59]. — Studies on the intermolecular hydrogen bonding of hydroxystearic acids, 1: 10-Hydroxystearic acid [34]): 1472–74 [~ S. A99]; ~ 2: D-12-Hydroxystearic acid [34]): 1474–76 [~ S. A99]; ~ 3: Differences in the crystal structure of D- and DL-12-hydroxystearic acid [34]): 1598–601 [~ S. A99]. — Separation and structure determination of the eicosatrienoic and eicosadienoic acids in the seed oil Podocarpus nagi [39]): **84** ('63) 92f. [~ S. A7]. — Reactions of methyl 10-undecenoate and methyl oleate with selenium dioxide in acetic acid [45]): **89** ('68) 405–08. — Reaction of 1-octene and selenium dioxide in acetic acid [45]): 618f. — — Alle Arbeiten japan.

J. Oil Chemists' Soc. Japan Interesterification of sardine oil [11])[57]): **2** ('53) 63–65. — Interesterification of cuttlefish oil and soy-bean oil [11])[57]): 66–68. — The highly unsaturated acids in sardine oil, 15: The C_{16} and C_{18} acids in the ether-insoluble bromides and petroleum ether-insoluble bromides from the lower fraction of methyl esters of highly unsaturated acid concentrate [57]): 108–12; ~ 16: The structure of hexadecatetraenoic and octadecatrienoic acids [57]): 147–49; ~ 17: Re-examination of the structure of eicosatetraenoic acid [57]): 193f.; ~ 18: Ultraviolet-absorption measurements of alkali-isomerized highly unsaturated acids [57]): 195–98; ~ 20: Ultraviolet absorption measurements of highly conjugated acids obtained by the alkali isomerization of clupanodonic acid and mixtures of clupanodonic and docosahexaenoic acids [38]): **3** ('54) 158–60. — Oils from cuttlefish (Ommastrephes sloani pacificus) and mackerel (Scomber japonicus) [55])[44])[29]): **2** ('53) 149–52. — Ether extracted oils from cuttlefish liver of low oil content and the residue of cuttlefish oil rendering [44])[55]): 152–54. — Weight changes in the course of autoxidation of linoleic and linolenic acids and their derivatives [8]): **3** ('54) 113–15. — Effects of some antioxidants on weight changes in the course of autoxidation of linoleic and linolenic acids and their derivatives [8]): 116–18. — Five-year plan of India fats and oils industries; with notes on ghee and vanaspati [42])[47]): 121–32. — Some lesser known aquatic animal oils [44]): 268f. — — Alle Arbeiten japan.

J. japan Oil Chemists' Soc. Separation and structure determination of eicosatetraenoic acid from swine-liver lipide [38]): **4** ('55) 27–29. — Copper and iron contents of soybean and rapeseed oils [23])[7]): 255f. — Seed oils from seven Japanese plant species [22]): **5** ('56) 359–61. — The course of hydrogenation of sardine oil [46]): **6** ('57) 10–13. — Composition of fatty acids and glycerides of corn oil and its winterization residual oil [46])[44])[35]): 13–17. — Stability of hydrogenated saury (Cololabis saira) and whale oils determined by the rate of increase of their peroxide values [46]): 152–56. — Seed oils from nine Japanese plant species [22]): 218–20. — Highly unsaturated acids in sardine oil, 21: Ultraviolet absorption spectra for alkali-isomerized polyethenoid acid components of sardine oil [38]): 314–21; ~ 22: Examination for the occurrence of C_{16}-C_{22} dienoic and C_{20} trienoic acids in sardine oil [38]): **7** ('58) 13–16. — Autoxidized saury oil and its highly unsaturated acid fraction [38])[30])[33]): **6** ('57) 321–24. — The oil extracted from half-dried sauries (Cololabis saira) [38]): **7** ('58) 28–30. — Changes in the sesamol, sesamolin, and sesamin contents of sesame oil in the course of extraction and refining processes [4]): 31–33. — Seed oils from fifteen species of Japanese plants [22])[10])[53]): 210–13. — Decomposition of peroxides in fats with a particular reference to those in saury oil [53]): 419–24. — Seed oils from eight species of Japanese plants: Melothria japonica, Aralia elata, Gilibertia trifida, Kalopanax innovans, Idesia polycarpa, Staphylea bumalda, Euscaphis japonica, and Prunus spinulosa [22])[10])[13]): **8** ('59) 397–401. — Cyclopropenoid fatty acids in natural fats, 1 [46]): **13** ('64) 550–62. — Hydroxy fatty acids in seed oils, 1 [46]): **14** ('65) 576–86. — Synthesis of some methyl 10,11-diarylundecanoates and methyl 11-aryl-9-undecenoates and their activity as antioxidants and corrosion inhibitors [45])[43]): **17** ('68) 387–91. — Synthesis of methyl 11-aryl-9-undecenoates and the solubilizing power of their sodium salts [45])[43]): 435–38. — — Alle Arbeiten japan.

J. Soc. chem. Industry, Japan; Suppl. Binding Alcoholysis of fats, 1: Ethanolysis of olive oil by sodium hydroxide in ethyl alcohol [51])[12]): **36** ('33) 230f.; ~ 2: Methanolysis of olive oil by alkali hydroxides in methyl alcohol [51])[12]): 231f.; ~ 3: Formation of di- and mono-glycerides by the partial alcoholysis of olive oil [51]): 232f.; ~ 4: Alcoholysis of olive oil and esterification of olive oil fatty acids by the mixtures of two different alcohols [51])[12]): **37** ('34) 192f. — Gadoleic acid in cod-liver oil [51]): 14–17. — Identification of gadoleic acid in Japanese sardine oil, herring oil, and liver oil of "Sukesodara" (Theragra chalcogramma) [51]): 17–20. — Esterification of binary mixtures of fatty acids [12])[1]): 193–95. — Highly unsaturated C_{24}-acids in herring, cod-liver, pilot-whale, and aburazame liver oils [51]): 530–34. — Identification of gadoleic acid in sei-whale and humpback-whale oils [12]): 534–36. — A new eicosenoic acid in pilot-whale oil [12]): 536f. — Iodine values of linolenic, linoleic and stearolic acids by the Wijs and Rosenmund-Kuhnhenn methods [51]): **38** ('35) 32–35. — Dithiocyanate of linoleic acid and tetrathiocyanate of linolenic acid [51]): 35f. — The products of the partial bromination of linoleic and linolenic acids [51]): 36–38. — A new stereoisomer of eleostearic acid in pomegranate-seed oil [51]): 182–85. — Another new stereoisomer of eleostearic acid in the seed oil of Karasu-uri (Trichosanthes cucumeroides, Maxim.) [51]): 185–87. — Occurrence of a saturated hydrocarbon, "pristane", in sardine, herring and sperm oils [51]): 254–58. — A normal paraffin hydrocarbon contained as a minor constituent in hydrogenated sardine oil: 258–61. — The separation of physeteric acid from sardine and pilot-whale oils [51]): 680–84. — The separation of selacholeic acid from cod-liver, "Sukeso-Dara"-liver, sei-whale and pilot-whale oils [51]): 684–87. — The unsaponifiable matter of sei-whale oil [51]): 687–90. — Chloroiodo derivatives of linoleic and linolenic acids and dichlorodiiodo derivatives of linolenic acid [51]): **39** ('36) 219f. — Balsam pear seed oil [51]): 220f. — Seed oils of several species of the Cucurbitaceae [51]): 259f. — Seed fat of "Yabunikukei", Cinnamomum pedunculatum [51]): 261–63. — The iodine values of hydrogenated castor oil [12]): 300–02. — Oil of Pleurogrammus monopterygius Pallas [12]): 302–04. — Esters of castor oil fat acids, 1: Glycerides of ricinoleic acid, liquid fat acids of castor oil and oleic acid [12]): **40** ('37) 172f.; ~ 2: Ethylene glycol ester of castor oil fat acids, glycerol and ethylene glycol esters of polymerized castor oil fat acids [12]): 173; ~ 3: Esters of castor oil fat acids or castor oil liquid fat acids and various low-molecular monohydric alcohols [12]): 173; ~ 4: Esterification by heating of methyl or ethyl ester of castor oil fat acids and castor oil fat acids [12]): 173f. — Experimental result of the repeated studies on the presence of octadecatrienoic acids in seed oils of pomegranate, karasu-uri (Trichosanthes cucumeroides) and balsam pear [52]): 249f. — Isomers formed in the course of the hydrogenation of erucic acid: 283–85. — Unsaturated acids of tohaku oil: 285–89. — Sodium soap solutions of tsuzuic, linderic and obtusilic acids [52]): 349–51. — Blubber oils of sei-whale, fin whale and humpback whale [52]): 398–402. — Sardine liver oil: 402f. — Antarctic whale oils [52]): 462–64. — Re-esterification of stearic acid ester with higher fatty acids and re-esterification of tristearin and triolein: **42** ('39) 218. — Viscosity and viscosity index of fatty oils [12]): 218f. — Research work of Dr. Tuzimoto on fats and oils: **43** ('40) 157–59.

Memoirs Fac. Engng., Nagoya Univ. Cuttle fish oil and mackerel oil [55])[44])[29]): **5** ('53) 104–09. — Ether-extracted oils from cuttle-fish livers of low oil content [55])[44]): 110–13. — Highly unsaturated acids in sardine oil, 14: Ultraviolet absorption measurements of conjugated acids obtained by alkali isomerization of highly unsaturated acids [38]): 330–40; ~ 15: C_{16} and C_{18} acids in ether-insoluble bromides and petroleum ether-insoluble bromides obtained from the lower fraction of methyl esters of the highly unsaturated acid concentrate [57]): 114–21; ~ 16: Structures of hexadecatetraenoic and octadecatrienoic acids [57]): 122–25; ~ 17: Re-examination of the structure of eicosatetraenoic acid [38]): 319–22; ~ 20: Ultraviolet absorption measurements of highly conjugated acids obtained by the alkali isomerization of clupanodonic acid and mixtures of clupanodonic and docosahexaenoic acids [38]): **6** ('54) 42–47; ~ 21: Ultraviolet absorption spectra for alkali-isomerized polyethenoic acid components of sardine oil [38]): **9** ('57) 335–46; ~ 22: Examination for the occurrence of C_{16}-C_{22} dienoic and C_{20} trienoic acids in sardine oil [38]): 347–52. — Volatile substances formed by air oxidation of the methyl ester of highly unsaturated acids [25]): **5** ('53) 335–38. — Crystalline deposit from castor oil [44]): 339–41. — Separation and structure determination of eicosatetraenoic acid in ox-liver lipide [38]): **6** ('54) 48–52. — Weight change of linoleic and linolenic acids and their derivatives in the course of autoxidation [8]): 53–58. — Effect of some antioxidants on the weight change of linoleic and linolenic acids and their derivatives in the course of autoxidation [8]): 59–62. — Water content of fatty oils with special reference to castor oil [35]): 63–65. — Fatty oils of aquatic invertebrates [42])[47]): **7** ('55) 1–35. — Fatty oils of aquatic invertebrates, 9: Properties of fatty oils from 13 kinds of Japanese shellfish [47])[23]): 145–50; ~ 10: Fatty oils of Stichopus japonicus, Astriclypeus manni, Clypeaster japonicus, and Gorgonocephalus caryi [42]): 151–55; ~ 11: Fatty acids and unsaponifiable matter of sea anemone: 156–60; ~ 12: Fatty oils of Buccinum perryi, Tegula argyrostoma sublaevis, and Mytilus edulis with a particular reference to their sterol components [47]): **8** ('56) 29–34; ~ 13: Fat from Tachypleus tridentatus [42]): 35–39; ~ 14: Fatty oils from a holothuran, nine gastropods, and two anthozoans [47]): 40–44; ~ 15: Fatty oils of Palaemon nippŏnensis and Cambarus clarkii [42]): 164–68; ~ 16: Fatty oils of Cynthia roretzi and Pinna pectinata japonica, with a particular reference to their sterol components [42])[23]): 169–76; ~ 17: Fatty oils from echinoderms and mollusks with a particular reference to their sterol components [42]): 177–82; ~ 18: Fatty oil of Tonna luteostoma and its $\Delta^{5,7}$-sterol component [47]): **9** ('57) 116–22; ~ 19: Non-conjugated sterols and other unsaponifiable components in the fatty oil from Tonna luteostoma [47]): **10** ('58) 77–83; ~ 21: Fatty oil of the sea hare and its sterol components [47]): **11** ('59) 182–86; ~ 22: Unsaponifiable components other than sterol in the fatty oil of the sea hare [47]): 187–95. — Six lesser-known Japanese vegetable oils [44]): **7** ('55) 161–66. — Seed oils of Japanese Celastraceae, Euonymus japonica, Euonymus alata, and Euonymus sieboldiana [44]): **8** ('56) 45–49. — Fatty oil of slug, Incillaria confusa, and its sterol components [47]): **9** ('57) 123f. — Volatile compounds formed by decomposition of the peroxides of highly unsaturated acids and their methyl esters [40])[33])[58]): 125–31. — Stability of hydrogenated saury (Cololabis saira) and whale oils determined by the rate of increase of their peroxide values [46]): 132–39. — Seed oils of Podocarpus nagi and nine other Japanese plants [22]): 140–46. — Separation of octadecadienoic and octadecatrienoic acids in the oil of Cyprinus auratus [42])[38]): 353–59. — The oil extracted from half-dried sauries (Cololabis saira) [38]): 360–65. — Autoxidized saury oil and its highly unsaturated acid fraction [38])[30])[33]): 366–72. — Fatty oil of a snail, Euhadra herklotsi [42]): **10** ('58) 84–87. — Seed oils from fifteen species of Japanese plants [22])[10])[53]): 88–94. — Decomposition of peroxides in fats with particular reference to those in saury oil [53]): 95–104. — Seed oils from eight species of Japanese plants: Melothria japonica, Aralia elata, Gilibertia trifida, Kalopanax innovans, Idesia polycarpa, Staphylea bumalda, Euscaphis japonica, and Prunus spinulosa [22])[10])[13]): **11** ('59) 196–203. — The fatty oil from egg mass of the sea hare, Aplysia kurodai, and its unsaponifiable matter [47]): 226–28.

Rep. Tokyo imp. industr. Res. Inst. Labor. Highly unsaturated acids in sardine oil, 2: Constitution of hiragonic acid $C_{16}H_{26}O_2$ [51]): **27** ('32) Nr. 2, 1–17; ~ 3: The isolation and constitution of moroctic acid, $C_{18}H_{28}O_2$ [51]): 19–38. — Constitution of pilot whale oil: 39–70. — A new method to separate isovaleric acid from the head oil of pilot whale: 71–74. — — Alle Arbeiten japan.

Res. Rep. Nagoya industr. Sci. Res. Inst. The relation between some characteristic properties and components of Japan wax, 1 [9]): **1** ('49) 27–29; ~ 2 [9]): **2** ('50) 45–49. — Relation between properties and chemical composition of bees wax [9]): **3** ('51) 42–45. — Bleaching of rice-bran oil of high acid number [49])[6]): 46–52. — Properties and refining of rice-bran wax [42]): **4** ('51) 53–56. — Phosphatide components in the foots of petroleum naphtha-extracted soybean oil, and the preparation and refining of the phosphatide [49]): 56–61. — Solvent fractionation of rice-bran oil of high acid number [50]): 61–67. — Hydroxypalmitic acid in bees wax [50]): **6** ('53) 28–32. — Surface-active agents prepared from benzene or toluene, lower and higher alcohols, and sulfuric acid [5])[29]): **7** ('54) 36–42. — Moisture content of fatty oils, especially of castor oil [35]): 43–45. — Dibasic acid glycerides of Japan wax [9]): 46–48. — Crystalline deposit from soybean oil [44]): **8** ('55) 44f. — Rendered oil and ether-extracted oil from the rendering residues of Theragra chalcogramma liver [44]): 46f. — Solid acid formed by the alkali fusion of methyl linoleate [15]): 48f. — Interfacial activity of α-monostearin and batyl alcohol [34]): **9** ('56) 46–50. — Oil separated from fruit of Rhus trichocarpa [44]): **10** ('57) 62f. — Oils separated from Cyprinus carpio and C. auratus [38])[42]): 64f. — Acetone-soluble and acetone-insoluble fats obtained from marine invertebrate animals [44]): 66f. — The relation between the iodine number and refractive index of hydrogenated oil from Cololabis saira and Balaenoptera physalus [46])[2]): 68f. — Properties and conjugated trienoic acid content of seed oils from nine species of Japanese Prunus plants [41]): **12** ('60) 34–36. — Seed oils from ten species of Japanese plants [31])[19])[20]): 37f. — Stability of dienoic acids contained in hydrogenated whale and fish oils [53]): 39–41. — Tortelli-Jaffe reaction for the intramolecular cyclization products formed by heating highly unsaturated acids [31]): 42–44. — Tortelli-Jaffe reaction for the intramolecular cyclization products formed by the alkali isomerization of highly unsaturated acids [31]): 45f. — Gas–liquid chromatography of the methyl esters of vegetable oils containing punicic acid or eleostearic acid [42]): **13** ('61) 29–33.

Mit: [1]) G. Akiyama; [2]) Y. Amano; [3]) —; [4]) K. Fujimura; [5]) K. Fukuzumi; [6]) N. Hachiya; [7]) M. Hayashi; [8]) Y. Hirabayashi; [9]) H. Hirai; [10]) T. Hisatsune; [11]) S. Igarashi; [12]) T. Ishikawa; [13]) S. Ito; [14]) Y. Iwamoto; [15]) Y. Iwata; [16]) Y. Izumisawa; [17]) Sh. Kaichi; [18]) T. Kaneda; [19]) Ch. Kato; [20]) Sh. Kato; [21]) M. Kita; [22]) Y. Koyama; [23]) T. Maeda; [24]) H. Marumo; [25]) I. Matsumoto; [26]) T. Matsumoto; [27]) —; [28]) Y. Minami; [29]) M. Mizuta; [30]) M. Murase; [31]) Y. Murase; [32]) I. Naka; [33]) T. Nakagami; [34]) I. Nakajima; [35]) F. Ono; [36]) F. Shibano; [37]) Y. Shibano; [38]) T. Shimooka; [39]) I. Suketaka; [40]) K. Suzuki; [41]) K. Tachibana; [42]) T. Takagi; [43]) M. Takahashi; [44]) H. Takai; [45]) K. Takaoka; [46]) M. Takeda; [47]) T. Tanaka; [48]) T. Terai; [49]) T. Toyama; [50]) Yasuhisa Toyama; [51]) T. Tsuchiya; [52]) K. Uozaki; [53]) H. Watanabe; [54]) M. Yajima; [55]) M. Yamada; [56]) Ch. Yamaguchi; [57]) T. Yamamoto; [58]) K.

VI **TRABACCHI,** Giulio Cesare. Physik. — Stud., 1911–24 Alunno (=Assist. volontario), '25–59 Prof., Univ. di Roma; '23–25 Dir. dell'Ufficio del Radio, Commissione per la Ricerca e l'Utilizzazione delle Sostanze Radioattive → '25–58 Dir. del Labor. di Fisica, Direzione gen. della Sanità Pubbl. → ('34) Ist. di Sanità Pubbl. → ('41) Ist. Super. di Sanità. — Cavaliere di San Maurizio.
* 1884, Apr. 4, Roma;
† 1959, Sept. 21, Roma.

Erfindung Stabilizzatore Trabacchi (siehe *E. Arnold, Radiologia med. [Milano] **29** ('42) 119–22).

Nekr. *M. Ageno, Boll. Soc. ital. Fisica **16** ('60) 19f. (m. Bildn. u. Faks.). — *M. Deaglio, Atti Accad. nazion. Lincei, Rend. (8) **32** ('62) Appendice, S. 76f.

S. Rep. International conference on fundamental particles and low temperatures, Cambridge 1946, **1** (London '47) 97–113: The elastic scattering of fast neutrons by medium and heavy nuclei [2])[3])[4]). — Résumés des communications. 3ᵉ Congrès international de biochimie, Bruxelles 1955 (Liège '55) 84f.: Chromatographic research on the constituents of the electric organ of Torpedo ocellata [6]).

Atti reale Accad. Italia, Rend. Misura della sezione d'urto elastico tra neutroni e protoni [2])[3]): (7) **1** ('40) 350–58. — Sulla scissione degli elementi pesanti [1])[2])[3])[4]): 525–36. — Sulla scissione dell'uranio con neutroni veloci [1])[2])[3]): 746–51. — Sulla distribuzione angolare dei neutroni emessi nella disintegrazione di elementi leggeri [1])[2])[3]): **2** ('40) 338–50.

Atti Accad. nazion. Lincei, Rend. Effetti di diffrazione nello sparpagliamento dei neutroni veloci [2])[3])[4]): (8) **1** ('46) 29–34.

Biochimica et biophysica Acta Constituents of the electric organ of Torpedo, 1: Chromatographic studies [6]): **21** ('56) 258–64.

Gazz. chim. ital. Apparecchio per la purificazione e la conservazione di idrogeno destinato a produzione di ioni [2])[3]): **74** ('44) 127–30. — Sull'urto di neutroni contro protoni e deutoni [1])[2])[3]): **75** ('45) 3–33.

Naturwissenschaften Streuung von 14-MV-Neutronen an Protonen [2])[3])[5]): **30** ('42) 582–84. — Streuung von schnellen Neutronen an Protonen und Deuteronen [1])[2])[3]): **31** ('43) 231f.

Nuovo Cimento Orso Mario Corbino †: (N.S. [8]) **14** ('37) 201–16. — Sull'urto di neutroni contro protoni e deutoni [1])[2])[3]): (9) **1** ('43) 253–78. — Effetti di diffrazione nello sparpagliamento dei neutroni veloci [2])[3])[4]): **3** ('46) 15–21. — Sullo sparpagliamento elastico dei neutroni veloci da parte di nuclei medi e pesanti [2])[3])[4]): 203–34.

Physical Rev. On the scattering of neutrons from the C + D reaction [2][3][7]: (2) **56** ('39) 881–84. — Fission yield in fast neutrons [1][2][3][4]: **60** ('41) 67–75. — On the scattering of fast neutrons by protons and deuterons [1][2][3]: **71** ('47) 20–31.

Rend., Ist. Sanità pubbl. Metodo fotografico per il rilievo della fluttuazione dei raggi X emessi da un'ampolla [2]: **1** ('38). — L'impianto generatore di neutroni a 1100 kilovolt dell'Istituto di Sanità Pubblica [2][3][7]: **3** ('40). — Sulla diffusione dei neutroni prodotti nella reazione $^{12}C + {}^{2}D = {}^{13}N + {}^{1}n$ [2][3][7]: 603–10. — Misura della sezione d'urto elastico tra neutroni e protoni [2][3]: 611–20. — Sulla scissione degli elementi pesanti [1][2][3][4]: 621–34. — Sulla scissione dell'uranio con neutroni veloci [1][2][3]: 753–60. — Sulla distribuzione angolare dei neutroni emessi nella disintegrazione di elementi leggeri [1][2][3]: 943–52.

Rend. Ist. sup. Sanità Distribuzione angolare dei raggi γ emessi nella reazione $^{1}H + {}^{7}Li = {}^{8}Be + \gamma$ [1][2][3]: **4** ('41) 260–65. — Sulla scissione del torio e del protoattinio [2][3]: 266–72. — Sull'urto tra protoni e neutroni, 1 [2][3]: **4** ('41); ~ 2 [2][3][5]: **5** ('42). — Tubo a raggi X con catodo sostituibile [2][3]: ibid. — Apparecchio per la purificazione e la conservazione di idrogeno destinato a produzione di ioni [2][3]: **6** ('43). — Sull'urto di neutroni contro protoni e deutoni [1][2][3]: **7** ('44). — L'energia del nucleo atomico e la sua utilizzazione: **8** ('45) 390–. — Effetti di diffrazione nello sparpagliamento dei neutroni veloci [2][3][4]: **9** ('46). — Sullo sparpagliamento elastico dei neutroni veloci da parte di nuclei medi e pesanti [2][3][4]: ibid. — Ricerche cromatografiche sui costituenti dell'organo elettrico della 'Torpedo' [6]: **20** ('57) 773–86.

Ricerca sci. Generatore di neutroni a 1000 kilovolt [2][3][7]: **10** ('39) 623–32. — Sulla diffusione dei neutroni prodotti nella reazione $^{12}C + {}^{2}D = {}^{13}N + {}^{1}n$ [2][3][7]: 633–37. — Misura della sezione d'urto elastico tra neutroni e protoni [2][3]: **11** ('40) 121–27. — Sulla scissione degli elementi pesanti [1][2][3][4]: 302–11. — Sulla scissione dell'uranio con neutroni veloci [1][2][3]: 413–17. — Sulla scissione del torio e del protoattinio [2][3]: **12** ('41) 134–38. — Distribuzione angolare di raggi gamma emessi nella reazione $^{1}H + {}^{7}Li = {}^{8}Be + \gamma$ [1][2][3]: 139–43. — Apparecchio automatico per misure di radioattività: 824–29. — Sull'urto tra protoni e neutroni, 1 [2][3]: 830–42; ~ 2 [2][3][5]: **13** ('42) 502–31. — Un nuovo tipo di elettrometro monofilare: 15–20.

Mit: [1]) M. Ageno; [2]) E. Amaldi; [3]) D. Bocciarelli; [4]) B. N. Cacciapuoti; [5]) B. Ferretti; [6]) G. B. Marini-Bettòlo; [7]) F. Rasetti.

VI **TRACEY,** Joshua Irving. Math. — 1912–16 Instructor, '16–26 Assist. Prof., '26–52 Assoc. Prof., '52 Assoc. Prof. Emer., '35–52 Fellow and '52–63 Assoc. Fellow of Timothy Dwight College, Yale Univ., New Haven, Conn.; '53– Prof., Texas Christian Univ., Fort Worth, Texas. — '47 Hon. Sc.D. (Dickinson College, Carlisle, Pa.).
* 1883, Aug. 19, Upperco, Md.;
† 1963, Okt. 6 [?].

S. First year college mathematics (Boston, Mass. '34) **3**: Analytic geometry [1]).

W. Differential and integral calculus (m. J. H. Neelley) (New York '32) 8 + 496 S., Neudruck: ('35); [2]('39) 9 + 495 S., Neudruck: ('54) 495 S. — Analytic geometry (m. W. A. Wilson) [3](Boston, Mass. '49) 10 + 318 S.

Mit: [1]) W. A. Wilson.

VI **TRACY,** John Clayton. Math., Bauingenieurwesen. — 1915–36 Prof., '20–36 Chairman of Departm. of Civil Engng., '36 Prof. Emer., Yale Univ., New Haven, Conn. — '25–26 Pres., New Haven Chamber of Commerce; '36–37 Pres., New Haven Taxpayers, Inc. (⊠)
* 1869, Nov. 3, Willimantic, Conn.;
† 1955, Nov. 1.

Todesanzeige Science [USA] **122** ('55) 964.

W. Neuauflagen: Plane surveying; a text-book and pocket manual (New York '34) 27 + 794 S. [zusammen mit] Exercises in surveying for field work and office work (New York '36) 14 + 168 S.; Neubearbeitung von Plane surveying u. d. T.: Surveying – theory and practice (NewYork–London '47) 33 + 1279 S.

V. VI **TRAETTA-MOSCA,** Filippo. Biochem., Agrochem. — 1927–39 Prof. ord., R. Ist. Super. Agrario, Portici, Univ. di Napoli; '39–40 Prof. ord., Univ. di Bari.
* 1875, Sept. 22, Altamura;
† 1940, Apr. 4.

Nekr. *A. de Dominicis, Chimica e Industria **22** ('40) 304 (m. Bildn.).

Annali regio Ist. sup. agrar. Portici Sulla natura della sostanza contenuta nelle acque di vegetazione delle olive [1]): (3) **5** ('32) 140–42.

Mit: [1]) M. Venezia.

IV, VI **TRAPHAGEN,** Frank Weiss. Chem., Metallurgie. — 1928–31 Consulting metallurgist, Ore Solvents Corp.; '32– Con-

sulting chemist, Sewage Treatm. Corp., Chicago, Ill. (⊠)
* 1861, Juli 20, Eaton, Preble Co., O.;
† 1941, Jan. 21.

VI **TRAVERS,** Alexandre. Chem. — 1920–29 Prof. Chim. industr., '29–36 Dir. de l'Inst. chim., '36–42 Prof. et Dir. de l'Ecole Supér. des Industries chim., Univ. de Nancy.
* 1883, Aug. 15, Parentignat, Puy-de-Dôme;
† 1949, Aug. 7, Parentignat, Puy-de-Dôme.

Nekr. Alexandre Travers 1883–1949 (Nancy '50) 44 S. (m. Bildn. u. Schr.verz.) [enthält Nachrufe von *M. Brulfer, *J. Aubry, *M. Letort, *P. Donzelot]. — *J. Aubry, Bull. Soc. chim. France **1950**, 940–46 (m. Bildn. u. Schr.verz. 122 Nrn.). — *M. Letort, ibid. 947–52.

S. Traité de chimie minérale (P. Pascal) **11** (Paris '32) 1–71: Molybdène; 73–144: Tungstène. — Communications présentées au 14e Congrès international de chimie industrielle, Paris 1934, **2** (Paris '35): L'hydrogénation catalytique des essences de schistes bitumineux de la Haute Saône [13]) (6 S.). — Trabajos del IX Congreso internacional de química pura y aplicada, Madrid 1934, **3** (Madrid '35) 9–75: La constitution du ciment Portland et du ciment alumineux. — C.R. 18e Congrès de chimie industrielle, Nancy 1938, **1** (Paris '38) Conférence inaugurale: La chimie et la vie moderne; 64f.: L'action de la vapeur d'eau sous pression sur les laitiers basiques [5]); 77f.: Remarques sur les propriétés permutitiques de certains liants hydrauliques; 79–81: Essais d'isolement des carbures complexes de fer et de chrome dans les aciers spéciaux [8]); 82f.: Sur l'influence des sels ferriques dans la cristallisation de sulfate d'ammoniac industriel; **2** ('38) 658–60: Sur le lavage électro-osmotique des précipités gélatineaux [3]). — Atti del X Congresso internazionale di chimica, Roma 1938, **2** (Roma '39) 546–53: Potentiel électrolytique du nickel de Raney [2]). — Proc. of the Symposium on the chemistry of cements, Stockholm 1938 (Stockholm '39): Mécanisme de la prise des ciments métallurgiques; Dosage des aluminates dans les liants hydrauliques; Préparation de l'hexahydrate d'aluminate tricalcique; étude de sa déshydratation; Remarques sur les propriétés permutitiques de certains liants; Préparation de l'aluminate monocalcique hydraté cristallisé.

W. Leçons de chimie, à l'usage des élèves de mathématiques spéciales et des étudiants des facultés des sciences, **1**: Chimie générale [2](Paris '37) 8 + 190 S., [3]('45) 8 + 198 S., [4]('47) 8 + 210 S., [5]('51); **2**: Métalloïdes [2. Aufl. nicht erschienen]; [3](Paris '46); [4]('49) 1 + 268 S. — Notions modernes sur l'atome et la valence (Paris '50) 4 + 208 S.

Annales Ecole nation. Eaux et Forêts Etudes concernant les eaux résiduaires d'industries [9])[14]): **6**, No. 2 ('37) 135–223.

Bull. Assoc. techn. Fonderie Dosage colorimétrique du silicium dans les fontes ordinaires: **8** ('34) 345. — Dosage colorimétrique du molybdène dans les aciers en présence d'autres éléments: 345f. — Dosage colorimétrique du chrome dans les fontes et aciers spéciaux: 346–48. — Dosage volumétrique du vanadium dans les fers, fontes et aciers spéciaux: 383.

Bull. Soc. chim. France Recherche et dosage de traces d'or dans un minéral par voie humide [12]): (4) **53** ('33) 665f. — Dosage rapide du silicium dans les fontes [12]): 666f. — L'adsorption. Etude particulière du gel de silice et de ses applications: (5) **1** ('34) 1281–304. — Sur la désulfuration des essences de schistes par hydrogénation catalytique à la pression ordinaire [13]): 1469. — Sur la caustification des sels alcalins en présence des aluminates de chaux: **2** ('35) 2124–28; **3** ('36) 48. — De l'hypoferrite de sodium et de ses propriétés [16]): 358f. — Sur le dosage des aluminates de chaux dans les liants hydrauliques [6]): **4** ('37) 213f. — Oxydation de Mo et W par MnO_4K neutre [2]): 214f. — Sur la réaction de l'acide arsénieux sur le permanganate [16]): 215. — Sur la réactivité de l'acide nitrique sur le fer et le carbure de fer [8]): **5** ('38) 583. — Sur la réaction du fer et du carbure de fer sur l'iode et l'eau [8]): 583. — De l'action de l'acide nitrique sur le fer et le carbure de fer [8]): 690–93. — Sur la réaction de la limaille de fer et du carbure de fer sur l'iode et l'eau [8]): 693f. — Préparation de MnO_2 par oxydation par les persulfates. Propriétés adsorbantes et constitution du bioxyde [3]): **6** ('39) 603f. — Sur la théorie du dosage de l'alumine: **9** ('42) 604–06. — Sur le vieillissement des hydrogels d'alumine et de fer [10]): 606f. — Etude de la neutralisation progressive du gel de silice [3]): 607–09. — La déshydratation thermique des hydroxydes cristallisés: **13** ('46) 207–; ~: Nature de l'alumine précipitée [6]): **14** ('47) 33f.; ~: Bayerite $Al_2O_3 \cdot 3\,H_2O$, böhmite $(Al_2O_3 \cdot H_2O)\gamma$; Importance: a) finesse; b) atmosphère [6]): 207f. — Nature de l'alumine précipitée [6]): 209f.

Bull. Soc. industr. Mulhouse L'adsorption. Etude particulière du gel de silice et de ses applications: **100** ('34) 485–522.

Chimica e Industria Potentiel électrolytique du nickel de Raney [2]): **20** ('38) 272 [auch italien.].

Chimie et Industrie Les aluminates de chaux hydratés, leur rôle dans la prise des ciments. La résistance du sulfoaluminate aux eaux sulfatées: **27** ('32) 755–64. — Sur la désulfuration des phénols de goudrons primaires: No. spéc. 3bis, 241 f. — Le recouvrement du fer par le titane: 345–47. — Sur l'activation des terres: **29** ('33) No. spéc. 6bis, 793–96. — Evolution scientifique et technique récents de l'industrie des engrais azotés et phosphatés: **38** ('37) 424–37 (=60T–73T). — L'absorption physique et l'absorption chimique: **52** ('44) 35–43.

Ciment [Paris] La constitution de ciment Portland: **39** ('34) 211–13, 230–34, 265–68. — La constitution des ciments alumineux: 293–95, 327–31. — La constitution des ciments argileux: **40** ('35) 11–13.

C.R. hebd. Séances Acad. Sci., Paris Sur la passivité du fer électrolytique en milieu alcalin [1]): **194** ('32) 2308 f. — Variations du potentiel du fer électrolytique avec le pH du milieu [1]): **195** ('32) 138 f. — L'acide perchlorique étendu, agent d'oxydation [15]): 709 f. — Dosage volumétrique du plomb [12]): **196** ('33) 548 f. — Séparation des acides phosphorique, arsénique, vanadique d'avec l'alumine [12]): 703 f. — Changement de constitution de l'orthophosphate tricalcique après fusion [4]): 1802–04. — Sur l'évolution des aluminates de chaux hydratés [11]): **197** ('33) 252 f. — Réaction différenciant divers aluminates de calcium hydratés [11]): **198** ('34) 828–31. — Sur l'acide dimétaphosphorique [5]): 2100–02. — Sur l'hydratation de l'anhydride phosphorique [5]): 2169–71. — Sur l'isolement de la cémentite pure par attaque acide des matériaux ferreux et sur quelques propriétés physiques de ce corps [8]): **205** ('37) 797–99. — Sur le mécanisme de décomposition de la cémentite pure par les acides [8]): 916–18. — Sur la préparation de l'hexahydrate de l'aluminate tricalcique [17]): 1407–09. — Etude de quelques propriétés de l'hexahydrate d'aluminate tricalcique et de l'aluminate tricalcique anhydre [17]): **206** ('38) 55–57.

Helvetica chim. Acta Contribution à l'étude de l'acide métaphosphorique [5]): **16** ('33) 913–17. — Sur le changement de constitution du phosphate tricalcique par fusion [4]): 918–22.

Mémoires Soc. Sci. Nancy Epuration des eaux usées domestiques: (5) **2** ('33) 31–43.

Métaux et Corrosion L'allotropie du zinc: (2) **13** ('38) 35 f. — Sur les phénomènes d'oxydo-réduction dans la chimie minérale. Application dans la chimie analytique: 194–208, **14** ('39) 1–6.

Revue gén. Sci. pures et appl. Les progrès de la sidérurgie: **47** ('36) 35–46.

Revue Métallurgie [Paris] Expériences qualitatives sur des forces électromotrices locales formées par aération différentielle et sur la passivation du fer [1]): **31** ('34) 386–95. — Dosage colorimétrique du silicium dans les fontes: 549. — Dosage du chrome et du vanadium dans les fontes et dans les aciers spéciaux: 549. — Dosage colorimétrique du molybdène dans les aciers en présence d'autres éléments: 549.

Revue techn. luxembourgeoise L'intérêt et l'avenir de la carbonisation à basse température: **30** ('38) 72–78.

Verre et Silicates industr. La constitution du ciment Portland et du ciment alumineux: **7** ('36) 150–54, 174–78, 199–202, 210–13, 234–38, 245–51. — La constitution des laitiers trempés utilisés à la fabrication des ciments métallurgiques: **8** ('37) 53–56, 61–64, 73–75. — Recherche et dosage des aluminates de chaux dans les produits hydrauliques [6]): 128–31.

Mit: [1]) J. Aubert; [2]) J. Aubry; [3]) A. [oder B.?] Barbin; [4]) E. Bauer; [5]) Yu Kwong Chu; [6]) F. Clause; [7]) —; [8]) R. Diébold; [9]) J. Fuss; [10]) P. Husson; [11]) P. Leduc; [12]) Mia Nan Lu; [13]) P. Marécaux; [14]) J. Sehnoutka; [15]) Silice; [16]) X. Thiesse; [17]) H. Zahabi.

IV–VI **TRAVERS,** Morris William. Chem. (physik., angew.). — 1927–37 Research Fellow and Hon. Prof., '37 Prof. Emer., Univ. of Bristol; '31–40, '45–61 Consultant, National Smelting Co., Ltd., Avonmouth; '40–45 Techn. Consultant, Explosives Sect., Ministry of Supply; '21–22 Pres., Soc. of Glass Technol.; '33– Vice-Pres., Inst. of Fuel, London; '36–38 Pres., Faraday Soc. — '30 Melchett Medal (Inst. of Fuel, London).

* 1872, Jan. 24, Kensington, London;
† 1961, Aug. 25, Stroud, Glos.

Nekr. *C. E. H. Bawn, Biographical Mem. Fellows roy. Soc. **9** ('63) 301–13 (m. Bildn., Faks. u. Schr.verz. 52 Nrn.). — *D. H. Everett, Nature [London] **192** ('61) 1127 f. — *D. McKie, Proc. chem. Soc., London **1964**, 377 f.

S. Encyclopaedia Britannica; a new survey of universal knowledge **14** (Chicago, Ill.–London–Toronto '57) 173–90: Liquefaction of gases [14]) [auch in anderen Auflagen].

W. Experimentelle Untersuchung von Gasen. Neudruck (Braunschweig '50) 372 S. — William Ramsay and University College London, 1852–1952 (London '52) 26 S. (University College). — A life of Sir William Ramsay, K.C.B., F.R.S. (London '56) 8 + 308 S.

Chemistry and Industry Administration of chemical associations: **10** ('32) 763 f. — The distillation of coal under very low pressures [11]): **11** ('33) 686 f. — The application of scientific method to the treatment of some industrial problems: **12** ('34) 47–53. — Social activities of chemists: 1063 f. — The interpreter: **16** ('38) 819. — Professor Steacie and analysis: **17** ('39) 82 f. — On the effect of grinding on the solubility of mineral substances, and on the toxic character of the resulting dusts: 226. — Gas warfare: 408. — The scientific work of James Bannantyne Hannay: 507–11. — Cutting wide bore glass tubing: **1943**, 15. — The organization of chemists: 96. — The training of chemists: 369f. — Developments of valency theory: **1944**, 367. — Calcium carbide, a matter of bibliography: **1948**, 588. — Combustion in fuel beds: **1949**, 161.

Endeavour William Ramsay (1852–1916): **11** ('52) 126–31.

Engineering The thermal balance of air preheaters of large steam generators: **134** ('32) 161–63.

J. amer. chem. Soc. Kinetics of hydrocarbon decomposition: **61** ('39) 977.

J. chem. Soc., London The composition of the mixture of rare gases from the hot springs of Bath: **1937**, 1561f. — The kinetics of the thermal decomposition of the methylamines[, 1] [3])[1])[10])[13]): **1939**, 495–506; ~ 2 [6]): 1360–64.

J. indian chem. Soc. On the pyrolytic condensation and decomposition of ethane in the presence of hydrogen: Prafulla Chandra Ray Commemoration Vol. ('33) 17–26.

J. Inst. Fuel Mechanism of the combustion of fuel in industrial furnaces: **6** ('32/33) 45–48. — Technical research on a large scale [in coal carbonization] and tests on plant and materials: 249–53. — Formation of methane in the process of carbonizing gas coals: 253f. — The pyrolysis of hydrocarbons considered from the viewpoint of classical organic chemistry, chemical thermodynamics, and chemical kinetics: **8** ('34/35) 157–69. — Study of gases: **11** ('37/38) 17–25. — The mechanism of some changes which take place in coal at low temperatures: **30** ('57) 222f.

J. Soc. chem. Industry, Trans. The mechanism of formation of methane and of condensation products by the pyrolysis of ethane, ethylene, etc. [8]): **53** ('34) 321T–336T.

Nature [London] The thermal decomposition of acetaldehyde: **134** ('34) 569; **135** ('35) 511. — Cause of changes in rate of some gas reactions [9])[4]): **134** ('34) 662. — Ramsay and helium: **135** ('35) 619. — Thermal decomposition of certain gaseous organic compounds: **136** ('35) 909f. — Thermal decomposition of acetaldehyde and ethylene oxides: existence of short-lived intermediates [9]): **137** ('36) 906f. — Kinetics of gas reactions: an attempt to connect thermal decomposition and oxidation processes: **138** ('36) 26f. — Influence of nitric oxide on the thermal decomposition of dimethyl ether. Gaseous catalysis [4]): 546f. — Mechanism of thermal change in gaseous organic compounds: 967f. — Thermal decomposition of ethylene oxide [10]): **139** ('37) 1018. — Nitric oxide and alkyl ethers: **140** ('37) 107. — Decomposition reactions of organic compounds in the gaseous state: **141** ('38) 1145. — Sir Henry Miers: **151** ('43) 199. — J. B. Hannay and the artificial production of diamonds: **152** ('43) 726. — Thermal decomposition of normal paraffins [10]): **170** ('52) 1028f. — Smoke emission of low-temperature chars: **183** ('59) 1321.

Proc. roy. Instn. Great Britain Sir William Ramsay: **35** ('53) 358–60.

Proc. roy. Soc. London, Ser. A Reactions between carbon and certain gases [2]): **135** ('32) 512–37. — On the influence of hydrogen on the pyrolysis of ethane and ethylene near 600°, 1 [7]): **136** ('32) 1–27. — Argon and amorphous carbon, 15 to 710 °C: **137** ('32) 294–97. — Discussion on energy distribution in molecules in relation to chemical reactions: **146** ('34) 248–52. — On the thermal decomposition of acetaldehyde and ethylene oxide [9]): **156** ('36) 234–69. — On the thermal decomposition of methyl nitride [3]): **158** ('37) 495–98. — The primary decomposition of ethane, and the reaction between ethane and nitric oxide [5])[12]): **167** ('38) 15–24. — On the thermal decomposition of the lower paraffin hydrocarbons, of paraffin–olefin–hydrogen equilibrium mixtures, and of similar compounds and systems [10]): **222** ('54) 143–66.

Science Progr. [London] Scientific work of William Ramsay: **41** ('53) 232–44.

Trans. Faraday Soc. New view of the nature of the covalent linking, and the formation of free radicals: **30** ('34) 100–02. — Formation of condensation products from simple hydrocarbons: **32** ('36) 236–46. — Two new polymers of acetaldehyde: 246–50. — The thermal decomposition of ethane, ethylene, acetaldehyde, etc.: **33** ('37) 735–51. — The thermal decomposition of propane–propylene–hydrogen equilibrium mixtures: 751–55. — The thermal decomposition of dimethyl ether [4]): 756–70. — A critical study of some recent investigations on thermal changes in simple organic compounds: 1342–53. — The system carbon–hydrogen–methane between 442° and 712°: **34** ('38) 580–84. — On some methods for determining the rate of chemical reactions in the gas phase [10]): **35** ('39) 656–65. — Pyrolysis of two-carbon and three-carbon paraffin and olefin hydrocarbons, 1: Equilibrium mixtures: 860–64; ~ 2: Pure ethane [6]): 864–66; ~ 3: Influence of nitric oxide on the secondary decomposition of ethane [6]): 866–68. — Kinetics of the thermal decomposition of tetramethylmethane (neopentane) [5]): 868–70; Discussion: 870–74.

Mit: [1]) P. A. Bosanquet; [2]) W. E. J. Broom; [3]) A. G. Carter; [4]) P. F. Gay; [5]) T. J. Gray; [6]) J. A. Hawkes; [7]) L. E. Hockin; [8]) T. J. P. Pearce; [9]) R. V. Seddon; [10]) C. G. Silcocks; [11]) V. Stone; [12]) F. T. White; [13]) A. F. Wilshire; [14]) H. Grayson Smith.

V, VI **TRAYNARD,** Claude Emile. Math. — 1905–08 Prof. à quelques lycées; '09–11 Chargé de cours, Collège de France, Paris, et Univ. de Lille; '12–27 Prof., Univ. de Besançon; '27–52 Prof. et pendant quelques années Doyen de la Fac. des Sci., '52 Prof. hon. et Doyen hon., Univ. d'Aix-Marseille. — Chevalier de la Légion d'Honneur.
* 1881, Juni 11, Lyon;
† 1967, Febr. 7, Marseille.

H. (Bearb.) *R. Risser, Applications de la statistique à la démographie et de ses applications [2](Paris '65) 12 + 363 S. (Traité du calcul des probabilités et de ses applications, 3: Applications de la théorie des probabilités aux sciences économiques et aux sciences biologiques, fasc. 3).

MHZ. Bull. math. Fac. Sci. et grandes Ecoles 1934–1940.

W. Les principes de la statistique mathématique (m. R. Risser) (Paris '33) 11 + 343 S. (Traité du calcul des probabilités et de ses applications, 1: Les principes de la théorie des probabilités, fasc. 4), 2. Aufl. in 2 Teilen: **1**: Séries statistiques [2]('57) 16 + 195 S., **2**: Corrélation, Séries chronologiques [2]('58) 11 + 418 S. — Eléments de statistique et de calcul des probabilités. Préparation au baccalauréat (Paris '59) 12 + 136 S.; Neuauflagen: ('64) 12 + 148 S., ('66) 160 S.

Annales Fac. Sci. Marseille Max Eger, 1910–1952: (2) **24** ('55) 3–5.

Bull. math. Fac. Sci. et grandes Ecoles Une expérience de probabilités: La loterie nationale 1933: **1** ('34) 139–41. — Sur les courbes associées, 1: **3** ('37) 97–104; ~ 2: 262–67; ~ 3: 289–92. — Etude d'une courbe algébrique au voisinage d'un des ses points: 297–300.

J. Math. pures et appl. Sur les distributions de fréquences: (9) **44** ('65) 1–4.

Mémorial Sci. math. Fonctions abéliennes et fonctions thêta de deux variables: **151** ('62) 54 S.

VI **TRÉHIN,** Robert Pierre-Marie. Physik. — 1929–37 Prof., Lycée Louis le Grand, Paris; '37–42 Maître de conférences, '42–46 Prof. sans chaire et '46–56 Prof. tit., '49–56 Doyen de la Fac. des Sci., '57 Doyen hon. et Prof. hon., Univ. de Rennes; '46–56 Chargé de cours, Ecole de Méd. et de Pharm., Rennes; '56– Recteur, Acad. de Grenoble; Prés., Soc. sci. de Bretagne, Rennes. — Officier de la Légion d'Honneur, Commandeur des Palmes académiques (France).
* 1895, Juni 8, Angoulême, Charente;
†.

S. Remise de l'épée d'académicien à M. Léon Moret, Doyen de la Faculté des Sciences de Grenoble, le 14 juin 1958 (Grenoble '58): Ouverture de la séance.

W. Développement et activité scientifique de la Faculté des Sciences de Rennes (Alençon '56) 31 S. (Université de Paris, Les conférences du Palais de la Découverte, Sér. A, No. 216) (L'activité scientifique des facultés de province).

Annales Physique Spectres d'absorption de l'acide chlorhydrique et de divers chlorures dans l'ultraviolet lointain: (11) **5** ('36) 445–607 (Thèse). — Etude expérimentale sur la bande d'absorption de l'ion Ni^{++} dans le proche ultraviolet du sulfat de nickel en solution aqueuse. Pléochroïsme des cristaux $NiSO_4 \cdot 6H_2O$ (quadratiques) et $NiSO_4 \cdot 7H_2O$ (orthorhombiques): **20** ('45) 372–90.

C.R. hebd. Séances Acad. Sci., Paris Influence de la température sur l'absorption des solutions aqueuses d'acide chlorhydrique dans l'ultraviolet lointain: **195** ('32) 1269–71. — Recherches complémentaires sur les spectres d'absorption du chlorure de sodium dans l'ultraviolet: **198** ('34) 1492–94. — Etude comparative des spectres d'absorption des solutions aqueuses d'acide chlorhydrique et de divers chlorures dans l'ultraviolet: **199** ('34) 1047–49. — Spectre d'absorption du gaz chlorhydrique liquéfié dans l'ultraviolet lointain [2]): **200** ('35) 1663–65. — Sur l'application de certaines méthodes physiques à la recherche des complexes en solution: **203** ('36) 869–71. — Sur la bande d'absorption dans le proche ultraviolet du sulfate de nickel en solution aqueuse et cristallisé: **216** ('43) 558–60. — Absorption du sulfate de nickel $SO_4Ni \cdot 6H_2O$ quadratique dans le proche ultraviolet: **220** ('45) 40 f. — Pléochroïsme du sulfate de nickel dans le proche ultraviolet: 85–87.

J. Physique et Radium Sur l'absorption de l'acide chlorhydrique et des chlorures dans l'ultraviolet lointain: (7) **4** ('33) 295 f. — Absorption des solutions aqueuses d'acide chlorhydrique dans l'ultraviolet lointain: 440–56. — Mécanisme de l'absorption et nature des particules absorbantes dans les solutions de chlorures [1]): **5** ('34) 73S–75S.

Mit: [1]) E. Darmois; [2]) B. Vodar.

IV–VI **TRESSE,** Arthur Marie Léopold. Math. — Environ 1930 Prof., Ecole spéc. de Méc. et d'Electricité, Paris; en outre Inspecteur général de l'Instruction publique. —

'55 Prix Victor Thébault (Acad. Sci. Paris).
* 1868, April 24, Martigny-les-Bains, Vosges;
† 1958, Febr. 5.

W. Eléments de géométrie analytique [7](Paris '54) 2 + 200 S. (Collection Armand Colin, Section de mathématiques, 44). — Inversion, involution et leurs applications (Paris '56) 127 S. — Théorie élémentaire des géométries non euclidiennes, **1** (Paris '57) 153 S.

Bull. Soc. math. France Théorie élémentaire des géométries non euclidiennes, 1: **81** ('53) 81–143; ~ 2: **83** ('55) 1–56.

VI **TREUB,** Jacobus Petrus. Chem. — 1919–52 Dir. d. Labor., N.V. Vereenigde Fabrieken van Stearine, Kaarsen en Chemische Producten, Gouda.
* 1887, Febr. 28, Amsterdam;
† 1955, Juli 24, Gouda.

Chemisch Weekbl. Über stufenweise verlaufende Trennung und Nutzeffekt. Die Konstruktion praktisch brauchbarer Trennungsdiagramme: **33** ('36) 496–500 [niederländ.].

Recueil Trav. chim. Pays-Bas On the mathematical representation of the course of chemical reactions: (4) **51** ('32) 543–48. — Gradual separation and economy[, 1]: **53** ('34) 497–524; ~ [2]: 688–98; ~ 3: **56** ('37) 41–51; ~ 4: 510–19; ~ 5: Separation by distillation: **66** ('47) 615–32; ~ 6: Separation by distillation in batches: **70** ('51) 1093–98.

IV–VI **TREVOR,** Joseph Ellis. Chem. Thermodyn. — 1892–1900 Assist. Prof., 1900 –34 Prof., '34 Prof. Emer., Cornell Univ., Ithaca, N.Y.
* 1864, Okt. 11, Lockport, N.Y.;
† 1941, Mai 4, Ithaca, N.Y.

Nekr. The Ithaca Journal **1941**, 5. Mai.

American math. Monthly Thermodynamics - an exposition[, 1]: **40** ('33) 580–92; ~ 2: An application of the laws of thermodynamics: **41** ('34) 14–29.

VI **TRICOMI,** Francesco Giacomo Filippo. Math. (Analysis). — 1925–27 Prof. straord., '28–67 Prof. ord., '67–72 Prof. fuori ruolo, '72 Prof. emer., Univ. di Torino; '48–50 in missione al California Inst. of Technol., Pasadena, Calif.; Vicepres., poi '72–76 [?] Pres., Accad. Sci. Torino. — '67 Laurea in Ingegneria aeronaut. h.c. (Politecnico di Torino). — '56 Grande Medaglia d'oro (Accad. Nazionale dei XL); '57 Medaglia d'oro dei Benemeriti della Scuola, Cultura ed Arte (Ministero della Pubbl. Istruz.); '61 Premio Feltrinelli per la Mat. e la Mecc. (Accad. Nazion. dei Lincei).
* 1897, Mai 5, Napoli;
† 1978, Nov. 21, Torino.

Ehrung Equazione Tricomi; Funzione Tricomi; Gas Tricomi; Problema Tricomi.

Nekr. *G. Fichera, Archimede [Firenze] **31** ('79) 12–14; Atti Accad. nazion. Lincei, Rend. (8) **66** ('79) 469–83 (m. Bildn. u. Schr.verz. 1966–1978); Atti Accad. Sci. Torino **114** ('80) 37–48. — *H. Schmidt, Jahrb. bayer. Akad. Wiss. **1980**, 232–. — Aequationes math. [Waterloo, Ont.] **21** ('80) Nr. 1, Beilageblatt.

Zur Biogr. Massime e pensieri tratti da un quaderno di Francesco G. Tricomi (1897–1978): Archimede [Firenze] **31** ('79) 15f.

Zur Biobibliogr. Biografie e bibliografie degli accademici lincei (R. Ridolfi) (Roma '76) 663–66.

Zur Bibliogr. Elenco delle pubblicazioni (1916–1938) e cenni sul contenuto di alcune di esse (Torino '38) 16 S. (von F. Tricomi selbst verfaßt). — La mia vita di matematico attraverso la cronistoria dei miei lavori (Bibliografia commentata 1916–1967) (Padova '67) 12 + 172 S. (~).

HZ. Rend. Semin. mat., Univ. e Politecn. Torino **24** ('64/65)–**30** ('70/71).

S. Verhandlungen des Internationalen Mathematikerkongresses, Zürich 1932, **2** (Zürich–Leipzig '33) 72f.: Periodische Lösungen einer Differentialgleichung erster Ordnung. — Proc. 4th International congress for applied mechanics, Cambridge, Engl., 1934 (Cambridge '35) 261 f.: Sur les tensions intérieures dans la flexion composée d'une barre. — Atti del I Congresso dell'Unione Matematica Italiana, Firenze 1937 (Bologna '38) 273–77: Sull'n-edro regolare dello spazio ad n–1 dimensioni; 407–12: Una proprietà caratteristica della legge gaussiana degli errori. — Proc. 6th International congress of mathematiciens, Cambridge, Mass., 1950 (Providence, R.I. '52) 402–04: On the incomplete gamma function. — Atti del Congresso di studi metodologici, Torino 1952 (Torino '54) 248–54: Intuizione e logica nella scoperta matematica. — Proc. International congress of mathematicians, Amsterdam 1954, **2** (Amsterdam '54) 178 f.: Asymptotische Eigenschaften der konfluenten hypergeometrischen Funktionen. — Convegno internazionale sulle equazioni lineari alle derivate parziali, Trieste 1954 (Roma '55) 103–10: Sullo stato attuale della teoria delle equazioni a derivate parziali. — Atti del V Congresso dell'Unione Matematica Italiana, Pavia–

Torino 1955 (Roma '56) 85–102: Funzioni speciali. — Enciclopedia italiana di scienze,lettere ed arti 1949–1960, **1** (Roma '61) 564–66: Equazioni; **2** ('62) 44–46: Matematica; ~ 1961–1978, **1** ('78): Equazioni a incognite numeriche; Equazioni differenziali ordinarie; Equazioni a derivate parziali; Equazioni integrali e integro-differenziali. — Partial differential equations and continuum mechanics. Proc. of an international conference, Madison, Wis., 1960 (Madison, Wis. '61) (Mathematics Research Center, U.S. Army, University of Wisconsin, Publ. Nr. 5) 207–16: Trans-sonic gas flow and the equations of mixed type. — Atti del Convegno di storia delle matematiche, Brescia 1959 (A. Masotti) (Brescia '62) 112: [Parole]. — La matematica negli istituti tecnici commerciali. Lezioni tenuti nei Corsi di aggiornamento per gli insegnanti (Roma '62) 589–615: Cenni sulla moderna teoria dell'integrazione e sugli spazi funzionali. — Atti della II Riunione del Groupement de mathématiciens d'expression latine, Firenze–Bologna 1961 (Roma '63) 258: Osservazioni a C. Jacob: Sur quelques problèmes mathématiques de la dynamique des fluides compressibles (S. 168–225). — Celebrazioni Archimedee del secolo XX, Siracusa 1961, **4** (Gubbio '64) 99–106: Le peculiarità dei matematici e Archimede. — Proc. Symposium transsonicum, Aachen 1962 (K. Oswatitsch) (Berlin–Göttingen–Heidelberg '64) 18–23: Transsonische Strömungen und Gleichungen des zweiten gemischten Typus. — Atti, Convegno Lagrangiano, Torino 1963 (Torino '64) (Atti Accad. Sci. Torino **98** ('64) Suppl.) 8–19: Sguardo generale all'opera di Luigi Lagrange. — Seminari 1962/63 di analisi, algebra, geometria e topologia (Istituto Nazionale di Alta Matematica) **1** (Roma '65) 57–100: Problemi matematici dell'aerodinamica transonica. — Priloženija teorii funkcij v mechanike splošnoj sredy. Trudy meždunarodnogo simposiuma [Anwendungen der Funktionentheorie in der Mechanik des Kontinuums. Arbeiten eines internationalen Symposiums], Tbilisi 1963 (N. I. Muschelišvili, L. I. Sedov, G. K. Michajlov) **2** (Moskva '65) 397–402: Potential theory: The sources of many-dimensional singular integral equations. — Simposio internazionale sulle applicazioni dell'analisi alla fisica matematica, Cagliari-Sassari 1964 (Roma '65) 209–17: I vicendevoli rapporti fra la matematica e la fisica, ieri e oggi. — Atti del Convegno sulle equazioni alle derivate parziali, Bologna 1967 (Gubbio '67) 174–79: Su certi problemi al contorno sorgenti dalla teoria delle equazioni integrali singolari. — "Giovedì culturali", Scuole di applicazione d'arma, anno academico 1966/67 (Torino '67) 11–28: La matematica nella vita moderna e nella vita militare [Nicht nachgewiesen, Zitat unsicher]. — Guarino Guarini e l'internazionalità del barocco. Atti del convegno internazionale, Torino 1968 (Torino '70) 551–57: Guarini matematico. — Problemi attuali connessi con lo sviluppo tecnologico ed economico del Piemonte e regioni limitrofe. Trafori e grande vie di comunicazione, fonti di energia, difesa dell'ambiente naturale. Atti del convegno internazionale a celebrazione del primo centenario del traforo del Fréjus, Torino 1970 (Torino '71) **1**: Saluto del Vicepresidente dell'Accademia delle Scienze di Torino. — Studi in onore di Fernando Giaccardi Giraud (Università di Torino, Istituto Matematica Finanziaria) (Torino '72) 183–85: Un'osservazione sulle variabili casuali "contraibili" [Nicht nachgewiesen, Zitat unsicher]. — Omaggio a Carlo Ferrari (Torino '74) 675–77: Sulle potenze di una matrice del secondo ordine [~]. — Metodi valutativi nella fisica-matematica. Atti del convegno, Roma 1972 (Roma '75) (Accademia Nazionale dei Lincei, Quaderno 217) 105–17: Sugli algoritmi iterativi nell'analisi numerica. — Trends in applications of pure mathematics to mechanics. A collection of papers presented at a conference at the University of Lecce 1975 (G. Fichera) **2** (London–San Francisco,Cal.–Melbourne '76) 401–07: Sulla elastostatica degli archi.

W. Esercizi e complementi di analisi matematica (Padova '25) 9 + 241 S., ^{2}('29) 12 + 316 S.; Neubearbeitungen in 2 Bänden: **1** $^{2[=3]}$('44) 12 + 295 S., $^{3[=4]}$('51) 12 + 391 S., ^{5}('58) 12 + 367 S., ^{6}('62) 15 + 491 S., ^{7}('65) 15 + 491 S.; **2** ('49) 8 + 376 S., ^{2}('53) 13 + 487 S., ^{3}('60) 11 + 511 S., ^{4}('63) 11 + 513 S., ^{5}('69) 12 + 513 S. — Lezioni di analisi matematica **1** ^{3}(Padova '35) 8 + 422 S., ^{4}('39) 8 + 328 S., ^{5}('44) 8 + 352 S., ^{6}('48) 12 + 335 S., ^{7}('56) 12 + 381 S., ^{8}('62), ^{9}('65) 12 + 381 S.; **2** ^{3}('35) 9 + 446 S., ^{4}('39) 8 + 355 S.,..., ^{6}('48) 8 + 343 S., ^{7}('56) 10 + 360 S., ^{8}('62), ^{9}('66) 10 + 358 S. — Funzioni analitiche (Bologna '36) 6 + 110 S.; ^{2}('46) 7 + 134 S., Neudrucke: ('52), ('61). — Funzioni ellittiche (Bologna '37) 9 + 274 S. (Monografie di matematica applicata per cura del Consiglio Nazionale delle Ricerche, 248), ^{2}('51) 9 + 343 S.; deutsch: Elliptische Funktionen (Leipzig '48) 12 + 315 S. (Mathematik und ihre Anwendungen in Physik und Technik, Reihe A, 20). — Algebra elementare. Ad uso dei licei (Messina '40) 8 + 386 S. — On linear partial differential equations of the second order of mixed type (Dayton, O. '48) 5 + 186 S. (Brown University, Graduate Division of Applied Mathematics, Transl. Nr. A9-T-26) [Italien. Orig.: ('23), siehe Pogg. VI]. — Serie ortogonali di funzioni (Torino '48) 9 + 343 S., ^{2}('61) 439 S.; deutsch: Vorlesungen über Orthogonalreihen (Berlin–Göttingen–Heidelberg '55) 8 + 264 S. (Grundlehren der mathematischen Wissenschaften, 76), ^{2}('70) 8 + 265 S. — Equazioni differenziali (Torino '48) 9 + 313 S., ^{2}('53) 353 S., ^{3}('61), ^{4}('67) 351 S.; engl.: Differential equations (Glasgow '61) 10 + 273 S.; russ.: (Moskva '62) 351 S. — Lezioni sulle funzioni ipergeometriche confluenti (Torino '52) 284 S. — Higher transcendental functions; based, in part, on notes left by Harry Bateman (m. A. Erdélyi,

W. Magnus, F. Oberhettinger) (California Institute of Technology, Bateman Manuscript Project) **1** (New York '53) 27 + 302 S., **2** ('53) 17 + 396 S., **3** ('55) 14 + 292 S.; russ.: **1–3** (Moskva '65–67) 294 S., 295 S., 299 S., Neudruck: ('73 ff.). — Tables of integral transforms; based, in part, on notes left by Harry Bateman (m. A. Erdélyi, W. Magnus, F. Oberhettinger) (~) **1** (New York '54) 20 + 391 S., **2** ('54) 16 + 451 S.; russ.: **1** (Moskva '69) 343 S., **2** ('70) 327 S. — Funzioni ipergeometriche confluenti (Roma '54) 14 + 309 S. (Consiglio Nazionale delle Ricerche, Monografie matematiche, Nuova serie, 1); französ.: Fonctions hypergéométriques confluentes (Paris '60) 87 S. (Mémorial des sciences mathématiques, 140). — Lezioni sulle equazioni a derivate parziali (Torino '54) 2 + 484 S.; russ.: (Moskva '57) 443 S.; Neubearbeitung u. d. T.: Equazioni a derivate parziali (Roma '57) 12 + 392 S. — Lezioni sulle equazioni integrali (Torino '54) 343 S.; ^{2}('58) 352 S.; engl.: Integral equations (NewYork–London '57) 8 + 238 S. (Pure and applied mathematics, 5), Neudruck: ('70); russ.: (Moskva '60) 299 S. — Introduzione al corso di analisi superiore: Funzioni speciali (Torino '57) 84 S. [Nicht nachgewiesen]. — Funzioni speciali (Torino '59) 7 + 408 S. — Istituzioni di analisi superiore (Metodi matematici della fisica) (Torino '61) 4 + 560 S., Neuausgabe: (Padova '64) 9 + 472 S., ^{2}('70) 9 + 472 S. — Aerodinamica transonica (m. C. Ferrari) (Roma '62) 15 + 632 S. (Consiglio Nazionale delle Ricerche, Monografie matematiche, 10); engl.: Transonic aerodynamics (NewYork–London '68) 9 + 653 S. — Lectures on the use of special functions by calculations with electronic computers (College Park, Md. '66) 49 S. (University of Maryland, Institute for Fluid Dynamics and Applied Mathematics, Lecture series, Nr. 47). — Repertorium der Theorie der Differentialgleichungen (Berlin–Heidelberg–NewYork '68) 8 + 167 S. — Le funzioni (Firenze '72) 7 + 391 S. (La matematica nella cultura e nella scuola, 5).

Abh. math. Semin. Univ. Hamburg Einige ungelöste Probleme der klassischen Analysis: **31** ('67) 25–32.

American math. Monthly On the theorem of Frullani: **58** ('51) 158–64.

Annales Inst. Henri Poincaré Les transformations de Fourier, Laplace, Gauss, et leurs applications au calcul des probabilités et à la statistique: **8** ('38) 111–49.

Annali Mat. pura ed appl. Sulle funzioni ipergeometriche confluenti: (4) **26** ('47) 141–75. — Sugli zeri delle funzioni di cui si conosce una rappresentazione asintotica: 283–300. — Sul comportamento asintotico dei polinomi di Laguerre: **28** ('49) 263–89. — Sugli zeri dei polinomi sferici ed ultrasferici: **31** ('50) 93–97. — Sulla funzione gamma incompleta: 263–79. — Equazioni integrali singolari del tipo di Carleman: **39** ('55) 229–44. — Problemi matematici dell'aerodinamica transonica: **49** ('60) 299–310.

Annali R. Scuola norm. sup., Pisa Integrazione di un'equazione differenziale presentatasi in elettrotecnica: (2) **2** ('33) 1–20.

Archimede [Firenze] La matematica nella vita moderna: **18** ('66) 67–76.

Archiv Math. Zur Asymptotik der konfluenten hypergeometrischen Funktionen: **5** ('54) 376–84.

Atti (reale) Accad. nazion. Lincei, Rend. Su di un'equazione trascendente della statica: (6) **16** ('32) 560–66. — Determinazione del valore asintotico di un certo integrale: **17** ('33) 116–19. — A proposito della mia nota: "Integrazione di un'equazione differenziale presentatasi in elettrotecnica": **18** ('33) 26–28. — Sul problema della trave soggetta a uno sforzo di taglio: 484–88. — Un'interpretazione intuitiva del rotore e della condizione d'irrotazionalità: **19** ('34) 399–401. — Trasformazione di Laplace e polinomi di Laguerre, 1: Inversione della trasformazione: **21** ('35) 232–39; ~ 2: Alcune nuove formule sui polinomi di Laguerre: 332–35. — Ancora sull'inversione della trasformazione di Laplace: 420–26. — Sulla trasformazione e il teorema di reciprocità di Hankel: **22** ('35) 564–71. — Un teorema abeliano per la trasformazione di Hankel e alcune nuove applicazioni di una formula sulle funzioni di Bessel: 572–76. — "Densità" di un continuo di punti o di rette e "densità" di una corrispondenza: **23** ('36) 313–16. — Sulla formula d'inversione di Widder: **25** ('37) 416–21. — Sulla teoria dell'arco elastico a direttrice circolare, 1: **26** ('37) 388–92; ~ 2: 440–45. — Una nuova trascendente intera connessa con una ben nota serie non continuabile: (8) **11** ('51) 141–44. — Sulle derivate delle funzioni ipergeometriche confluenti rispetto ai parametri: **12** ('52) 227–33. — Determinazione del valore di un classico prodotto infinito: **14** ('53) 3–7. — Stranezze del "Tricomigas": **16** ('54) 423–26. — Equazioni differenziali con punti di transizione ("turning points"): **17** ('54) 137–41. — Sull'inversione dell'ordine di integrali "principali" nel senso di Cauchy: **18** ('55) 3–7. — Sull'equazione di Tomotika e Tamada: **25** ('58) 135–39. — Sulle funzioni che assumono tutti i valori intermedi: **30** ('61) 419 f. — Sulle equazioni a derivate parziali del secondo tipo misto: **33** ('62) 385–88. — Commemorazione del Corrispondente Angelo Tonolo, 1885–1962: **35** ('63) 379–88. — Un algoritmo iterativo per il calcolo della funzione seno: **39** ('65) 146–50. — Commemorazione del Socio straniero Jacques Hadamard: 375–79. — Algoritmi iterativi pel calcolo della somma di talune serie: 395–99 [m. deutscher Zusammenfassg.]. — Sulla teoria dei polinomi ortogonali: **45** ('68) 195–99 [m. engl. Zusammenfassg.]. — Sulla somma delle inverse delle terze e quinte potenze dei numeri naturali: **47** ('69) 16–18.

Atti Accad. nazion. Lincei, Rend. Adunanze solenni I cervelli elettronici: **7** ('65/76) 283–93.

Atti Accad. Sci. Ist. Bologna, Cl. Sci. fisiche, Rend. Matematici bolognesi del secolo scorso: (11) **9** ('62) 116–19.

Atti (reale) Accad. Sci. Torino Sulle funzioni di variabile complessa prossime all'analiticità: **68** ('32/33) 161–70. — Autovalori e autofunzioni del nucleo di Hankel: **71** ('35/36) 285–91. — Su di un notevole caso di deformazione di una trave curva: **73** ('37/38) 79–109. — Sulla flessione semplice di un arco elastico: 131–43. — Dimostrazione della formula di Stirling relativa ad n!, per via del tutto elementare: **74** ('38/39) 105–09. — Sulla frequenza dei numeri interi decomponibili nella somma di due potenze k-esime: 369–80. — Su di un integrale doppio presentatosi in aerodinamica: **75** ('39/40) 17–25. — Determinazione delle estremali di un certo integrale: 97–100. — Sull'insegnamento propedeutico dell'analisi matematica: 264–67. — Sulle serie di polinomi di Legendre: 369–90. — Sul "principio del ciclo chiuso" del Volterra: **76** ('40/41) 74–82. — Generalizzazione di una formula asintotica sui polinomi di Laguerre e sue applicazioni: 288–316. — Su di una formula relativa alla frequenza dei numeri primi: **77** ('41/42) 120–29. — Emile Picard, 1856–1941: 138–40. — Sulla distribuzione geografica della radiazione solare annua: 322–32. — Sulla funzione di Green di un'equazione differenziale decomposta in fattori simbolici: **80** ('44/45) 159–83. — Sul volume compreso tra due superficie parallele: **81/82** ('45/47) 197–204. — Sulle funzioni di Bessel di ordine e argomento pressochè uguali: **83** ('47/49) 3–20. — Conseguenze astronomiche di variazioni delle calotte glaciali terrestri: **86** ('51/52) 82–84. — Valori numerici di funzioni ortogonali di Laguerre: **90** ('55/56) 63–70. — Guido Ascoli, 1887–1957: **92** ('57/58) 180–84. — La scienza nel mondo odierno e in quello di domani: **94** ('59/60) 13–24. — Joseph Pérès, 1890–1962: **97** ('62/63) 750–52. — Sugli estremi relativi di un polinomio a zeri reali fra loro equidistanti: **99** ('64/65) 177–79. — Giovanni Plana, 1781–1864: 267–79. — Matematici torinesi dell'ultimo secolo: **102** ('67/68) 253–78. — Michel Plancherel, 1885–1967: 972–82. — Sulle molle elicoidali a sezione rettangolare: **103** ('69) 781–88. — Sulle combinazioni lineari delle tre classiche medie: aritmetica, geometrica e armonica: **104** ('70) 557–72 [m. engl. Zusammenfassg.]. — Robert Sauer, 1898–1970: **105** ('71) 673–76. — Ricordo di Federigo Enriques nel centenario della nascita: 883–90. — Un precursore delle moderne macchine calcolatrici: Charles Babbage, 1792–1871: **106** ('72) 17–24. — Il centenario del "Programma di Erlangen" di Felix Klein: 647–59. — Relazione del Presidente sull'attività accademica nell'anno 1972/73: **108** ('74) 5–12. — Giovanni Ricci, 1904–1973: 585–89. — Parole del Presidente (Adunanza solenne del 15 maggio 1974): 951–53. — Relazione del Presidente sull'attività accademica nell'anno 1973/74: **109** ('75) 5–12. — Relazione del Presidente sull'attività accademica nell'anno 1975/76: **110** ('76) 1–11 [Zitat unsicher]. — Relazione all'inaugurazione dell'anno accademico 1975/76: 27–37. — Parole nell'adunanza solenne del 18 giugno 1976: 411 f. — Mauro Picone, 1885–1977: **111** ('77) 573–76. — Arthur Erdélyi, 1908–1977: **112** ('78) 233–36. — Sguardo alla vita e all'opera di Carl Friedrich Gauss, 1777–1855: Suppl., 7–13.

Atti Soc. ital. Progr. Sci. Sui corsi d'aggiornamento per i professori di matematica delle scuole secondarie: **51** ('71) 535–39.

Boll. Unione mat. ital. Trasformazioni funzionali e polinomi ortogonali, in ispecie sferici: **14** ('35) 213–18, 277–82. — Generalizzazione di una formula sui polinomi di Legendre: **15** ('36) 102–05. — Una formula sulla norma della funzione gamma incompleta: (3) **4** ('49) 341–44. — Applicazione della funzione gamma incompleta allo studio della somma di vettori casuali: **6** ('51) 189–94. — La seconda soluzione dell'equazione di Laguerre: **7** ('52) 1–4. — Determinazione dei limiti per $n \to \infty$ degli estremi relativi dell'n-esimo polinomio di Legendre: **8** ('53) 107–09. — Guido Ascoli †: **12** ('57) 347–50. — Matematici italiani del primo secolo dell'Italia unita: 678 f. — Prospettive professionali e preparazione dei diplomati in matematica: **13** ('58) 253–60. — Quo vadimus?: 583–85. — Sul resto delle formule di quadratura numerica migliorate col metodo di "estrapolazione": **14** ('59) 102–04 [m. engl. Zusammenfassg.]. — Circa i progetti di riforma dell'insegnamento della matematica nella scuola secondaria: **20** ('65) 509 f. — Su di una classe di nuclei definiti-positivi: **22** ('67) 1–3.

Bull. math. Biophysics On the statistical distribution of mutant bacteria: **15** ('53) 277–92.

Bull. math. Soc. Sci. math. et physiques Républ. popul. roumaine Méthodes pour l'étude des équations de l'aérodynamique transonique: (N.S.) **4** ('60) 127–37.

Celebrazioni lincee, Accad. nazion. Lincei Francesco Paolo Cantelli: **39** ('70) 7 S. — Il centenario del Programma di Erlangen di Felix Klein: **63** ('72) 11 S. — Richard Courant: [?] ('73) 3 S.

Commentarii math. helvet. Sulle trasformazioni funzionali lineari commutabili con la derivazione: **8** ('35/36) 70–87. — Sul comportamento asintotico dell'n-esimo polinomio di Laguerre nell'intorno dell'ascissa 4n: **22** ('49) 150–67. — Expansion of the hypergeometric function in series of confluent ones and application to the Jacobi polynomials: **25** ('51) 196–204.

Communications pure and appl. Math., New York Univ. A new entire function related to a well-known noncontinuable power series: **5** ('52) 213–22.

Conferenze Fisica e Mat., Torino Sulle variabili casuali: [**2**] **1930/31** ('32) 113–35. — Problemi della dinamica del binario: [**4**] **1932/34** ('35) 37–49. — Sulla trasformazione di Laplace: [**5**] **1934/36** ('37) 37–51. — Recenti ricerche sulle trasformazioni funzionali lineari: [**6**] **1936/38** ('38) 3–15. — La trasformazione di Gauss e le sue applicazioni alla statistica: 90–103.

Rend. Semin. mat., Univ. e Politecn. Torino Essenza e didattica delle matematiche in un manoscritto inedito di Corrado Segre: **7**.1938/40 ('41) 101–17. — Un nuovo metodo di studio delle equazioni differenziali lineari: **8**.1947/49 ('49) 7–19. — Sui simboli O ed o e la teoria dei limiti: 161–66. — Sviluppo in serie asintotica del rapporto $\Gamma(z + \alpha):\Gamma(z + \beta)$: **9**.1949/50 ('50) 343–51. — Generalizzazione di un teorema d'addizione per le funzioni ipergeometriche confluenti: **10**.1950/51 ('51) 211–16. — Distribuzione statistica dei batteri "duri a morire": **11**.1951/52 ('52) 21–34. — Una nuova funzione introdotta dalla batteriologia: 35–46. — Correnti fluide transoniche ed equazioni a derivate parziali di tipo misto: **12**.1952/53 ('53) 37–52. — Guido Ascoli, 1887–1957: **16**.1956/57 ('57) 7–9. — Uno sguardo alla matematica degli ultimi trent'anni: **19**.1959/60 ('61) 5–17. — I matematici fuori della matematica: **20**. 1960/61 ('61) 5–14. — Applicazioni moderne di una vecchia algebra: **21**.1961/62 ('62) 41–56. — Conservatori e progressisti nella matematica di ieri e di oggi: **24**.1964/65 ('65) 17–25. — Bernhard Riemann e l'Italia: **25**.1965/66 ('66) 59–72. — Uno sguardo allo sviluppo della matematica in Italia nel primo secolo dello Stato unitario: **28**.1968/69 ('69) 63–76. — Di una singolare funzione dell'elastostatica: 81–92. — Sulla didattica delle funzioni speciali: **30**.1970/71 ('71) 35–47. — Ricordi di mezzo secolo di vita matematica torinese: **31**.1971/72 ('74) 31–43.

Conferenze Semin. mat. Univ. Bari Un viaggio attraverso il muro del suono: **3** ('54) 14 S.

Cultura e Scuola Nuove prospettive per i matematici: **1** ('62) 279–81.

Festa Lo scienziato e i doveri di domani: **22** ('43) Nr. 22 [Zitat unsicher].

Filomate Che cosa è il calcolo delle probabilità?: **1** ('48) 15–21.

Giorn. Ist. ital. Attuari Su la rappresentazione di una legge di probabilità mediante esponenziali di Gauss e la trasformazione di Laplace: **6** ('35) 135–40; **7** ('36) 42–44. — Sulla media dei valori assoluti di errori seguenti la legge di Gauss: 280–90. — Sul rapporto fra la media dei quadrati di più errori e il quadrato della media dei loro valori assoluti [, 1]: **8** ('37) 68–77; ~ 2: 127–45. — Sviluppo dei polinomi di Laguerre e di Hermite in serie di funzioni di Bessel: **12** ('41) 14–33. — Un problema di statistica matematica sorto dalla batteriologia: **15** ('52) 25–39.

Giorn. Università Riflessioni sull'orientamento degli studi universitari: **7** ('57) 46 f.

Homo faber [Roma] Riflessioni sull'insegnamento della matematica nelle scuole secondarie: **13** ('62) 8229–31.

J. Analyse math. A class of non-orthogonal polynomials related to those of Laguerre: **1** ('51) 209–31 [m. hebräischer Zusammenfassg.].

Jahresber. dtsch. Mathematiker-Vereinig. Über die Summe mehrerer zufälliger Veränderlichen mit konstanten Verteilungsgesetzen: **42** ('32) 174–79.

Jaune et Rouge Allocution au centenaire de M. Jacques Hadamard: Nr. **204** ('66) 21 f.

Luce [Roma] Riflessioni sul centenario galileiano: **35** ('42) Nr. 51. — Necessità pratica del perdono: **36** ('43) Nr. 17. — Quale dovrà essere domani il nostro compito?: Nr. 31.

Mathematische Z. Über Doetschs Umkehrformel der Gauss-Transformation und eine neue Umkehrung der Laplace-Transformation: **40** ('36) 720–26. — Über die Abzählung der Nullstellen der konfluenten hypergeometrischen Funktionen: **52** ('50) 669–75. — Asymptotische Eigenschaften der unvollständigen Gammafunktion: **53** ('50) 136–48.

Memorie Accad. Sci. Torino Matematici italiani del primo secolo dello Stato unitario: (4) **1** ('62) Nr. 1, 120 S.

Monatsh. Math. Beispiel einer Strömung mit Durchgang durch die Schallgeschwindigkeit: **58** ('54) 160–71.

MTW Mitteilungen Aktuelle Fragen in der Theorie der gewöhnlichen Differentialgleichungen: **5** ('58) 327–39.

Pacific J. Math. The asymptotic expansion of a ratio of gamma functions [1]): **1** ('51) 133–42.

Periodico Mat. Le variabili casuali: (4) **12** ('32) 65–86. — Sulla trasformazione di Laplace: **15** ('35) 238–50. — Questioni attuali sull'insegnamento matematico nelle scuole secondarie: **46** ('68) 372–75.

Problemi attuali Sci. e Cultura La matematica nella vita moderna: **83** ('66) 13 S.

Quarterly J. Math., Oxford Ser. On the finite Hilbert transformation: (2) **2** ('51) 199–211.

Rend. Accad. nazion. XL Sguardo retrospettivo alla matematica italiana del XX secolo: (5) **3** ('77/78) 125–28.

Rend. Circolo mat. Palermo Sull'algoritmo iterativo del Borchardt e su di una sua generalizzazione: (2) **14** ('65) 85–94.

Rend., Ist. lombardo Sci. e Lettere, A Risoluzione di un problema di Goursat per un certo sistema di equazioni a derivate parziali di tipo iperbolico: **99** ('65) 104–09.

Rend. Mat. Guido Fubini e la scienza delle costruzioni: (6) **8** ('75) 103–14.

Rend. Semin. mat. e fisico Milano Cosa sono e a che servono le funzioni ipergeometriche confluenti: **25**.1953/54 ('56) 3–14.

Rend. Semin. mat. Univ. Padova Un teorema di media per certe equazioni di tipo ellittico: **22** ('53) 350–53.

Revista Unión mat. argentina Sulla chiusura dei sistemi ortonormali di funzioni: **17** ('55) 299–303.

Revista, Univ. nacion. Tucumán, Ser. A Sul teorema di Hadamard sui determinanti: **1** ('40) 297–301. — Sul comportamento asintotico della funzione gamma incompleta $\Gamma(\alpha, x)$ al simultaneo divergere di α e x: **14** ('62) 333–39.

Ricerche econ. Applicazioni moderne di una vecchia algebra: **15** ('61).

Ricerche Ingegneria Nuovi risultati nel problema della trave sollecitata di taglio: **2** ('34) 93–104. — Sulle vibrazioni trasversali di aste, specialmente di bielle, di sezione variabile: **4** ('36) 47–53.

Saggiatore Cos'è l'analisi funzionale?: **1** ('40) 18–26. — Osservazioni statistiche sulle matematiche contemporanee: 47–51. — Integrazione meccanica delle equazioni differenziali: 80f. — Aritmetica dodicesimale: 108. — Matematici scandinavi: 155–60. — Teatro moderno e geometria non euclidea: 259. — Il matematico scopre o inventa?: 330f. — Moderne strutture sottili in cemento armato: 420f. — Formule asintotiche: **2** ('41) 72–82. — Regolarità nelle irregolarità della rotazione terrestre: 323.

Sapere Scienze esatte e "Weltanschauung": Nr. **207/208** ('43) 314f.

Umana Salvatore Pincherle nel centenario della nascita: **3** ('54 [oder '53?]) Nr. 3/4, 3–7.

Università ital. [Bologna] Statistica dei trasferimenti dei professori: Quali sono le università preferite?: **28** ('32) 175–78.

Vesn. Druš. Matematičara i Fizičara Narodne Republ. Srbije Les problèmes actuels dans la théorie des équations différentielles ordinaires: **9** ('57) 169–78.

Z. angew. Math. u. Mech. Mathematische Fragen der transsonischen Gasdynamik: **39** ('59) 445–51.

Z. angew. Math. u. Physik The airfoil equation for a double interval: **2** ('51) 402–06. — Konfluente hypergeometrische Funktionen: **6** ('55) 257–74.

Ein Vorlesungsskript: Breve corso sulle equazioni differenziali lineari e questioni connesse, Torino 1962/63. — Abdruck eines Vortrags vom 2. 5. 1964 auf einem Archimedes-Symposium in Siracusa: "Problemi di "optimum" nella demolizione della Scuola" [Titel des Sammelwerks nicht ermittelt].

Mit: [1]) A. Erdélyi.

VI **TRIFONOV,** Ivan. Chem. (Technol.). — 1930–35 außerord. Prof., '35–64 ord. Prof., '25–49 Dir. d. Technol. Inst., '35–36 Dekan d. Physikal.-Math. Fak., Univ. Sofija; '39–40 Pres., Chem. Ges., Sofija. — Einige staatl. Auszeichnungen.
* 1897, Okt. 31, Sofija;
† 1976, Mai 12, Sofija.

S. Atti X Congresso internazionale di chimica, Roma 1938, **3** (Roma '39) 659–65: Verhalten des sogenannten organischen Koksschwefels bei Temperaturen über 1000 °C.

W. Technologično izsledvane na kamenni vŭglišta, koks, cement i glina [Eine technologische Untersuchung über Steinkohle, Koks, Zement und Ton] (Sofija '32) 5 + 154 S. (Universitetska biblioteka, 113). — Kratŭk kurs po metallurgija na po-važnitě v praktičesko otnošenie metali (bez želězoto) [Kurzer Lehrgang der Metallurgie der für die Wirtschaft wichtigsten Metalle, außer Eisen] (Sofija '36) 8 + 280 S. (~ 170).

Archiv Eisenhüttenwesen Über die Rolle des Kalkes bei der Entschwefelung von Eisen und Stahl [5]): **7** ('33/34) 337–41.

Brennstoff-Chem. Das Problem der Schwefelverteilung bei der Verbrennung von Kohle und Koks im Lichte neuerer Forschungsergebnisse über das Verhalten der Schwefelverbindungen von Calcium und Magnesium: **13** ('32) 328f. — Änderung der Eigenschaften der Kohlen nach Verpressen unter sehr hohem Druck [10]): **20** ('39) 128. — Verkokung von Steinkohle unter Portlandzementzusatz [4]): 163–68. — Änderungen der Eigenschaften der Kohle nach Verpressen unter sehr hohem Druck [10]): **21** ('40) 85–87. — Zur Frage der Veränderungen, welche die Kohlen nach Verpressen unter hohem Druck erleiden [11]): **22** ('41) 193–95.

Chimija i Industrija Metallkeramik: **19** ('40/41) 19–29, 93–101 [bulgar.]. — Prof. Penčo Rajkov [†] als Lehrer: 382–84 [~]. — Künftige Möglichkeiten in der Entwicklung der Eisengewinnung: **20** ('41) 104–08 [~].

Gießerei verein. Gießerei-Ztg. Der Schwefel im Kupolofenbetrieb: (N.F.) **20** ('33) 497–500.

Godišnik sofijsk. Univ., Chim. Fak. Über die Nachwirkung des hohen Druckes ausgeübt auf einige Kristallsysteme, 1 [3])[6]): **60**.1965/66 ('68) 155–62 [bulgar. m. deutscher Zusammenfassg.].

Godišnik sofijsk. Univ., Fiziko-mat. Fak., Kniga 2 Über die pyrogene Zersetzung des Calciumsulfits: **29**.1932/33 ('33) 165–68. — Eine neue Erklärung für die leichte Entsäuerung des Calciumsulfats beim Verblaserösten von Bleiglanz nach Carmichael-Bradford: 169–76. — Die Verteilung des Schwefels bei der Verbrennung von Kohle und Koks im Lichte neuerer Ergebnisse von Forschungen über Schwefelverbindungen von Calcium und Magnesium: 195–202. — Neues Verfahren zur Ermittlung der Zementmenge in erhärtetem Beton von beliebigem Kiessand: **30**.1933/34 ('34) 81–85. — Beitrag zur Theorie des eigentlichen Schmelzvorgangs im Kupolofen. Bei welcher niedrigsten Temperatur kann graues Roheisen geschmolzen werden?: 225–29. — Der Schwefel im Kupolofenbetrieb: 231–56. — Über die wissenschaftliche Tätigkeit von Prof. I. N. Stranski: **34**.1937/38 ('38) 267–82. — Verhalten des sogenannten organischen Koksschwefels bei Temperaturen über 1000 °C [2]): **35**.1938/39 ('39) 201–31. — Verkokung von Steinkohle unter Portlandzementzusatz. Einfluß des Zusatzes auf den Verkokungsprozeß – insbesondere auf die Verteilung des Schwefels – und auf die Eigenschaften des erhaltenen Kokses [4]): 249–88. — Änderung der Zusammensetzung und der Eigenschaften von Steinkohle und daraus erhaltenem Koks nach Kompression unter sehr hohem Druck (10000 kg/qcm) [10]): **36**.1939/40 ('40) 1–25. — Stabilität des sogenannten organischen Koksschwefels: **40**.1943/44 ('44) 173–76. — — Alle Arbeiten bulgar. m. deutscher Zusammenfassg.

Godišnik sofijsk. Univ., Prirodo-mat. Fak., Kniga 2 Einfluß hohen mechanischen Druckes (20 t/cm^2) auf die Bindung zwischen Konstitutionswasser und Silikatrest im Kaolin-Molekül [8]): **46**.1949/50 ('50) 37–43 [bulgar. m. deutscher Zusammenfassg.]. — Veränderungen des Bitumens nach Verpressen der Steinkohlen unter sehr hohem Druck [8])[1])[9])[7]): 115–20 [~].

Godišnik sofijsk. Univ., Fiziko-mat. Fak., Kniga 2 Anwendung der Lumineszenzanalyse zur Feststellung des mechanochemischen Effekts bei Steinkohle [3]): **49**.1954/55 ('56) 73–84 [bulgar. m. deutscher Zusammenfassg.].

Godišnik sofijsk. Univ., Fiziko-mat. Fak., Kniga 3 Mechanochemischer Effekt beim Gips [3]): **48**.1953/54 ('54) 77–85 [bulgar. m. deutscher Zusammenfassg.]. — Bilden sich basische Sulfate beim thermischen Zerfall von Calciumsulfat und sind folglich solche im hochgebrannten Estrichgips enthalten? [3]): **51**. 1956/57 ('58) 33–38 [~].

Metall u. Erz Eine neue Erklärung für die leichte Entsäuerung des Calciumsulfats beim Verblaserösten von Bleiglanz nach Carmichael-Bradford: **29** ('32) 364f. — Versuch zur Klärung der chemischen Vorgänge beim Rösten von Bleiglanz mit Kalk auf Grund neuerer Forschungsergebnisse über das Verhalten der Calciumverbindungen: 429–31. — Über die Erleichterung der Schwefeldioxidaustreibung aus Calciumsulfat–Calciumsulfid-Gemischen (Hochofenschlacke, Konverterbeschickung beim Verblaserösten von Bleierz u. a.) bei höherer Temperatur durch Eisenoxide: **30** ('33) 46f.

Österreichische Chemiker-Ztg. Ein neuer elektrischer Laboratoriumsröhrenofen mit Kohlengrieß-(Kryptol-)widerstandsheizung für hohe Temperaturen (1600°) [5])[10]): **40** ('37) 315f. — Bulgariens ehemalige Eisengewinnungsindustrie: 377–80. — Änderungen der Eigenschaften der Kohlen nach Verpressen unter hohem Druck: **45** ('42) 1–3.

Z. anorg. u. allg. Chem. Über die pyrogene Zersetzung des Calciumsulfits: **206** ('32) 425f.

Mit: [1]) E. Enev; [2]) V. Ivanov; [3]) S. Karaivanov; [4]) M. Kurčatov; [5]) D. Mirev; [6]) P. Pelova; [7]) Z. Petkova; [8]) A. Spasov; [9]) M. Torbova; [10]) G. Tošev (Toschew); [11]) A. Fillipov (Phillipow).

VI **TRILLAT,** Jean-Jacques-Marie-Joseph. Physik, Chem.(physik.). — 1923 Ing., Ecole Supér. de Physique et de Chim. industrielles; '24–26 Etud., '26 Dr. ès-sci., Sorbonne, Univ. de Paris; '25–33 Collaborateur sci. du M. de Broglie et du L. de Broglie; '29–39 Collaborateur dirigeant, Service des Recherches de l'Aéronaut. et ('35–39) de la Marine; '30 Répétiteur, '31–32 Maître de Recherches, Ecole Nation. Supér. de l'Aéronaut.; '33–45 Prof., Univ. de Besançon; '45–53 Prof. de P.C.B., '53–56 Prof. Chim. physique, '56–70 Prof. tit. de la Chaire de Microscopie et Diffraction électroniques, Univ. de Paris; '45–70 Dir., '70– Dir. hon., Labor. de rayons X et d'analyse électronique, Centre Nation. de la Recherche Sci.; Conseiller sci. de nombreuses sociétés industrielles. — '63 Dr. h.c. (Univ. Athēnai). — '29 Prix Hugues, '35 Prix Saintour, '46 Prix Marie-Guido Triossi (Acad. Sci. Paris); '31 Médaille d'or, '43 Prix Robin (Soc. d'Encouragem. pour l'Industrie nation.); '33 Médaille d'or (Univ. de Lille); '36 Officier de l'Instruct. publ.; '60 Commandeur des Palmes académiques; '37 Chevalier, '63 Commandeur de la Légion d'Honneur; '38 Médaille (Soc. de Chim.

industrielle de l'Est); '64 Commandeur de l'Ordre "Soleil levant" (Japan).
* 1899, Juli 8, Paris.

Zur Biogr. Annuaire, Inst. France, Acad. Sci. **1965**, 163.

Zur Biobibliogr. Notice sur les travaux scientifiques de M. Jean-Jacques Trillat (Paris '38) 36 S.; Neubearbeitung u. d. T.: Notice sur les titres et travaux ~ (Saint-Germain-en-Laye '59) 56 S. — Annales Univ. Paris **19** ('49) 114–16 (m. Bildn. vor S. 113).

S. Trans. Chemical engineering congress of the World power conference, London 1936, **1** (London '37) 489–507: Applications des rayons X à l'étude du recuit de l'aluminium commercial et raffiné [m. engl. u. deutscher Zusammenfassg.]. — Proc. General discussion on lubrication and lubricants, Institution of Mechanical Engineers, London 1937 (London '38) Group IV, 196–204: The adsorption of oils in relation to lubrication. — Atti del X Congresso internazionale di chimica, Roma 1938, **2** (Roma '39) 552–70: Nouvelle méthode d'étude de l'adsorption et ses applications. — Congrès national de l'aviation française, Rapport Nr. 260 (Paris '45): Les applications des rayons X dans les industries aéronautiques. — C.R. 1er Congrès international de microscopie électronique, Paris 1950 (Paris '53) (Société française de Microscopie théorique et appliquée, Mémoire hors série 1) 348–58: Etude, par diffraction électronique, de la cémentation du fer [67]; 359–62: Etude, par diffraction électronique, des couches d'alumine déposées sur l'aluminium par oxydation anodique [90]. — Louis de Broglie, physicien et penseur (Paris '53) 233–39: Les conséquences de la mécanique ondulatoire; diffraction et microscopie électroniques. — Congrès international de l'aluminium, Paris 1954, **1** (Paris '55) 283–88: Nouvelle méthode d'étude de l'aluminium et de ses alliages par diffraction électronique [m. engl. Zusammenfassg.]. — Mécanique ondulatoire et cinétique chimique (Réunion) (Paris '55): Etudes de réactions chimiques par diffraction électronique. — Encyclopédie française **2**: La physique (Paris '55) 2·52,9–14: La mécanique ondulatoire: La diffraction des électrons. — Les techniques récentes en microscopie électronique et corpusculaire. Colloque international du Centre National de la Recherche Scientifique, Toulouse 1955 (— '56) 261–69: Sur quelques récents progrès dans les techniques de diffraction électronique. — Les élèves de l'Ecole Supérieure de Physique et Chimie Industrielles de la Ville de Paris présentent "Physique et Chimie"; ouvrage édité à l'occasion du 75e anniversaire de leur Ecole (Paris '58) 138–45: La diffraction des électrons. — Verhandlungen. 4. Internationaler Kongreß für Elektronenmikroskopie, Berlin 1958 (Berlin '60) 401–09: Le décapage ionique appliqué à la diffraction électronique par réflexion [86]; 508–12: Nouvelle méthode d'étude par microscopie électronique de la structure superficielle des faces de clivages d'halogénures alcalins [84][14]; 762–64: Etude par diffraction et microscopie électroniques de la fumée du tabac [89][57][16]. — Proc. European regional conference on electron microscopy, Delft 1960 (A. L. Houwink, B. J. Spit) **1** (Delft '61) 596–600: Reproduction haute fidélité des clichés de microscopie et diffraction électroniques [89][84]. — Electron microscopy. 5th International congress for electron microscopy, Philadelphia, Pa., 1962 (S. S. Breese) **1** (NewYork–London '62) G 3: Effets du bombardement ionique sur des monocristaux lamellaires [84][85]; I 7: Etudes sur l'oxydation du graphite pyrolytique [84][59]. — Electron microscopy 1966. 6th ~, Kyoto 1966 (R. Uyeda) **1** (Tokyo '66) 525f.: Epitaxial growth of sublimated nickel films [87][52]; 639f.: Cristallisation sphérolytique dans les couches minces de tellurures [84][70]. — Single-crystal films. Proc. International conference, Blue Bell, Pa., 1963 (M. H. Francombe, H. Sato) (Oxford–London–Edinburgh– . . . '64) 201–19: Recent studies of the growth and structure of thin films [84]. — Proc. 7th International conference on phenomena in ionized gases, Beograd 1965 (B. Perović, D. Tošić) **1** [?] (Beograd '66): Bombardment of copper single crystals with medium energy ions [32][56]. — Electron diffraction. The nature of defects in crystals. International conference, Melbourne 1965 (Oxford–New York '66): Sur un phénomène de réflexion électronique multiple [32]. — Etude sur la corrosion et la protection du zirconium et de ses alliages. 9e Colloque de métallurgie, Saclay 1965 (Commissariat à l'Energie Atomique) (Gif-sur-Yvette '67) 173–79: Etude de l'oxydation des couches minces orientées de zirconium; relations d'épitaxie oxyde–métal [19] [m. engl. Zusammenfassg.]. — Troisième centenaire, Institut de France, Académie des Sciences **1** (Paris '67) 453–64: Rayons cathodiques et rayons X. — 9e Congrès international du verre, Versailles 1971. Communications scientifiques et techniques, **1** (Paris '71) 545–56: Structure de couches minces amorphes préparées par pulvérisation cathodique et par évaporation thermique sous vide [84].

W. Organisation et principes de l'enseignement supérieur en U.R.S.S.; les relations entre la science et l'industrie (Paris '33) 69 S. (Actualités scientifiques et industrielles, 67). — Les preuves expérimentales de la mécanique ondulatoire. La diffraction des électrons et des particules matérielles (Paris '34) 36 S. (~ 110 = Exposés de physique atomique expérimentale, 2). — La diffraction des électrons et ses applications (Paris '35) 59 S. (~ 269 = ≈ 5). — Recherches sur l'activité de l'huile de ricin (m. P. Nardin) (Paris '39) 2 + 35 S. (Publications scientifiques et techniques du Ministère de l'Air, 152). — Moments électriques, adsorption et lubrification (Paris '38) 2 + 44 S. (Mémorial des sciences physiques 36). — Spectres de diffraction des rayons X et des électrons (Paris '44) 23 S. (Centre de Perfectionnement technique, Maison de la Chimie, Cours-conférences, 1118). — Physique (Paris '55) 750 + 20 S. — Découverte de la matière (Paris '56) 319 S.; engl.: Exploring the structure of matter (London–NewYork '59) 214 S. — Funérailles de Maurice de Broglie (m. M. Bataillon) (Paris '60) 10 S. (Institut de France, 1960, 20). — Allocution, [prononcé à la] Séance annuelle des prix du 9 décembre 1974 (Paris '74) 8 S. (~ 1974, 22).

Acta crystallogr. Sur les relations d'orientation entre la cémentite et le fer-α [67]): **5** ('52) 469–71. — Formation, croissance et structure de l'argent dans les films minces de bromure d'argent sous l'action des électrons: 471–73. — Enregistrement continu, par diffraction électronique, de transformations chimiques ou physiques et applications [87]): **7** ('54) 15f. — Etude, par diffraction électronique, de la nitruration du nickel: **10** ('57) 863.

Acta metallurg. Evolution des alliages aluminium-cuivre par chauffage dans le vide [87]): **2** ('54) 409–15. — Formation de monocristaux de Cu_2O et ZnO par oxydation sélective d'un mince film de laiton α préparé par évaporation sous vide [87]): **4** ('56) 201–05 [m. engl. u. deutscher Zusammenfassg.].

Age nucléaire La diffraction des électrons: **1957**, No. 3, 28–33 [m. engl., span. u. deutscher Zusammenfassg.].

Annalen Physik Über das Verhalten eines Bündels monokinetischer Elektronen nach Durchdringung einer absorbierenden Folie [31]): (5) **30** ('37) 165–68; **31** ('38) 583f.

Annales Inst. Pasteur Recherches sur la structure de la gélatine: **48** ('32) 400–12.

Annales Office nation. Combustibles liquides Etude des phénomènes moléculaires à la surface de séparation huile–eau. Applications au contrôle des huiles [46]): **8** ('33) 492–94.

Annales Physique Recherches sur la diffraction des électrons par les métaux et les polymères organiques [63]): (11) **4** ('35) 273–304.

Annales Sci. Univ. Besançon, Physique Sentiment esthétique et création scientifique: **6** ('51/52) 1–16.

Annals New York Acad. Sci. Recent applications of electron diffraction: **67** ('56) 165–84.

Bull. Acad. nation. Méd. Sur la présence de paraffines dans le tabac [16])[4]): **145** ('61) 197–201. — Etude par microscopie électronique de la polymérisation par rayons X [84]): **146** ('62) 178–82.

Bull. Assoc. franç. Techniciens Pétrole Adsorption moléculaire et états de surface en lubrification: No. **69** ('48) 17–44.

Bull. histor. et sci. Auvergne Pascal, mathématicien et physicien: **82** ('62/63) 91–104.

Bull. Inst. Textile France Sur l'étude des états de surface des tissus au moyen de répliques [6]): **25** ('51). — Applications des rayons X et de la microscopie électronique à l'étude des matériaux textiles: **37** ('53) 47–62. — Récentes applications de la microscopie électronique à l'étude de la cristallisation et de la morphologie des polymères synthétiques et naturels [84]): **92** ('61) 35–90. — Récentes techniques de rayons X adaptées à l'étude des fibres [45]): **96** ('61) 7–26.

Bull. Microscopie appl. L'examen des coupes de fibres textiles au microscope électronique [38]): (2) **3** ('53) 93–95. — Sur les possibilités de réaction entre certains supports de microscopie et de diffraction électroniques et les préparations qui y sont déposées [89]): **4** ('54) 21–23. — Les applications du titane en microscopie électronique [90]): **8** ('58) 1–6. — Sur l'étude de la fumée du tabac par diffraction et microscopie électroniques [16])[89])[57]): 64–70. — Etude par microscopie et diffraction électroniques de l'action d'un faisceau d'ions sur des surfaces de chlorure de sodium et d'or [57]): **10** ('60) 61–71 [m. engl. Zusammenfassg.].

Bull. Soc. Chim. biol. Note sur l'etude aux rayons X d'un acide isolé de la pyrolyse de l'acide coryno-mycolique [4]): **33** ('51) 1012.

Bull. Soc. chim. France Sur quelques propriétés physiques du soufre mou [24]): (4) **51** ('32) 248–53. — Action des électrons sur l'iodure d'azote et sur quelques autres explosifs [64]): **53** ('33) 443f. — Etude aux rayons X de l'orientation et de la structure de certains composés organiques à longue chaîne (dicétones, acyloïnes, glycols) [4])[8])[69]): (5) **16** ('49) 745–49. — Sur la constitution chimique de l'acide coryno-mycolique du bacille diphtérique [43])[75])[4]): **19** ('52) 93–95. — Etude aux rayons X des α-glycols à chaîne linéaire [4]): **21** ('54) 854f. — Sur l'action de l'azote sur le nickel [89])[88])[42]): **1957**, 804–09.

Bull. Soc. franç. Electriciens L'analyse de la matière par les rayons X et ses applications industrielles: (6) **3** ('43) 115–37. — Radiographie et microradiographie par réflexion et par transmission: 145–64.

Bull. Soc. franç. Mécaniciens Note sur la microscopie électronique: **4** ('54) No. 14, S. 14–. — Etude des états de surface par diffraction des électrons: **6** ('56) No. 22, 63–76.

Bull. Soc. franç. Minéral. et Cristallogr. Contribution à l'étude des fibres textiles au moyen des rayons X [45]): **77** ('54) 302–22. — Etude aux rayons X du polymorphisme des savons de plomb et de cuivre, par la méthode du cylindre tangent rotatif [4])[35]): **80** ('57) 67–79. — Procédé d'enregistrement électrostatique des diagrammes et images de diffraction et de microscopie électroniques [89]): **82** ('59) 56–60. — Maurice de Broglie, 1875–1960: **83** ('60) 239–41.

Cahiers Physique Etude de l'adsorption des cyanines par le bromure d'argent [2]): No. **1** ('41) 35–45. — Etude de réactions chimiques par diffraction électronique: No. **49** ('54) 44–60. — Récents progrès dans les techniques de diffraction électronique: No. **83** ('57) 269–76. — Sur l'oxydation du nickel par bombardement ionique [89])[88]): No. **92** ('58) 161f.

Chimie et Industrie Action du choc des électrons sur l'azoture de plomb et sur l'acetylure d'argent. Remarques théoriques sur la décomposition thermique des explosifs [64]): **30** ('33) 39f. — Nouveaux résultats sur la structure des composés cellulosiques obtenus par les rayons X et la diffraction d'électrons: **31** ('34) No. spéc. 4bis, 175–85. — Les récentes théories de la lubrification et leurs applications pratiques: **51** ('44) 2–9. — Méthode pratique de détermination de l'épaisseur des couches grasses d'origine non minérale sur l'étain, le fer blanc et d'autres surfaces métalliques [83]): **78** ('57) 476–79.

Ciencia e Investigac. La difracción de electrones y su aplicación: **10** ('54) 147–64.

Colloques int. Centre nation. Rech. sci. Sur quelques récents progrès dans les techniques de diffraction électronique et applications: **58** ('56) 261–69. — Introduction [au Colloque "Le bombardement ionique, théorie et applications"]: **113** ('62) 11f. — Le bombardement ionique – nouvelle méthode d'étude des surfaces: 13–33. — Oxydation des surfaces de fer sous bombardement ionique [32])[96]): **122** ('65) 135–39. — Réactions des gaz sur le graphite [84]): 187–96. — Four pour études radiocristallographiques à haute température. Applications dans le domaine de l'aéronautique et de l'astronautique [30]): **205** ('72) 115–27 [m. engl. Zusammenfassg.].

Corrosion et Anti-Corrosion La déshydratation des couches de phosphatation [81]): **9** ('61) 357–63.

C.R. hebd. Séances Acad. Sci., Paris Recherches sur la diffraction des électrons par des cristaux uniques d'or et de platine [34]): **194** ('32) 72–74. — Recherches sur la polarisation d'un faisceau d'électrons par réflexion cristalline [91])[34]): 1223–25. — Les changements de structure des films nitrocellulosiques au cours de leur séchage: 1922–24. — Diffraction des électrons par des cristaux uniques: cas de la paraffine et des acides gras saturés [34]): **195** ('32) 215–17. — Action des ultrasons sur les plaques photographiques [50]): **196** ('33) 858–60. — Etude des phénomènes moléculaires à la surface de séparation huile–eau. Applications au contrôle des huiles [46]): 1214–16. — Etude des esters gras de la cellulose au moyen des rayons X: **197** ('33) 1616–18. — Diffraction électronique par des films cellulosiques: **198** ('34) 1025–27. — Diffraction d'électrons par le caoutchouc [63]): 2147–49. — Sur le recuit de l'aluminium pur [68]): **200** ('35) 1037–39. — Formation et structure de couches mono ou bimoléculaires de corps gras sur les surfaces métalliques [63]): 1299–301. — Sur les erreurs d'interprétations dans les diagrammes électroniques de substances organiques [63]): 1466–68. — Sur la recristallisation de l'aluminium pur [12])[68]): **201** ('35) 426–28, 532. — Analyse électronique: Influence du passage prolongé d'un faisceau d'électrons à travers des films minces [67]): **202** ('36) 1332–34. — Une méthode de mesure de l'adsorption des huiles par les surfaces métalliques [95]): 2134–36. — Recherches sur l'onctuosité des huiles minérales de graissage [95]): **203** ('36) 159–61. — Etude de transformations produites dans certains métaux par le chauffage dans le vide ou dans l'air [67]): 1064–66. — Sur l'influence de la température sur la tension interfaciale du système huile de ricin – eau [65]): **207** ('38) 291–93. — Sur l'étude du raffinage des huiles au moyen d'une méthode photographique [2]): 427–49, 604. — Sur un procédé d'enregistrement des diagrammes de diffraction électronique: **208** ('39) 507f. — Diffraction électronique sous de faibles voltages: **209** ('39) 201–03. — Etude, par diffraction électronique, de la structure des colorants sensibilisateurs à l'infrarouge [55]): **212** ('41) 160–62. — La microradiographie par réflexion: **213** ('41) 833–36. — Une nouvelle méthode d'examen des structures superficielles: Radiographie et microradiographie par réflexion: **214** ('42) 164–66. — Sur l'action photographique des électrons secondaires résultant de l'action des rayons X sur des métaux: **216** ('43) 179–81. — Sur l'étude de minerais par microradiographie [94]): 534f. — Sur une extension de la méthode de radiographie par réflexion: 683f. — Sur la structure de certains caoutchoucs de synthèse: Cas du polysulfure d'éthylène (thiogomme) [90]): **219** ('44) 395–97. — Etude aux rayons X de certains caoutchoucs de synthèse: Cas des polychloroprènes [26]): 447f. — Sur l'étude des mélanges soufre–caoutchouc par microradiographie: **220** ('45) 456–58. — Radiographie par électrons secondaires [82]): 772f. — Etude aux rayons X de certains esters chlorés d'acides gras [9]): **222** ('46) 878–80. — Diffraction d'électrons non monocinétiques et application à la mesure des hautes tensions alternatives: **223** ('46) 322–24. — Sur une application de la radiographie électronique à la détection de couches minces organiques ou minérales [45]): **224** ('47) 645f. — Radiographie électronique de minerais [45]): 1000f. — Sur l'examen par diffraction électronique des surfaces obtenues par polissage électrolytique: 1102f. — Etude de quelques corps organographitiques par la diffraction des rayons X [80]): 1502–04. — Influence de la température sur l'adsorption aux interfaces: Cas de l'huile de vaseline activée par l'acide stéarique [10]): **225** ('47) 1005–07; ~: Cas de l'huile de vaseline activée par l'acide oléique [10]): **226** ('48) 803–05.

— Etude de la structure des fumées de chlorure d'ammonium par diffraction et microscopie électroniques [39]): **227** ('48) 67–69. — Etude, par diffraction électronique, des vapeurs d'iodure d'argent [39]): **228** ('49) 81–83. — Sur la détermination du nombre de molécules grasses adsorbées par un métal au cours de la lubrification [10]): 1587f. — Etude aux rayons X de l'orientation et de la structure de certains composés organiques à longue chaîne (dicétones, acyloïnes, glycols) [4])[8]): **229** ('49) 755–57. — Etude de polyéthylènes par diffraction électronique: **230** ('50) 1522–24. — Etude par diffraction électronique de la cémentation du fer [,1] [67]): 2203–05; ~ 2: Action du mélange $CO + H_2$ [67]): **232** ('51) 1116–18. — Sur la détermination quantitative de la cristallinité de polyéthylène en fonction de la température [4])[17]): **231** ('50) 853–55. — Sur l'étude des états de surface des tissus au moyen de répliques [6]): **232** ('51) 608–10. — Cémentation de cristaux uniques de fer [67]): **233** ('51) 51–53. — Sur la transformation du bromure d'argent en argent: 1188f. — Etude de minerais radioactifs par radiographie électronique par réflexion et autoradiographie combinées [89]): **235** ('52) 1123–25. — Etude par diffraction électronique des alliages aluminium-cuivre, obtenus par évaporation thermique dans le vide [87]): 1306–08. — Etude par diffraction et par microscopie électroniques du comportement du bromure d'argent sous l'action des électrons rapides: **236** ('53) 60–62. — Sur l'examen en microscopie électronique des coupes de fibres textiles par une méthode de double empreinte [38]): 369–71. — Diffractographe électronique enregistreur permettant l'étude de transformations chimiques ou physiques. Applications [87]): 790–92. — Sur une nouvelle phase des alliages aluminium-cuivre [87]): 2245–47. — Action des ultrasons au cours de l'oxydation anodique: **237** ('53) 1147f. — Etude par diffraction électronique de la formation de cristaux uniques d'alliages aluminium-cuivre par chauffage dans le vide [87]): 1246–48. — Structure des α-glycols à chaîne droite [97])[4]): **238** ('54) 585f. — Etude comparative des poussières atmosphériques minérales de quelques grandes villes [47]): 1748–50. — Etude par diffraction électronique de l'oxydation de l'étain sous pression réduite [89])[74]): **240** ('55) 526–28. — Etude de phénomènes d'orientation cristalline par diffraction électronique et attaque ionique simultanées [88])[89])[28]): 1557–59. — Etude par diffraction électronique de l'action de certains ions sur le bromure d'argent [88])[89]): **242** ('56) 1294–97. — Sur une méthode permettant l'étude, par diffraction de rayons X, de la formation et de la structure de couches superficielles: 3089–92. — Etude aux rayons X des transformations du stéarate et du laurate de plomb en fonction de la température [4])[35]): **243** ('56) 71–73. — Sur la transformation du nickel cubique en nickel hexagonal [89])[88]): 666–68. — Etude, par diffraction électronique, de la nitruration du nickel [89])[42]): **244** ('57) 596–98. — Sur l'étude de la fumée du tabac par diffraction et microscopie électroniques [16]): **246** ('58) 1040–42. — Modifications structurales et physico-chimiques des polyéthylènes sous l'action de faisceaux ioniques [84]): 3246–48. — Procédé permettant d'obtenir des images de diffraction et de microscopie électroniques sans émulsion photographique [89]): **247** ('58) 582–84. — Structures périodiques dans les polyéthylènes [84]): **248** ('59) 410–13. — Transformations produites par le bombardement ionique d'une surface de pyrite [57]): 2827–32. — Etude, par microscopie et diffraction électroniques, de la carburation du fer et de l'aluminium [89])[7]): **249** ('59) 1299–302. — Méthode de décoration des surfaces de cristaux ioniques. Application à l'étude des dislocations et des défauts ponctuels des halogénures alcalins [84])[14]): 1987–90. — Sur l'oxydation et la carburation de couches minces de beryllium [89])[7]): **251** ('60) 10–13. — Etude des dégradations de l'amidon de certains produits céréaliers [37])[45]): 490–94. — Transformations observées dans des couches minces d'alliages fer-aluminium chauffées dans l'air ou dans le vide [71])[89]): **252** ('61) 1885–89. — Etude comparative de la structure fine de divers types de fibres cellulosiques artificielles [84])[13]): 2349–53. — Quelques observations sur le nickel hexagonal [88])[89]): 3512–14. — Etude par microscopie électronique de la coalescence et du vieillissement d'émulsions aqueuses de chlorure de polyvinylidène [84])[59]): **253** ('61) 13–18. — Etude par microscopie électronique de la polymérisation radiochimique à l'état solide de l'amide acrylique [84]): 1511–13. — Etude de l'oxydation du nickel par émission électronique secondaire [32])[53]): **254** ('62) 2483–86. — Sur le développement morphologique de l'oxydation (par l'air et l'anhydride carbonique) du graphite pyrolytique [40])[48])[84]): 4114–16. — Etude par microscopie électronique de l'oxydation de lames minces de graphite pyrolytique [84])[59]): **255** ('62) 10–14. — Nucléation des métaux sur halogénures alcalins clivés à l'air et clivés sous vide [36])[84]): **258** ('64) 135–39. — Sur l'obtention de couches minces orientées de zirconium et leur oxydation [19]): 4683–86. — Production de couches minces par transport dans des conditions voisines de l'équilibre thermodynamique [32])[52])[87]): **261** ('65) 1227–31. — Déformation plastique superficielle révélée par les précipités des alliages légers au microscope électronique à émission [87])[92]): 1519–24. — Bombardement de monocristaux de cuivre avec des ions oxygène d'énergie moyenne (10 keV) [56])[32]): 4353–58.

C.R. hebd. Séances Acad. Sci., Paris, Sér. B Structure de couches minces de quelques métaux cubiques à faces centrées préparées par sublimation dans un vide très poussé [87])[52]): **262** ('66) 134–37. — Croissance épitaxique de PbTe par sublimation [87])[52]): 824–26. — Four à haute température pour diffractomètre à rayons X [30])[18]): 968–73. — Enregistrement cinématographique au microscope électronique des phénomènes accompagnant la transformation des halogénures d'argent sous l'action de faisceaux d'électrons [84])[41]): **264** ('67) 741–46. — Etude de cristaux d'oxyde de nickel par diffraction d'électrons lents [1])[76]): **265** ('67) 639–44. — Quelques aspects des défauts cristallins observés dans la couche mince d'une surface métallique travaillée mécaniquement [87]): 1347–49. — Formation de micromacles de déformation dues à l'abrasion, observée en microscopie électronique par transmission [87]): **267** ('68) 383–87. — Sur l'emploi de la microsonde électronique pour l'étude de l'implantation des ions [45])[3])[44]): **271** ('70) 88–92. — Nitruration du gallium en couche mince dans un courant de gaz ammoniac [89])[20]): **272** ('71) 573f. — Sur les faciès de rupture de matériaux réfractaires [23])[33]): **278** ('74) 529–32.

C.R. hebd. Séances Acad. Sci., Paris, Vie acad. Sur le bicentenaire de la naissance de Nicéphore Niepce: **262** ('66) 64–66. — Sur le 150e anniversaire de la première photographie par Nicéphore Niepce (1822) à Chalon-sur-Saône: **274** ('72) 119–22.

Electrical Commun. A new apparatus for demonstrating diffraction of electrons: **16** ('37) 2–. — The polarization of molecules: **18** ('40) 303–16 [oder 255–66?].

Elektrisches Nachrichtenwesen Ein neues Gerät zur Darstellung der Beugung von Elektronen: **16** ('38) 105–09.

Elites franç. Art et radiographie: **1950**, Jan-No., 24–.

Ergebn. techn. Röntgenkunde Über Elektronenbeugung an hochpolymeren Substanzen [49]): **4** ('34) 69–74.

Experientia La diffraction des électrons et ses applications: **3** ('47) 85–95 [m. engl. Zusammenfassg.].

Ingénieurs et Techniciens L'analyse électronique: No. **12** ('49) 219– [Zitat unsicher]. — La fabrication des engrenages par laminage à chaud: No. **85** ('56) 27–29.

Ingénieurs E.P.C.I. La diffraction des électrons et ses applications: **60** ('45) Apr.-No. — Quelques aspects de la recherche scientifique: **77** ('62) Jan./Febr.-No., Mai-No. — Le microscope électronique et la métallurgie moderne [82]): **79** ('64) No. 36 u. 37. — — Alle Zitate unsicher!

Ingeniøren Die neue Theorie über Schmierung und deren praktische Anwendung: **53** ('44) K, 75–78, 83–88 [ ].

J. appl. Physics [USA] Electronic radiography and microradiography: **19** ('48) 844–52. — Etching of surfaces with 8-keV argon ions [15])[32])[42])[61]): **31** ('60) 839–42.

J. Chim. physique Recherches sur la structure de la gélatine: **29** ('32) 1–10. — Les films de nitrocellulose et leur polymorphisme: **31** ('34) 125–37. — Etudes sur la perméabilité de films de cellophane à l'air sec ou à l'air humide [54]): **32** ('35) 101–15. — L'adsorption des huiles en relation avec le graissage [95]): **33** ('36) 742–58. — Etude, au moyen des rayons X, de l'orientation des acides gras sur des supports graphités. Applications à la lubrification [27]): **34** ('37) 136–39. — Influence de la structure superficielle d'un métal sur l'étalement et l'orientation des molécules polaires [27]): **35** ('38) 45–57. — Etude par diffraction électronique des fumées d'iodure d'argent et de chlorure d'ammonium [39]): **46** ('49) 168–73. — Variation de la cristallinité des polyéthylènes en fonction de la température [4])[17]): **47** ('50) 877–82. — Radiographie électronique par réflexion et autoradiographie combinées. Application à l'étude des minérais radioactifs [89]): **50** ('53) 215–17. — Orientations sélectives dans les films de viscose [21])[77])[45]): **51** ('54) 217–19. — Etude des structures superficielles par diffraction électronique et bombardement ionique combinés. Applications: **53** ('56) 570–78.

J. Electronmicroscopy [Tokyo] Study of surface oxidation by secondary electron emission microscope [53])[32]): **13** ('64) 145–50.

J. Microscopie Imperfections des cristaux dans des films épitaxiques préparés par sublimation [87])[52]): **6** ('67) 441–48 [m. engl. Zusammenfassg.].

J. physic. Soc. Japan Application de la méthode de décapage ionique en diffraction électronique: Etude de la structure de dépôts thermiques d'or sur des supports cristallisés ou amorphes [88])[89])[28]): **11** ('56) 406–12 [m. engl. Zusammenfassg.].

J. Physique et Radium Diffraction des électrons par des cristaux uniques [, 1] [34]): (7) **3** ('32) 185–204; ~ 2: Cas de la paraffine et des acides gras saturés [34]): **4** ('33) 38–43. — Recherches sur la polarisation d'un faisceau d'électrons par réflexion cristalline [91])[34]): **3** ('32) 314–19, 114S, 126S. — Recherches sur la diffraction des électrons par des cristaux uniques. Diffraction par des réseaux à 2 ou 3 dimensions [34]): 115S f. — Sur la polarisation des faisceaux électroniques [91])[34]): 136S. — Recherches sur la structure des esters gras de la cellulose: **5** ('34) 207–15. — Sur le polymorphisme de certains dérivés de la cellulose: 8S–10S. — Diffraction électronique par les dérivés cellulosiques: 156S f. — Remarques sur la diffraction des électrons par les substances organiques polymérisées [63]): 157S f. — Structure superficielle des métaux et des polymères organiques [63]): **6** ('35) 143S. — Action de la lumière et des électrons sur les halogénures d'argent [63]): **7** ('36) 89–92. — Recherches sur la libération d'argent dans l'émulsion photographique [55]): 497–502. — Modifications et transformations de métaux, par chauffage dans le vide ou dans différents gaz [, 1] [67]): **8** ('37) 59–66; ∼ 2 [67]): 93–98. — Analyse électronique: Oxydation des alliages Au–Cu (Complément à un travail antérieur) [67])[60]): 353f. — Sur la mesure du potentiel périodique interne des cristaux [31]): **9** ('38) 133–39. — Une nouvelle méthode d'étude de l'adsorption et ses applications: 102S. — Sur les effets produits par le bombardement d'une surface métallique par des électrons rapides [55]): **10** ('39) 245–49, 326. — Démonstration optique de la diffraction des électrons: 465–69. — Etude électronique de la sensibilisation du bromure d'argent par les cyanines [55]): (8) **2** ('41) 101–04. — Recherches par diffraction électronique sur la cémentation du fer [67]): **12** ('51) 37S. — Etude, par diffraction électronique, de la cémentation du fer: **13** ('52) 40S. — Sur la transformation du bromure d'argent en argent: 70S [oder 39S f. ?]. — Récents progrès en diffraction électronique et applications [87]): **14** ('53) 17S f.

J. Rech. Centre nation. Rech. sci. Etude röntgenographique des peintures à l'aluminium: No. **1** ('47) 37–40. — Appareil pour la mesure de l'épaisseur des dépôts sur des plaques métalliques [28]): 41–43. — Un exemple d'application de la microradiographie électronique; étude d'une fonte graphitée [45]): No. **6** ('48) 129–. — Etude par photocolorimétrie de l'adsorption des noirs de carbone [58]): No. **10** ('50) 32–35. — Appareil pour l'étude des surfaces isolantes par diffraction électronique [67]): No. **12** ('50) 148–. — Contrôle par diffraction électronique de la pureté des hydrocarbures liquides [73]): No. **13** ('50) 183–85. — Variation de la cristallinité des polyéthylènes en fonction de la température [4])[17]): No. **13** ('50) [Zitat unsicher]. — Sur l'étude des états de surface des tissus au moyen de répliques [6]): No. **14** ('51) 281–. — Etude par rayons X de composés organiques à longue chaîne: Cas des éthers-oxydes supérieurs symétriques [4]): 288–91. — Etude par rayons X de l'action de l'acide oléique sur le plomb [4]): No. **16** ('51) 18–20. — Etude par rayons X de la décomposition du bleu de Prusse par la chaleur [4]): No. **19** ('52) 184–86. — Application combinée de la radiographie électronique par réflexion et de l'autoradiographie à l'étude des minerais radioactifs [89]): No. **20** ('52) 227–32. — Etude comparative des poussières atmosphériques minérales de quelques grandes villes [47]): No. **27** ('54) 389–91. — Désorientation provoquée par le bombardement ionique de films métalliques minces monocristallins ou fortement orientés [89])[88]): No. **43** ('58) 156–63.

Kagaku [Tokyo] Pseudomorphisme de la surface de l'or battu [67]): **1937** [ ].

Kolloid-Z. Elektronenbeugung und ihre Anwendung auf das Studium organischer Verbindungen: **69** ('34) 378–88.

Mémoires sci. Rev. Métallurgie Etude par diffraction et microscopie électroniques de la diffusion du carbone dans le fer et l'aluminium [89])[7]): **57** ('60) 81–87. — Sur l'oxydation et la carburation de films minces d'aluminium et de beryllium [89])[7]): 845–51. — Etude des couches de phosphatation au moyen des rayons X et de la diffraction électronique [81]): **58** ('61) 496–502. — Etude par diffraction électronique de l'oxydation du niobium [89]): **60** ('63) 23–29. — Métallographie par attaque ionique [32])[96]): **62** ('65) 515–25.

Mémorial Artillerie franç. Les couches minces: Préparation, structure, applications [84]): **41** ('67) 673–724.

Metal Industry [London] Application of X-rays for the study of aluminium tempering: **49** ('36) 27–32 [ ].

Metallurgical Reviews Metallurgical aspects of microradiography: **1** ('56) 3–30 [ ].

Métaux et Corrosion Modifications et transformations de métaux, par chauffage dans le vide ou dans différents gaz [67]): No. **137** ('37) 6–8.

Métaux, Corrosion, Usure La microradiographie par réflexion: **17** ⟨**18**⟩ ('42) 21–23.

Métaux et Corrosion Etude par diffraction électronique de la cémentation du fer par CO [67]): **25** ('50) 263f. — Etude des réactions de cémentation dans les films minces de fer [67]): **26** ('51) 145–52.

Métaux Etude par diffraction électronique des alliages aluminium-cuivre obtenus par vaporisation sous vide [87])[82]): **28** ('53) 185–202. — Contrôle par rayons X de la structure et de l'orientation des cristaux de germanium [4])[79]): **31** ('56) 378f. — Sur la structure de dépôts d'étain obtenus par voie électrolytique [11])[57])[4]): **32** ('57) 1–9. — Etude, par microscopie et diffraction électroniques, des couches d'alliage étain-fer sur le fer blanc [57]): 102–10. — Etude, par diffraction et microscopie électroniques, de films d'oxydation naturels ou artificiels formés sur de l'étain pur et sur du fer étamé [89])[11]): 475–81. — Transformations observées dans des couches minces d'alliages fer-aluminium chauffées dans l'air ou dans le vide [89])[71]): **36** ('61) 133–39.

Nature [Paris] La microradiographie: **75** ('47) [oder **74** ('46) ?]82–86 [Zitat unsicher]. — La diffraction des électrons, 1: Bases théoriques et expérimentales: **82** ('54) 89–92; ∼ 2: Applications cristallographiques diverses: 134–37; ∼ 3: Applications physico-chimiques diverses: 168–71.

Naturwissenschaften Elektronenbeugung an hochpolymeren Substanzen [49])[63]): **23** ('35) 319.

Nucléus [Paris] Hommage à la mémoire de Maurice de Broglie: **1** ('60) 288–. — Le microscope électronique et la métallurgie moderne [82]): **3** ('62) 169–79, 277–92. — La diffraction des électrons lents [19]):

7 ('66) 232–48. — La microsonde et son application à l'étude et l'analyse de matériaux: 423–34. — Attaque thermique des halogénures alcalins [29]): 10 ('69) 225–33.

Österreichische Chemiker-Ztg. Technische und wissenschaftliche Anwendung der Beugung schneller Elektronen: **37** ('34) 29–33.

Oléagineux Applications des rayons X à l'étude des corps gras: **2** ('47) 68–75, 123–30.

Ôyô Butsuri Transformations produites par le bombardement d'une surface de pyrite [57]): **28** ('59) 473–80 [m. japan. Zusammenfassg.].

Papeterie Applications de la microscopie électronique et de la microscopie par rayons X à l'étude des papiers [51]): **87** ('65) 1136–46.

Peintures, Pigments, Vernis L'étude par la microradiographie de la dispersion et du broyage des pigments, peintures et vernis: **21** ('45) 178–80. — Etude röntgenographique des peintures à l'aluminium: **23** ('47) 328–31. — Appareil pour la mesure de l'épaisseur des dépôts sur des plaques métalliques: 365–. — Sur l'étude des hétérogénéités des films de peinture par la radiographie électronique [45]): **24** ('48) 153–. — Etude par rayons X de la décomposition du bleu de Prusse par la chaleur [4]): **28** ('52) 604–06.

Procès-verbaux et Mém. Acad. Sci., Belles-Lettres et Arts Besançon Voyage au Japon: **173** ('60) 161–.

Revue Aluminium (et Appl.) Etude, par diffraction de rayons X, des alliages aluminium-magnésium [68]): **15** ('38) 1109–16. — La microradiométallographie: **22** ('45) 44–53. — Etude des couches d'alumine déposées sur l'aluminium par oxydation anodique [90]): **26** ('49) 315–19. — Hommage à la mémoire de Maurice de Broglie: **37** ('60) 832–34. — Etude par diffraction et microscopie électroniques de l'oxydation et de la carburation de films minces d'aluminium [89])[7]): 1115–23. — La microradiographie par projection [4]): **40** ('63) 197–207.

Revue deux Mondes La coopération entre la science et l'industrie: No. **65** ('41) 235–.

Revue Enseignement sup. La diffraction électronique et ses applications: **1956,** No. 3, 25–30.

Revue gén. Caoutchouc Etude radiographique des mélanges soufre–caoutchouc: **22** ('45) 63–66.

Revue gén. Electr. Un nouvel appareil pour la démonstration de la diffraction des électrons: **45** ('39) 183–87. — Mesure des hautes tensions continues par diffraction d'électrons: **55** ('46) 307–10. — Mesure des hautes tensions de crête par diffraction d'électrons [5]): **56** ('47) 310–.

Revue gén. Sci. pures et appl. Structure moléculaire et onctuosité des lubrifiants: **48** ('37) 95–107.

Revue Inst. franç. Pétrole et Ann. Combustibles liquides Une application de la radiographie par électrons secondaires: Etude de couches minces, organiques ou minérales [45]): **2** ('47) 250f. — Etude par photocolorimétrie de l'adsorption des noirs de carbone [58]): **5** ('50) 9–12. — Une méthode de mesure de l'épaisseur des couches moléculaires adsorbées par un métal au cours de la lubrification [10]): 13–16. — Etudes sur le frottement sec et onctueux, 1: Description des appareils [62]): 33–38.

Revue Métallurgie [Paris] La radiographie électronique et ses applications en métallurgie: **46** ('49) 79–83. — Etude par diffraction électronique de la cémentation du fer [67]): **48** ('51) 289–95. — Nouvelles études par diffraction électronique de la cémentation du fer [67]): **49** ('52) 261–66. — Etude par diffraction électronique des alliages aluminium-cuivre obtenus par vaporisation sous vide [87]): **50** ('53) 427–32. — Sur l'oxydation et la recristallisation de l'étain sous pression réduite: **52** ('55) 349–52 [m. engl. Zusammenfassg.]. — Etude cinétique, par diffraction électronique, de transformations structurales et de phénomènes d'oxydation. Intérêt de l'emploi de pressions variables: **53** ('56) 497–502. — Etude des couches superficielles à l'aide de la fluorescence des rayons X [45]): 645–48. — Influence de l'état de surface sur quelques propriétés de l'uranium [84]): **56** ('59) 105–21.

Revue Métaphysique et Morale L'orientation nouvelle de la chimie: **42** ('35) 521–32.

Revue Opt. théor. et instrument. Spectrographe à rayons X permettant l'étude cinétique de la formation et de la structure des couches superficielles: **35** ('56) 532–38 [m. engl. Zusammenfassg.].

Revue sci. Un nouveau laboratoire de recherches à la Faculté des Sciences de Besançon: **73** ('35) 109–12. — La microradiométallographie: **78** ('40) 212–21. — Radiographie et microradiographie par réflexion: **80** ('42) 364–70. — Diffraction des rayons X par les polysulfures d'éthylène [90]): **83** ('45) 21–26. — Radiographie et microradiographie par électrons secondaires [82]): 211–14. — Description de quelques appareils simples destinés à la technique de la diffraction des rayons X [90]): **84** ('46) 387–92. — L'utilisation des rayons X en paléontologie [78]): **85** ('47) 335–42.

Rost Kristallov Orientiertes Kristallwachstum von Kupfer(I)-oxid während des Beschusses mit Ionen [56])[32]): **8** ('68) 146–50 [russ.].

Rubber Chem. and Technol. A radiographic study of rubber–sulfur mixtures: **21** ('48) 141–48.

Science et Industries photogr. La microradiométallographie: (2) **13** ('42) 1–11. — Action des électrons sur le bromure d'argent polycristallin et unicristallin: **23** ('52) 129–36. — Action des électrons rapides sur le bromure d'argent [73]): **24** ('53) 41–43. — Action du bombardement ionique sur des films minces de bromure d'argent [88])[89]): **27** ('56) 169–72. — Sur un procédé permettant l'enregistrement d'images de diffraction ou de microscopie électroniques sans émulsion photographique [89])[56])[52]): **34** ('63) 37–39.

Silicates industr. La structure fine des verres étudiée par microscopie et diffraction électroniques [84])[93])[66]): **29** ('64) 15–23 [m. deutscher u. engl. Zusammenfassg.].

Technique automobile et aérienne Etats de surfaces et leur mesurage: **34** ('43) 56–60.

Technika Chronika Le microscope électronique et la métallurgie moderne [82]): **1961**, Nr. 3 [?], 191–98 [ ].

Technische Rdsch. Anwendungsgebiete der Elektronenbeugung: **41** ('49) 35–.

Traitement therm. Le microscope électronique et la métallurgie moderne [82]): No. **13** ('65) 19–37.

Trans. Faraday Soc. Researches on the change in the network of nitrocellulose: **29** ('33) 85–89. — The study of cristalline orientation by electron diffraction: 995–1002. — Molecular layers of fatty substances on metals [63]): **31** ('35) 1127–35.

Trans. New York Acad. Sci. New uses of X rays and electron diffraction: (2) **13** ('50) Nr. 2.

Usp. Chim. Molekulare Schichten von Fettstoffen auf Metallen [63]): **5** ('36) 1457–60 [russ.].

Verres et Réfractaires La microradiographie par projection et ses applications à l'étude des céramiques et des réfractaires [45])[4]): **19** ('65) 13–21 [m. engl. u. deutscher Zusammenfassg.].

Vide [Paris] De l'influence du sentiment esthétique sur la recherche scientifique: **4** ('49) 543–. — Appareil pour l'étude des surfaces isolantes par diffraction électronique [67]): **5** ('50) 827–30. — Diffraction électronique secondaire par des couches grasses à la surface de cristaux uniques [98]): **9** ('54) 1446f. — Etude, par diffraction électronique, de la cristallisation et de l'oxydation de films minces de germanium [89])[25]): **11** ('56) 190–93; ~ [22])[89])[25]): 460f. — Sur quelques dispositifs pour la technique du vide [28]): **12** ('57) 413–18. — Appareillage pour la réalisation sous vide de répliques et d'empreintes pour la microscopie électronique. Application à l'étude de surface de fracture de verre [66])[84])[28]): **16** ('61) 91–97. — Nouvelle méthode de préparation des couches minces en équilibre quasithermodynamique [32]): **22** ('67) 1–6 [m. engl. Zusammenfassg.].

Z. Kristallogr., Kristallgeom., Kristallphysik, Kristallchem. Untersuchungen über die Kristallstruktur extrem dünner Fettschichten mittels Elektronenbeugung [63]): **91A** ('35) 248–54. — Etude de la structure du soufre au moyen des rayons cathodiques [67]): **98A** ('37) 334–43.

Z. Physik Elektronenbeugung an Einkristallen [34]): **75** ('32) 784–803.

Weitere Übersichtsreferate und -beiträge über Elektronenbeugung, Ionenbestrahlung, Mikroradiographie und Anwendung dieser Methoden in Sammelwerken, Zeitschriften und internen Publikationen. — Weitere Physik-Lehrgänge in Form von Skripten.

Mit: [1]) G. Allie; [2]) A. Aubry; [3]) C. Baherze; [4]) S. Barbezat; [5]) J. Barraud; [6]) M. Besse; [7]) M. Bonnet-Gros; [8]) F. Bouquet; [9]) J. Brenet; [10]) J. Brigonnet; [11]) S. C. Britton; [12]) J. Calvet; [13]) D. Chaperot; [14]) P. Conjeaud; [15]) R. L. Cummingham; [16]) J. Cuzin; [17]) A. Delalande; [18]) R. Delmas; [19]) M. Denoux; [20]) J. Deschamps; [21]) N. Drisch; [22]) J. M. Dunoyer; [23]) H. Estour; [24]) H. Forestier; [25]) A. Fourdeux; [26]) H. Fournier; [27]) R. Fritz; [28]) H. Gervais; [29]) A. Grinberg; [30]) L. Guichet; [31]) A. Hautot; [32]) P. Haymann; [33]) G. Henry; [34]) T. von Hirsch; [35]) A. Jacquot; [36]) J. Jaunet; [37]) M. Kapp; [38]) P. Kassenbeck; [39]) A. Lalœuf; [40]) F.-M. Lang; [41]) F. Lecœuvre; [42]) C. Lecomte; [43]) E. Lederer; [44]) J. Le Duigou; [45]) C. Legrand; [46]) L. Leprince-Ringuet; [47]) J. Leroux; [48]) P. Magnier; [49]) H. Mark; [50]) N. Marinesco; [51]) G. Martin; [52]) H. Martina; [53]) S. Maruyama; [54]) M. Matricon; [55]) R. Mérigoux; [56]) M. Meyer; [57]) K. Mihama; [58]) J. Millet; [59]) M. Miloche; [60]) S. K. Miyaké; [61]) W. J. Moore; [62]) F. Morel; [63]) H. Motz; [64]) H. Muraour; [65]) P. Nardin; [66]) M. Navez; [67]) Sh. Oketani; [68]) M. Paić; [69]) C. Pacquot; [70]) C. Paparoditis; [71]) P. Pépin; [72]) —; [73]) C. Pierrée; [74]) M.-T. Plattard; [75]) J. Pudles; [76]) R. Riwan; [77]) P. Rodet; [78]) J. Roger; [79]) J. van Rooy; [80]) H. A. Sack; [81]) J. Saison; [82]) A. Saulnier; [83]) B. Schreiber; [84]) C. Sella; [85]) M. F. Sella; [86]) S. Steinemann; [87]) N. Takahashi; [88]) N. Terao; [89]) L. Tertian; [90]) R. Tertian; [91]) J. Thibaud; [92]) H. Tomita; [93]) T. L. Tran; [94]) P. Urbain; [95]) R. Vaillé; [96]) C. Waldburger; [97]) J. Wiemann; [98]) C. Besse.

VI **TRIMBLE,** Harvey McCormick. Chem. (physik.). — Until 1918 Stud., '21–26 Instructor, '26 Ph.D.(chem.), Univ. of Michigan, Ann Arbor, Mich.; '18–21 Instructor, Univ. of Arkansas, Fayetteville, Ark.; '26–56 Prof. and Head of Physic. Chem. Departm., Oklahoma Agric. and Mech. College, Stillwater, Okla.

* 1889, Nov. 30, Indiana, Pa.;
† 1960, Mai 21, Stillwater, Okla.

Nekr. Stillwater News-Press **1960**, 23. Mai.

Industrial and Engng. Chem. Glycol–water mixtures. Vapor pressure – boiling point – composition relations [7]): **27** ('35) 66–68.

Industrial and Engng. Chem., Analyt. Edit. Method for assembling thermocouples: **12** ('40) 52.

J. amer. chem. Soc. The effect of ethylene glycol upon the activity of sulfuric acid aqueous solutions [4]): **55** ('33) 958–68. — The solubility of cobaltous iodate in the presence of sodium chloride, sodium iodate and cobaltous sulfate: **58** ('36) 1868f. — Equilibrium in an esterification reaction with perchloric acid as catalyst [8]): **62** ('40) 1018f. — The densities of morpholine–water solutions [2]): **63** ('41) 3236. — Water/ethyl-ether distribution coefficient of some organic acids [3])[6]): 3524f. — The specific heats of morpholine and its aqueous solutions [5])[1])[9]): **64** ('42) 679–81.

J. physic. Chem. The influence of ethylene glycol upon some reactions [10]): **36** ('32) 830–41.

Publ., Engng. Exper. Stat., Oklahoma agric. and mech. College Application of hydrogen-ion control to water and sewage: Nr. **12** ('32) 32–39. — Ferric chloride for sewage treatment: Nr. **22** ('34) 25–30.

Mit: [1]) R. A. Brown; [2]) A. F. Buse; [3]) O. C. Dermer; [4]) P. F. Ebert; [5]) C. J. Engle; [6]) W. G. Markham; [7]) W. Potts; [8]) E. L. Richardson; [9]) R. F. Schmuck; [10]) L. M. Young.

VI **TRINKS,** Charles Leopold Willibald. Mech., Anlagenbau. — 1905–42 Prof. mech. Engng., Carnegie Inst. of Technol., Pittsburgh, Pa.; '46– Partner, Associated Engineers, Pittsburgh, Pa. (⊠)
* 1874, Dez. 10, Berlin;
† 1966.

W. Roll pass design, **1** [2](Cleveland, O. '33) 201 S., [3]('41) 201 S.; **2** [2]('34) 246 S.; Suppl. to Roll pass design ('37) 7 + 88 S. — Industrial furnaces **1** [3](New York '34) 10 + 456 S., [4]('51) 11 + 526 S., (5. Aufl. m. M. H. Mawhinney) [5]('61) 486 S.; **2** [2]('42) 13 + 351 S., [3]('55) 358 S., (4. Aufl. m. M. H. Mawhinney) [4]('67) 358 S.; französ.: Les fours industriels, **1** [2](Paris '31) 14 + 365 S., ..., [4]('57) 12 + 548 S.; **2** [2]('32) 16 + 430 S., ..., [4]('57) 12 + 356 S.

Blast Furnace and Steel Plant Blast-furnace slag as insulation material: **22** ('34) 707. — Coefficient of friction and flow in strip-rolling: **25** ('37) 713–15. — Dust removal from the Bessemer converter: **38** ('50) 1040–42.

Fuels and Furnaces A common mistake in smoke gas analyses and heat balances: **10** ('32) 411 f.

Industrial and Engng. Chem. Economy and capacity of glass tanks. Effect of flame luminosity and of

Industrial Heating Look out for secondary combustion: **4** ('37) 279f., 334. — How and why refractories insulate. A discussion: 911–14. — Electric heating element for high temperatures: **5** ('38) 74–76. — New facts concerning the radiation of non-luminescent gases: **6** ('39) 11–16. — Permeability of refractories: **27** ('60) 2206–08. — Calcination or burning of limestone: **29** ('62) 442–48.

Iron and Steel [London] Air and gas reversing valves: **14** ('41) 207f.

Trans. amer. Soc. mech. Engr. Tests of radiation from luminous flames [1]): **58** ('36) 203–10.

Einige weitere Zeitschriftenartikel.

Mit: [1]) J. D. Keller.

V, VI **TRIVELLI,** Adrian Peter Herman. Photogr. — Until 1905 Stud., '05 Chem. Engr., Techn. Hoogesch. Delft; '05–15 Owner (with a companion) of a small labor. for photogr. research, Den Haag; '15–17 Scientist, Departm. of Fats and Oils, Netherlands Oversea Trust Comp.; '17–31 Research Scientist in the Photomicrography Departm., '31–52 Assist. Superintendent in the Emulsion Research Departm., Eastman Kodak Co., Rochester, N.Y.
* 1879, Mai 28, Batavia, Java;
† 1956, Apr. 11.

Todesanzeige Science [USA] **123** ('56) 836.

S. Bericht über den 8. Internationalen Kongreß für wissenschaftliche und angewandte Photographie, Dresden 1931 (J. Eggert, A. v. Biehler) (Leipzig '32) 113–16: Über den p-Aminophenol-Entwickler als Standard-Entwickler für die Sensitometrie [4]); 338–41: Mikrophotographie mit ultraviolettem Licht; 378–88: Anwendungen der Quantentheorie auf die Belichtung photographischer Schichten mit Röntgenstrahlen [5]).

Abridged sci. Publ., Kodak Res. Labor. p-Aminophenol standard developer for sensitometry [4]): **15** ('31/32) 200–02.

British J. Photogr. Photographic speed and contrast [6]): **85** ('38) 307f.

J. Franklin Inst. Influence of developers containing N_2H_4 upon the characteristic curves of photographic materials, 1 [7])[6]): **238** ('44) 291–98. — Sensitivity distribution among the grains of photographic emulsions: **239** ('45) 101–14. — Studies on the sensitivity of photographic materials [, 1]: 269–84; ~ 2: Effects on the shape of the characteristic curves of photographic emulsions: **241** ('46) 1–21; ~ 3: The intrinsic sensitivity: 85–96; ~ 4: A tentative explanation of the intrinsic sensitivity: 315–

22; ~ 5: The effective grain surface of latent-image formation: **242** ('46) 103–10. — Analysis of the particle-size distribution of the grains producing a photographic image [2][3]): **246** ('48) 459–81. — Minimum and maximum sensitivities of photographic emulsions: **248** ('49) 225–29.

J. opt. Soc. America Relations between the sensitometric and the size–frequency characteristics of photographic emulsions [5]): **28** ('38) 441–59. — Quantum theory of exposure tested extensively on photographic emulsions [5]): **35** ('45) 93–107. — Investigations of the exposure scales of characteristic curves of photographic emulsion layers: **42** ('52) 467–74.

J. physic. and Colloid Chem. Analysis of particle formation and growth by size–frequency determinations of the silver halide precipitations of photographic emulsions [2]): **51** ('47) 1004–27.

J. roy. microscop. Soc. Photomicrography of Amphipleura pellucida [8]): (3) **52** ('32) 26–29.

Photographic J. Action of silver bromide in silver iodide emulsions [6]): **78** ('38) 644f. — Empirical relations between sensitometric and size–frequency characteristics in photographic emulsion series [6]): **79** ('39) 330–38. — Empirical relations between Hurter and Driffield speed and average grain size of photographic emulsions [6]): 463–68. — The effect of grain size on finishing of photographic emulsions [6]): 609–12. — Resolving power and structure in photographic emulsion series [6]): 630–34. — Development of photographic emulsions in relation to the coating thickness [6]): **80** ('40) 12–16. — Effect of silver iodide upon the structure of silver bromoiodide precipitation series [6]): 285–88. — Further investigations in the empirical relations between speed and average grain size of a precipitation series [6]): 381–85. — Characteristic curves of photographic materials: **88** ('48) 136f.

Photographische Industrie Die Entwicklung des solarisierten latenten Bildes, 1 [1]): **30** ('32) 364f.; ~ 2 [1]): 390f.

Z. wiss. Photogr., Photophysik u. Photochem. Solarisation und Entwicklung: **37** ('38) 98. — Kritische Betrachtungen zum russischen Vorschlag einer Normierung der Gelatine für photographische Zwekke [6]): 123–29. — Die Beziehung zwischen Kontrast und Kornzahl in photographischen Emulsionen [6]): 140–46.

Mit: [1]) E. C. Jensen; [2]) R. P. Loveland; [3]) H. M. Menihan; [4]) S. E. Sheppard; [5]) L. Silberstein; [6]) W. F. Smith; [7]) R. E. Stauffer; [8]) E. Lincke.

VI **TRJITZINSKY,** Waldemar Joseph. Math. — 1932–34 Instructor, Northwestern Univ., Chicago, Ill.; '34–36 Assist. Prof., '36–39 Assoc. Prof., '39– Prof., Univ. of Illinois, Urbana, Ill.; '40–41 Member, Inst. for Advanced Study, Princeton, N.J.

* 1901, März 9, Rostov-na-Donu, Rußl.; † 1973, Dez. 9, Mattapoisett, Mass.

S. Proc. of the International congress of mathematicians, Amsterdam 1954, **2** (Groningen–Amsterdam '54) 179f.: Non summable generalized Laplacians. — Abstracts of short communications, International congress of mathematicians, Edinburgh 1958 (Edinburgh '58) 90f.: Metric theory in spaces having a measure.

Acta math. Analytic theory of singular difference equations [1]): **60** ('33) 1–89. — Analytic theory of linear *q*-difference equations: **61** ('33) 1–38. — Analytic theory of linear differential equations: **62** ('33) 167–226. — Theory of linear differential equations containing a parameter: **67** ('36) 1–50. — Some general developments in the theory of functions of a complex variable: **70** ('39) 63–163. — Developments in the analytic theory of algebraic differential equations: **73** ('41) 1–85. — Singular Lebesgue-Stieltjes integral equations: **74** ('41) 197–310. — Problems of representation and uniqueness for functions of a complex variable: **78** ('46) 97–192. — Multidimensional principal integrals, boundary value problems and integral equations: **84** ('50) 1–128. — Problèmes dans la théorie des systèmes dynamiques: **95** ('56) 191–289.

Annales sci. Ecole norm. sup. Théorie des fonctions d'une variable complexe définies sur des ensembles généraux: (3) **55** ('38) 119–91.

Annales Soc. polon. Math. Singular elliptic-parabolic partial differential equations: **22**.1949 ('50) 43–96.

Annali Mat. pura ed appl. Linear difference equations containing a parameter: (4) **14** ('35/36) 181–214. — Theory of non-linear q-difference systems: **17** ('38) 59–106. — Singular integral equations with complex valued kernels: **25** ('46) 197–254. — Mixed Laplacians and potential representations: **31** ('50) 143–230. — Aspects topologiques de la théorie des fonctions réelles et quelques conséquences dynamiques: **42** ('56) 51–117. — Méthodes totalisantes dans les représentations de fonctions d'une variable complexe: **58** ('62) 143–201. — Totalisations abstraites dans espaces vectoriels: **82** ('69) 275–379.

Annals Math. Some problems in the theory of singular integral equations: (2) **41** ('40) 584–619. — Analytic theory of singular elliptic partial differential equations: **43** ('42) 1–55.

Bull. amer. math. Soc. Singular point problems in the theory of linear differential equations: **44** ('38) 209–23.

Compositio math. Non-linear difference equations: **5** ('37) 1–66.

Duke math. J. Singular non-linear integral equations: **11** ('44) 517–64. — Integral equations in problems of representation of functions of a complex variable: **12** ('45) 419–40.

J. Math. pures et appl. Theory of functions of intervals and applications to functions of a complex variable: (9) **25** ('47) 347–95. — Singular integral equations of the first kind and those related to permutability and iteration: **26** ('48) 283–351. — Les Laplaciens généralisés non sommables, 1: **34** ('55) 1–92; ~ 2: 93–136.

Matematičeskij Sborn. Analytic theory of parametric linear partial differential equations: (N.S.) **15** ('44) 179–242 [m. russ. Zusammenfassg.]. — Singular elliptic and hyperbolic partial differential equations: **20** ('47) 365–430 [~].

Mathematische Z. A theory of quasi-analytic classes: **39** ('35) 560–89. — Linear functionals in the theory of quasi-analytic and D-analytic classes: **41** ('36) 493–506.

Memorial Sci. math. Analytic theory of non-linear singular differential equations: **90** ('38) 83 S. — Les problèmes de totalisation se rattachant aux Laplaciens non sommables: **125** ('54) 93 S. — Théorie métrique dans les espaces où il y a une mesure: **143** ('60) 120 S. — Totalisations dans les espaces abstraits: **155** ('63) 132 S. — La régularité moyenne dans la théorie métrique: **157** ('65) 91 S. — Totalisation des séries dans les espaces abstraits: **161** ('65) 72 S. — La totale-D de Denjoy et la totale-S symétrique: **166** ('68) 105 S.

Proc. nation. Acad. Sci. USA The general case of integro-q-difference equations: **18** ('32) 713–19. — A property of indefinitely differentiable classes: 719–22. — The general case of non-homogeneous linear differential equations: **19** ('33) 687–90. — The general case of linear integro-differential equations: **20** ('34) 668–71.

Trans. amer. math. Soc. Laplace integrals and factorial series in the theory of linear differential and linear difference equations: **37** ('35) 80–146. — Theory of non-linear singular differential systems: **42** ('37) 225–321. — General theory of singular integral equations with real kernels: **46** ('39) 202–79. — Properties of growth for solutions of differential equations of dynamical type: **50** ('41) 252–94. — Singular integral equations with Cauchy kernels: **60** ('46) 167–214.

Mit: [1]) G. D. Birkhoff.

VI **TRKAL,** Viktor. Physik (theoret.). — 1906–10 Stud., '11 PhDr, Tschech. Univ. Praha; '11–12 Realschullehrer, Praha; '12–14 Lektor, Tschech. Handelsakad., Praha; '17–18 Assist., '18 Dr. habil., Univ. Perm'; '19–20 Forschungsstud. u. Assist., Univ. Leiden; '19–21 Assist., '21 Dr. habil., '21–22 Privatdoz., '22–29 außerord. Prof., '29–56 ord. Prof., '29–31 Dir. d. math.-physik. Proseminars, '31–39 Dir. d. math.-physik. Seminars, '37–38, '45 Dekan d. math.-naturwiss. Fak., '39– Vorsitzender d. Prüfungskommiss. f. Oberschullehrer, '45–56 Dir. d. Inst. u. d. Seminars f. theoret. Physik, Karls-Univ., Praha; '39–42 Sekretär d. Kl. II, '42–52 Generalsekretär, Tschech. Akad. d. Wiss. u. Künste.
* 1888, Aug. 14, Ostřetín;
† 1956, Sept. 3, Praha.

Nekr. *M. Brdička, Pokroky Mat., Fysiky a Astron. **2** ('57) 371–76 (m. Bildn. u. Schr.verz.). — *G. Černá, Čas. Pěst. Mat. **82** ('57) 250–53. — Československý Čas. pro Fysiku **7** ('57) 112 (m. Bildn. vor S. 1).

Zum 80. Geb.tag *M. Brdička, Československý Čas. pro Fysiku **18A** ('68) 568–70 (m. Bildn.).

H. (Redakt.) *A. N. Tichonov, *A. A. Samarskij, Rovnice matematické fysiky (Praha '55) 765 S.

S. Zprávy o Druhém Sjezdu matematiků zemí slovanských. C.R. 2ᵉ Congrès des mathématiciens des pays slaves. Praha 1934 (Praha '35) 239–41: Bemerkungen zur Diracschen Theorie.

W. Úvod do theoretické fysiky, **1**: Mechanika hmotných bodů a tuhého tělesa (Praha '56) 654 S.

Bull. int., Acad. tchèque Sci. Passage des rayons γ durs à travers une matière ne renfermant que des éléments très légers: **33** ('32) 82–87. — Sur la diffusion des rayons γ (Ra C): 181–98. — The fundamental equations for the electron: **39** ('38) 103f. — General Lorentz transformation of Dirac's wave function: **50**.1949 ('51) 407–25.

Čas. Pěst. Mat. a Fysiky Zu V. Posejpal: "Bestimmung von Absorptionssprüngen im Röntgenstrahlenbereich": **61** ('32) 333–59 [tschech.]. — František Záviška: **71** ('46) D1–D9 [~]. — Josef Velíšek: **72** ('47) D50–D53 [~].

Československý Čas. pro Fysiku Zum 10. Todestag von Prof. František Záviška: **5** ('55) 240f. [tschech.]. — Albert Einstein: 586–88 [~].

J. Physique et Radium Remarques relatives à l'article de M. Posejpal: "Sur le passage des rayons photoniques par les atomes" [1]): (7) **4** ('33) 269–77. — Remarques sur le travail de J. Neukirchen concernant la diffusion des rayons γ durs: 665–76.

Rozpr. české Akad. Věd a Umění Über den Durchgang der harten γ-Strahlung durch eine Substanz, die nur die leichtesten Elemente enthält: **42**.1932 ('33) Nr. 15, 26 S. [tschech.]. — Über die Streuung der γ-Strahlen des RaC: Nr. 17, 31 S. [~]. — Die Grundgleichungen der Elektronentheorie: **48**.1938 ('38) Nr. 20, 3 S. [~]. — Die allgemeine Lorentz-Transformation der Diracschen Wellenfunktion: **59**.1949 ('50) Nr. 32, 18 S.

Mit: [1]) F. Záviška.

VI **TROENSEGAARD,** Niels Sigfred. Chem. (Proteinchem.), Müllereiwesen. — 1897–98 Erbauer (f. d. Vater), später Geschäftsführer, 1905–12 Leiter, '12–28 Eigentümer, '28–61 Aufsichtsratsvorsitzender d. neugebildeten Aktienges., Toldbod-Mühle, København; '09–61 Aufsichtsratsvorsitzender zweier weiterer Mühlen-Aktiengesellschaften; '16–[ca. 20 Jahre] Chemiker in eigenem Labor. — '27 Ritter d. Dannebrog-Ordens (Dänemark).
* 1873, Sept. 16, Thurø;
† 1961, Aug. 27.

Zur Biogr. *P. Koch Jensen, Dansk biografisk Leksikon **24** (København '43) 289.

S. Forhandlinger, Det 5. Nordiske kemikermøde, København 1939 (København '40) 232: Über die Konstitution der Proteine, Nachweis von Porphyrinkomplexen, Pyridinringen und Elementarkomplexen in diesen.

W. Über die Struktur des Proteinmoleküls; eine chemische Untersuchung (København '42) 104 S.; 2. Aufl. engl.: On the structure of the protein molecule; a chemical investigation [2](København–London '44) 126 S. — A new orientation within protein chemistry; an analytical investigation of the partly decomposed protein molecule (København–New York '49) 139 S.; Suppl.: On the synthesis of cholesterol and a critical estimation of the working methods applied by protein chemists (København '52) 19 S.

Acta chem. scand. On the structure of the protein molecule: **1** ('47) 672–82.

VI **TRONOV,** Boris Vladimirovič. Chem. (org.). — 1909–13 Stud., '13–18 postgrad. Stud., '18 Magister d. Chem., Univ. Moskva; '18–20 Lehrer in Sibirien; '20–23 Doz., '23–65 Prof. u. Leiter d. Lehrstuhls f. org. Chem., Univ. Tomsk; '24– Prof., Technol. Inst., Tomsk; '37 Dr. d. chem. Wiss.; '60 Leiter d. Lehrstuhls f. org. Chem., Kirgis. Univ., Frunze; '66–68 Leiter d. Lehrstuhls f. org. Chem., Polytechn. Inst. d. Altai-Gebiets, Barnaul. — '41 Orden "Ehrenzeichen", '46 Rotbanner-Orden, '53 Leninorden (UdSSR); '59 Ehrentitel "Hervorragender Wissenschaftler u. Techniker d. UdSSR".
* 1891, Apr. 4 (März 26), Zmeinogorsk, Gouv. Tomsk (→ Altai-Gebiet);
† 1968, Dez. 13, Barnaul.

Bruder von Michail Vladimirovič Tronov, Glaziologe und Klimatologe in Tomsk

Nekr. Altajskaja Pravda [Barnaul] **1968**, 15. Dez., S. 4.

Zur Biogr. Tomskij universitet [Die Universität Tomsk] 1880–1980 (A. P. Byčkov u. a.) (Tomsk '80) 136, 148, 151, 185, 186, 221, 242, 250, 364 (m. Bildn.).

Zur Biobibliogr. Boris Vladimirovič Tronov. Biobibliografičeskij ukazatel' [Biobibliographisches Verzeichnis] (Tomsk '86) 38 S.

S. Naučno-techničeskaja konferencija v svjazi s sorokaletnim jubileem učebno-naučnoj dejatel'nosti Tomskogo industrial'nogo instituta im. S. M. Kirova. Tezisy dokladov [Wissenschaftlich technische Konferenz im Zusammenhang mit dem vierzigjährigen Jubiläum der Lehr- und Forschungstätigkeit des Tomsker Industrie-Instituts "S. M. Kirov". Thesen der Vorträge] (Tomsk '40) 121–23: Bestimmung der elektromotorischen Kraft einer Reaktion mit Metallen als Methode zur Untersuchung organischer Verbindungen und ihrer Gemische [russ.] [36]). — VIII Mendeleevskij s-ezd po obščej i prikladnoj chimii, Referaty dokladov i soobščenij, **2**: Sekcija organičnoj chimii i technologii [VIII. Mendeleev-Konferenz für allgemeine und angewandte Chemie, Referate der Vorträge und Mitteilungen, **2**: Sektion organische Chemie und Technologie] (Moskva '59) 79 f.: Die Bedeutung der Komplexbildung bei der organischen Synthese [russ.]. — Doklady 1-j [Vsesojuznoj?] Mežvuzovskoj konferencii po chimii kompleksnych organičeskich soedinenij [Vorträge der 1. Hochschulkonferenz für die Chemie organischer Komplexverbindungen], Tomsk 19.. [?] (Tomsk '59) [?]) [Stücktitel bibliographisch nicht nachgewiesen] 11 f.: Komplexverbindungen von Aminen mit halogensubstituierten Naphtholen und ihre bakteriziden Eigenschaften [7])[46]); 71 f.: Komplexbildung als erster Schritt der Reaktion von Alkoholen und Aminen mit Carbonsäurehalogeniden; 73 f.: Einige Angaben über den Einfluß sterischer Behinderungen auf die Komplexbildungsreaktion [7]); 75: Neue Angaben über die Möglichkeit der Benutzung organischer Komplexverbindungen als Insektizide [7])[33]); 76f.: Über die Reaktion von Naphthochinonen mit Phenolen und aromatischen Aminen [7])[46]); 78: Einfluß der Komplexbildung auf den Verlauf der Nitrierung von Nitrobenzol [40]); 79f.: Einführung des Jods und der Nitrogruppe in aromatische Kohlenwasserstoffe [49]); 81f.: Kinetische Analyse komplexbildender Systeme in der organischen Chemie [105]); 83f.: Einige Ergebnisse des Vergleichs der Wirkung verschiedener Katalysatoren bei der Gustavson-Friedel-Crafts-Reaktion [57]); 85: Untersuchung von Komplexbildungsreaktionen einiger Barbitursäurederivate [74]); 86f.: Über die Komplexbildung von Sulfonamidderivaten mit Chinon [74])[67]). [Alle Arbeiten russ.]. — Doklady Meževuzovskoj naučnoj konferencii po spektroskopii i spektral'nomu analizu [Vorträge der Wissenschaftlichen Hochschulkonferenz für Spektroskopie und Spektralanalyse], Tomsk 1960 (Tomsk '60) 134f.: Bestimmung des Molekular-(Äquivalent-)Gewichts komplexer organischer Verbindungen mit Hilfe der Absorptionsspektren [russ.] [63])[12]); 139f.: Absorptionsspektren von Komplexverbindungen von Aminophenolen und Aminoalkoholen mit Dinitrophenolen und Halogennitrophenolen [~] [63])[12]). — Sbornik trudov posvjaščennyj 20-letiju Farmacevtičeskogo fakul'teta, Tomskij medicinskij Institut [Sammlung von Arbeiten anläßlich des 20-jährigen Jubiläums der Pharmazeutischen Fakultät des Tomsker Medizinischen Instituts] (Tomsk '62) 8–13: Komplexe von Verbindungen der Carbamid-Gruppe mit aromatischen Nitroderivaten [74]); 14–20: Über die Nitrokomplexe von Carbonsäureamiden [74]); 21–25: Komplexbildung von Carbonsäureaniliden mit aromatischen Nitroverbindungen [74]); 26–32: Über die Komplexbildung der Barbitursäuren und ihrer Salze [74]); 38–41: Kolorimetrische Untersuchung der Komplexbildung von Sulfonamid-Präparaten mit Nitroverbindungen [74])[67]); 42–47: Über die Komplexbildung heterozyklischer Sulfanilamidderivate mit Nitroverbindungen [74])[67]); 48–50: Komplexbildung von Streptocid und Disulfan [N^4-Sulfanilylsulfanilamid] mit drei isomeren Dinitrobenzolen [67]); 51–56: Über eine Farbreaktion der Aminosalizylsäuren mit aromatischen Dinitroverbindungen [76]). [Alle Beiträge russ.]. — Materialy X Naučnoj konferencii professorsko-prepodavatel'skogo sostava Kirgizskogo gosudarstvennogo universiteta, Sekcija chimii [Materialien der 10. Wissenschaftlichen Konferenz der Professoren und Lehrkräfte der Kirgisischen Staatsuniversität, Sektion Chemie] (Frunze '62) 105–08: A. M. Butlerov als Begründer der wissenschaftlichen organischen Chemie; 109f.: Die Geschwindigkeit der Oxydation einiger Polysaccharide mit Kaliumpermanganat unter verschiedenen Bedingungen [98]) [109])[110])[104]); 111f.: Über die Rolle der Komplexbildner bei den tautomeren Transmutationen der Dinitrophenole [63]); 113f.: Über die duale Reaktionsfähigkeit der Dinitrophenole und der Dihalogenonitrophenole [63])[12]); 115f.: Der Einfluß von Zugaben einiger Stoffe auf die Polymerisationsgeschwindigkeit des Formaldehyds [64]); 117f.: Kolorimetrische Untersuchung der Wechselwirkung von Carbonsäureamiden mit Nitroverbindungen [74]); 119f.: Vergleich der Komplexbildungsfähigkeit dreier isomerer Nitrobenzole [76]); 121f.: Über die Komplexbildung von 4-Nitro- und 4-Amino-Derivaten des Diphenyls [29]). [Alle Beiträge russ.]. — Materialy XI Naučnoj konferencii professorsko-prepodavatel'skogo sostava, Biologičeskij fakul'tet, Kirgizskij universitet [Materialien der 11. Wissenschaftlichen Konferenz der Professoren und Lehrkräfte der Biologischen Fakultät der Kirgisischen Universität] (Frunze '62) 110f.: Der Einfluß der Borsäure auf die Oxydierbarkeit einiger organischer Substanzen [russ.] [71]). — Doklady 2-j Meževuzovskoj konferencii po chimii organičnych kompleksnych soedinenij [Vorträge der 2. Hochschulkonferenz über die Chemie organischer Komplexverbindungen] Tomsk 1963 (Tomsk '63) 9–11: Antibakterielle Eigenschaften von Alkylamin-Monohalogenonaphthol-Komplexen [7]) [111])[106]); 30–32: Der Einfluß sterischer Behinderungen auf die Komplexbildung aromatischer Nitroverbindungen und Amine [51])[7]); 41: Über die Unhaltbarkeit der Erklärung der Farbigkeit der Nitrophenole durch die Chinoid-Theorie [63]); 59–61: Die Arbeiten der Tomsker Chemiker auf dem Gebiet der Erforschung und Verwertung organischer Komplexverbindungen; 61–63: Besonderheiten der Konstitution und der Eigenschaften organischer Komplexverbindungen sowie der Methoden ihrer Erforschung; 64f.: Kolorimetrische Untersuchung der Komplexbildung von Nitro- und Aminoderivaten des Isopropylbenzols und des tertiären Butylbenzols [7])[3])[19]); 65f.: Über die antibakteriellen Eigenschaften einiger organischer Komplexe [7])[120])[114])[106]); 67f.: Synthese einiger Nitro- und Aminoderivate des Diphenylamins und ihrer Komplexe mit sauren Reagenzien [34])[18]); 68f.: Über die Stabilität einiger Komplexe von Aminoderivaten des Diphenyls, des Diphenyloxids und des Diphenylsulfids [34])[75])[78]); 69f.: Die Geschwindigkeit der Bromierung des Benzols mit verschiedenen Katalysatoren [102]); 71f.: Über die Komplexbildung von Malein- und Phthalsäureanhydrid mit einigen aromatischen Verbindungen [47]); 73: Einfluß der Donor–Akzeptor-Wechselwirkung auf die tautomere Umsetzung von Monocarbonylketonen [63])[61]); 74f.: Über den Mechanismus der Auflösung von Kupfer(II)-hydroxid in wässerigen Lösungen mehrwertiger Alkohole in Gegenwart von Alkalien [68])[80])[87]); 75–77: Über Komplexbildungsreaktionen von Sulfonamid-Präparaten [74])[85])[67]); 77–79: Kolorimetrische Untersuchung der Reaktionen von Formamid und von Dimethylformamid mit Nitroverbindungen und Mineralsalzen

[74][83]); 80f.: Untersuchung der Komplexbildung von Dicarbonsäureamiden [74][28]); 81f.: Einwirkung von Salpetersäure auf aromatische Verbindungen unter Komplexbildung ausschließenden Bedingungen [77]); 82f.: Über die gemeinsame Einwirkung von alkylierenden und nitrierenden Reagenzien auf aromatische Kohlenwasserstoffe [77]); 83–85: Einfluß der Komplexbildung mit Borsäure auf die Geschwindigkeit der Oxydation einiger Alkohole mit Kaliumpermanganat [70]); 85–87: Über die Wechselwirkung mehrkerniger Nitrol- und Aminoverbindungen [29]); 102: Über die Wechselwirkung einiger Seltenerdrhodanide mit Alkoholen und ihre Extraktion aus wässerigen Lösungen mittels Tributylphosphat [82]) [69]). [Alle Arbeiten russ.]. — Sbornik materialov konferencii, posvjaščennoj 100-letiju so dnja roždenija akad. N. S. Kurnakova [Sammlung der Materialien der Konferenz anläßlich des 100. Geburtstages des Akademiemitglieds N. S. Kurnakov], Frunze 1963 (Frunze '63) 43–52: Die Bedeutung der physikalisch-chemischen Analyse für die Aufklärung der Gesetzmäßigkeiten des gegenseitigen Einflusses der Atome in den Molekülen [russ.]. — Fiziko-chimičeskij analiz. Trudy jubilejnoj konferencii [Physikalisch-chemische Analyse. Arbeiten einer Jubiläumskonferenz] (A. V. Nikolaev, A. A. Opalovskij) (Akademija Nauk SSSR, Sibirskoe otdelenie, Institut neorganičeskoj chimii) (Novosibirsk '63) 307–14: Kinetische Untersuchungen als Methode der physikalisch-chemischen Analyse [russ.] [40]). — Učenye Zapiski Chimičeskogo fakul'teta, Kirgizskij universitet. Sbornik statej molodych učenych [Wissenschaftliche Schriften der Chemischen Fakultät der Kirgisischen Universität. Sammlung von Aufsätzen junger Wissenschaftler] (Frunze '65) 12–17: Geschwindigkeit der Oxydation organischer Verbindungen mit Salzen des drei- und vierwertigen Mangans im sauren Medium [russ.] [16]); 17–20: Oxydation organischer Verbindungen mit Kaliumpermanganat und Kaliummanganat im basischen Medium [~] [16]); 34–38: Einfluß des Mediums auf die Geschwindigkeit der Oxydation von Alkoholen mittels Kaliumpermanganat in Gegenwart von Borsäure [~] [70][5]). — Organičeskie kompleksnye soedinenija. Sbornik statej [Organische Komplexverbindungen. Sammlung von Aufsätzen] (Tomsk '65) 27–31: Veränderungen in den Infrarotspektren von Aldehyden unter der Einwirkung von Tetrachlorkohlenstoff [35][23]); 118–41: Über die Theorien der Elektronentautomerie, Mesomerie und Elektronenresonanz; 142–47: Der Einfluß von Methylgruppen auf die Komplexbildung von Nitroverbindungen und Aminen der aromatischen Reihe [7][51]); 148–50: Komplexbildung von Carbonsäureamiden mit Natriumjodid und Natriumrhodanid [83][21]); 151f.: Darstellung von Dioxan-Komplexen mit einigen Mineralsalzen [83][21]); 153–62: Untersuchung der Komplexbildung von Nitro- und Aminoderivaten des Diphenyls, des Diphenylsulfids und des Dibenzylsulfids [34]); 163–67: Über die Komplexbildung von Kupferchlorid mit Methylaminen [64]); 168–71: Komplexbildung des Formamids, des Acetamids und ihrer methylierten Derivate mit aromatischen Nitroverbindungen [74]) [67]); 172–74: Vergleich des Donorreaktionsvermögens der Amine und Amide von Carbon- und Sulfonsäuren [74][67]); 175f.: Darstellung einiger aromatischer Nitroverbindungen über die Borfluoride [29]); 177–80: Über den Einfluß der bizyklischen Gruppierungen von Diphenyl und Naphthalin auf das Komplexbildungsvermögen der Nitrogruppe [29]); 181–83: Vergleich der Reaktionsfähigkeit des Amin-Stickstoffs in Diphenylamin, p-Aminodiphenyl und Naphthylaminen [29]). [Alle Arbeiten russ.]. — Primenenie molekuljarnoj spektroskopii v chimii [Anwendung der Molekülspektroskopie in der Chemie] (A. V. Koršunov) (Moskva '66) 175–77: Infrarotspektroskopische Untersuchung der Wasserstoffbindung zwischen Aldehyden und Phenolen [russ.] [35][23]); 183–85: Untersuchung der intermolekularen Wechselwirkung, die von einer Abnahme der optischen Dichte begleitet ist [~] [23][28][84][74]); 240f.: Veränderungen der Infrarotspektren der Lösungen von Aldehyden in Tetrachlorkohlenstoff [~] [35][23]). — Pererabotka tverdogo topliva. Sbornik statej [Die Verarbeitung fester Brennstoffe. Sammlung von Arbeiten] **1** (Kemerovo '68) 212–16: Über die Berechnung der Instabilitätskonstante von Komplexverbindungen [russ.] [53]). — Spektroskopija. Metody i primenenija. Trudy VI Sibirskogo soveščanija po spektroskopii [Spektroskopie. Methoden und Anwendungen. Arbeiten der VI. Sibirischen Konferenz über Spektroskopie] (Moskva '73) 244–46: Über die Komplexbildung des Phthalsäureanhydrids mit Rhodaniden einwertiger Kationen [russ.]. — Voprosy molekuljarnoj spektroskopii [Fragen der Molekülspektroskopie] (A. V. Sečkarev, A. V. Koršunov) (Novosibirsk '74) 287–89: Untersuchung der Wechselwirkung von Carbonsäureanhydriden mit Elektronendonoren, 5: Einfluß des Lösungsmittels auf einige charakteristische Eigenschaften der Komplexe von Carbonsäureanhydriden mit Mineralsalzen [russ.] [24][17]).

W. Okislenie uglej kislorodom vozducha [Die Oxydation von Kohlen durch Luftsauerstoff] (Moskva '41) 28 S. (Institut gornogo dela, Akademija nauk SSSR. Vsesojuznoe naučnoe inženerno-techničeskoe gornoe obščestvo, Materialy dlja učastnikov Vsesojuznogo soveščanija podzemnym požaram). — Teoretičeskie osnovy organičeskoj chimii [Die theoretischen Grundlagen der organischen Chemie] (Tomsk '58) 260 S. — Vvedenie k kursu organičeskoj chimii [Einführung in den Lehrgang der organischen Chemie] (Frunze '61) 182 S.

Bjul. vses. chim. Obšč. im. Mendeleeva Verfahren zur Bestimmung der Aktivität des Wasserstoffs in Alkoholen: **1940**, Nr. 4, 26–28 [russ.].

Gidrolizmaja i lesochim. Promyšl. Über die Gewinnung von "Ligninsäuren" aus Hydrolysenlignin [14]): **13** ('60) Nr. 4, 3f. [russ.]. — Thiophosphorsäurederivate des Hydrolysenlignins und deren insektizide Wirkung [56])[45])[33])[20]): **14** ('61) Nr. 5, 10f. [~].

Izvest. gos. geogr. Obšč. Zusammenfassender Bericht über die Gletscheruntersuchungen im Altai von 1907 bis 1932 [117])[118]): **66** ('34) 564–70 [russ.].

Izvest. sibirsk. Otdel. Akad. Nauk SSSR Physikalisch-chemische Untersuchung der Komplexbildungsreaktionen von Aminophenolen und Aminoalkoholen [63]): **1960**, Nr. 10, 77–83 [russ.].

Izvest. tomsk. industr. Inst. im. Kirova Arbeiten des Lehrstuhls für organische Chemie des Sibirischen Chemisch-Technologischen Instituts: **52** ('34) Nr. 1, 3–5. — Die organische Chemie im sozialistischen Bauwesen: 6–24. — Über die Entstehung optisch aktiver Verbindungen in der Natur: 25–31. — Die Aktivität der Halogene in halogensubstituierten Ketonen [36])[108]): 32–41. — Die Aktivität der Halogene in einigen Derivaten aromatischer Kohlenwasserstoffe mit Halogen in der Seitenkette [115]): 59–62. — Bestimmung der Aktivität des Wasserstoffs in organischen Verbindungen mit Hilfe der elektromotorischen Kraft der Reaktion mit Natrium [36]): 63–69. — Vergleich der Aktivität von Alkoholen und von Carbonsäuren unter verschiedenen Bedingungen: 70–76. — Die Geschwindigkeit der Oxydation höherer Monocarbonsäuren mit Kaliumpermanganat unter verschiedenen Bedingungen [30])[8]): **54** ('35) Nr. 11, 3–17. — Komplexe von Nitroverbindungen der Benzolreihe mit Säuren [36]): **55** ('36) Nr. 2, 316–25. — Bestimmung der elektromotorischen Kraft einer Reaktion mit Metallen als Methode zur Untersuchung organischer Verbindungen [36]): **56** ('36) 335–60. — Über die Reaktion aliphatischer, aromatischer und heterozyklischer Amine mit Paraffinmonocarbonsäuren [36]): **59** ('39) Nr. 3, 114–17. — Geschwindigkeit der Oxydation von aromatischen Aminen und von Verbindungen der Pyridin-Gruppe mittels Kaliumpermanganat [92])[90]): 118–26. — Über den Mechanismus der Oxydation von Kohle durch den Luftsauerstoff und die Ursache für ihre spontane Verbrennung, 6: **60** ('40) Nr. 3, 11–36; ~ 7: Geschwindigkeit der Oxydation einiger komplexer Phenole durch Kaliumpermanganat in alkalischem Medium [25]): 37–40; ~ 8: Die Jodzahlen von Phenolen [96]): 41–45; ~ 9: Die Jodzahlen von Kohle [25]): 46–49. — — Alle Arbeiten russ.

Izvest. tomsk. politechn. Inst. im. Kirova Neues elektrochemisches Verfahren zur Untersuchung organischer Verbindungen und ihrer Gemische [36]): **64** ('48) 3–89. — Geschwindigkeit der Oxydation von Alkoholen der Grenzkohlenwasserstoffreihe mittels Kaliumpermanganat in saurem Medium [103]): 108–11. — Komplexe von Nitroverbindungen mit anderen organischen Stoffen [74]): **71** ('53) 63–108. — Über die Komplexbildung von Borsäureestern mit verschiedenen organischen Verbindungen [74]): **77** ('53) 147–53. — Der gegenwärtige Stand der Theorie der Wechselwirkung zwischen den Atomen in Molekülen: **83** ('56) 37–63. — Wirkungen der Komplexbildung auf die Richtung und auf die Geschwindigkeit von Reaktionen in der organischen Chemie: 64–90. — Verfahren zur Darstellung komplexer organischer Verbindungen [73]): 91–97. — Untersuchung der Komplexbildungsreaktionen von Nitrilen mit anderen organischen Verbindungen [74]): 98–101. — Zum Mechanismus der Dehalogenierung organischer Dihalogenderivate mit Hilfe von Jodsalzen [56]): **92** ('60/61) 69–71. — Einige Vergleichsergebnisse der Wirkung verschiedener Katalysatoren bei der Gustavson-Friedel-Crafts-Reaktion [57]): 91–93. — Einige Erwägungen über die Wellenwechselwirkung der Atome: **102** ('59) 3–6. — Über die Art der Reaktionsfähigkeit der Carbonylgruppe in Aldehyden und Ketonen [11]): 7–11. — Einfluß der Temperatur auf die Komplexbildung der Aldehyde und Ketone [11]): 12–15. — Untersuchung der Komplexbildungsreaktion einiger Barbitursäurederivate [74]): 16–20. — Über die Komplexbildung von Sulfonamidderivaten mit Chinon [74])[67]): 21–24. — Komplexe einiger polyheterozyklischer Amine mit Phenolen [79]): 25–28. — Komplexe der Aminobenzoesäure und ihrer Salze mit Dinitrobenzol [76]): **111** ('61) 3–5. — Kinetik der Nitrierung von Nitrobenzol mit 100%iger Salpetersäure und Untersuchung dieses Systems durch andere physikalisch-chemische Analyseverfahren [40]): 6–11. — Kinetische Untersuchung der Nitrierung einiger aromatischer Verbindungen in Lösungen von Nitrobenzol [40]): 12–15. — Die optimalen Bedingungen für die Synthese von O.O-Diäthyl-o-nitrolignothiophosphat [56])[89]): **136** ('65) 39f. — — Alle Arbeiten russ.

Izvest. vysšich učebnych Zavedenij, Ivanovo, Chimija i chim. Technol. Komplexe von Nitroverbindungen mit Phenolaten [45]): **1** ('58) Nr. 6, 39–41. — Über die Komplexbildung von Organohalogenverbindungen mit Aminen [6]): **2** ('59) 34–40. — Komplexbildung von Äthanolaminen mit verschiedenen organischen Verbindungen [63]): 886–90. — Komplexe einiger polyheterozyklischer Amine mit Halogennitrophenolen [79]): **3** ('60) 466–68. — Komplexe von Aminobenzoesäuren und ihren Salzen mit m-Dinitrobenzol [76]): 752f. — Halogenierung aromatischer Kohlenwasserstoffe und ihrer Derivate in Gegenwart eines Nitriergemisches [49]): 872–75. — Über die Reaktionsfähigkeit der Hydroxylgruppe in Alkoholen [47]): **4** ('61) 162–64. — — Alle Arbeiten russ.

Soobšč. o naučn. Rabot. Členov vses. chim. Obšč. im. Mendeleeva Neues elektrochemisches Verfahren zur Untersuchung komplexbildender Systeme in der organischen Chemie [36]): **3** ('46) [oder: **1946**, Nr. 3?]

50f. [russ.]. — Elektrochemische Bestimmung der Reinheit organischer Verbindungen: **4** ('47) [oder: **1947**, Nr 4?] 55–57 [~]. — Arten von Komplexen mit Alkoholen, Phenolen, Carbonsäuren und anderen organischen Verbindungen [74]): **1948**, Nr. 1, 29–31 [~]. — Einfluß der Komplexbildung auf die Geschwindigkeit der Jodierung von Phenol und Anilin [32]): **1953**, Nr. 1, 46–49 [~]. — Einfluß verschiedener Katalysatoren auf die Richtung und auf die Geschwindigkeit der Bromierung aromatischer Verbindungen [56]): Nr. 2, 24f. [~]. — Jodierung von Benzoesäure und Benzaldehyd in Gegenwart von Nitriersäure [49]): Nr. 3, 9–11 [~]. — Die Wirkung von Jodsalzen auf Halogencarbonsäureester [66]): Nr. 4, 48f. [~].

Teoretičeskaja i èksper. Chim. Bindungsenergien von Komplexen der Dinitrobenzole mit Halogenanilinen in Lösung [4])[58]): **4** ('68) 677–82 [russ.].

Trudy altajsk. politechn. Inst. im. Polzunova Einfluß der Natur des Lösungsmittels auf die Reaktion in Systemen aus dem Jodid eines einwertigen Metalls und einem organischen Elektronenakzeptor, 1 [80])[60]): **1968**, Nr. 2, 61–67 [russ.]. — Untersuchung der Komplexbildung aromatischer Nitroäther mit einigen Aminen [80])[65]): 74–79 [~].

Trudy chim. Inst., Kirgiz. Filial Akad. Nauk SSSR Neue Daten über den Mechanismus der Oxydation von Kohle [9])[48]): **4** ('51) 39–66 [russ.].

Trudy chimiko-metallurg. Inst., Sibirsk. Otdel. Akad. Nauk SSSR Harzsäuren des Balsams der Sibirischen Lärche [54])[41]): Nr. **13** ('59) 27–35 [russ.].

Trudy frunzensk. politechn. Inst. Untersuchung der Kinetik der Oxydation von Alkoholen durch Kaliumpermanganat [70]): **28** ('68) 57–60 [russ.].

Trudy Inst. Chim., Akad. Nauk Kirgiz. SSR Untersuchung der Komplexe der Carbonsäuresalze einiger Metalle der II. Gruppe mit Aminen [10]): **1955**, Nr. 6, 157–83 [russ.].

Trudy sibirsk. fiziko-techn. Inst. Die Wirkung von Aluminiumchlorid auf Benzolkohlenwasserstoffe und Kohlenwasserstoffgemische [26]): **1**, Nr. 4 ('32) 1–6 [russ.]. — Nitrierung von Nitrobenzol mit Salpetersäure unter verschiedenen Bedingungen [26]): 7–13 [~]. — Reaktion des Benzols mit Mineralsäureestern in Gegenwart von Katalysatoren: 14–18 [~].

Trudy tomsk. gos. Univ. im. Kujbyševa Die Geschwindigkeit der Reaktion von Benzol mit Halogenkohlenwasserstoffen und mit ungesättigten Kohlenwasserstoffen in Gegenwart von Katalysatoren [26]): **86** ('34) 129–37. — Verwendung von Säuren als Katalysatoren bei der Friedel-Crafts-Reaktion [26]): 138–41. — Zinn- und Antimonchlorid als Katalysatoren bei der Friedel-Crafts-Reaktion [26]): 282–88. — Die struktur-stereochemische Theorie der organischen Chemie im Lichte der modernen Auffassungen von der Struktur der Materie: **87** ('35) Nr. 2, 1–6. — Über die Festigkeit der Bindung zwischen Kohlenwasserstoffradikalen und Sauerstoff in Carbonsäureestern [121]): 85–99. — Geschwindigkeit der Oxydation der einwertigen Alkohole der Grenzkohlenwasserstoffe mittels Kaliumpermanganat in alkalischem Medium [101]): 100–04. — Geschwindigkeit der Oxydation halogensubstituierter Säuren der Grenzkohlenwasserstoffreihe mittels Kaliumpermanganat [100]): 105–14. — Über die Organisation der Produktion ätherischer Öle aus dem Holz der Zirbelkiefer (Pinus cembra L.) in Westsibirien [94])[116])[112])[93])[122])[119])[121])[99]): 115–17. — Über den Mechanismus der Oxydation der Steinkohle und über die Ursachen ihrer Selbstentzündung: Arten der Oxydierbarkeit organischer Verbindungen: **94** ('38) 3–35; ~: Geschwindigkeit der Oxydation von Phenolen mittels Kaliumpermanganat [101])[97]): **101** ('49) 161–73; ~: Über die Möglichkeit der Anwendung des Permanganat-Verfahrens zur Bestimmung der Oxydierbarkeit und des Oxydationszustandes von Kohlen [101]): 175–85. — Geschwindigkeit der Oxydation ungesättigter Carbonsäuren mittels Kaliumpermanganat [30]): **94** ('38) 36–43. — Geschwindigkeit der Verseifung von Estern einiger Mineralsäuren und organischer Säuren mittels Bromwasserstoff [91]): 106–10. — Die Phenoltheorie der Oxydation der Kohlen und einige praktische Schlußfolgerungen daraus: **101** ('49) 136–60. — Geschwindigkeit der Oxydation einiger Äther und Ester mittels Kaliumpermanganat unter verschiedenen Bedingungen [95]): 186–96. — Einfluß der Lösungsmittel auf die elektromotorische Kraft der Reaktion von Phenolen mit Natrium [113]): 197–210. — Geschwindigkeit der Reaktion einiger Halogenkohlenwasserstoffe mit Alkoholen und Säuren der Paraffinreihe [99])[121]): 210–16. — Die moderne Erklärung der Substitutionsregeln: **126** ('54) 83–95. — Verwendung verschiedener Metalle bei der Untersuchung organischer Verbindungen durch das EMK-Verfahren, 1: Einzelne organische Verbindungen [37]): 96–102. — Neue Synthese des Äthantetracarbonsäureäthylesters [66])[42]): 115–18. — Methoden der Untersuchung der gegenseitigen Beeinflussung der Atome in Molekülen: **145** ('57) 97–114. — Die Bedeutung von Lenins Kritik des subjektiven Idealismus für den Kampf mit dem Idealismus in der modernen Chemie: **149** ('60) 185–91. — Komplexbildung als erstes Stadium der Reaktion von Alkoholen und Aminen mit Carbonsäurehalogeniden: **154** ('62) 195–200. — Komplexe einiger polyheterozyklischer Amine und Phenole [79]): 201–09. — Neue Angaben über die Komplexbildung von Nitroverbindungen mit Aminen [7]): 210–18. — Physikalisch-chemische Analyse binärer Systeme gebildet aus Methyl- und Äthylaminen mit Formaldehyd [2]): 224–34. — Über die gegenseitige Komplexbildung von Aminen [44]): **157** ('63) 52–55. — Über die Absorptionsspektren von Neodymrhodanidlösungen in Wasser und in Butanol [82])[69]): 56–59. — Grundlegende

Tendenzen in der Entwicklung der Lehre von Butlerov und Markovnikov über die gegenseitige Wechselwirkung von Atomen: **170** ('64) 18–21. — Spektrophotometrische Untersuchung von Komplexen der Nitro- und Aminoderivate von Methylbenzolen [7] [86]: 180–85. — Physikalisch-chemische Untersuchung von Systemen aus Aminen mit Carbonsäuren [37][88]: 186–90. — Untersuchung der Komplexbildung von Aminoderivaten des Diphenyls, des Diphenylsulfids und des Diphenyloxids [34][75][78]: **185** ('65) 3–5. — Darstellung und Eigenschaften von N-Alkoxydiäthylaminen [7][55]: 6–10. — Untersuchung der Komplexbildung des Malonsäureamids mit Nitrophenolen [28][23]: 11–16. — Vergleich der Reaktionsfähigkeit methylierter Oxalsäurediamidderivate im Verhältnis zu Nitrophenolen [28][23]: 17–22. — Elektroleitfähigkeit von Phenol–Aldehyd- bzw. -Keton-Systemen, 2 [37][62]: 88–92. — Optische Eigenschaften der Komplexe von Kupferhydroxid mit Glykol, Glycerin und Mannit im alkoholischen Medium [13]: **192** ('68) 11 f. — Untersuchung des Einflusses verschiedener Bedingungen auf die Geschwindigkeit der Oxydation mehrwertiger Alkohole durch Kupferhydroxid [13]: 13. — — Alle Arbeiten russ.

Uč. Zap., Tomsk. gos. Univ. im. Kujbyševa Katalytische Wirkung von Halogenwasserstoffen bei Substitutionsreaktionen in der aromatischen Reihe [107]: Nr. **6** ('47) 84–86 [russ.]. — Vergleich der Reaktionsaktivität von Alkoholen und Carbonsäuren gegenüber halogenorganischen Verbindungen [99][121]: 87–97 [~]. — Elektrochemische Untersuchung der Komplexbildungsreaktion von Phenol mit Carbonylverbindungen [22]: Nr. **26** ('55) 123–26 [~]. — Der große russische Chemiker A. M. Butlerov, der Begründer der chemischen Strukturtheorie: 157–80 [~]. — Arten der Reaktivität des Schwefels in organischen Sulfiden [34]: Nr. **29** ('59) 98–115 [~]. — Untersuchung der gegenseitigen Komplexbildung von Alkoholen [47]: Nr. **34** ('58) 169–78 [~].

Ukrains'kyj chem. Ž. Über den Mechanismus der Nitrierung von Benzol [38]: **7** ('32) Nr. 1, 55–63 [ ].

Vestn. vysšej Školy Richtungen der Chemie der organischen Komplexverbindungen: **1960**, Nr. 10, 52–54 [russ.]. — Die Chemie organischer Komplexverbindungen - ein Problem von großer Bedeutung: **1964**, Nr. 1, 36–38 [~].

Ž. fizič. Chim. Infrarotspektroskopische Untersuchung der Reaktion von Aldehyden in Tetrachlorkohlenstoff [81][23]: **40** ('66) 2865–67 [russ.]. — Über die Existenzgrenzen einer Beziehung der Eigenschaften in isomolaren Reihen [53]: **41** ('67) 2362f. [~]. — Untersuchung der Zersetzungsgeschwindigkeit von Komplexen des LiJ und NaJ mit Ketonen in Gegenwart von Alkoholen [60][80]: **43** ('69) 120–23 [~].

Ž. obščej Chim. Zur Synthese von Benzolhomologen nach der Reaktion von Friedel und Crafts [38][31]: **1** ('31) 910–16. — Bestimmung der Wasserstoffaktivität in organischen Verbindungen auf Grund der elektromotorischen Kraft der Reaktion von Natrium [36]: **4** ('34) 197–202. — Ein Vergleich der Aktivitäten von Alkoholen und Carbonsäuren unter verschiedenen Bedingungen [36]: 783–89. — Komplexe von Nitroverbindungen der Benzolreihe mit Säuren [36]: **5** ('35) 401–12. — Bestimmung der Aktivität ungesättigter organischer Verbindungen nach der elektromotorischen Kraft ihrer Reaktion mit Natrium [36]: 1007–15. — Die Aktivität des Wasserstoffs in den Komplexen aus Alkoholen und ungesättigten organischen Verbindungen [36]: 1233–39. — Reaktion von Benzol mit Estern in Gegenwart verschiedener Katalysatoren [57]: **23** ('53) 1019–22. — Jodierung von Benzoesäure und Benzaldehyd in Gegenwart von Nitriersäure [49]: 1022–24. — Einwirkung verschiedener Katalysatoren auf die Richtung und Geschwindigkeit der Bromierung aromatischer Verbindungen [56]: **24** ('54) 1608–17. — Vergleich der Methoden zur Untersuchung von komplexbildenden Systemen in der organischen Chemie [7]: 1750–59. — Über Veränderungen des Kohlenstoffgerüstes der Moleküle bei der Einwirkung von Jodiden auf Organohalogenverbindungen [1]: **26** ('56) 1393–97. — Synthese einiger Halogenderivate von Benzophenon [50]: 1994–96. — Komplexbildung von Aminen mit verschiedenen organischen Verbindungen, 1: Komplexe des Benzidins und der Naphthylamine mit einigen Halogenphenolen [7][59]: **30** ('60) 982–85. — Komplexe von Naphthochinonen mit Phenolen [7][46]: **33** ('63) 1639–41. — Donor–Akzeptor-Wechselwirkung und Elektronenabsorptionsspektren, 1: Komplexbildung von Mononitrophenolen [63][61]: **35** ('65) 429–35. — Untersuchung der Komplexbildung von Halogennaphthalinen mit Nitroverbindungen, 1 [58]: **36** ('66) 1411–13. — Komplexverbindungen von Wismutsalzen mit einigen Aminoderivaten von Carbonsäuren [83][21]: **37** ('67) 576–78. — Komplexbildung von Phthalsäureanhydriden [47][52]: 1779–83. — Komplexbildung des 1,3,5-Trinitrobenzols mit Natrium- und Lithiumjodid in einigen Alkoholen, Estern und Ketonen [60] [80]: 2200–03. — Untersuchung der Komplexbildung von Halogenderivaten aromatischer Amine mit Nitroverbindungen, 1: Wechselwirkung zwischen n-Halogenanilinen und Dinitrobenzolen [58]: 2444–48; ~ 2: Wechselwirkung von o- und m-Halogenanilinen mit Dinitrobenzolen [58]: **38** ('68) 470–73; ~ 3: Einige Charakteristika der Absorptionsspektren der Komplexe von Dinitrobenzolen mit Halogenanilinen [4][58]: 1127–31. — Umsetzung von Natriumjodid mit Ketonen [60][80]: 1037–41. — Einige physikalische Charakteristika der Komplexe von Anilin mit Dinitrobenzolen [4][58][72]: 1382–85. — Lösungsmitteleinfluß auf die Komplexbildung von Anilin mit Dinitrobenzolen [58][72]: 1864–67. — IR-spektroskopische Untersuchung der Wechselwirkung in den Systemen Keton–Methanol–Jodid [60][80]: 2171–74. — Reaktion von Seltenerdmetallsalzen mit organischen Elektronenakzeptoren, 1: Reaktion von Lanthan-, Cer-, Neodym-, Gadolinium- und Ytterbiumthiocyanat mit 1,3,5-Trinitrobenzol [27][80]: 2716–20; ~ 2: Reaktion von Lanthan-, Cer-, Neodym-, Gadolinium- und Ytterbiumchlorid mit 1,3,5-Trinitrobenzol [27][80]: **39** ('69) 2075–78. — Über die Reaktion von Seltenerdmetallchloriden mit 1,3,5-Trinitrobenzol und Chloranil [27]: **40** ('70) 838–42. — Untersuchung der Reaktion von Carbonsäureanhydriden mit Elektronendonoren, 1: Komplexbildung von Carbonsäureanhydriden mit Rhodaniden einwertiger Kationen [24][80]: **41** ('71) 280–84. — Untersuchung der Reaktion von Carbonsäureanhydriden mit Mineralsalzen [24][43]: **44** ('74) 881–84. — — Alle Arbeiten russ.

Ž. prikl. Chim. Phenoltheorie der Oxydation von Kohlen: **13** ('40) 1053–59 [russ. m. französ. Zusammenfassg.].

Ž. vses. chim. Obšč. im. Mendeleeva Synthese von Nitroderivaten des Diphenyls [39]: **6** ('61) 109f. [russ.].

Einige weitere Beiträge in Kongreßberichten und Sammelwerken.

Mit: 1) V. M. Aksenenko; 2) N. F. Alekseev; 3) N. A. Alekseeva; 4) V. S. Anikeev; 5) N. G. Babynina; 6) M. I. Bardamova; 7) I. M. Bortovoj; 8) K. Ja. Budanova; 9) G. V. Charitonov; 10) R. I. Charitonova; 11) N. A. Chitrina; 12) V. I. Danilova; 13) N. N. Derevjankina; 14) Z. A. Dobronravova; 15) —; 16) D. Ėsengulov; 17) E. A. Fedulova; 18) S. V. Finogenova; 19) F. T. Frjanova; 20) A. I. Galočkin; 21) G. F. Gavrilin; 22) R. D. Gluchovskaja; 23) V. D. Gol'cev; 24) A. E. Gončarov; 25) M. Ju. Grigor'ev; 26) A. P. Grigor'eva; 27) T. S. Gurnickaja; 28) A. P. Izakenajte; 29) I. M. Jakovleva; 30) M. Jalovaja (Jalova?); 31) I. M. Karpenko; 32) S. F. Kolesnikova; 33) A. V. Kqyalenok; 34) E. A. Krulikovskaja; 35) V. N. Kuksina; 36) L. P. Kulev; 37) R. M. Kulikova; 38) L. V. Ladygina; 39) A. K. Lebedev; 40) Ch. A. Lel'čuk; 41) A. I. Lisina; 42) S. Ju. Litvinenko; 43) A. E. Luckij; 44) M. Ju. Mogilevskij; 45) V. M. Morozova; 46) N. P. Moskalenko; 47) G. P. Naletova; 48) N. I. Nazarova; 49) A. N. Novikov; 50) E. S. Novikova; 51) K. N. Olejnikova; 52) L. V. Osinceva; 53) I. A. Panfilov; 54) V. A. Pentegova; 55) Ju. N. Persianov; 56) L. A. Peršina; 57) A. M. Petrova; 58) Ė. G. Polle; 59) L. I. Potechina; 60) L. A. Romančukova; 61) T. A. Rubcova; 62) V. D. Ryžov; 63) G. L. Ryžova; 64) A. P. Sacharov; 65) M. Sadykova; 66) A. S. Samarin; 67) L. T. Ščeglova; 68) N. N. Sečnych; 69) V. V. Serebrennikov; 70) M. A. Šerova; 71) M. I. Šerova; 72) L. M. Sitnikova; 73) V. B. Sokolovič; 74) N. D. Strel'nikova; 75) A. G. Suchomlinova; 76) N. V. Syrneva; 77) A. P. Sytnik; 78) N. D. Talaj; 79) O. A. Terechova; 80) A. B. Tronov; 81) V. N. Uškalova; 82) Dž. Usubaliev; 83) A. A. Želnov; 84) L. V. Zinov'eva; 85) [L. T.?] Zueva; 86) K. I. Olejnikova; 87) N. K. Sažina; 88) I. E. D'jakonov; 89) A. A. Kovalenok; 90) M. G. Chodalevič; 91) M. A. Čencova; 92) L. N. D'jakonova-Šul'c; 93) B. G. Dmitriev; 94) V. Golovin; 95) F. Z. Gorfinkel'; 96) V. Z. Grigor'eva; 97) E. V. Judeničeva; 98) K. I. Kapygina; 99) I. S. Karpenko; 100) E. G. Kondrachina; 101) A. I. Kravčenko; 102) V. F. Loginova; 103) V. I. Lutkova; 104) N. I. Lužničenko; 105) T. P. Novikova; 106) N. N. Olejnik; 107) N. I. Oranskij; 108) V. N. Orlova; 109) V. D. Ovčinnikova; 110) L. Ja. Padyka (Padycha?); 111) N. I. Petrova; 112) P. P. Popov; 113) N. A. Predtečenskaja; 114) A. Ja. Pronina; 115) N. Ch. Sibratullin; 116) Ju. A. Subbotina; 117) G. K. Tjumencev; 118) M. V. Tronov; 119) N. I. Visjagin; 120) R. Ja. Zak; 121) I. I. Želnov; 122) M. Batin.

VI **TRONSTAD,** Leif Hans Larsen. Chem. (techn. anorg., Elektrochem.). — 1931 Dr. techn., '31–36 Doz., '36–45 Prof. u. Dir. d. Techn.-Anorg. Chem. Labor., Norweg. Techn. Hochsch., Trondheim; '40–42 Vizepräs., Norweg. Chem. Ges. — '43 [?] Officer [?] of the Order of the British Empire.

* 1903, März 27, Sandvika, Østre Bærum b. Oslo;

† 1945, März 11, b. Rauland, Telemark.

Ehrungen Leif-Tronstad-Gedächtnis-Fond (Norweg. Techn. Hochsch.). — Gedenkstein im Geburtsort Sandvika.

Nekr. *M. G. Ræder, Kongel. norske Vid. Selsk. Forh. **19** ('46) 95–106 (m. Bildn., Faks. u. Schr.verz. 74 Nrn.); Tidsskr. Kjemi, Bergvesen og Metallurgi **4** ('44/45) 52 (m. Bildn.). — *E. K. Rideal, *U. R. Evans, Nature [London] **156** ('45) 74. — *N. A. Sørensen, Årbok, Norske Vid.-Akad. Oslo **1946**, 113–34 (m. Bildn.).

Zur Biogr. *L. Amundsen, Det Norske Videnskaps-Akademi i Oslo, 1857–1957, **2** (Oslo '60) 246f. (kurze Bemerkungen S. 474, 477). — *J. Brun in: *P. A. Bøhn, IMI, Norsk innsats i kampen om atomkraften (Trondheim '46) 8–23.

Zum 20. Todestag *W. Mann, Fysikkens Verden **27** ('65) 4f.

S. Forhandlinger, Det 4de Nordiske Kjemikermøde, Oslo 1932 (Oslo '33) 254–57: Die Anwendbarkeit der polarisationsoptischen Methode auf die Untersuchung von dünnen Oberflächenschichten auf Metallen [norweg.]. — Trabajos del IX Congreso internacional de química pura y aplicada, Madrid 1934 (Madrid '35): Diskussionsbemerkungen zu dem Vortrag des Herrn Professor W. J. Müller über die Passivität der Metalle. — Norges Tekniske Høgskole, Avhandlinger til 25-årsjubileet 1935 (Trondheim '35) 467–94: Non-metallic inclusions in aluminium and their influence on its corrodibility. — Første [=1.] Norske korrosjonsdag, Oslo 1935 (Oslo '36) 112–44: Korrosion und Korrosionsschutz bei Aluminium und seinen Legierungen [norweg.]. — Nordiska (19. skandinaviska) naturforskarmötet, Helsingfors 1936 (Helsinki '36): Investigations on deutero-compounds (4 S.). — Atti del X Congresso internazionale di chimica, Roma 1938, **3** (Roma '39)

623–30: Untersuchungen über die Korrosion des Aluminiums. — Beretning for 1938/39, Rådet for Teknisk Industriell Forskning (Oslo '40) 50–53: Untersuchungen betreffs Holzkohle als Motortreibstoff [norweg.]; 53–56: Untersuchungen betreffs Verkokung von Svalbard-Kohle bei niedriger Temperatur [~]. — Forhandlinger, Det 5. Nordiske kemikermøde, København 1939 (København '40) 74–95: Interkristalline Korrosion und ihre Gefahren [norweg.].

W. Forelesninger over analytisk kjemi, 1933/34 (P. Kristensen) (Trondheim '35) 1 + 69 S. [Vorlesungsskript]. — Brennstoffer (Trondheim '37) 165 S. [~]. — Teknisk uorganisk kjemi [1]: Silikatindustrien; Uorganisk kjemisk storindustri (Trondheim '38) 6 + 276 S. [~]; 2: Teknisk elektrokjemi ('39) 3 + 163 S. [~]. — En oversikt over nyere beskyttelsesmetoder for våre konstruksjonsmaterialer. Foredrag på Norges Varemesse i Trondheim 1941 (Trondheim '41) 21 S.

Aluminium [Berlin] Untersuchungen über die Korrosion von Aluminium: **20** ('38) 853–59. — Über die Reaktionsverhältnisse beim Raffinieren von Aluminiumschmelzen mit Kryolith und Natriumsilikofluorid [12]): **21** ('39) 834–38. — Die Korrosion von Aluminium in verschiedenen Mörtelmaterialien [16]): 839–42.

Fly Moderne Leichtmetallegierungen und ihre Anwendung als Konstruktionsmaterial im Flugzeugbau: **6** ('38) 136–42, 147–53 [norweg.].

Foundry Trade J. Effect of sulphur and phosphorus on the corrosion of iron [14]): **48** ('33) 413–15.

Iron and Coal Trades Rev. Effect of sulphur and phosphorus on the corrosion of iron [14]): **126** ('33) 825–27.

J. Inst. Metals Preliminary researches on the action of water on copper pipes [16]): **66** ('40) 17–32.

J. Iron and Steel Inst. The effect of sulphur and phosphorus on the corrosion of iron [14]): **127** ('33) 425–36 [Diskussion: 437–43].

J. sci. Instruments An improved half-shade system for the detection of elliptically polarized light: **11** ('34) 144–48.

Kolloid-Z. Ein Abscheidungsphänomen beim Eintrocknen verdünnter Lösungen [7]): **68** ('34) 333–35.

Kongel. norske Vid. Selsk. Forh. The penetration of non-metallic protective coatings on aluminium by halogenide ions [2]): **5** ('32) 175–78. — Abwechselnde kathodische und anodische Behandlung bei der Ätzung einzelner Stähle [1]): **6** ('33) 1–4. — Some germination experiments with peas in heavy water [4]): **7** ('34) 171–73. — Über den Einfluß von Druck und Temperatur auf die Holzverkohlung [8]): **8** ('35) 94–97. — Über die Bildungswärme des schweren Wassers [7]): 139–42. — Über die Herstellung von wasserfreiem Berylliumchlorid aus Berylliumoxyd über Berylliumkarbid [10]): 147–50. — Über Holzkohle/Öl-Suspensionen [8]): **9** ('36) 1–4. — On the hydride and deuteride of lithium, 1 [17]): **10** ('37) 36–39. — On solutions of deuterium chloride and nitrate in heavy water, 1 [15]): 129–32; ~ 2 [15]): 133–36. — Electrical conductivities and ion mobilities in heavy water [15]): 141–44.

Kongel. norske Vid. Selsk. Skr. Optische Untersuchungen zur Frage der Passivität des Eisens und Stahls: **1931** ('32) Nr. 1, 247 S. [Dissertation]. — Über das Becquerel-Phänomen und die Genesis des metallischen Silbers im Kongsberg-Erzgebiet [9]): **1933** ('34) Nr. 9, 20 S. — Non-metallic inclusions in aluminium and their influence on its corrodibility: **1935**, Nr. 19, 30 S. — Low-temperature coking of Svalbard coal [5]): **1937** ('38) Nr. 5, 34 S. [norweg. m. engl. Zusammenfassg.].

Nature [London] Production of large quantities of heavy water: **133** ('34) 872. — Formation of drops in supersaturated vapour of heavy water [7]): **136** ('35) 476. — Density of 100 per cent heavy water [11])[4]): 515.

Proc. roy. Soc. London, Ser. A An optical examination of thin films, 1: The optical constants of mercury [6]): **145** ('34) 115–26; ~ 2: The behaviour of thin films of fatty acids on mercury [6]): 127–35.

Svenska Bryggarefören. Månadsbl. Neuere Erfahrungen mit der Verwendung von Aluminium in der Brauerei-Industrie: **53** ('38) 301–19 [norweg.].

Teknisk Ukeblad Moderne Leichtmetallegierungen und ihre Anwendung in der Flugzeugtechnik: **85** ('38) 175–78. — Die Sprödigkeit des Stahls als Ursache für Unfälle: 566f. — Bodenuntersuchungen und Fundamentierung im Hausbau; elektrochemische Verbesserung der Festigkeit von Tonerde: **87** ('40) 389f. — Das Wegbrennen von Rußbelägen mit Zink: 540. — — Alle Arbeiten norweg.

Tidsskr. Kjemi og Bergvesen Bemerkungen zur Frage der Genesis des Kongsberg-Silbers vom elektrochemischen Standpunkt: **12** ('32) 15–18, 28–31, 221; **13** ('33) 13f. — Dr. Irving Langmuir: **12** ('32) 245–48. — Kolorimetrische Bestimmung von Humusstoffen in Sand und Kies für Zementmörtel: **15** ('35) 18–20. — Die Nordische (19. skandinavische) Naturforscherkonferenz in Helsinki: **16** ('36) 117f. — Über härtbare Leichtmetallegierungen: **17** ('37) 57–60, 75–80. — Herstellung und Anwendung von Magnesium und seinen Legierungen: 112–14. — — Alle Arbeiten norweg.

Trans. Faraday Soc. The adsorption of gases by solids (Discussion): **28** ('32) 417–19, 438f. — The investigation of thin surface films on metals by means of reflected polarized light: **29** ('33) 502–14. — Some optical observations on the passivity of iron and steel in nitric and chromic acids [3]): **30** ('34) 349–61. — Some optical observations on the protective films on aluminium in nitric, chromic and sulphuric acids [9]): 362–66. — Some optical observations on the effect of ozone and air on metals [9]): 1114–27. — The validity of Drude's optical method of investigating transparent films on metals: **31** ('35) 1151–58. — Precision determinations of the densities of D_2O and H_2O. Electrolytic separation of the oxygen isotopes [4]): **34** ('38) 766–73. — The dilatation of heavy water [15])[13]): **35** ('39) 312–18.

Water and Water Engng. Action of water on copper pipes, I [16]): **42** ('40) 225–28.

Z. Elektrochem. u. angew. physik. Chem. Über die elektrolytische Anreicherung des schweren Wasserstoffisotops im Wasser [4]): **40** ('34) 556–58.

Z. Metallkunde Schichtreaktionen. Zur Frage der Korrosion der Metalle: **24** ('32) 185–88.

Z. physik. Chem., Abt. A Optische Untersuchungen zur Frage der Passivität der Metalle, 1: Eisen und Stahl: **158** ('32) 369–97; ~ 2: Die natürliche Oxydschicht an polierten Eisenspiegeln [9]): **170** ('34) 172–90. — Bemerkungen zu der vorangehenden Arbeit von W. J. Müller und W. Machu: **161** ('32) 154–57. — Tröpfchenbildung in übersättigtem D_2O-Dampf. Oberflächenspannung von D_2O [7]): **175** ('36) 347–52.

Z. techn. Physik Einige Bemerkungen zur Metallmikroskopie mittels polarisierten Lichtes: **13** ('32) 408–10.

Mit: [1]) T. Aune; [2]) B. W. Bommen; [3]) C. W. Borgmann; [4]) J. Brun; [5]) E. Falkum; [6]) C. G. P. Feachem; [7]) H. Flood; [8]) F. Gjesmoe; [9]) T. Høverstad; [10]) J. Kielland; [11]) J. Nordhagen; [12]) J. H. Reimers; [13]) E. Ronæss; [14]) J. Sejersted; [15]) K. Stokland; [16]) R. Veimo; [17]) H. Wergeland.

IV–VI **TROWBRIDGE,** Augustus. Physik. — 1906–17, '19–25 Prof., '28–33 Dean and '33 Dean emer. of the Graduate School, Princeton Univ., Princeton, N.J.; '17–19 Military research scientist, France; '19–20 Vice-Chairman and '20–21 Chairman of the Divis. of physic. Sci., Nation. Research Council, Washington, D.C.; '21 Chairman of the Divis. of Physics, Nation. Acad. of Sci.; '25–28 Dir. of Sci. for Europe, Int. Educat. Board. — '29 Hon.D.Sc. (Columbia Univ., New York). — '18 Distinguished Service Medal (USA); '19 Distinguished Service Order (King George V, Great Britain); '19 Chevalier de la Légion d'Honneur (France); '30 Ridder av St. Olavs Orden (Norway).
* 1870, Jan. 2, Brooklyn, N.Y.;
† 1934, März 14, Taormina, Sicilia.

Nekr. *K. T. Compton, Biographical Mem., Nation. Acad. Sci. USA **18** ('38) 219–44 (m. Bildn., Faks. u. Schr.verz.). — Princeton Alumni Weekly **1934**, 23. März (m. Bildn.).

Zur Biogr. *D. D. Egbert, *D. M. Lee, Princeton portraits (Princeton, N.J. '47) 157f.

W. War letters, August 28, 1917 to January 19, 1919 (D. Fulton) (New York '40) 7 + 152 S.

VI **TRUMPY,** Bjørn. Physik, Geophysik. — 1922–31 Assist., '31–32 Labor.-Ing., '32–35 Doz., Norweg. Techn. Hochsch., Trondheim; '32–35 Lehrer, Norweg. Hochsch. f. Lehrerbildung, Trondheim; '35–52 Prof. Erdmagnetismus u. kosm. Physik, '52–70 Prof. Physik u. Dir. d. Physik. Inst., '43–48 Dir., '48–53 Rektor, Bergens Museum → ('48) Univ. Bergen; '36–40 Generalsekr., Ges. z. Förderung d. Wiss., Bergen; '60–68 Norweg. Repräsentant, CERN, Genf; '65 Generalsekr., Norweg.-Niederländ. Kommiss. f. Kernphysikal. Forschg.; '68–70 Direktionsvorsitzender, Christian Michelsens Inst. f. Wiss. u. Geistesfreiheit, Bergen. — '51 Kommandeur d. St.-Olavs-Ordens (Norwegen); '65 Kommandeur d. Oranje-Nassau-Ordens (Niederlande).
* 1900, Juli 6, Bergen;
† 1974, Juni 8, Voss.

Zum 60. Geb.tag *S. Skavlem, Fysikkens Verden **21** ('59/60) 289–99 (m. Bildn.).

Zum 70. Geb.tag *S. Skavlem, Fysikkens Verden **32** ('70) 17–20.

Nekr. *O. Aadne, Årbok, Norske Vid.-Akad. Oslo **1975** ('76) 92–104 (m. Bildn., Faks. u. Schr.-verz.). — *N. Hole, Kongel. norske Vid. Selsk. Forh. **1974**, 67–70 (m. Bildn. u. Faks.). — Årsmelding, Univ. Bergen **1974**, 5f. (m. Bildn.).

Bibliogr. *R. Süssmann, Prof. Dr. techn. B. Trumpy. Bibliografi (Universitetsbiblioteket i Bergen) (Bergen '71) 16 S.

MH. (Mitredakt.) Norges Tekniske Høiskoles Fond, 1915–1934 (Trondheim '35).

MHZ. Bergens Museums Årbok → ('48) Årbok, Univ. Bergen **1943–1949**.

S. Norges Tekniske Høiskole. Avhandlinger til 25-årsjubileet 1935 (Trondheim '35) 159–70: Raman-

Effekt und cis-trans-Isomerie von Wasserstoff- und Deuteriumverbindungen. — Moderne naturvidenskap (E. B. Schieldrop) (Oslo '38) (De tusen hjems bibliotek, 14) 175–284: Physik [norweg.]. — Naturforskeren i arbeid (Norsk Rikskringkasting) (Oslo '53) 21–28: Physik und Chemie [norweg.]. — European Brewery Convention. Proc. of the 7th Congress, Rome 1959 (Amsterdam '59) 149–56: Protection of brewing materials and beer from radioactive fall-out. — Proc. Symposium on high latitude particles and the ionosphere, Alpbach 1964 (London '65) (COSPAR Panel on Polar Cap Experiments) 159–63: Measurement of charged particles in the auroral zone, Andøya, Norway [7]).

W. A magnetic survey of Norway, [**1**:] Made 1938–41 (Bergen–Oslo '45) 41 S. + 5 Karten (Magnetisk Byrå og Norges Sjøkartverk, Jordmagnetiske publikasjoner, 1); **2** (m. R. Kjær) ('55) 36 S. + 6 Karten (~2). — Universitetet i Bergen. Foredrag på Vestlandske bondestemna, Bergen 1947 (Bergen '47) 16 S. (Vestlandske bondestemna, 20).

Archiv Math. og Naturvid. On the variation of the barometer effect of the hard cosmic ray component with zenith angle [5]): **44** ('41) 99–104. — The energy spectrum of the hard cosmic ray component in different directions and the lifetime of the mesotron [12]): 123–36.

Bergens Museums Årbok, Naturvit. Rekke Die Schauerbildung durch die Mesotronenkomponente der Ultrastrahlung: **1939** ('40) Nr. 8, 13 S. — Neutral mesotrons in cosmic rays? [1]): **1942**, Nr. 5, 11 S. — The scattering of mesotrons in lead [5]): **1943**, Nr. 7, 9 S. — Isomeric nuclei: Nr. 10, 27 S. — Excitation of metastable nuclear states with 1500 kV x-rays [5]): **1945**, Nr. 7, 23 S. — On the soft component of cosmic rays: **1946/47** ('48) Nr. 4, 24 S.

Årbok, Univ. Bergen, Naturvit. Rekke Changes in cosmic ray intensity associated with air pressure, height of the 100 mb level and magnetic storms: **1949** ('50) Nr. 3, 17 S. — The angular distribution of the neutrons from the reaction $^{7}Li(d,n)^{8}Be$ and the energy levels in ^{8}Be [4])[3]): **1953**, Nr. 8, 15 S. — On the correlation between the intensity of different components of cosmic rays, the meteorological conditions and magnetic storms: **1954**, Nr. 2, 19 S. — Magnetic and cosmic ray storms: **1959**, Nr. 2, 29 S. — Measurements of cosmic radiation following the solar flare of May 4, 1960 [10]): **1960**, Nr. 16, 9 S. — Intensity increase of different components of cosmic radiation prior to the magnetic storm of May 11, 1959 [10]): **1961**, Nr. 8, 14 S. — Solar-produced cosmic rays following the solar flares of November 12 and 15, 1960 [10]): Nr. 14, 14 S. — The integral spectrum of solar protons measured during a rocket flight from Andøya, Norway, on December 11, 1962 [7]): **1963**, Nr. 22, 14 S. — Solar flares and cosmic ray storms in May and July 1959 [10])[9]): **1964**, Nr. 15, 39 S.

Bull., (Int.) Assoc. terrestr. Magnetism and Electr., Trans. Meeting Report from the work of two Norwegian observatories, Tromsø and Dombås, during the epoch 1939–47: **13** ('50) 187f.

Fysikkens Verden Die kosmische Strahlung: **1** ('39) Nr. 3, 14–36. — Die Hochspannungsanlage beim Haukeland-Krankenhaus in Bergen [14]): **3** ('41/42) 241–73. — Neue isomere Kerne: **5** ('43) 80–96. — Durch harte Röntgenstrahlung hervorgerufene metastabile Zustände in den Atomen: **7** ('45) 202–07. — Kernphotoreaktion des Deuteriums: **13** ('51) 110–. — Der Zusammenhang zwischen der Intensität der kosmischen Strahlung und den meteorologischen Verhältnissen [11]): 165–. — Veränderungen der Intensität der kosmischen Strahlung während magnetischer Stürme: **15** ('53) 184–. — Untersuchungen über die Kernreaktion $^{26}Mg(d,n)^{27}Al$ bei den Deuteriumenergien 1,0 und 6,0 MeV: **18** ('56) 94f. — Veränderungen der Intensität der kosmischen Strahlung und deren Zusammenhang mit magnetischen Stürmen und der Sonnenaktivität: 95–. — Kosmische Strahlung und magnetische Stürme: **20** ('58) 136–. — — Alle Arbeiten norweg.

J. atmospher. and terrestr. Physics Rocket measurements of proton energy spectra and pitch angle distribution in the auroral zone [7]): **28** ('66) 1081–91.

Kongel. norske Vid. Selsk. Forh. Struktur der Rayleighlinien: **5** ('32) 65–68. — Ein neuer Polarisationseffekt bei den Rayleighlinien: 72–75. — Lipochrome in den Fetten mariner Tiere, 1: Die Farbstoffe des Tranes von Regalecus glesne [6])[8]): 114–17; ~ 2: Ein rotgefärbtes Walöl [6])[8]): 118–21. — Intensitätsverlauf und Polarisation der Rayleighlinien: 183–86. — Die Depolarisation der mit Rayleighlinien in Flüssigkeiten verbundenen kontinuierlichen Strahlung: **6** ('33) 169–72. — Zur Struktur der kosmischen Ultrastrahlung, 1: **9** ('36) 77–80; ~ 4: **10** ('37) 137–40. — Über die Häufigkeit der von den Ultrastrahlpartikeln in Blei ausgelösten Schauer: 40–43. — Die Sekundärwirkung der durchdringenden Komponente der Ultrastrahlung [5]): **12** ('39) 15–18. — The shower production by mesotrons: **14** ('41) 63–66.

Kongel. norske Vid. Selsk. Skr. Konfigurative Studien über Zucker und ihre Derivate [8]): **1934**, Nr. 6, 14 S. — Polarisation der Raman-Strahlung und Konstitution der Moleküle: Nr. 9, 19 S. — Raman-Effekt und cis-trans-Isomerie von Wasserstoff- und Deuteriumverbindungen: **1935**, Nr. 29, 14 S. — Studies on the quiet diurnal variation of magnetic elements [13]): **1937**, Nr. 3, 16 S.

Matematisk-fys. Medd., Kgl. danske Vid. Selsk. The beginning of the photon-initiated Rossi curve for Pb, Fe and Al: **20** ('43) Nr. 6, 10 S.

Nature [London] Raman spectra of some deuterium compounds: **135** ('35) 764. — Secondary effects of the hard and soft components of cosmic rays: **141** ('38) 909f. — University of Bergen: **162** ('48) 707f. — Angular distribution of the neutrons from the reaction $^7Li(d,n)^8Be$ [4])[3]): **170** ('52) 1118f.

Naturen Die Nobelpreise für Physik und Chemie 1935: **59** ('35) 353–57. — Die kosmische Strahlung: **60** ('36) 65–73, 99–111. — Atomspaltung und künstliche Radioaktivität: 210–30. — Das Meson – ein neues Elementarteilchen: **64** ('40) 1–10. — Isaac Newton, 1642–1727: **66** ('42) 353–57. — Atomspaltung mit harter Röntgenstrahlung: **67** ('43) 42–51. — Atomspaltung und Freisetzung der Atomenergie: **69** ('45) 250–55. — Die Universität in Bergen: **70** ('46) 289–95. — Die Atomenergie, 1: **72** ('48) 36–49; ~ 2: 68–85. — Max Planck zum 100. Geburtstag: 161–65. — Odd Dahl – der erste Doctor honoris causa der Universität in Bergen: **76** ('52) 290–93. — Max Planck, 1858–1947: **82** ('58) 259–65. — — Alle Arbeiten norweg.

Philosophical Mag. The photodisintegration of the deuteron [2])[4])[5]): (7) **42** ('51) 555–65. — The photodisintegration of the deuteron, and measurement of γ-ray energies with photographic emulsions containing heavy water [2])[4])[5]): **43** ('52) 457–66. — An investigation of neutron groups from the reaction $^{10}B(d,n)^{11}C$ at 7.0 MeV deuteron energy [3]): (8) **2** ('57) 138–40.

Physica On the correlation between the cosmic ray intensity and the meteorological conditions [11]): **19** ('53) 636–44. — Time variations of cosmic ray intensity associated with geomagnetic and solar activity: 645–67. — Observations of cosmic radiation following the solar flare of February 23, 1956 [11]): **22** ('56) 579–83. — Energy and angular distribution of neutrons from the reaction $^{26}Mg(d,n)^{27}Al$ [3]): 1155.

Publikasjoner norske Inst. kosmisk Fysikk Results from the magnetic station at Dombås, 1934–1936 (φ = 62°04'.7 N, λ = 9°05'.8 E) [13]): Nr. **13** ('38) 7 + 23 S.; ~ 1937 and 1938 [13]): Nr. **18** ('40) 7 + 28 S.; ~ 1939 [13]): Nr. **20** ('41) 8 + 32 S.; ~ 1940 and 1941 [13]): Nr. **23** ('44) 8 + 52 S.; ~ 1942 and 1945 [13]): Nr. **28** ('49) 12 + 71 S.

Z. Physik Das Rotationsramanspektrum von O_2 bei hohem Druck: **84** ('33) 282–88. — Raman-Effekt und Konstitution der Moleküle, 6: Ramanfrequenzen in CH_2Cl_2 und ihre Polarisation; Polarisation der Flügel der Rayleighlinien: **88** ('34) 226–34; ~ 7: Depolarisation der Raman-Frequenzen cis- und trans-isomerer Verbindungen; Raman-Frequenzen in CH_2Br_2 und ihre Polarisation: **90** ('34) 133–37. — Raman-Effekt und freie Drehbarkeit [, 1]: **93** ('35) 624–28; Polarisation der Raman-Strahlung und Konstitution der Moleküle, 2: **98** ('36) 672–83. — Über das Streuspektrum von CD_2Br_2: **100** ('36) 250–52. — Zur Struktur der kosmischen Ultrastrahlung, 2: **102** ('36) 691–96; ~ 3: **105** ('37) 341–47. — Sekundärwirkungen der weichen und der durchdringenden Komponente der Ultrastrahlung: **111** ('38) 338–44. — Sekundärwirkung der Mesonenstrahlung: **113** ('39) 582–86.

Z. physik. Chem., Abt. B Dispersion und Rotationsdispersion einfacher Zuckerderivate [8]): **28** ('35) 135–53.

Ferner eine Arbeit im Rahmen der Berichte des Norwegischen Raumforschungskomitees: "The flux and integral spectrum of solar protons 100–120 km above sea level measured during a rocket flight" (m. F. Søraas) ['63?]. — Eine Karte der magnetischen Mißweisungen in Norwegen ('46).

Mit: [1]) T. Bjordal; [2]) W. M. Gibson; [3]) A. Graue; [4]) T. Grotdal; [5]) J. J. Orlin; [6]) S. Schmidt-Nielsen; [7]) F. Søraas; [8]) N. A. Sørensen; [9]) J. Stadsnes; [10]) T. Svanes; [11]) H. Trefall; [12]) H. v. Ubisch; [13]) K. F. Wasserfall; [14]) O. Dahl.

VI **TRYHORN,** Frederick Gerald. Chem. (physik.). — 1928–46 Prof., Univ. College, Hull, Yorkshire; '46–58 Dir., Forensic Sci. Labor., Nottingham → ('52) Wakefield → ('54) Harrogate; '58–63 Forensic Sci. Adviser, Home Office, London.
* 1893;
† 1972, April 17.

J. crimin. Law and Criminol. The examination of glass: **30** ('39/40) 404–19.

Nature [London] An apparatus for eluting and concentrating chromatogram spots [1]): **178** ('56) 1180. — Absorption of zinc phosphide particles [1])[2]): **184** ('59) 642f.

Trans. Faraday Soc. Adsorption of saturated vapors by porous substances. Experimental methods [3]): **28** ('32) 158–61.

Mit: [1]) A. S. Curry; [2]) D. E. Price; [3]) W. F. Wyatt.

VI **TSCHAKALOFF,** Ljubomir → VI **ČAKALOV,** Ljubomir

V, VI **TSCHELINZEFF,** Wladimir → V, VI **ČELINCEV,** Vladimir Vasil'evič

VI **TSCHERNING,** Marius Hans Erik. Ophthalmol. — 1910–24 Prof., Univ. København; '10–24 Oberarzt u. Dir. d. ophthalmol. Dienstes, '25– weitere Forschungstätigk., Reichshospital København. — 1891 Prix Barbier (Acad. Sci. Paris); 1893 Prix Meynot (Acad. de Méd., Paris); 1892 Ritter u. 1936

Kommandeur 2. Grades d. Dannebrog-Ordens, '23 Ehrenzeichen d. Dannebrogmänner (Dänemark); 1899 Chevalier de la Légion d'Honneur (Frankreich); 1922 Offizier d. St.-Olav-Ordens (Norwegen); '22 Medaille d. Roten Kreuzes 2. Kl. (Polen).

* 1854, Dez. 11, Østrup pr. Odense, Fyn;
† 1939, Sept. 1, København.

Nekr. *H. Boegehold, Z. ophthalmol. Opt. **27** ('39) 130–33. — *E. Holm, Acta ophthalmol. [København] **17** ('39) 359–66 (m. Bildn. u. Schr.-verz.). — *L. Maggiore, Annali Ottalmol. e Clinica oculist. **67** ('39) 953f. — *A. Polack, Annales Oculistique **177** ('40) 179–87 (m. Bildn. u. Schr.verz.). — Revue Opt. théor. et instrument. **19** ('40) 77.

Zur Biogr. *J. Petersen, Dansk biografisk Leksikon **24** ('43) 353–55.

Zur Autobiogr. Erindringer: Bibliotek Læger **132** ('40) 137–84.

Zum 100. Geb.tag *E.-H. Schmitz, Augenoptiker **1954** Nr. 12, S. 12.

Archives Ophtalmologie Les verres photométriques: **51** ('34) 337–47.

VI **TSCHERNJAJEW,** I. I. → VI **ČERNJAEV,** Il'ja Il'ič

V, VI **TSCHERNY,** Sergius → V, VI **ČERNYJ,** Sergej Daniilovič

V, VI **TSCHITSCHIBABIN,** Alexei Eugeniewitsch → V, VI **ČIČIBABIN,** Aleksej Evgen'evič

VI **TSUBOI,** Chûji. Geophysik, Geod. — 1923–26 Stud., '26–28 Research Assist. at Earthquake Research Inst., '28–41 Assoc. Prof., '34 D.Sc., '41–63 Prof., '61–63 Dean of Fac. of Sci., '63 Prof. Emer., Univ. of Tokyo; '63–82 Project Supervisor, Japan Soc. for Promotion of Sci.; '49–56 Chairman, Geodet. Commiss. of Japan; '50–63 Chairman of Nation. Committee for Geod. and Geophysics, Science Council of Japan; '63–68 Senior Specialist and Library Counsellor, Nation. Diet Library; '68–82 Dir., Council on Language Teaching Developm. — '46 3rd Order of Merit of the Sacred Treasure, '72 2nd Order of Merit of the Rising Sun (Japan Governm.); '52 Academy Prize (Japan Acad.); '55 Asahi Cultural Prize (Asahi Press).

* 1902, Sept. 9, Tokyo;
† 1982, Nov. 19, Tokyo.

Zur Biogr. Leopoldina (3) **8/9**, 1962/63 ('65) 85.

Nekr. J. geod. Soc. Japan **28** ('82) Nr. 3. — Kagaku [Tokyo] **53** ('83) Nr. 2.

H. Gendai no shizenkan, **2**: Chikyû no kôsei [The modern view of nature, **2**: Constitution of the earth] (Tokyo '61); Neuaufl.: ('69).

HZ. (Redakt.) J. Physics Earth [Tokyo] **1** ('52)–**19** ('71).

S. Proc. 5th Pacific science congress, Victoria and Vancouver, B.C., 1933 **3** (Ottawa '34) 2337–39: On the modes of crust deformation as detected by means of precise geodetic surveys [9]). — Contributions in geophysics in honor of Beno Gutenberg (H. Benioff u. a.) (London–NewYork '58) (International series of monographs on earth sciences, 1) 87–112: On seismic activities in and near Japan. — Slabye zemletrjasenija [Minor earthquakes] (Ju. V. Rizničenko) (Moskva '61) 160–64: Earthquake energy, volume of focal region, aftershock area, and strength of the earth's crust; 334–42: Relationship between magnitude and frequency of earthquakes in Japan and vicinity; 365–71: Energy of earthquakes of Japan and adjacent areas; 372–79: A new formula connecting magnitude and number of earthquakes. Alle Beiträge russ.

W. Jûryoku [Gravity] (Tokyo '35), Neuauflagen: ('48) 6 + 301 + 11 S., ('79) [Erscheinungsjahre unsicher]. — Chikyû butsurigaku [Geophysics] (Tokyo '40), Neuauflagen: ('66) 10 + 234 S., ('78) [~]. — Jishin no hanashi [Talk about earthquake] (Tokyo '41), Neuauflagen: ('49) 5 + 173 S., ('67) [~]. — Shindôron [Theory of vibration] (Tokyo '43) 2 + 7 + 512 S. (Ôyô sûgaku [Angewandte Mathematik], 16); Neuaufl.: ('76). — Kôtô gakkô no kagaku: chigaku [Science for the high school: Geography] (m. Seitaro Tsuboi, M. Kaburagi) (Tokyo '49) 8 + 247 S. — Prediction of earthquakes; progress to date and plans for further development (m. K. Wadati, T. Hagiwara) (Earthquake Prediction Research Group) (Tokyo '62) 21 S. — Suri no megane [Physical mathematics] (Tokyo '68) 269 S.; Neuaufl.: ('76). — Chikyu wa ikite iru [The earth is in action] (Tokyo '70) 144 S. (Kyôyô kôza shirîzu, 11). — Rikigaku monogatari [The story of mechanics] (Tokyo '70) 272 S.

Astronomical Herald [Tokyo] On isostasy of the earth's crust: **34** ('41) 1–13 [japan.].

Bull. Earthquake Res. Inst., Tokyo imp. Univ. Investigation on the deformation of the earth's crust in the Tango district connected with the Tango earthquake of 1927, 4: **10** ('32) 411–34. — Investigation on the deformation of the earth's crust in Idu Peninsula connected with the Idu earthquake of Nov. 26, 1930: 435–48. — Comparison of the modes of the vertical deformations of the earth's crust in the same district during different intervals: 570–96. — Notes on the mechanical strength of the earth's crust: **11** ('33) 275–77. — Vertical crustal displacement in the seismic region of Itô, on the east coast of the Idu Peninsula: 488–99. — The most suitable formula for the Japanese gravity values: 632–38. — Undulatory deformation of the earth's crust along the coast of the Japan Sea: **12** ('34) 174–94. — Transient motions of a pendulum caused by an external vibration with sudden or gradual commencement: 426–44. — Notes on the undulatory deformation of the earth's crust: 657–59. — Supplementary notes on the most suitable formula for the Japanese gravity values [1]): **13** ('35) 555–57. — Recent changes in area of the base line rhombus at Mitaka: 558–61. — Arrangement of microcrystals of calcium carbonate in some fossil shells, Glycymeris yoessensis Sowerby [3]): 660–64. — Relations between gravity values and corresponding subterranean mass distribution[, 1] [1]): **15** ('37) 636–49; Relation between gravity anomalies and the corresponding subterranean mass distribution, 2 [1]): **16** ('38) 273–84; ~ 3: **17** ('39) 351–84; ~ 4: Isostasy in the United States of America [6])[10])[17]): **17** ('39) 385–410; ~ 5: Isostatic anomalies and the undulation of the isostatic geoid in the United States of America: **18** ('40) 384–400; ~ 6 [18]): **19** ('41) 26–38; ~ 7: **20** ('42) 30–39; ~ 8: 419–30. — The deflections of the vertical, the undulation of the geoid and gravity anomalies: **15** ('37) 650–53. — The water surface of a lake as an indicator of crustal deformation: 935–43. — A simple method of approximately determining the thickness of the isostatic earth's crust: **16** ('38) 285–87. — A problem of weighted mean: **19** ('41) 458–75 [m. japan. Zusammenfassg.]. — Secular deformations of the base line rhombus at Mitaka in relation to seismic activities in the vicinity: 559–78. — Measurement of strain of a wooden house during earthquakes [10]): **20** ('42) 291–95. — Variation in the terrestrial magnetism and age of the moon [10])[8]): 297–315. — Dependence of the oscillation period of gravity pendulums on amplitude: **21** ('43) 236–42 [japan.]. — Density of the material underlying the earth's crust: **22** ('44) 105–09 [~].

Bull. Earthquake Res. Inst., Tokyo imp. Univ., Suppl. Vol. Gravity survey along the lines of precise levels throughout Japan by means of a Worden gravimeter [4])[14]), 1: Shikoku district: **4**, Nr. 1 ('53) 45 S.; ~ 2: Chugoku district: Nr. 2 ('54); ~ 3: Supplement to the previous report of the gravity survey in Shikoku: ibid.; ~ 4: Map of Bouguer anomaly distribution in Japan based on approximately 4.500 measurements: Nr. 3 ('54); ~ 5: Kinki district: Nr. 4 ('54); ~ 6: Chubu district: Nr. 5 ('55); ~ 7: Tôhoku district: Nr. 6 ('56); ~ 8: Kanto district: Nr. 7 ('56) 407–74; ~ 9: Kyûshû district: Nr. 8 ('56) 475–552.

Bull. geol. Soc. America Crustal structure in northern and middle California from gravity-pendulum data: **67** ('56) 1641–46.

Ergebn. kosm. Physik Deformations of the earth's crust as disclosed by geodetic measurements: **4** ('39) 106–68.

Geophysical J. roy. astron. Soc. Numerical tables useful for studying the gravitational field at higher elevations of the earth: **4** ('61) 73–82.

Geophysical Notes, Tokyo Univ. A simple method for expanding an arbitrary function into a zonal harmonic series [13]): **[1]** ('46/48) Nr. 1, 8 S. — Passive seismicity index number in Japan and vicinity: Nr. 12, 5 S. — Undulation of the isostatic geoid in the East Indies as calculated from gravity anomalies: Nr. 40, 5 S. — Frequency distribution of P–S duration times in relation to geographical distribution of earthquake origins: Nr. 41, 6 S. — Apparent change in inclination of the base line rhombus at Mitaka: **2** ('49) Nr. 1, 7 S. — Passive seismicity index number for destructive earthquakes in Japan: Nr. 2, 5 S. — The direct and indirect methods for determining the thickness of the isostatic earth's crust: Nr. 4, 6 S. — On seismic activities, 1: **3** ('50) Nr. 4, 22 S. — Thickness of the isostatic earth's crust in various parts of the United States of America: Nr. 5, 37 S. — Dependence of the isostatic depth on the horizontal scale of the topographies to be compensated: Nr. 6, 4 S. — Is the condition $\Sigma(\text{isostatic anomaly})^2$ = a minimum a good criterion for determining the thickness of the isostatic earth's crust?: Nr. 7, 9 S. — A simple instrument useful for finding the angular distance of a point (φ, λ) from a fixed point (φ_0, λ_0) on the earth's surface: **4** ('51) Nr. 4, 3 S. — Determination of the Richter-Gutenberg's instrumental magnitudes of earthquakes occurring in and near Japan: Nr. 5, 10 S. — Upward continuation of gravitational potential and force for a spherical earth: **14** ('61) Nr. 1, 7 S. [japan. m. engl. Zusammenfassg.].

Gerlands Beitr. Geophysik Report on the activity of the Earthquake Research Institute, Tokyo Imperial University, 4: During the second half of 1930: **35** ('32) 113–22; ~ 5: During the year of 1931: **37** ('32) 418–28; ~ 6: During the year of 1932: **41** ('34) 387–96.

J. geod. Soc. Japan Deflection of the vertical from gravity anomalies by use of Bessel functions: **1** ('54) Nr. 1, 25–28. — Anomalies of $\partial g/\partial z$: **2** ('55)

Nr. 1, 21–26. — Upward continuation of gravitational potential and force for a spherical earth: **6** ('60) Nr. 3, 78–84. — — Alle Arbeiten japan.

J. Physics Earth [Tokyo] Magnitude-frequency relation for earthquakes in and near Japan: **1** ('52) Nr. 1, 47–54. — Retarded photographic recording of earthquake motions: 55f. — The first and second vertical derivative of gravity [7]): Nr. 2, 95f. — Anomalies of the vertical gradient of gravity associated with anomalies of gravity: 97–100. — A simple method for calculating the deflection of the vertical from gravity anomalies, with its applications to 16 selected stations in USA [2]): **2** ('54) Nr. 2, 45–54. — Earthquake energy, earthquake volume, aftershock area, and strength of the earth's crust: **4** ('56) Nr. 2, 63–66. — Energy accounts of earthquakes in and near Japan: **5** ('57) Nr. 1, 1–8. — The relation between the Fourier series method and the $\frac{\sin x}{x}$ method for gravity interpretations [15]): **6** ('58) Nr. 1, 1–6. — Numerical tables facilitating three dimensional gravity interpretations [11])[16]): 7–14. — Earthquake province – domain of sympathetic seismic activities: 35–49. — A new formula connecting magnitude and number of earthquakes: Nr. 2, 51–55. — Time rate of energy release by earthquakes in and near Japan; its general uniformity and variability: **12** ('64) Nr. 2, 25–36.

Japanese J. Astron. and Geophysics Investigation on the deformation of the earth's crust found by precise geodetic means: **10** ('33) 93–248.

Jishin Relation between gravity and the subterranean mass distribution [1]): **9** ('37) 261–75, 346–49. — Gravity measurements by means of shortwave wireless communication [1]): 546–60. — Relation between gravity anomalies and the corresponding subterranean mass distribution, 3 [1]): **10** ('38) 47–59. — Hypotheses of Airy and Pratt on isostasy: 109–13. — A simple device for obtaining a uniform rotation: **12** ('40) 303–09. — A problem of weighted mean: **13** ('41) 137–49. — Some properties of a physical pendulum [10]): 187–91. — A precise recording drum for the seismometer [4])[10]): 367–71. — A method of representation of the forced oscillation: **14** ('42) 76–81. — The motion of a seismometer pendulum subjected to the damping which is proportional to its absolute velocity [10]): 103–08. — A new shifting device of a recording drum [4])[10]): 209f. — Calculation of gravity due to a two dimensional mass with any cross section: **15** ('43) 167–74. — Frequency distribution of P–S duration times in relation to geographical distribution of earthquake origins: (2) **1** ('48) 8–11. — Optimum number of levers for obtaining a given magnification in a mechanical seismometer: **4** ('51) 2–31. — A device for preventing the jumping of smoke seismograph recording pen: **5** ('52) 32–34. — Determination of the Gutenberg-Richter magnitude of earthquakes occurring in and near Japan [3]): **7** ('55) 185–93. — Earthquake energy, earthquake volume, aftershock area, and strength of the earth's crust: **9** ('56) 76–80. — Energy accounts of earthquakes in and near Japan: 229–34. — On the magnitudes of earthquakes: **10** ('57) 6–23. — — Alle Arbeiten japan., (meist?) m. engl. Zusammenfassg.

Kagaku [Tokyo] Geoid in Japan: **3** ('33) 494f. — Arrangement of micro crystals in fossil shells: **5** ('35) 277f. — Gravity anomalies and the corresponding subterranean mass distribution: **8** ('38) 503–08. — Physical properties of the earth's crust: **11** ('41) 470–509, 510–13. — Fourier analysis by the Simpson's 1/3 rule: **12** ('42) 335–37; **13** ('43) 16f. — Stresses in the earth's crust: 435–38. — On energy of the earthquakes: **18** ('48) 339–45, 392–97. — — Alle Arbeiten japan.

Nature [London] Aikitu Tanakadate †: **170** ('52) 692f.

Ôyô Butsuri Relation between gravity and the subterranean mass distribution: **6** ('37) 212–15 [japan.].

Proc. imp. Acad., Tokyo Vertical crustal displacement in the seismic region of Itô, on the east coast of the Idu Peninsula: **9** ('33) 258–61. — On the possibility of taking gravity measurements at sea on board an ordinary vessel: 374–77. — Undulatory deformation of the earth's crust along the Japanese sea coast of Honsyû, the main island of Japan: **10** ('34) 76–78. — Improved apparatus for taking gravity measurements at sea on board an ordinary vessel: 640–42. — Arrangement of microcrystals of calcium carbonate in some fossil shells, Glycymeris yoessensis [3]): **11** ('35) 195–97. — Gravity anomalies and the corresponding subterranean mass distributions: **14** ('38) 170–75. — Isostasy and maximum earthquake energy: **16** ('40) 449–54.

Proc. Japan Acad. Gravity measurements along the lines of precise levels over whole Japan by means of Worden gravimeter [4])[14]), 1: Shikoku island: **29** ('53) 235–38; ~ 2: Chugoku district: 311–15; ~ 3: Kinki district: 316–20; ~ 4: Tôhoku district: Nr. 9; ~ 5: Chubu district: 550–55; ~ 6: Kanto district: 556–60; ~ 7: Kyushu district: **30** ('54) 594–98. — A study of the anomalies in the vertical gradient of gravity with the aid of the Bessel-Fourier series: 453–60. — A new and simple method for calculating the deflections of the vertical from gravity anomalies with the aid of the Bessel-Fourier series: 461–66. — Upward and downward continuation of gravity values based on the cylindrical coordinate system: **37** ('61) 37–41. — Continuous measurements of gravity on board a moving surface ship [15])[5]): 571–76. — Duration of energy radiation from an earthquake source volume [12]): **39** ('63) 667–70. — Calculations of Bouguer anomalies with due regard to the anomaly in the vertical gravity gradient: **41** ('65) 386–91. — Time rate of earthquake energy release in and near Japan: 392–97. — A theoretical derivation of the magnitude–energy equation of earthquakes, log E = aM + β: 588–92.

Publ. Bur. centr. séismol. int., Sér. A Earthquake epicenters, volcanoes and gravity anomalies in and near Japan: **19** ('54) 243–47.

Rep., Inst. Geod., Photogrammetry and Cartogr., Ohio State Univ. Applications of Fourier series for computing gravity anomalies and other gravimetric quantities at any elevation from surface gravity anomalies: Nr. **1** ('59) 20 S. — Application of double Fourier series to computing gravity anomalies and other gravimetrical quantities at higher elevation from surface gravity anomalies: Nr. **2** ('59) 17 S. — Application of $\frac{\sin x}{x}$ and other similar functions to computing gravity anomalies at higher elevations, starting from given surface gravity anomalies: Nr. **3** ('59) 18 S. — Weight function method for computing gravity anomalies at higher elevations, starting from given surface gravity anomalies: Nr. **4** ('59) 15 S. — Upward continuation of gravity values based on the cylindrical coordinate system: Nr. **16** ('61) 19 S.

Seismological Bull. centr. meteorol. Observat. Japan The catalogue of major earthquakes which occurred in Japan (1885–1950): **2.** 1952 ('53) 99–184 [Zitat (Jahrgang) unsicher].

Verhandelingen nederl. geol.-mijnbouwkund. Genotsch., Geol. Ser. Crustal structure along a certain profile across the East Indies as deduced by a new calculation method: **18** ('57) 287–94.

Ferner eine Tafel zur Berechnung geographischer Längen ('44). — "Report on the geodetic work [in Japan?] executed in 1938–1948", Bericht beim 8. Kongreß der Internationalen Union für Geodäsie und Geophysik, Oslo 1948. — Mitarbeit an [Band 10?] einer von Yoishi Yoshida herausgegebenen Sammlung wissenschaftlicher Schriften "Zoku kagaku zuihitsu zenshu" (Tokyo '68). — Vermutlich weitere Zeitschriftenartikel in japan. Sprache.

Mit: [1]) T. Fuchida; [2]) A. Hayatu; [3]) M. Hirata; [4]) A. Jitsukawa; [5]) H. Kanamori; [6]) T. Kaneko; [7]) M. Katô; [8]) T. Kuwabara (= T. Abe); [9]) N. Miyabe; [10]) S. Miyamura; [11]) C. H. G. Oldham; [12]) M. Otsuka; [13]) M. Sugiura; [14]) H. Tajima; [15]) Y. Tomoda; [16]) V. B. Waithman; [17]) T. Yabashi; [18]) S. Yamaguchi.

VI **TSUJI,** Masatsugu. Math. — 1916–19 Stud. at College of Sci., '19–22 Postgrad. Stud. at Graduate School, '27–36 Assist. Prof., '33 D.Sc., '37–55 Prof., '55 Prof. Emer., (Imp.) Univ. Tokyo; '22–27 Prof., First Higher School, Tokyo; '55–59 Prof., St. Pauls Univ., Tokyo; '59–60 Prof., Nihon Univ., Tokyo; '47–48 Pres., Math. Soc. of Japan. — '42 3rd Order of the Sacred Treasure (Japan Governm.).

* 1894, Juli 11, Mie Prefecture;

† 1960, März 6, Tokyo.

Gedenkband Japanese J. Math. **29** ('59); darin Biogr. vor S. 1 (m. Bildn. u. Faks.), Schr.verz. S. 185–89 (14 + 138 Nrn.).

MHZ. (Chefredakt.) Japanese J. Math. 1940–1943.

W. Shûgôron [Mengenlehre] (Tokyo '33). — Fukuso hensû kansû ron [Theorie der Funktionen komplexer Veränderlicher] (Tokyo '34). — Chôwa kansû ron [Theorie harmonischer Funktionen] (Tokyo '35). — Ta fukuso hensû ron [Theorie der Funktionen mehrerer komplexer Veränderlicher] (Tokyo '35). — Kaiseki zatsu ron [Analysis] (Tokyo '35). — Kaiseki kikagaku [Analytische Geometrie] (m. T. Hirano) (Tokyo '49) 2 + 7 + 258 S. — Bekutoru [Vektoren] (m. K. Takano) (Tokyo '49) 83 S. — Kôtô bibun sekibun gaku [Differential- und Integralrechnung für Fortgeschrittene], **1** (Tokyo '50). — Gendai no sûgaku [Moderne Mathematik] (m. S. Iyanaga[?]) (Tokyo '50). — Jitsu hensû kansû ron [Theorie der Funktionen reeller Veränderlicher] (Tokyo '50). — Kôtô sûgaku tsû ron [Einführung in die höhere Mathematik] (m. T. Tanaka) **1** (Tokyo '51) 226 S.; **2** ('51) 264 S. — Kôtô sûgaku enshû [Übungen zur höheren Mathematik] (m. T. Tanaka) (Tokyo '52). — Kansû ron [Funktionentheorie] **1** (Tokyo '52) 238 S.; **2** ('60) 230 S. — Potential theory in modern function theory (Tokyo '59) 8 + 590 S. — Daigaku enshû sûgaku ron [Übungen zur Mathematik an Universitäten] (m. Y. Komatsu) (Tokyo '59). — Shin sankakuhô [Neue Trigonometrie] (m. T. Hirano) (Tokyo '59).

Commentarii math. Univ. Sancti Pauli [Tokyo] On the modulus of a ring domain: **4** ('55) 1–3. — On the cluster set of a meromorphic function: 5–9. — Remark on my former paper "On an extension of Löwner's theorem": 109f. — A metrical theorem on conformal mapping: 111f. — Littlewood's theorem on subharmonic functions in a unit circle: **5** ('56) 3–16. — Analogue of Blichfeldt's theorem for Fuchsian groups: 17–24. — On the moduli of closed Riemann surfaces: 25–28. — A simple proof of Bieberbach-Grunsky's theorem: 29–32. — A simple proof of a theorem of Erdős and Gillis on the transfinite diameter: 115–21. — Solution of Neumann's problem without use of integral equation: 123–27. — On a Riemann surface, which is conformally equivalent to a Riemann surface with a finite spherical area: **6** ('57) 1–7. — On Abelian and Schottkyan covering surfaces of a closed Riemann surface: 9–28. — On a theorem of Fenchel on the total curvature of a closed curve: 29–32. — On Hardy-Littlewood's maximal theorem: 33–42. — On the capacity of a set in the space of regular functions and its applications: **7** ('59) 1–12. — Huber's theorem on analytical mappings of a ring domain in a ring domain: **8** ('60) 41–43. — Behnke-Stein's theorem on the existence of a basic differential on a compact Riemann surface with boundary curves: 45–51. — A theorem on the boundary behaviour of a meromorphic function in $|z| < 1$: 53–55. — Some metrical theorems on Fuchsian groups [2]): 57–62. — On a Fuchsian group whose fundamental domain contains no circular arc of $|z| = 1$ on its boundary [2]): 77–79.

J. Fac. Sci., Univ. Tokyo, Sect. I On Ahlfors' theorems on covering surfaces: **6** ('49/53) 319–28.

J. math. Soc. Japan A remark on Schottky's theorem: **1** ('49/50) 266–69. — On removable singularities of an analytic function of several complex variables: 282–86. — Change of variables in the multiple Lebesgue integrals: **2** ('50/51) 48–56. — On Baire's theorem concerning a function f(x, y), which is continuous with respect to each variable x and y: 210–12. — A deformation theorem on conformal mapping: 213–15. — On the remainder term of Nevanlinna's second fundamental theorem: **4** ('52) 31–36. — Fundamental theorems in potential theory: 70–95. — Theorems in the geometry of numbers for Fuchsian groups: 189–93. — Myrberg's approximation theorem on Fuchsian groups: 310–12. — On the uniform distribution of numbers mod. 1: 313–22. — On a direct transcendental singularity of an inverse function of a meromorphic function: **5** ('53) 75–80. — On the converse of Abel's theorem: 81–85. — On the capacity of general Cantor sets: 235–52. — On lattice points in an n-dimensional ellipsoid: 295–306. — On the exceptional set of a certain harmonic function in a unit sphere: 307–20. — On criteria for the regularity of Dirichlet problem: 321–44. — On Royden's theorem on a covering surface of a closed Riemann surface: **6** ('54) 32–36. — A metrical theorem on the singular set of a linear group of Schottky type: 115–21. — On Neumann's problem for a domain on a closed Riemann surface: 122–28. — The boundary distortion on conformal mapping: 235–61. — On the radial order of a certain regular function in a unit circle: 336–42. — A simple proof of Dirichlet principle: **7** ('55) 67–75. — On a positive harmonic function in a half-plane: 76–78. — Function of U-class and its applications: 166–76. — A remark on my former paper "Theory of Fuchsian groups": 202–07. — Hopf's ergodic theorem on Fuchsian groups: 276–89. — Borel's direction of a meromorphic function in a unit circle: 290–311. — Canonical product for a meromorphic function in a unit circle: **8** ('56) 7–21.

Japanese J. Math. On analytical transformations of a Reinhardt's domain into itself: **9** ('32/33) 219–26. — On Fatou's theorems on Poisson integrals: **15** ('38/39) 13–18. — On the limits of indetermination of bounded harmonic functions: 19–26. — On the theorems of Valiron and Milloux: 255–67. — On a positive harmonic function in a half-plane: 277–85. — On the determination of the singular point on the half-line through the center of the convergence circle: 303–06. — On the measure of section of the integral curves [1]): **16** ('39/40) 71–78. — On Lindelöf's theorem in the theory of differential equations: 149–61. — A theorem on conformal representation: **17** ('40/41) 97–108. — On Tonelli's theorems on a sequence of rectifiable curves: 401–10. — On the Green's function: **18** ('41/43) 379–83. — Nevanlinna's fundamental theorems and Ahlfors' theorem on the number of asymptotic values: 675–708. — Theory of conformal mapping of a multiply connected domain, 1: 759–75; ~ 2: 977–84; ~ 3: **19** ('44/48) 155–88. — On the boundary value of a harmonic function in space: 111–37. — Theory of meromorphic functions in a neighbourhood of a closed set of capacity zero: 139–54. — On Hopf's ergodic theorem: 259–84. — On the integral representation of unitary and self-adjoint operators in Hilbert space: 287–97. — On Löwner's differential equation in the theory of univalent functions: 321–41. — On the Green's function associated with a Fuchsian group: 371–82. — On a system of total differential equations: 383–93. — On Blichfeldt's theorem in the geometry of numbers: 427–31. — Some metrical theorems on Fuchsian groups: 483–516. — Theory of Fuchsian groups: **21** ('51) 1–27. — On an integral equation with a kernel $K(x, y) \in L^p$ $(1 < p \leqq 2)$: **23** ('53) 1–14. — On Dirichlet- and Neumann-problem with integrable boundary values: 15–37.

Kôdai math. Semin. Rep. Some metrical theorems on Fuchsian groups: **2** ('50) 89–93. — On Borel's directions of meromorphic functions of finite order, 2: 96–100; ~ 3: 104–08. — On the compactness of space L^p $(p > 0)$ and its application to integral equations: **3** ('51) 33–36. — A theorem of Bloch type concerning the Riemann surface of an algebraic function of genus $p \geqq 0$: 77f. — Maximal continuation of a Riemann surface: **4** ('52) 55f. — A remark on Rengel's theorem concerning Szegő's conjecture: **5** ('53) 117f. — On a non-negative subharmonic function in a half-plane: **8** ('56) 134–41.

Kôsû kenkyû Über die Häufungspunkte analytischer Funktionen: **3** ('38/39) [oder **4** ('39/40)?] Nr. 8, 1–4 [japan.] [Zitat unsicher].

Nagoya math. J. Some theorems on open Riemann surfaces: **3** ('51) 141–45. — Theory of meromorphic functions on an open Riemann surface with null boundary: **6** ('53) 137–50.

Proc. imp. Acad., Tokyo On the behaviour of an inverse function of a meromorphic function at its transcendental singular point, 1: **17** ('41) 414–17; ~ 2: 474f.; ~ 3: **18** ('42) 132–39. — On an extension of Bloch's theorem: 170f. — On a theorem of F. and M. Riesz: 172–75. — On Green's lemma: 176–78. — On the behaviour of a meromorphic function in the neighbourhood of a closed set of capacity zero: 213–19. — On an extension of Löwner's theorem: 220f. — On the zeros of the Riemann zeta-function: 631–34. — On the cluster set of a meromorphic function: **19** ('43) 60–65. — On the uniform distribution of values of a function mod. 1: 66–69. — Some metrical theorems on a set of points: 110–13. — On the domain of existence of an implicit function defined by an integral relation G(x, y) = 0: 235–40. — On the Riemann surface of an inverse function of a meromorphic function in the neighbourhood of a closed set of capacity zero: 257f. — On non-prolongable Riemann surfaces: 429f. — On conformal mapping of an infinitely multiply connected domain: **20** ('44) 3–6. — On Hopf's ergodic theorem: 640–47. — Some metrical theorems on Fuchsian groups: **21** ('45) 104–09. — On the boundary value of a bounded analytic function of several complex variables: 308–12. — Algebraic equations whose roots lie in a unit circle or in a half-plane: 313–20. — On a regular function whose real part is positive in a unit circle: 321–29.

Proc. Japan Acad. Wiman's theorem on integral functions of order <1/2: **26** ('50) 117–30.

Rigaku Über algebraische Gleichungen, die Wurzeln in der Halbebene und im Einheitskreis besitzen: **1** ('46) 8–13 [japan.].

Sûgaku Theorie der Fuchsschen Gruppen: **4** ('53) 193–205 [japan.].

Tôhoku math. J. On Borel's directions of meromorphic functions of finite order [, I]: (2) **2** ('50) 97–112. — Beurling's theorem on exceptional sets: 112–25. — On positive definite sequences and functions: 142–65. — On meromorphic functions with essential singularities of logarithmic capacity zero: **3** ('51) 1–6. — A deformation theorem on conformal mapping: 7–12. — A theorem on the majoration of harmonic measure and its applications: 13–23. — On a regular function which is of constant absolute value on the boundary of an infinite domain: 24–38. — On the uniformization of an algebraic function of genus p ≧ 2: 277–81. — On the order of the derivative of a meromorphic function: 282–84. — Existence of a potential function with a prescribed singularity on any Riemann surface: **4** ('52) 54–68. — On F. Riesz' fundamental theorem on subharmonic functions: 131–40. — An extension of Bloch's theorem and its applications to normal family: 203–05. — On covering surfaces of a closed Riemann surface of a genus p ≧ 2: **5** ('53) 185–88.

Mit: [1]) S. Kakeya; [2]) S. Shimada.

VI **TSUJIMOTO,** Mitsumaru. Chem. (angew. org.). — 1901–40 Techn. Expert ('30–40 on a free-lance base), Tokyo Industr. Exper. Stat. — '20 Acad. Prize (Imp. Acad., Tokyo).
* 1877, Dez. 4, Tokyo;
† 1940, Apr. 24, Tokyo.

Bull. chem. Soc. Japan On the occurrence of a hydrocarbon in Ishinagi liver oil: **6** ('31) 237–39. — On the unsaponifiable matter of calamary oil: 289–93. — On the dibasic acids in Japan wax: 325–27. — On the dibasic acids in a few sumach berry waxes: 337–41. — On Nigaki oil [1]): **8** ('33) 161–67. — On basking-shark liver oil: **10** ('35) 144–48. — On a new hydrocarbon in basking-shark liver oil: 149–53. — [Studies on the composition of Japan wax, 4:] On the fat acids of Japan wax: 212–19.

Chemische Umschau Geb. Fette, Öle, Wachse u. Harze Über ein Haifischleberöl mit niedriger Jodzahl: **39** ('32) 50–52.

Fettchemische Umschau Über das Körperöl von "Aburazamé": **42** ('35) 69f.

J. chem. Soc. Japan Liver oils of two large basking sharks caught in Toyama Bay: **55** ('34) 699–701 [japan.]. — A new hydrocarbon in basking shark, 1: 702–[~].

J. Soc. chem. Industry, Japan; Suppl. Binding On a new unsaturated acid in the kernel oil of "Akarittom", Parinarium laurinum, 1 [1]): **36** ('33) 110B–113B; ~ 2 [1]): 673B–675B. — On the oil of "Karasumi": 676B. — On the fatty substances of shell-fish, 1: The fatty substances of Asari, Shijimi, Karasugai and Hamaguri [1]): **37** ('34) 81B–85B; ~ 2: The fatty substances of ear and top shells [1]): 85Bf.; ~ 3: The fatty substances of oyster, and four other shell-fish [1]): 436B–439B; ~ 4: The fatty substances of Kumanokogai and Shako [1]): **38** ('35) 118B–120B. — Whale-shark liver oil [1]): 271Bf. — Shark-liver oils: 272Bf. — Man-eating shark-liver oil: **39** ('36) 82Bf. — Naming of the highly unsaturated acid of the kernel fat of "Akarittom", Parinarium laurinum: 116Bf. — Japanese olive oil [1]): 135Bf. — On some ray-liver oils: 397B. — On the liver oils of some deep-sea fish [1]): 397Bf. — On a few marine animal oils: **40** ('37) 184B–186B. — On the distillation of sperm head oil under reduced pressure, 1 [1]): 191B–193B. — On the distillation of pilot-whale head oil under reduced pressure [1]): 272B–274B. — On the distillation of sperm-blubber oil under reduced pressure [1]): 315B–317B. — On shark-liver oils: 365B. — On the distillation of Inguanda-ramé and Karasumi oils under reduced pressure [1]): 403B–405B. — Distillation of bottlenose oil under reduced pressure [1]): **41** ('38) 41B–43B. — On cycad seed and Nigaki fruit-coat oils [1]): 319Bf. — On a few aquatic animal oils [1]): 320Bf. — On the unsaturated alcohols of Karasumi oil: 322B. — On the octadecenol of bottlenose oil: 410Bf. — Studies on the composition of Japan wax, 5: On the glyceride of the dibasic acids: **42** ('39) 22Bf. — Studies on bamboo-leaf waxes, 1: The leaf wax of "Nemagari-daké", Sasa peniculata: 396B. — On the liver oils of some terrestrial animals [1]): 421Bf. — Occurrence of linolenic acid in the leaves of land plants: **43** ('40) 208Bf.

J. Soc. chem. Industry, Trans. The liver oils of elasmobranch fish: **51** ('32) 317T–323T; **52** ('33) 90T.

Mit: [1]) H. Koyanagi.

VI **TUCKER,** Stanley Horwood. Chem. (org.). — 1921–54 Senior Lecturer, Univ. of Glasgow.

* 1892, März 17, Launceston, Cornwall;

H. *C. Buchanan u. a., Separation and identification of organic compounds [3](London '57).

W. Organic chemistry. Electronic theory and reaction mechanism (m. R. I. Reed) (London '56, NewYork '57) 8 + 108 S. — An electronic outline of organic chemistry (London '59) 478 S.

Analyst Generator for "air-free" carbon dioxide (or hydrogen): **64** ('39) 410–15; **75** ('50) 170f. — Improved generator for air-free carbon dioxide or hydrogen: **67** ('42) 320. — A mercury-pressure safety valve: **79** ('54) 55.

Chemical Reviews The chemistry of fluoranthene [22]): **50** ('52) 483–538.

Chemistry and Industry A laboratory steam trap: **20** ('42) 194. — A dry hydrogen chloride generator: **1949**, 904f. — An improved steam trap: **1953**, 292.

J. appl. Chem. Preparation of 1-chloro-2,6-dinitrobenzene [12]): **2** ('52) 204–08.

J. chem. Educat. Lost centenary: Lassaigne's test for N; identification of nitrogen, sulphur, and halogens in organic compounds: **22** ('45) 212–15. — Device preventing delay of boiling during distillation: **26** ('49) 546. — Catalytic hydrogenation with Raney nickel: **27** ('50) 489–93. — A constant-temperature heater: **30** ('53) 634.

J. chem. Soc., London The dicarbazyls, 4: Synthesis of 1,1'-dicarbazyl [16]): **1933**, 1520–23; ~ 5: Synthesis of 3,9'-dicarbazyl [18]): 1523–25; ~ 6: Synthesis of 1,1'-dicarbazyl [7])[16]): **1934**, 1672–78. — The condensation of fluorene with acetone, 2 [9])[17]): **1937**, 1739–45; ~ 3: Formation of fluoranthene derivatives [9])[8]): **1945**, 7–10; ~ 4: Synthesis of 2,4-dimethylfluoranthene [8]): **1948**, 1137–41; ~ 5: Contrasting reactions of 9-fluorenylmagnesium bromide and of 9-fluorenyllithium with α,β-unsaturated ketones [22]): **1949**, 50–55; ~ 6: Methylated di- and tetrahydrofluoranthenes; synthesis of 1,2,3-trimethylfluoranthene [22]): 632–35. — Attempts to prepare optically active trivalent nitrogen compounds, 1: Syntheses of 1,9-phenylenecarbazole and derivatives [7]): **1939**, 1945–56; ~ 2: 1,9-(2',3',4',5'-tetrahydrophenylene)carbazole [19]): **1943**, 659–61; ~ 3: Attempted resolution of 6-substituted 1,9-phenylenecarbazoles (3-substituted indolo[3,2,1-jk]carbazoles) [3]): **1958**, 2750–55. — Graebe-Ullmann synthesis of carbazole derivatives [19])[4]): **1942**, 500–04. — Oxidation of diphenylamine and of its N-derivatives, 1: Oxidation of $> N \cdot CH_2R$ to $> N \cdot COR$ [8])[15]): **1946**, 454–56; ~ 2: Oxidation of the benzyl group of some benzylamines and benzyl ethers to benzoyl [8])[22]): **1951**, 303–05. — Syntheses of fluoranthenes, 1: Michael addition of fluorene and of methyl 9-fluorenecarboxylate to crotonitrile; syntheses of 2-methyl- and of 2,4-dimethylfluoranthene: **1949**, 2182–86; ~ 2: Michael addition of vinyl cyanide to fluorene-9-carboxylic esters [5]): 2623–26; ~ 3: Cyclization of arylbutadienes; syntheses of 1,3-dimethyl- and 1,2,3-trimethylnaphthalene [22])[8]): 3194–99; ~ 4: 10- and 11-substituted fluoranthenes [22]): 3213–16; ~ 5: 11-Methoxyfluoranthene [13]): **1950**, 3286–88; ~ 6: Utilization of the Mannich reaction [20]): 3288–92; ~ 7: 1,2; 5,6-Dibenzopyracylene [20]): **1951**, 2936–39; ~ 8: 2,3-Benzofluoranthene [20]): 2939–41; ~ 9: 3-Methylfluoranthene: **1952**, 803–07; ~ 10: 10-Methylfluoranthene: Correction of its melting point [22]): 3187–89; ~ 11: Iodination of tetrahydrofluoranthenes, leading to the syntheses of 3-methyl-1,2; 5,6-dibenzapyracylene [1]): 3870–74; ~ 12: Spectroscopic examination of fluoranthene derivatives [20]): **1954**, 227–33; ~ 13: Synthesis of benzo[1,2-a,3,4-a']- and of benzo[1,2-a,4,5-a']-diacenaphthylene: **1958**, 1462–65; ~ 14: Synthesis of 3-methoxyfluoranthene [14])[21]): 2794–97.

J. Pharmacol. and exper. Therapeut. The antiseptic action of carbazole-3-diazonium chloride and certain other diazonium compounds. Preparation of carbazole-3-diazonium chloride [2])[11]): **54** ('35) 353–57.

Nature [London] Bis-peri-phenylenenaphthalene [23])[20]): **166** ('50) 1075f.

Organic Syntheses 1-Chloro-2,6-dinitrobenzene [12]): **32** ('52) 23f.

Recueil Trav. chim. Pays-Bas Derivatives of triaza-indolizines [6])[10]): **69** ('50) 343–50. — Derivatives of tetraza-indolizines [6])[10]): 1201–06.

Mit: [1]) J. M. Beaton; [2]) C. H. Browning; [3]) C. Buchanan; [4]) J. M. L. Cameron; [5]) A. Campbell; [6]) J. W. Cook; [7]) H. G. Dunlop; [8]) J. Forrest; [9]) H. France; [10]) R. P. Gentles; [11]) R. Gulbransen; [12]) F. D. Gunstone; [13]) J. Hawkins; [14]) A. E. Jemmett; [15]) D. A. Liddell; [16]) T. F. Macrae; [17]) P. Maitland; [18]) M. C. Nelmes; [19]) R. W.G. Preston; [20]) H. W. D. Stubbs; [21]) I. Wellings; [22]) M. Whalley; [23]) E. Clar.

V, VI **TUCKER,** Richard Hawley. Astron. — 1911–26 Astronomer, Lick Observat., Mount Hamilton, Calif.

* 1859, Okt. 29, Wiscasset, Me.;
† 1952, März 31, Palo Alto, Calif.

Nekr. *R. F. Sanford, Publ. astron. Soc. Pacific 65 ('53) 16–18. — *J. Stebbins, Yearb., Amer. philos. Soc. **1952**, 343–47.

Astronomical J. The parallactic motion from A. G. zones: **44** ('35) 188–90.

Astronomische Nachr. Brightness and distribution of southern stars: **249** ('33) 189–96.

Popular Astron. The parallactic motion from stars of the San Luis Catalogue: **42** ('34) 6–13.

Proc. amer. philos. Soc. Standard photometric and visual scales of magnitude: **72** ('33) 351–54.

VI **TUCKERMAN,** Louis Bryant. Physik, Ingenieurwesen. — 1919–21 Assoc. Engr. Physicist, '21–25 Engr. Physicist, '25 Scientist, '25–28 Senior Scientist, '28–36 Principal Scientist, '36–49 Principal Physicist, '25–49 Assist. Chief of Divis. of Mech. and Sound, '21–49 Chairman of Educational Committee, Nation. Bur. of Standards, Washington, D.C.; '27–31 Secretary, '31–33 Manager, '34 Pres., Washington Acad. of Sci.; '29–39 Secretary, Optical Soc.; '32 Pres., Washington Philos. Soc. — '35 John Price Wetherill Medal (Franklin Inst., Philadelphia, Pa.); '49 Gold Medal (U.S. Departm. of Commerce).

* 1879, Sept. 26, West Williamsfield, O.;
† 1962, Febr. 4, Briarcliff, N.Y.

Erfindungen Tuckerman optical lever system; Tuckerman optical strain gage; Fabric tension meter.

Bildn. J. Washington Acad. Sci. **23** ('33) nach S. 226.

Zur Biogr. Bull. amer. ceram. Soc. **21** ('42) Nr. 3, 36–39 (m. Bildn. u. Schr.verz.).

Nekr. *D. B. Judd, J. opt. Soc. America **52** ('62) 612. — J. Washington Acad. Sci. **52** ('62) 74. — Physics today **15** ('62) 107.

S. University training for the national service. Proc. of a conference, Minneapolis, Minn., 1931 (Minneapolis, Minn. '32) 204–31: Professional employment in the Bureau of Standards and its relation to university training. — The National Geographic Society – U.S. Army Air Corps stratosphere flight of 1934 in the balloon "Explorer" (Washington, D. C. '35) (National Geographical Society, Contributed technical papers, Stratosphere ser., 1) 71–82: Report of the Joint Board of Review appointed to investigate the causes of the accident to the balloon "Explorer" [2])[6])[14])[12]). — The National Geographic Society – U.S. Army Air Corps stratosphere flight of 1935 in the balloon "Explorer II" (Washington, D.C. '36) (~ 2) 250–58: Ballast requirements and performance of the stratosphere balloon "Explorer II" [10])[16]). — Proc. 5th International congress for applied mechanics (J. P. DenHartog, H. Peters) Cambridge, Mass., 1938 (NewYork–London '39) 198–: The "pack" test for determining the compressive stress–strain graphs for thin-wall material [1]).

American J. Physics Misconceptions in mathematics and physics – what shall we do about them?: **12** ('44) 75–.

American math. Monthly Mathematical snapshots: **58** ('51) 708f.

Annals math. Statistics On the mathematically significant figures in the solution of simultaneous linear equations: **12** ('41) 307–16.

ASTM Bull. Significance of tests [5]): Nr. **99** ('39) 11f.

Bur. Standards J. Res. A method of exciting resonant vibrations in mechanical systems [4])[3]): **10** ('33) 659f. — Test of a flat steel-plate floor under loads [11])[9]): **12** ('34) 363–77. — A propeller-vibration indicator [4]): 537–42.

J. Res. nation. Bur. Standards Heterostatic loading and critical astatic loads. A generalization of Southwell's method for the analysis of experimental observations in problems of elastic instability: **22** ('39) 1–18. — Tensile and compressive properties of some stainless-steel sheets [1])[10])[15]): **28** ('42) 499–567.

J. opt. Soc. America On the intensity of the light reflected from or transmitted through a pile of plates: **37** ('47) 818–25.

J. Washington Acad. Sci. From material to structure: **23** ('33) 225–46.

NACA Rep. The "pack" method for compressive tests of thin specimens of materials used in thin-wall structures [1]): Nr. **649** ('39) 12 S.

Philosophical Mag. J. Sci. New contributions to interferometry: (7) **35** ('44) 211.

Proc. amer. Soc. Testing Mater. Discussion on "Thermal effects in deformation": **32** ('32) Pt. 2, 594–604. — Aircraft: Materials and testing (Edgar Marburg Lecture): **35** ('35) Pt. 2, 3–46.

Quarterly appl. Math. Multiple reflections by plane mirrors: **5** ('47) 133–48.

Review sci. Instruments Note on the method of least squares and the thermoelectric power of rhodium [13]): **9** ('38) 237–41.

Science [USA] Regular polyhedroids: **88** ('38) 216. — Fire hazard in sterilization by diethylene glycol: **93** ('41) 257.

Mit: [1]) C. S. Aitchison; [2]) L. J. Briggs; [3]) H. B. Brooks; [4]) H. L. Dryden; [5]) W. E. Emley; [6]) J. O. LaGorce; [7]) —; [8]) —; [9]) W. R. Osgood; [10]) W. Ramberg; [11]) A. H. Stang; [12]) W. F. G. Swann; [13]) H. T. Wensel; [14]) O. Westover; [15]) H. L. Whittemore; [16]) F. D. Swan.

VI **TUMARKIN,** Lev Abramovič. Math. (Topol.). — Bis 1925 Stud., '25–29 Aspirant, '29–32 Assist., '32– Prof., einige Jahre Dekan d. mech.-math. Fak., Staatl. Univ. Moskva. (⊠)

* 1904, Jan. 14 (1), Gadjač, Gouv. Poltava;

† 1974, Aug. 1.

Zum 60. Geb.tag *P. S. Aleksandrov, *A. N. Kolmogorov, Usp. mat. Nauk **19** ('64) Nr. 4, 219–21 (m. Bildn. u. Schr.verz. 19 Nrn.).

Nekr. *P. S. Aleksandrov, *N. V. Efimov, *E. G. Skljarenko, Usp. mat. Nauk **30** ('75) Nr. 3, 151–53 (m. Bildn.).

S. Trudy 3-go Vsesojuznogo matematičeskogo s-ezda [Arbeiten des 3. Mathematischen Unionskongresses], Moskva 1956 **2** (Moskva '56) 136: Über metrische Universalräume [russ.]. — General topology and its relations to modern analysis and algebra. Proc. of the Symposium, Prague 1961 (Praha '62) 352f.: Concerning infinite-dimensional spaces. — General topology and its relations to modern analysis and algebra, **3**: Proc. of the 3rd Prague topological symposium 1971 (Praha '72) 441 f.: Über den Urysohn-Durchmesser der n-dimensionalen euklidischen Sphäre [russ.] [1]). — Proc. International symposium on topology and its applications, Herceg-Novi 1968 (Beograd '69) 310–16: Über die Durchmesser von Kompakta [russ.] [1]).

Dokl. Akad. Nauk SSSR Über unendlichdimensionale Cantorsche Mannigfaltigkeiten: **115** ('57) 244–46 [russ.].

Usp. mat. Nauk Über Überdeckungen eindimensionaler Kompakta: **6** ('51) Nr. 4, 213 [russ.].

Vestn. mosk. Univ. Über Überdeckungen eindimensionaler Kompakta: **3** ('51) 3–14. — Über rationale eindimensionale Kompakta: **8** ('53) Nr. 8 (Ser. fiziko-mat. i estestvenn. Nauk, Nr. 5) 73–78. — Über einen metrischen Universalraum für Kompakta: **11** ('56) Nr. 2 (~ 1) 15–19. — — Beide Arbeiten russ.

Vestn. mosk. Univ. Ser. I Sur la décomposition des espaces en une somme dénombrable d'ensembles de dimension nulle: **15** ('60) Nr. 1, 25–32 [russ. m. französ. Zusammenfassg.]. — On strongly and weakly infinite-dimensional spaces: **18** ('63) Nr. 5, 24–27 [russ. m. engl. Zusammenfassg.]. — Sur les constantes d'Urysohn d'espaces métriques compacts de dimension infinie: **21** ('66) Nr. 3, 67–72 [russ. m. französ. Zusammenfassg.]. — Sur un lemme et les ensembles de première et de seconde catégorie au sens généralisé: **26** ('71) Nr. 6, 48–50 [~].

Mit: [1]) V. M. Tichomirov.

V, VI **TURNBULL,** Herbert Westren. Math. — 1911–13 Lecturer, Univ. of Cambridge and Univ. of Liverpool, '13–15 acting Warden of Church Mission Society Hostel and Lecturer, Univ. of Hong Kong; '16–19 Assist. Math. Master, Repton; '19–21 H. M. Inspector of Schools; '21–50 Regius Prof., '50 Prof. Emer., United College of St. Salvator and St. Leonard, Univ. of St. Andrews; '26–27, '33–34, '50–51 Pres., Edinburgh Math. Soc.; '48–50 Pres., Scottish Mountaineering Club. — '52 Hon. LL.D. (Univ. of St. Andrews). — '09 Smith's Prize (Univ. of Cambridge); '25 Keith Medal, '44 Gunning Victoria Jubilee Prize (Roy. Soc. Edinburgh).

* 1885, Aug. 31, Tettenhall, Wolverhampton;

† 1961, Mai 4, Grasmere.

Zur Biogr. Mathematics at St. Andrews: Prof. H. W. Turnbull, F. R. S.: Nature [London] **166** ('50) 633.

Nekr. *A. C. Aitken, Biographical Mem. Fellows roy. Soc. **8** ('62) 149–58 (m. Bildn., Faks., Schr.verz.); Nature [London] **191** ('61) 223; Yearb. roy. Soc. Edinburgh **1960/61** ('62) 47–49. — *W. Lederman, J. London math. Soc. **38** ('63) 123–28 (m. Schr.verz.). — *D. E. Rutherford, Proc. Edinburgh math. Soc. **13** ('63) 273–76.

H. James Gregory. Tercentenary memorial volume, containing his correspondence with John Collins and his hitherto unpublished mathematical manuscripts, together with addresses and essays communicated to the Royal Society of Edinburgh 1938 (London '39); darin eig. Beiträge: V–VII:

Preface; 1–15: James Gregory (1638–1675); 16–24: Mathematicians of the seventeenth century; 25–27: The mathematical discoveries of James Gregory; 28–44: Contents of letters and manuscripts; 454–59: The published works of James Gregory: The "Optica promota"; 459–65: ~: The "Exercitationes geometricae". — The correspondence of Isaac Newton, **1**: 1661–1675 (NewYork–Cambridge '59); **2**: 1676–1687 ('60); **3**: 1688–1694 ('61).

MH. University of St. Andrews. James Gregory tercentenary. Record of the celebrations held in the University Library July 5th 1938 (St. Andrews '39); darin eig. Beitr. S. 5–11: James Gregory (1638–1675).

HZ. Proc. Edinburgh math. Soc. **43** ('24) ff.

S. Newton tercentenary celebrations, 15–19 July 1946 (Royal Society of London) (Cambridge '46) 62–72: Newton, the algebraist and geometer. — *J. F. Scott, A history of mathematics, from antiquity to the beginning of the nineteenth century (London '58) I–X: Foreword.

W. An introduction to the theory of canonical matrices (m. A. C. Aitken) (London–Glasgow '32) 13 + 192 S., Neudrucke: ('45), ('48); [2]('52) 13 + 200 S.; [3](New York '61) 13 + 200 S. — The great mathematicians [2](London '33) 8 + 128 S.; [3]('41) 8 + 128 S.; [4]('51) 12 + 128 S., Neudrucke: (New York '61), (London '62) 15 + 141 S. — Theory of equations (Edinburgh '39) 12 + 152 S.; [2](Edinburgh–London–NewYork '44) 12 + 162 S.; [3](Edinburgh–NewYork '46) 12 + 166 S.; [4](Edinburgh–London–NewYork '47) 12 + 166 S.; [5](Edinburgh–NewYork '52) 12 + 166 S. — The theory of determinants, matrices, and invariants [2](London–Glasgow '45) 16 + 368 S., Neudrucke: ('46), ('48), ('50); [3](New York '60) 18 + 374 S. — The mathematical discoveries of Newton (London–Glasgow '45) 6 + 68 S., Neudruck: ('47). — Bi-centenary of the death of Colin Maclaurin (1698–1746), mathematician and philosopher, professor of mathematics in Marischal College, Aberdeen (1717–1725). Lecture in the University of St. Andrews, 1947 (Aberdeen '51) 20 S. (Aberdeen University studies, 127).

American math. Monthly Colin Maclaurin: **54** ('47) 318–22.

Canadian J. Math. Note upon the generalized Cayleyan operators: **1** ('49) 48–56.

Edinburgh math. Notes Collapsible circular sections of quadric surfaces: **32** ('41) 16–19. — On certain modular determinants: 23–30. — D'Arcy Wentworth Thompson, 1860–1948: **38** ('52) 17f. — J. Williamson †: 23f. — A. R. Richardson †: **40** ('56) 31f.

J. Glasgow math. Assoc. Colin Maclaurin: **1** ('53) 95–110.

J. London math. Soc. Duncan McLaren Young Sommerville: **9** ('34) 316–18. — Thomas Muir: **10** ('35) 76–80. — Alfred Young, 1873–1940: **16** ('41) 194–208. — Note on the simultaneous system of two quadratic quaternary forms: **22** ('47) 147–52, 163–65. — Cuthbert Edmund Cullis †: **30** ('55) 252–55. — Archibald Read Richardson †: **31** ('56) 376–84. — Philip Worsley Wood (Addendum): **34** ('59) 487.

Mathematical Notes Note on continued fractions and the sequence of natural numbers: **27** ('32) IX–XIII, XVI–XIX. — Quadrics associated with a Möbius hexad: **29** ('35) I–VI. — An elementary derivation of the exponential limit and Euler's constant: XXI–XXV. — Bideterminants: **30** ('37) XV–XXI.

Nature [London] D. M. Y. Sommerville †: **133** ('34) 522f. — Prof. J. E. A. Steggall (1855–1935): **137** ('36) 14. — James Gregory (1638–1675): **142** ('38) 57f. — The discovery of the infinitesimal calculus: **167** ('51) 1048–50.

Obituary Notices Fellows roy. Soc. London Sir Thomas Muir (1844–1934): **1** ('32/35) 179–84. — Edwin Bailey Elliot (1851–1937): **2** ('36/38) 425–31. — Alfred Young: **3** ('39/41) 761–77.

Observatory James Gregory (1638–1675): **61** ('38) 268–74.

Philosophical Trans. roy. Soc. London, Ser. A The geometry of matrices: **239** ('46) 233–67.

Proc. Cambridge philos. Soc. Diagonal matrices: **29**.1932/33 ('33) 347–72. — Geometrical properties of three symmetric matrices: **31** ('35) 174–82.

Proc. Edinburgh math. Soc. James Gregory (1638–1675): A study in the early history of interpolation: (2) **3** ('33) 151–72. — Duncan M'Laren Young Sommerville: **4** ('34/35) 57–60. — On the reduction of singular matrix pencils: 67–76. — The projective invariants of four medials: **7** ('42) 55–72. — Symmetric determinants and the Cayley and Capelli operators: **8** ('48) 76–86.

Proc. London math. Soc. The invariant theory of general bilinear form: (2) **33** ('32) 1–19. — Power vectors: **37** ('34) 106–46. — On the equivalence of pencils of Hermitian forms: **39** ('35) 232–48. — Hereditary matrices [2]): **41** ('36) 57–76. — The critical concomitants of bilinear forms: **49** ('46) 99–127.

Proc. roy. Soc. Edinburgh Matrices and continued fractions[, 1]: **53**.1932/33 ('34) 151–63; ~ 2: 208–19. — Sir Thomas Muir (1844–1934): **54**.1933/34 ('35) 210–12. — Duncan M'Laren Young Sommerville (1879–1934): 220f. — The invariant theory of the correlation: **55**.1934/35 ('36) 27–41. — Bertram Martin Wilson: 176f. — The revised prepared system of the quadratic complex: **56**.1935/36 ('37) 38–49. — John

Edward Aloysius Steggal: 284f. — The revised complete system of a quadratic complex: **57**.1936/37 ('38) 155–62.

Proc. roy. Soc. Edinburgh, Sect. A Clebsch-Aronhold symbols and the theory of symmetric functions [1]): **63**.1949/52 ('52) 155–73.

Research [London] Mathematics in the larger context: **3** ('50) 197–201.

Mit: [1]) A. H. Wallace; [2]) J. Williamson.

VI **TURNER,** Bird Margaret. Math. — 1923–25 Assist. Prof., '25–31 Assoc. Prof., '31–47 Prof., '47 Prof. Emer., College of Arts and Sci., West Virginia Univ., Morgantown, W. Va.

* 1877, Apr. 18, Moundsville, W. Va.;
† 1962, Sept. 5, Moundsville, W. Va.

VI **TURNER,** Eustace Ebenezer. Chem. (org.). — 1910–13 Stud., '13 D.Sc., '13–14 postgrad. Stud., East London College (→ Queen Mary College), '14–15 Lecturer, Goldsmith's College, Univ. of London; '16–19 Assist. (mainly for warfare research) to Sir William Pope, Univ. of Cambridge; '19–21 Lecturer, Univ. of Sydney; '21–23 Chemist, Research Departm. of Royal Arsenal, Woolwich; '23–28 Senior Lecturer at Queen Mary College, '28–44 Reader and Head of Departm. of Org. Chem. at Bedford College, '44–60 Prof., '46–60 Head of Departm. of Chem. of Bedford College, '60 Prof. Emer., Univ. of London; '60–66 Research Dir., Biorex Laboratories, Ltd., London. — Freeman of the City of London.

* 1893, Mai 22, London;
† 1966, Sept. 8, Tonbridge, Kent.

Zur Biogr. Nature [London] **184** ('59) 1913.

Nekr. *D. M. Hall, Chemistry in Britain **3** ('67) Nr. 2, 74f. (m. Bildn.). — *M. M. Harris, Chemistry and Industry **1966**, 1953–55 (m. Bildn.); Nature [London] **212** ('66) 779f. — *C. K. Ingold, Biographical Mem. Fellows roy. Soc. **14** ('68) 449–67 (m. Bildn., Faks., Schr.verz.).

S. Proc. of the General discussion on lubrication and lubricants, Institution of Mechanical Engineers, London 1937 (London '38) Group II, 100–06: Aero-engine lubrication and the performance of modern oils [24]). — Chemistry of carbon compounds (E. H. Rodd) **1A** (Amsterdam–Houston,Tex.–London–NewYork '51) 107–56: Stereochemistry of carbon compounds. — Steric effects in conjugated systems. Proc. of a symposium [of the Chemical Society], Hull 1958 (G. W. Gray) (London '58) 1–7: Configuration and steric effects in conjugated systems.

W. First report on hydrocarbon syntheses (m. H. J. Shine) (Institute of Petroleum, Hydrocarbon Research Group) (London '46) 101 S. + 7 Diagramme. — Organic chemistry (m. M. M. Harris) (London '52) 11 + 904 S.

Annual Rep. Progr. Chem. Organic chemistry: Heterocyclic division: **31** ('34) 255–84; Stereochemistry: **32** ('35) 243–49; Heterocyclic compounds: 330–59; Stereochemistry: **33** ('36) 228–45; Heterocyclic compounds: 367–70; Alkaloids: 370–81; Vitamin B_1 (aneurin) and thiochrome: 381f.; Stereochemistry [22])[28]): **43**.1946 ('47) 155–67.

Biographical Mem. Fellows roy. Soc. John Theodore Hewitt, 1868–1954: **1** ('55) 79–99. — Joseph Kenyon, 1885–1961: **8** ('62) 49–66.

Chemistry and Industry The configuration of the tervalent nitrogen atom [35]): **17** ('39) 582. — Asymmetric solvent action: **1950**, 777. — The preparation of optically active 9,10-dihydro-3,4; 5,6-dibenzphenanthrene [19]): **1953**, 1177. — The stereochemistry of 2,2'-bridged diphenyls [3])[19])[28]): **1955**, 1745.

J. amer. chem. Soc. Five new tertiary carbinols and four new aliphatic hydrocarbons [41]): **71** ('49) 2589.

J. chem. Physics Absolute configuration of optically active molecules [31]): **18** ('50) 156f.

J. chem. Soc., London Catalytic dehalogenation by tetrahydronaphthalenes in presence of copper [28]): **1932**, 281–85. — Orientation effects in the diphenyl [biphenyl] series, 10: The quantitative nitration of 4,4'-dichloro- and 4,4'-dibromo-diphenyl and of 4-chloro-4'-bromodiphenyl [40]): 285–97; ~ 11: A study of the quantitative mono- and dinitration of 4,4'-difluorodiphenyl [40]): 509–13; ~ 12: The mono- and the dinitration of 4,4'-dimethyldiphenyl [34]): 2391–94; ~ 13: The nitration of the four 2-halogeno-4,4'-dimethyldiphenyls [34]): **1937**, 266–71; ~ 14: The thermal decomposition of some "diazoperbromides" [30]): **1955**, 1274–77; ~ 15: Derivatives of 2,2'-bitolyl and of 2,4,2',4'-tetramethylbiphenyl [17])[30]): **1960**, 4587–90. — The configuration of phthalylbenzidine: **1932**, 1294f. — The quantitative nitration of p-chloro- and p-bromo-toluene [40]): 1884–88. — The stereochemistry of 2,2'-disubstituted diphenyls, 1: The optical resolution of phenyl benzidine-2,2'-disulphonate [28]): 2021–26; ~ 2: The optical resolution of diphenyl-2,2'-disulphonic acid [28]): 2394–96; ~ 3: The optical resolution of o-[2-dimethylaminophenyl]phenyltrimethylammonium iodide [40]): **1933**, 135–40; ~ 4: The diphenates of the cinchona alkaloids [28]): **1934**, 347–50. — The optical activity of a diphenyl derivative, the dissymmetry of which is caused by the space effect of only one group [28]): **1933**, 1588–92. — The nitration of some aryloxy-2- and -4-methylquinones. Syntheses of substances having possible antimalarial action [36]): **1934**, 856–60. — The action of Grignard reagents on 4-diphenylyl piperidinomethyl ketone and on N-methylcinchotoxine [14]): 869–72. — The configuration of heterocyclic compounds, 1: The optical resolution of 10-methylphenoxarsine-2-carboxylic acid [28]): 1170–74; ~ 2: Some phenoxarsonium salts [28]): **1935**, 1051f.; ~ 3: The optical resolution of 10-ethylphenoxarsine-2-carboxylic acid [28]): 1268f.; ~ 4: The optical resolution of 10-phenylphenoxarsine-2-carboxylic acid [28]): **1936**, 730f.; ~ 5: Thianthren and phenoxthionine derivatives [5])[28]): **1937**, 444–46; ~ 6: An examination of derivatives of selenoxanthone and phenoxselenine [42]): **1938**, 29–36; ~ 7: Some derivatives of phenoxtellurine [13]): 37–42; ~ 8: The configuration of anthracene, 9,10-dihydroanthracene, phenazine, 9,10-dimethyl-9,10-dihydrophenazine, thianthren and selenanthren [13])[26])[27]): 404–09. — The racemisation of some D-o(2-dimethylaminophenyl)phenyltrimethylammonium salts [15]): **1937**, 88f. — Some 2,2′-derivatives of diphenyl [15]): 117f. — Aryloxyderivatives of pyrimidines, quinoxalines, and quinolines [29]): 424–27. — Some derivatives of diphenylamine and a new synthesis of N-arylanthranilic acids and of acridones [22]): 1954–59. — Some quantitative aspects of asymmetric transformation [22]): **1938**, 1646–62. — Intramolecular substitution as a means of comparing activating and deactivating effects [35]): **1939**, 1720–24. — The optical activation of acids and a new resolution process depending on it [22]): **1940**, 264–76. — Salts of diphenic acid with optically active bases [28])[45]): **1941**, 257–59. — The mutarotation of ethyl alcoholic solutions of L-menthyl benzoylformate [22]): 538–42. — The interrelation of first- and second-order asymmetric transformations [22]): **1942**, 437–40. — The separation of diastereoisomerides by selective adsorption on optically inactive material [22]): 611f. — Structure and antimalarial activity, 1: Some acridine derivatives [19]): **1945**, 694–99; ~ 2: Isoalloxazines, quinoxalines, and quinoxalocyclopentadienes [19]): 699–702; ~ 3: Some benzimidazoles [19]): **1948**, 1909–11; ~ 4: Benziminazoles and mercaptodihydroglyoxalines [21]): **1950**, 1515–19. — Asymmetric transformations with benzylmalonoanilic acids [16]): **1945**, 843–48. — Partial asymmetric synthesis in a Reformatskij reaction [38]): **1949**, 3365–68. — 9,10-Dihydrophenanthrenes, 1: Formation of 9,10-dihydrophenanthrene from 2,2-disubstituted biphenyls [19])[28]): **1950**, 711–13; ~ 2: 9,10-Dihydro-4,5-dimethoxyphenanthrene [19]): **1951**, 3072–74; ~ 3: Optically active 9,10-dihydro-3,4;5,6-dibenzophenanthrene [19]): **1955**, 1242–51. — The reduction of o-quinones with lithium aluminium hydride [8])[10]): **1950**, 1188–90. — First-order asymmetric transformation arising from solvation [18])[20]): 1753–57. — Structure and amoebicidal activity, 1: Aliphatic diamines [19])[32]): 1842–45; ~ 2: ≈ [19])[32]): **1952**, 149f.; ~ 3: ≈ [19])[32]): 1956f. — Alkali organometal compounds, 1: Reaction of benzyl-sodium with alkyl halides [12]): **1950**, 1975–79; Organometallic compounds of the alkali metals, 2: The metallation and dimetallation of benzene [12]): **1953**, 861–67. — The synthetic application of phenylarsinebis (magnesium bromide), 2: The synthesis and properties of 6-substituted 6-arsa-1,2;3,4-dibenzcyclohepta-1,3-dienes [4])[33]): **1950**, 1923–25. — The optical resolution of (±)-trans-9,10-dihydroxy-9,10-dihydrophenanthrene [8])[10]): 2808–10. — The optical resolution of β-hydroxy-β-phenylbutyric acid [38]): 3694f. — The preparation of some toluene-p-sulphonanilide derivatives. A note on the reactivity of ethylene chlorohydrin [18]): **1951**, 197–99. — The purification of brucine: 842f. — Compounds containing the 2,2,4-trimethylhexyl skeleton [44]): 2543–45; ~ 2 [44]): **1952**, 1761–63; 2543. — Partial asymmetric synthesis with keto esters, 1 [38]): **1951**, 3219–23; ~ 2 [9]): 3223–27; ~ 3 [9])[38]): 3227–29. — The relation between configuration and conjugation in diphenyl derivatives, 1: The enantiomorphism and ultra-violet absorption spectra of some 2,2′-bridged compounds [3])[19])[28]): **1952**, 854–68; ~ 3: The ultra-violet absorption spectra of some 2,2′-bridged compounds with meta-substituents [3])[19])[28])[6]): **1954**, 131–37; ~ 5: 2,2′-Bridged compounds with seven- and eight-membered homocyclic rings [3])[6])[19])[23])[25])[28]): **1955**, 2708–13; ~ 6: Some alkyldiphenyls [17])[19]): **1956**, 2286–90. — The reduction of 3-chlorophthalic acid and of its three methyl esters [7]): **1952**, 5050f. — Optical activity in 1-phenylnaphthalene-2′-carboxylic acid and related compounds [19])[39]): **1954**, 2498–504. — The formation of o-xylene through 4,5-dimethylenecyclohexene [25]): 3885f. — Further studies on unstable optical activity in the N-benzoyldiphenylaminecarboxylic acid series [20])[37]): **1955**, 145–54. — James Frederick Spencer, 1881–1950 [43]): 3311f. — John Theodore Hewitt, 1868–1954: 4493–96. — Diaryl-2,2′-disulphonic acids and related compounds, 1: The diphenyl and the ditolyl series [1]): **1956**, 1665–70; ~ 2: The optical stability of a cyclic 2,2′-thiosulphonate [1]): 3668–73; ~ 3: Optical activity and optical stability in the 1,1′-dinaphthyl series [1]): **1957**, 13–22. — Anomalies in the reduction of 2,2′-diacetyldiphenyl [19])[25])[28]): **1956**, 3475–82. — The isomerisation of the lactone of 2′-(1-hydroxy-1-methylethyl)-diphenyl-2-carboxylic acid [17]): **1957**, 3477–79. — Reduction of cholesteryl benzoylformate (phenylglyoxylate) [2]): **1961**, 168–70. — The hydratropic acids and the related 2-phenylpropanols [2]): 171–73.

J. chem. Soc., London, Suppl. Mutarotation of L-menthyl benzoylformate in alcoholic solutions [18]): Nr. **1** ('49) S169–S177.

J. Inst. Petroleum General introduction to preparation of hydrocarbons [22)28)]: **35** ('49) 590–620. — The synthesis of 2,3,5-trimethylhexane and 2,4,6-trimethylheptane [41)]: **36** ('50) 70–73. — The anomalous reactions of Grignard reagents [41)]: 73–80.

J. roy. Inst. Chem. Schools of chemistry in Great Britain and Ireland, 17: Bedford College, London: **79** ('55) 235–38.

Lancet Glycyrrhetinic acid hydrogen succinate (disodium salt). A new anti-inflammatory compound [11)u.a.)]: **2** ('59) 492f.

Nature [London] Stereochemistry of biphenyl [40)]: **130** ('32) 315. — Asymmetric transformations [22)]: **151** ('43) 391 f. — Grignard compounds as condensing agents [41)]: **158** ('46) 170. — A new route to dihydrophenanthrene [19)]: **163** ('49) 537. — J. T. Hewitt †: **174** ('54) 337.

Proc. chem. Soc., London George Macdonald Bennett, 1892–1959: **1959**, 197–200. — Harry Dugald Keith Drew, 1886–1958: 338f. — Joseph Kenyon, 1885–1961: **1962**, 193–95.

Quarterly Rev., Chemical Soc., London Asymmetric transformation and asymmetric induction [20)]: **1** ('47) 299–330.

Science Progr. [London] Stereochemistry of carbon compounds: **31** ('36) 29–40.

Scientific J. roy. College Sci. Some aspects of the chemistry of biphenyl: **2** ('32) 68–78.

Mit: [1)] W. L. F. Armarego; [2)] S. P. Bakshi; [3)] G. H. Beaven; [4)] M. H. Beeby; [5)] G. M. Bennett; [6)] G. R. Bird; [7)] R. F. Bird; [8)] J. Booth; [9)] D. M. Bovey; [10)] E. Boyland; [11)] H. M. Brown; [12)] D. Bryce-Smith; [13)] I. G. M. Campbell; [14)] B. R. Carpenter; [15)] D. E. Cook; [16)] E. M. Davidson; [17)] P. M. Everitt; [18)] J. Glazer; [19)] D. M. Hall; [20)] M. M. Harris; [21)] A. T. James; [22)] M. M. Jamison; [23)] E. A. Johnson; [24)] O. T. Jones; [25)] J. E. Ladbury; [26)] C. G. LeFèvre; [27)] R. J. W. LeFèvre; [28)] M. S. Lesslie; [29)] D. Lockhart; [30)] S. M. Loh; [31)] K. Lonsdale; [32)] S. Mahboob; [33)] F. G. Mann; [34)] E. E. J. Marler; [35)] J. D. C. Mole; [36)] R. M. Murray; [37)] W. G. Potter; [38)] J. A. Reid; [39)] S. Ridgwell; [40)] F. R. Shaw; [41)] H. J. Shine; [42)] M. C. Thompson; [43)] V. C. G. Trew; [44)] L. Turner; [45)] E. R. Winton.

VI **TURNER,** Hubert Michael. Elektrotechn. — Stud., 1910–12 Assist. Instructor, '15 M.S., Univ. of Illinois, Chicago, Ill.; '12–18 Instructor, Univ. of Minnesota, Minneapolis, Minn.; '18–26 Assist. Prof., '26– Assoc. Prof. → Assoc. Prof. Emer., Yale Univ., New Haven, Conn.; '44 Pres., Inst. of Radio Engrs. — '24 First Prize (New England Convention of Electr. Engrs.). (⊠)
* 1882, Juli 20, Hillsboro, Ill.;
† 1965, Febr. 12.

Proc., Inst. Radio Engr. An electrodynamic ammeter for use at frequencies from one to one hundred megacycles [1)]: **25** ('37) 1367–74.

Mit: [1)] P. C. Michel.

VI **TURNER,** Laurence Beddome. Elektrotechn. — 1904–07 Stud. at King's College, '07–09 Research Assist. to C. E. Inglis, Univ. of Cambridge; '09–10 Engr., Siemens Brothers, London, and Siemens & Halske, Berlin; '10–19 Assist. Staff Engr. → Engr., Post Office; '19–42 Dir. of Studies in Mech. Sci. at King's College, '26–48 Lecturer, '48 [?] Sc.D., '48–51 Reader, '51 Reader Emer., Univ. of Cambridge; Cofounder, '22–23 Chairman, Wireless Sect., Instn. of Electr. Engrs., London. — '08 John Winbolt Prize (Univ. of Cambridge).
* 1886, Apr. 6, Charlton, Kent;
† 1963, Jan. 28, Broxbourne, Herts.

Nekr. *R. L. Smith-Rose, Nature [London] **197** ('63) 1250. — Annual Rep. Council King's College, Univ. Cambridge **1963**, Nov., 17–19.

Electrician Electric thermostats; a study of principles in design; mains-operated isothermal chamber held constant to 0,001 °C: **118** ('37) 647.

J. Instn. electr. Engr. Constant temperature; a study of principles in electric thermostat design, and a mains-operated isothermal chamber constant to 0,001 °C: **81** ('37) 399–422.

J. sci. Instruments A portable low-voltage megohmmeter reading directly from 0.07 to 10,000 megohms: **12** ('35) 355–61. — Voltmeter for A. C. mains fluctuation: **14** ('37) 379–82.

Proc. Cambridge philos. Soc. Self-oscillation in a retroacting thermal conductor: **32** ('36) 663–75.

Proc. Instn. electr. Engr., Part 2 Two electronic resistance or conductance meters: **99** ('52) 209–16.

Wireless Engr. Control of a gas-filled valve through a phase-shifting input valve: **14** ('37) 229–41.

VI **TURNER,** Louis Alexander. Physik. — Until 1920 Stud., Cornell Univ., Ithaca, N.Y.; '20–23 postgrad. Stud., '22–23 Instructor, '25–29 Assist. Prof., '29–44 Assoc. Prof., '44–46 Prof., '64–67 Lecturer with rank of Prof. and Spec. Adviser, Princeton Univ., Princeton, N.J.; '24–25 Nation. Research Council Fellow, Harvard Univ., Cambridge, Mass.; '40–46 Member of staff →

Group Leader → Divis. Head, Radiat. Labor., Massachusetts Inst. of Technol., Cambridge, Mass.; '46–50 Prof. and Head of Physics Departm., State Univ. of Iowa, Iowa City, Ia.; '50–59 Dir. of Physics Divis., '59–64 Deputy Dir., Argonne Nation. Labor., Argonne, Ill. — '48 Presidential Certificate of Merit (U.S.A.).

* 1898, Jan. 1, Cleveland, O.;

† 1977, Juni 15, Princeton, N. J.

MH. Radar scanners and radomes (NewYork '48) (Massachusetts Institute of Technology Radiation Laboratory series, 26).

S. Proc. [2nd] Biannual national nuclear instrumentation symposium, Idaho Falls, Id., 1959, **2** (Pittsburgh, Pa. '59) 65–68: A foil activation analog computer [1])[6]).

American Physics Teacher Review of mechanics, molecular physics, heat, and sound: **5** ('37) 93f. — "b" of the van der Waals equation: 241–43.

American J. Physics Resolving power and the theory of the pinhole camera: **8** ('40) 112–15. — Best definition with the pinhole camera: 365–71. — Maxwell's thermodynamic relations: **17** ('49) 397. — Simplification of Carathéodory's treatment of thermodynamics: **28** ('60) 781–86; ~ 2: **30** ('62) 506–08. — Comments on Buchdahl's treatment of thermodynamics: **29** ('61) 40–44. — Zeroth law of thermodynamics: 71–76. — Further remarks on the zeroth law: **30** ('62) 804–06.

J. chem. Physics Temperature and Carathéodory's treatment of thermodynamics: **38** ('63) 1163–67.

Physical Rev. Optical dissociation of iodine and enhancement of predissociation by collisions: **41** ('32) 627–34. — Coincidences in time in Compton scattering[3])[5]): **50** ('36) 1092. — The ultraviolet bands of magnesium hydride [2]): **52** ('37) 626–30. — The determination of rotational quantum numbers in single Q branches [2]): 630f. — Stepwise fluorescence in mercury–nitrogen mixtures. The 3650 line: 632–37. — The nonexistence of transuranic elements: **57** ('40) 157. — Secondary neutrons from uranium: 334f. — Missing heavy nuclei: 950–57. — Regularities among the heavy nuclei: **58** ('40) 181f. — Radioactive isotopes of vanadium: 679–81. — Atomic energy from ^{238}U: **69** ('46) 366.

Review sci. Instruments An improved balanced circuit for use with electrometer tubes [4]): **4** ('33) 429–33. — On balanced d. c. amplifying circuits: 665–71.

Reviews modern Physics Nuclear fission: **12** ('40) 1–29. — Missing heavy nuclei: **17** ('45) 292–96.

Mit: [1]) J. T. Bracken; [2]) W. T. Harris; [3]) B. Hoffmann; [4]) C. O. Siegelin; [5]) A. G. Shenstone; [6]) R. L. Shipp.

VI **TURNER,** Thomas. Metallurgie. — 1902–26 Prof., '26 Prof. Emer., '26–51 Life Governor, Univ. of Birmingham; '24–26 Pres., Inst. of Metals, London; '24–26 Vice-Pres., Brit. Cast Iron Research Assoc.; '31–51 Hon. Vice-Pres., Iron and Steel Inst., London. — 1883 De la Beche Medal (Roy. School of Mines, London); 1925 Bessemer Gold Medal (Iron and Steel Inst., London); '26 Joseph S. Seaman Gold Medal (Amer. Foundrymen's Assoc.); '27 Oliver Stubbs Gold Medal, '37 E. J. Fox Gold Medal (Inst. of Brit. Foundrymen).

* 1861, Apr. 13, Ladywood, Birmingham;

† 1951, Jan. 31, Leatherhead, Surrey.

Nekr. *G. L. Bailey, Nature [London] **167** ('51) 427. — *D. Hanson, J. chem. Soc., London **1952**, 5056. — Chemistry and Industry **1951**, 114. — Engineer [London] **191** ('51) 195. — Engineering **171** ('51) 197.

J. chem. Soc., London Leonard Archbutt, 1858–1935: **1935**, 859.

V, VI **TURNER,** William Ernest Stephen. Glastechnol. — 1920–45 Prof., '45 Prof. Emer., Univ. of Sheffield; '46–47 Visiting Prof., Univ. of Illinois, Urbana, Ill.; '14– Pres., Sheffield Soc. of Appl. Metallurgy; '16–22, '24–37, '38–46 Hon.Secretary, '22–24, '37–38 Pres., Soc. of Glass Technol.; '33–53 Pres., '53–63 Hon.Pres., Int. Commiss. on Glass; Vice-Pres., Circle of Glass Collectors. — '54 Hon.D.Sc.Tech. (Univ. of Sheffield). — '18 Officer of the Order of the Brit. Empire; '43 Silver Medal (Roy. Soc. of Arts); '54 Commendatore al Merito (Italia); '55 Otto-Schott-Gedenk-Medaille (Deutsche Glastechn. Ges.); '56 Médaille d'argent (Ville de Paris). (⊠)

* 1881, Sept. 22, Wednesbury, Staffs.;

† 1963, Okt. 27, (Derbyshire).

Ehrung Presentation of his portrait to Prof. W. E. S. Turner: J. Soc. Glass Technol. **25** ('41) 79P–. — '66ff.: W. E. S. Turner Memorial Lectures at the University of Sheffield.

Bildnis (Karikatur) *C. E. Weeden, J. Soc. Glass Technol. **39** ('55) 28N.

Zum 70. Geb.tag The celebration of Prof. Turners 70th birthday: J. Soc. Glass Technol. **35** ('51) 73P–106P.

Zur Biogr. *R. W. Douglas, W. E. S. Turner – applied scientist (W. E. S. Turner Memorial Lecture,

1): Glass Technol. **8** ('67) 19–28. — *F. J. Gooding, *E. Meigh, Glass and W. E. S. Turner, 1915–1951 (Sheffield '51) 144 S. (m. Bildn.). — J. Soc. Glass Technol. **39** ('55) 69Nf., 38P. — Nature [London] **155** ('45) 420.

Nekr. *A. W. Chapman, Proc. chem. Soc., London **1964**, 311f. — *R. W. Douglas, Biographical Mem. Fellows roy. Soc. **10** ('64) 325–55 (m. Bildn., Faks., Schr.verz.). — *M. Parkin, Glass Technol. **4** ('63) 166–69. — Glastechnische Ber. **36** ('63) Nr. 11, vor S. 425. — J. opt. Soc. America **54** ('64) 1184. — Materialprüfung **6** ('64) 71.

HZ. Glass Rev. **1** ('24)–**21** ('45). — J. Soc. Glass Technol. **1** ('17)–**35** ('51).

S. Atti del I Congresso internazionale del vetro e della ceramica, Milano 1933 (Milano '34): New methods of investigation of the constitution of glass [vgl. Glashütte **63** ('33) 794]. — Atti del III Congresso internazionale del vetro, Venezia 1953 (Roma '54): Institution and institutional research associated with the glass industry; 704–11: The value of modern technical methods in the study of ancient glasses. — Travaux du IVe Congrès international du verre, Paris 1956 (Paris '57) 468–81: The achievements and limitations of the ancient glassmakers. — Encyclopaedia Britannica; a new survey of universal knowledge **10** (Chicago, Ill.–London–Toronto '57) 398f.: Glass [general]. [Auch in anderen Auflagen]. — 5. Internationaler Glaskongreß, München 1959 (Frankfurt am Main '59) (Glastechnische Ber., Sonderband 32 K) VIII/17–28: A study of the opalizing agents in ancient opal glasses throughout 3400 years [22]); VIII/57–59: The technical study on ancient glasses; a review of progress and a plan for the future.

W. Glasses suitable for telephone and telegraph insulators (m. E. Seddon, W. J. Mitchell) (London '37) 52 S. (British Electrical and Allied Industries Research Association, Technical report). — Twenty-one years; a professor looks out on the glass industry. Delivered on the occasion of the twenty-first anniversary meeting of the Society of Glass Technology, Sheffield 1937 (Sheffield '37) 69 S. (m. Bildn.). — An outline of the properties of glass, I.II.III (m. B. P. Dudding, W. M. Hampton, J. B. Murgatroyd, H. Moore, E. Seddon) (Glass Manufacturers' Federation) (London '42) 46 S. — The elements of glass technology for scientific glass blowers (lampworkers) (Sheffield '43) 29 S. (Glass Delegacy of the University of Sheffield, Monographs on glass technology, 1); . . .; [3]('45) 31 S.

Bull. amer. ceram. Soc. The chemical durability of glass. A plea for a standard method of test: **14** ('35) 165–69.

Chemical Age New uses of glass; great improvements in the physical properties: **48** ('43) 128.

Chemical Industries Glass in the chemical industry: **62** ('43) 483.

Endeavour Modern developments in glasses for technical purposes: **4** ('45) 3–16.

Glashütte Neue Untersuchungsmethoden über die Konstitution des Glases: **63** ('33) 794.

Glass Industry The influence of ammonium sulphate on the amount of selenium needed for decolourizing purposes: **14** ('33) 33–. — Education and research in glass technology: **15** ('34) 156–58. — The analysis of ancient glass: **36** ('55) 362, 388f.

Glass Rev. Some aspects of Italian glass-making: **9** ('33) 144–. — The glass industry of Norway and Sweden: **10** ('34) 1–. — Education and research in the glass technology: **11** ('35) 1–, 35–. — Glass-making in the Southern dominions: 99–. — The new glass research institute in Czechoslovakia: **12** ('36) 22–. — Furnace problems in the glass industry. A brief résumé: **13** ('37) 124–, 143–. — Glass in architecture and decoration: **14** ('38) 11–. — British sources of sand suitable for making colourless bottles: **15** ('39) 103–. — Glass-making in Switzerland: **16** ('40) 19–. — Scientific control and research in the glass industry of the U.S.A.: 33–. — A further report on the composition, melting and working properties of glasses; mainly lead oxide containing, suitable for domestic ware [21]): 85–95. — The chemistry of glass-making [21]): 141–. — Fuel consumption and furnace efficiency in the British glass industry: **17** ('41) 19. — The problem of cords in glass: 19. — The problem of conserving, or of substituting manganese: **18** ('42) 65.

Glass Technol. A notable British seventeenth-century contribution to the literature of the glass-making: (6) **3** ('62) 201–13.

Glastechnische Ber. Das Vorkommen von Verbindungen in geschmolzenen Gläsern. Der Fall der Na_2O-SiO_2-Gläserreihen [21]): **10** ('32) 116–20. — Bestimmung des Transformationspunktes an gleichen optischen Gläsern in drei verschiedenen Laboratorien [3])[27]): **12** ('34) 172–75. — Studien über Verflüchtigungen aus dem Glas: 409–13. — Die Bruchfestigkeit des Glases und ihre Beeinflussung durch Ritze und Fehlstellen [11]): **15** ('37) 270–82. — Die Bedeutung der modernen technischen Methoden beim Studium von alten Gläsern: **28** ('55) 181–. — Glas bei unseren Vorfahren: 255–59. — Die Leistungen der alten Glasmacher und ihre Grenzen: **30** ('57) 257–65.

Glasteknisk Tidskr. Einige Kommentare zu meinen Besuchen schwedischer Glasfabriken im September 1947: **3** ('48) 26–30 [schwed.].

Industrial Chemist and chem. Manufacturer Glasses for general scientific and heat-resisting purposes:

14 ('38) 222–26. — Some new uses for glass: **19** ('43) 103–06.

Iraq [London] Glass fragments from Nimrod of the 8th to 6th centuries B.C.: **17** ('55) 56–.

J. amer. ceram. Soc. Recent studies of the fundamental processes underlying glass melting: **17** ('34) 21–25. — Methods of determining the constitution of glass [21]): 26–33. — The testing of glass containers for chemical durability: **18** ('35) 135–41. — The volatilization and the constitution of glass. A reply to a criticism of G. W. Morey [21]): 170–73.

J. egyptian Archaeol. Ancient sealing-wax-red glasses: **43** ('57) 110–.

J. roy. Soc. Arts New uses for glass: **91** ('43) 224–.

J. Soc. Glass Technol. International glass standards in glass technology: **16** ('32) 20P–. — Some further experiments on the rate of decomposition of calcium carbonate [18]): 80T–93T. — The reaction between calcium carbonate and silica [18])[33]): 94T–110T. — A study of the volatilisation and vapour tension at high temperature of an alkali – lead oxide – silica glass [21]): 219T–239T. — A note on some special forms of corrosion of fireclay pots used for melting potash – lead oxide – silica glass [21]): 240T–243T. — Measuring the temperature of flowing gases in furnace systems. A comparison between ordinary thermocouple and suction pyrometers [20]) [34]): 315T–326T. — The volatilisation and vapour tension at high temperatures of the sodium silicate – silica glasses [21]): 331T–349T. — Electrical conductivity of sodium metasilicate – silica glasses [24])[28]): 450T–477T. — Specifications for raw materials in the glass industry: **17** ('33) 18P–20P. — Soda ash: 20Pf. — Soda: 22P–25P. — The scientific worker in the glass industry: 96P–98P. — The International congress on glass and ceramics: 125P–. — Some aspects of Italian glass-making: 136P–. — Note on the formation of sodium sulphate in glass furnaces and of some defects arising therefrom: 22T–24T. — Rate of reaction between silica and sodium carbonate at different temperatures and the process of vitrification [12])[18]): 25T–49T. — A study of the volatilisation from potassium oxide – silica glasses [21]): 122T–144T. — The behaviour of glass when slowly heated with special reference to the thermal expansion [24]): 324T–347T. — The thermal expansion of some soda–lime–silica glasses [24])[34]): **18** ('34) 5T–12T. — The influence of boric oxide on rate of melting and on thermal expansion and resistance to weathering of soda–lime–silica sheet glasses [7])[20])[24]) [34]): 13T–18T. — A study of the series of glasses containing sodium oxide, boric oxide and silica [9]): 32T–66T. — The determination of the transformation point of the same optical glasses in three different laboratories [3])[27]): 79T–87T. — The volatilisation of lithium oxide at high temperatures from lithium oxide – silica glasses [21]): 143T–168T. — The glass industry of Norway and Sweden: 169T–181T. — The decomposition of sodium carbonate [21]): 182T–193T. — A note on the volatility of silica [21]): 222T–224T. — A study of the breaking strength of glass [11]): 225T–251T. — The influence of temperature on the bursting pressure of bottles [17]): 252T–259T. — Some properties of mixed alkali–lime–silica glasses containing lithia, soda, potash and rubidia [31]): 268T–285T. — Note on the rate of melting and refining of alkali–lime–silica glasses containing both soda and potash [18]): 286T–289T. — A study of fundamental reactions in the formation of soda–lime–silica glasses [12])[26]): 290T–306T. — Commercial importance of furnace design: **19** ('35) 184P–. — The volatility of soda–lime–silica glasses [13])[15])[21]): 104T–117T. — A study of brilliance exhibited by lead crystal glasses [21])[11]): 125T–138T. — The basis of a standard test for the chemical durability of glass bottles [7])[8])[13])[30]): 171T–188T. — Constitution and colour of glasses containing iron and manganese oxides [32]): 208T–216T. — The scratch-hardness of toughened plate glass [11]): 221T–230T. — Some effects of storage on the chemical durability of glass containers [7])[8]): 231T–243T. — A study of the volatilisation of lead oxide from lead oxide – silica mixtures [21]): 296T–311T. — The new glass research institute in Czechoslovakia: **20** ('36) 30P–. — The International congress on glass, London and Sheffield 1936. Some achievements and some reflections: 83P–. — The effect of width on the breaking strength of sheet glass [11]): 72T–83T. — Otto Schott and his work. A memorial lecture: 84T–94T. — A study of the volatilisation of sulphate from soda–lime–silica glasses [21])[15]): 127T–138T. — Recent investigations into the question of the presence of compounds in molten glass [21]): 144T–151T. — The breaking strength of glass. The effect of flaws and scratches. [11]): 279T–302T. — The mechanical strength of glass [11]): 428T–431T. — The Department of Glass Technology [of the University of Sheffield]: its foundation and work since 1915: **21** ('37) 5T–43T. — The use of special alloys in the glass industry [20]): 247T–262T. — The effect of small additions of water on the reactions in the mixture 6 SiO_2 + Na_2CO_3 + $CaCO_3$ [25]): 285T–298T. — The effect of small additions of alumina on the reactions in the mixture 6 SiO_2 + Na_2CO_3 + $CaCO_3$ [25]): 299T–309T. — The effect of small additions of sodium sulphate on the reactions in the mixture 6 SiO_2 + Na_2CO_3 + $CaCO_3$ [25]): 359T–367T. — Notes on the possibility of preparing glasses containing P_2O_5, Al_2O_3, B_2O_3 and SiO_2 [25]): 368T–382T. — The effect of transverse scratches on the strength of sheet glass [11]): 383T–394T. — Glass in modern life, 4: Glass for general scientific and heat-resisting purposes; a review of British development: **22** ('38) 28P–42P. — Twenty-one years; a professor looks out on the glass industry: 99T–164T. — The early development of bottle-making machines in Europe: 250T–. — The clouding of soda–lime–silica glass in atmospheres containing sulphur dioxide [5]): 309T–323T. — The effect of annealing in a sulphur dioxide containing atmosphere on the modulus of rupture of sheet glass [4]): 357T–371T. — The equilibrium between ferrous and ferric oxides in glasses [6]): 372T–389T. — The Department of Glass Technology, Sheffield: (a) Official opening of the new buildings; (b) Description of the new buildings: **23** ('39) 79P–101P. — The distribution of temperature in molten masses of coloured and colourless glasses [10])[21]): 171T–196T. — A study of the electrical resistance under varying conditions of some glasses and porcelains of possible utility for commercial insulators [24])[19]): 197T–238T. — Some experiments on the effects of humidity on the weathering of bottle glasses [7]): 242T–252T. — A study of the possibility of reducing the iron oxide content of molten soda–lime–silica glasses by the action of chlorides [2]): 253T–264T. — Note on the solubility of sodium chloride in a soda–lime–silica glass [2]): 265T–267T. — The art of glass engraving. A noteworthy exhibition in New York: **24** ('40) 50P–. — The North American glass industry in 1938: 5T–36T. — Further studies on the influence of sodium chloride on the iron oxide content of molten soda–lime–silica glasses [10]): 41T–45T. — The effect of sustained loading on the breaking strength of sheet glass [11]): 46T–57T. — The colour of soda–lime–silica glasses containing iron oxide and manganese oxide [16])[11]): 73T–92T. — Fundamental studies of the glass melting process. The effect of particle size and temperature on the rate of glass formation of a pure soda–lime–silica glass: 124T–138T. — Notes on British sources of sands for making colourless glass: 197T–239T. — The windows designed by Mr. James Hogan for the Church of the Heavenly Rest, New York: **25** ('41) 13P–. — Effect of small amounts of certain colouring oxides on the colour of a soda–lime–silica glass [21]): 5T–20T. — Fundamental studies of the melting processes of glasses containing lead oxide, 1: A study of the reactions between silica and the oxides of lead and the rate of formation of glass from them [21]): 136T–149T; ~ 2: The effect of alkali on the rate of melting and devitrification temperatures of alkali – lead oxide – silica glasses [21]): 231T–240T; ~ 3: The effect on the melting rate and devitrification temperature of a potash – lead oxide – silica glass of the substitution of lead oxide by lime or barium oxide, including an examination of some commercial glass compositions: 241T–248T. — An investigation into the variation with temperature of the spectral transmission of glasses, 1: Transmission in the visual spectral region at temperatures from 20° to the softening point [11]): 164T–220T. — An investigation of the temperature gradients established in refractory blocks during their firing [21]): 310T–327T. — Influence of temperature on the mechanical strength of glass [14]): **26** ('42) 35T–61T. — Cords, surface condition and the quality of glassware [11])[21]): 177T–195T. — Viscosity and working characteristics of glasses, 1: Viscosity of some commercial glasses at temperatures between approximately 500° and 1400° [4]): 215T–237T; ~ 2: Rate of cooling and setting of colourless and coloured glasses [4]): **27** ('43) 94T–112T; ~ 3: Some observations on the rate of cooling and viscosity of glasses during manipulation by hand [4]): 207T–237T; ~ 4: Some observations on the rate of cooling and viscosity of glasses during manipulation by automatic machines [4]): **29** ('45) 199T–232T; ~ 5: Temperature measurements during the manipulation of glass by semiautomatic presses: 233T–249T. — Some spectrophotometric investigations on iron oxide containing soda–lime(–silica) glasses, 1: Influence of concentration and ferric–ferrous dissociation [29]): **26** ('42) 272T–295T; ~ 2: Effect of As and Sb oxides [29]): **27** ('43) 60T–76T. — Volatilisation and vapour tension at high temperatures of the sodium silicate – silica glasses [21]): **26** ('42) 331T–349T. — The lessons of the Conference (on education, technical training and research for the post-war glass industry): **27** ('43) 128P–. — Problem of cords in glass: 42T–52T. — Distribution of temperature through molten glasses in a tank melting furnace, 1: Laboratory measurements of some commercial glasses [10]): **29** ('45) 5T–34T; ~ 2: Effect of iron oxide and its state of oxidation on heat transmission [10]): 170T–191T; ~ 3: Effect of glass composition [1])[10]): **30** ('46) 343T–355T; ~ 4: Effect of cobalt oxide on the temperature of soda–lime–silica glasses at different depths in a laboratory-scale furnace: 356T–363T. — Influence of boric oxide on the refractive index and dispersion of soda – boric oxide – silica glasses [29]): **29** ('45) 390T–396T. — That curious word "Lehr": **33** ('49) 278T–288T. — Glass-making in Turkey: **34** ('50) 91–95(P oder T?). — The International Commission on Glass, Paris meeting [u.a.]): **35** ('51) 67N–. — The exhibition "L'art du verre": 83N–85N. — George Edgar Bateson †: 71P. — Scientific research in the glass industry: **37** ('53) 37N–42N. — Gustav Keppeler †: 8P. — Indian journey: **38** ('54) 76N–82N. — The influence of boric oxide on the rate of melting of the batch and on the rate of refining and of setting of commercial glasses of the soda–lime–silica type [1]): 297T–364T. — Studies of ancient glass and glass-making processes, 1: Crucibles and melting temperatures employed in ancient Egypt at about 1370 B.C.: 436T–444T; ~ 2: Composition, weathering characteristics, and historical significance of some Assyrian glasses of the 8th to 6th centuries B.C. from Nimrud: 445T–456T; ~ 3: Chronology of the glass-making constituents: **40** ('56) 39T–52T; ~ 4: The chemical composition of ancient glasses: 162T–186T; ~ 5: Raw materials and melting processes: 277T–300T; ~ 6: The composition and physical characteristics of the glasses of the Portland Vase:

43 ('59) 262T–284T. — Società Tecnologica Italiana del Vetro: Foundation meeting in Rome: **39** ('55) 27Nf. — Our forefathers in glass: 404T–412T.

Jahrb. des römisch-german. Zentralmuseums Further historical studies based on x-ray diffraction methods of the reagents employed in making opal and opaque glasses [22]): **8** ('61) 1–6.

Nature [London] Physics in the glass industry: **145** ('40) 446–48.

Philosophical Mag. Some spectrophotometric investigations on iron oxide containing soda–lime–silica glasses, 1: Influence of concentration and ferric–ferrous dissociation [29]): **34** ('43) 744–66.

Pottery Gaz. and Glass Trade Rev. New uses for glass: **68** ('43) 149–. — Joseph W. Mellor: chemist and ceramist (1st Annual memorial lecture to the Institute of Ceramics, Stoke-on-Trent): **82** ('57) 1026–.

Proc. chem. Soc., London Ancient glass and glass-making: **1961**, 93–98.

Proc. int. Commiss. Glass History of the International Commission on Glass: **1** ('54) 5–9. — The persistence of ancient handicrafts: **2** ('55) 80–88.

Rep. Progr. appl. Chem. Glass [21]): **21** ('36) 288–317.

Sprechsaal Keram., Glas, Email Konstitution und Farbe der Eisen-Mangan-Gläser [32]): **68** ('35) 114–16.

Trans. brit. ceram. Soc. J. W. Mellor: chemist and ceramist: **58** ('59) Nr. 12, 48.

Verre et Silicates industr. Breaking strength of glass; effect of flaws and scratches [11]): **8** ('37) 270–73, 281–85, 295–97, 306–08.

Vetro e Silicati Antichi vetri opali; il supposto effetto opalizzanto del biossido di stagno: **2** ('57) Nr. 6, 27–.

Mit: [1]) R. S. Allison; [2]) H. M. Bateson; [3]) E. Berger; [4]) J. Boow; [5]) J. N. Coward; [6]) N. E. Densem; [7]) V. Dimbleby; [8]) H. S. Y. Gill; [9]) E. J. Gooding; [10]) R. Halle; [11]) A. J. Holland; [12]) J. T. Howarth; [13]) H. W. Howes; [14]) G. O. Jones; [15]) H. Laithwaite; [16]) A. Lawton; [17]) B. Longmuir; [18]) W. Maskill; [19]) W. J. Mitchell; [20]) M. Parkin; [21]) E. Preston; [22]) H. P. Rooksby; [23]) —; [24]) E. Seddon; [25]) J. E. Stanworth; [26]) R. F. R. Sykes; [27]) M. Thomas; [28]) E. J. Tippett; [29]) T. H. Wang; [30]) W. J. A. Warren; [31]) S. C. Waterton; [32]) W. Weyl; [33]) G. H. Whiting; [34]) F. Winks.

IV–VI **TURPAIN,** Albert Camille Léopold. Physik (Elektr.). — 1901–03 Maître de Conférences, '03–07 Prof. adjoint, '07–37 Prof., Univ. de Poitiers.

* 1867, Dez. 2, La Rochelle, Charente Maritime;

† in Iteuil, Vienne [?].

S. L'évolution des sciences physiques et mathématiques [Vorlesungen an der Universität Poitiers] (Paris '35) (Bibliothèque de philosophie scientifique): [Vorlesung].

W. Compléments de physique élémentaire, à l'usage des candidats au certificat d'études physiques, chimiques et biologiques (P.C.B.) (Paris '36) 32 + 126 S.

C.R. hebd. Séances Acad. Sci., Paris Contribution à l'étude expérimentale de l'induction électrique [2]): **194** ('32) 853–55. — Remarques sur la découverte de la diffusion moléculaire de la lumière par les liquides purs: **197** ('33) 1107–09. — Sur les échos des ondes courtes et les tentatives d'explication de ces phénomènes: **199** ('34) 1190–92. — Observations sur la communication de M. Jacques Métadier relative à l'action du champ magnétique sur le mouvement brownien [1]): **200** ('35) 301–03.

Industrie électr. Sur les échos des ondes courtes et les tentatives d'explication de ces phénomènes: **44** ('36) 160–.

Nature [Paris] Les tâches solaires et la prévision du temps: **61** ('33) I, 55–. — Grand maître de la science électrique: Faraday: **64** ('36) II, 120–. — Influence du soleil en météorologie: **65** ('37) I, 312–. — Faraday, ses expériences et ses idées au regard de la conservation de l'énergie et de la radio-électricité: **66** ('38) II, 240–44. — Sur les chemins de la découverte; cinquantenaire de la découverte des ondes électriques: 393–.

Revue gén. Sci. pures et appl. La célébration de Nicolas Tesla en Yougoslavie: **47** ('36) 459–63.

Mit: [1]) R. de Bony de Lavergne; [2]) H. Sabatier.

VI **TURRENTINE,** John William. Chem. — 1922–35 in charge of government potash studies ('27–35 with Bureau of Chem. and Soils), U.S. Departm. of Agric., Washington, D.C.; '35–50 [oder '35–48?] Pres. and Chairman of Board of Directors, '50 [oder '49?] Pres. emer. and Consultant, Amer. Potash Inst., Washington, D.C. — '54 Hon.D.Agr. (North Carolina State College, Raleigh, N. C.). — '37 Médaille d'or (Acad. d'Agric. de France).

* 1880, Juli 5, Burlington, N.C.;

† 1966, Juni 11, Washington, D. C.

Biogr. Chemical and Engng. News **26** ('48) 3683 (m. Bildn. auf Titelblatt); **30** ('52) 1130 (m. Bildn.).

W. Past consumption and future (1950) requirements of potash salts in American agriculture (Washington, D.C. '46) 31 S. (American Potash Institute). — Kennzeichen des Kalimangels. Signes de manque de potasse. Potash deficiency symptoms (m. O. Eckstein, A. Bruno) (Berlin '37) 12 + 234 + 1 S.; 2. Aufl. (unter Mitarbeit von G. A. Cowie und G. N. Hoffer (Berlin '37) 12 + 234 + 1 S. — Potash in North America (New York '43) 186 S. (American Chemical Society monograph series, 91); Neuaufl.: ('47) 186 S.

American Fertilizer Composition of potash fertilizer salts for sale on the American market: **81** ('34) Nr. 9, 9–11. — The international potash trade in 1933: Nr. 13, 8f., 24, 26f. — Liebig and the potash industry: **94** ('41) Nr. 6, 5–7, 24, 26.

Better Crops with Plant Food Research in potash since Liebig: **24** ('40) Nr. 9, 6–9, 39–41. — Chemical composition of agricultural potash salts: **32** ('48) Nr. 6, 24–26, 48f.

Chemical and Engng. News Potash in war production: **21** ('43) 1793–97. — American potash industry meets its wartime test: **22** ('44) 1994–98. — Phosphate production without sulfuric acid: **29** ('51) 3454–56.

Chemical Trade J. and Chemical Engr. The American potash industry: 30 years continuous expansion: **112** ('43) 141f.

Commercial Fertilizer Yearb. The potash situation in 1931: **1932**, 27–30. — Potash for war food: **1944**, 26–34, 38f. — Potash in war and peace: **1945**, 63f., 66–68, 70f.

Fertilizer Rev. Potash aplenty: **22** ('47) Nr. 2, 3–6, 11.

Industrial and Engng. Chem. Thermal efficiency of the phosphate [rock] blast furnace [7]): **24** ('32) 223–26. — Potash and alumina from wyomingite [6])[3]): 910–14. — Increased supplies of domestic potash: 921–23. — Potassium sulfate. Production from potassium chloride and sulfuric acid [3]): **26** ('34) 493–96. — Composition of potash fertilizer salts for sale on the American market: 1224f. — Symposium on potash: **30** ('38) 853. — Potassium salts as chemical raw materials: 889f. — Wartime contribution of the American potash industry: **34** ('42) 1422–26.

Mineral Industry Potash: **40**.1931 ('32) 445–57; **41**.1932 ('33) 419–35; **42**.1933 ('34) 470–87; **43**.1934 ('35) 474–89.

Scientific Monthly The American potash industry: **70** ('50) 41–47.

Technical Bull., U.S. Dep. Agric. Blast furnace process for the production of phosphatic and potassic fertilizer materials [7])[2])[4])[1])[5])[8]): Nr. **543** ('37) 74 S.

Mit: [1]) L. E. Bowe; [2]) K. G. Clark; [3]) E. J. Fox; [4]) T. P. Hignett; [5]) H. I. Lansdon; [6]) D. L. Reed; [7]) P. H. Royster; [8]) J. C. Southard.

V, VI **TURRIÈRE,** Emile Louis Frédéric. Math., Mech. — 1919–[ca. 55?] Prof., Univ. de Montpellier. — — Weitere Daten nicht bekannt. (☒)
* 1885, Okt. 14, Toulouse;
†

Anais Fac. Ci. Porto Sur des questions relatives à la théorie et à l'histoire des courbes spéciales: **19** ('35) 204–42. — Notes sur des courbes spéciales algébriques: **20** ('36) 193–208. — Sur la chaînette élastique et la chaînette hétérogène: **22** ('37) 5–28. — Sur diverses courbes planes: 93–128, 145–50. — Sur les courbes de transition dans les virages: **23** ('38) 19–32. — Dynamique funiculaire. Le problème des câbles sous-marins: 129–56. — Etude mécanique des câbles de téléphériques. La flèche en charge des câbles aériens: **24** ('39) 129–71, 193–213.

Buletinul Soc. politecn. România Courbes de voûtes surbaissées en maçonnerie, 1: **53** ('39) 987–1042; ~ 2: 1077–1107; ~ 3: 1230–54.

Bull. Math. et Physique pures et appl. Ecole polytechn. Bucarest Essai sur une théorie générale d'une classe de courbes de transition pour les raccordements progressifs: **9** ('38) 127–50. — Sur les raccordements progressifs à centre conservé: 150–54.

Bull. Soc. math. France Sur un cas de dégénérescence de la géométrie du triangle: **63** ('35) 210–25. — De l'intégration des équations des problèmes de poursuite et d'ambiance en géométrie plane: **65** ('37) 168–74. — Une nouvelle courbe de transition pour les raccordements progressifs: la radioïde pseudo-elliptique: **67** ('39) 62–99.

Enseignement math. Tétraèdre et géométrie des masses: **33** ('35) 285–321. — La courbe de l'Hôpital: **36** ('37) 179–94. — Sur les cubiques d'Edouard Lucas: **37** ('38) 121–47. — Sur des courbes spéciales définies par des équations différentielles non intégrables: **38** ('39/42) 69–91. — Sur des courbes gauches: 242–49.

Revue gén. Electr. Sur la mesure expérimentale des flèches des conducteurs de lignes aériennes: **44** ('38) 513–17.

VI **TURSKI,** Józef Szczęsny. Chem. Technol. (org. Farbstoffe). — 1902–05 Stud., Polytechn. Inst., Warszawa; '05–07 Gymnasiallehrer, Piotrków; '08 Stud., Techn.

Hochsch. München; '09–11 Stud., '10–12 Assist. (G. Georgievics), Deutsche Techn. Hochsch. Praha; '12–14 Chemiker, Farbenfabriken Bayer A.G., Werk Elberfeld; '15–19 Techn. Dir. → Generaldir., Farben- u. Pharma-Konzern "Ruskokraska", Südrußland; '19–21 Leiter d. Wiederaufbaus d. Fabrik "Boruta" in Zgierz u. d. chem. Werke in Zawiercze; '21–24 Lehrbeauftragter, '24–36 außerord. Prof., '36–55 ord. Prof. u. Leiter d. Lehrstuhls f. Technol. d. Großindustrie u. d. Farbstoffe → ('51) Lehrst. f. Chem. Technol. d. Kohle u. d. Faserstoffe, Techn. Hochsch. Warszawa; '40–46 Leiter d. Chem. Abteilg., Poln. Militärtechn. [Exil-]Inst.,England. — '52 Staatspreis I. Kl. (VR Polen).

* 1883, Nov. 25, Jeżowice, Kielce;
† 1955, Juli 24, Otwock, Warszawa.

Nekr. *J. Lewandowski, Życie Szkoły wyższej 3 ('55) Nr. [?], 106f. — *B. Tarchalski, Przemysł chem. 37 ('58) 293–98.

W. Barwniki azowe. Zebrał, ułożył, uzupełnił (Warszawa '50) 122 S. — Czerń anilinowa (m. Cz. Demel, J. Gierlach, J. Majzner, B. Tarchalski) (Warszawa '50) 91 S. (Chemia stosowana). — Barwienie barwnikami bezpośrednimi (m. Cz. Demel. J. Gierlach, J. Majzner, B. Tarchalski) (Warszawa '52) 259 S. (~). — Barwniki roślinne i zwierzęce (m. B. Więcławek) (Warszawa '51) 398 S. (~). — Barwniki kadziowe. Indygo i indygoidy (Warszawa '53) 384 S. (~). — Barwienie i drukowanie barwnikami lodowymi (m. Cz. Demel, J. Gierlach, J. Majzner, B. Tarchalski) (Warszawa '53) 182 S. — Barwienie i drukowanie barwnikami siarkowymi (m. Cz. Demel, J. Gierlach, B. Tarchalski) (Warszawa '54) 180 S. — Barwienie i drukowanie barwnikami kwasowymi i kwasowo-chromowymi (Warszawa '56) 475 S.

Melliand Textilber. Selbstkupplung mit Kupplungen: **18** ('37) 75–77. — Reservieren von Küpenfarbstoffen [3]): 87f. — Selbstkupplung und Mitkupplung als Nachbehandlung: **19** ('38) 85–87.

Przemysł chem. Weiße und bunte Schutzreserven für die Indanthrenfärberei [11]): **16** ('32) 86–88 [poln. m. französ. Zusammenfassg.]. — Trichlorphenole und ihre Anwendung in der Technik [5])[10])[1])[2])[4])[9])[12]): 205–21 [~]. — Theorie der Bildung von Benzanthron aus Anthrachinon und Glycerin: **18** ('34) 605–07 [~]. — Die Gewinnung von Vioform (Jodchloroxychinolin) und anderen Chinolinderivaten aus p-Dichlorbenzol [8]): **22** ('38) 518–20 [poln. m. deutscher Zusammenfassg.]. — Konzentrierte Essigsäure [5]): **26** ('47) 36–41 [poln.]. — Verfahren zur Darstellung von J-Säure [13])[1]): 293–96 [poln. m. französ. u. engl. Zusammenfassg.].

Roczn. Chem. Über das 2,5-Dioxy-3,4,5,6-tetrahydropyrimidin [6]): **13** ('33) 375–78 [französ.]. — Über 10-Oxy-m-phenanthrolin [7]): **18** ('38) 31–35 [~].

Mit: [1]) J. Bojanowski; [2]) Z. Cegliński; [3]) J. Chęciński; [4]) S. Eljasz; [5]) W. Iwanowski; [6]) P. Kazmierczak; [7]) H. Klejn; [8]) H. Lepach; [9]) C. Nikołow; [10]) J. Rytlówna; [11]) T. [oder R.?] Szpecht; [12]) P. Wojcieszak; [13]) S. Zajączkowski.

VI **TUTTLE,** Clifton Milton. Physik. — 1924–46 Physicist, Eastman Kodak Co., Rochester, N.Y.; '46–57 Vice-Pres., '57– Consultant, Kenyon Instrument Co., Huntington, N.Y.; later on living at Pittsfield, Mass. (☒)

* 1898, März 7 [oder 17?], Evansville, Wis.

Abridged sci. Publ., Kodak Res. Labor. On the assignment of printing exposure by measurement of negative characteristics: **15**.1931 ('32) 161–64. — The measurement of photographic densities with a barrier type of photocell [4]): **18**.1936 ('37) 38–42. — Density measurements of release prints: 66–68. — Recording physical densitometer: 139–44. — A note on the use of an automatic recording densitometer [7]): **19**.1937 ('38) 63–66. — Standardization of photographic densitometry [6]): 182–85.

British J. Photogr. Densitometry and photographic printing: **81** ('34) 681f., 697–99.

Industrial and Engng. Chem., Analyt. Edit. Device for projecting the image of a reading scale [2]): **16** ('44) 645.

J. Franklin Inst. Photoelectric photometry in the printing of amateur negatives: **224** ('37) 315–37. — Devices for the photoelectric control of exposure in photographic printing: 615–31.

J. Nutrition [USA] Isolation of desired qualities of radiant energy for biological experimentation [5]): **18** ('39) 611–18.

J. opt. Soc. America Densitometry and photographic printing. Illumination of the negative and its effect upon density: **24** ('34) 272–78. — Negative illumination in projection printing: 279–84. — A recording physical densitometer: **26** ('36) 282–92. — The experimental determination of photographic density [6]): **27** ('37) 241–56. — Methods and instruments for the determination of photographic speeds by measurement of relative characteristic gradients: **29** ('39) 267–77. — A method for the measurement of flatness of polished surfaces [3]): **30** ('40) 348–50. — Note on the evaluation of photographic speed from sensitometric data: **31** ('41) 709–12. — A sensitometer with intensity scale and exposure data adapted to practical photography [1]): **32** ('42) 224–29.

J. Soc. Motion Picture Engr. On the assignment of printing exposure by measurement of negative characteristics: **18** ('32) 172–88. — Illumination in projection printing of motion pictures [9]): **19** ('32) 842–64. — Relation between the densities in scattered and in directional light: **20** ('33) 228–35. — The measurement of photographic densities with a barrier type of photocell [4]): **26** ('36) 195–203. — Density measurements of release prints: 548–53. — A note on the use of an automatic recording densitometer [7]): **28** ('37) 99–110. — Standardization of photographic densitometry [6]): **29** ('37) 622–28.

J. Soc. Motion Picture and Televis. Engr. High-speed processing of 35-mm pictures [2]): **54** ('50) 149–60.

Kinotechnik Ein selbstregistrierender Schwärzungsmesser: **18** ('36) 277–84, 297–300.

Photographic Engng. Equipment and methods for high speed photographic processing [2])[8]): **3** ('52) 65–77.

Photographic J. Recording physical densitometer: **76** ('36) 495–504. — Experimental determination of photographic density [6]): **77** ('37) 444–57. — Standardization of photographic densitometry [6]): **78** ('38) 739–42.

Photographische Industrie Die Beleuchtung von Negativen beim Vergrößern: **32** ('34) 1115–18, 1163f.

Review sci. Instruments Note on spark recording of data: **10** ('39) 234f.

Science et Industries photogr. Densitometry and photographic printing: (2) **5** ('34) 345–51 [ ]. — Negative illumination in projection printing: 377–81 [ ].

Viele Arbeiten zugleich in der Reihe Communications, Kodak Res. Labor. (Nrn. 535, 567, 571, 587, 612, 614, 723, 726, 818, 839 u. a.).

Ferner (zwischen ca. '58 und '66) Mitautor und Mitherausgeber bzw. Herausgeber einiger Jahresausgaben von "The optical industry (and systems) directory" (Optical Publishing Co., Huntington, N.Y. → Brewster, N.Y. → Lenox, Mass. → Pittsfield, Mass.).

Mit: [1]) W. Bornemann; [2]) F. M. Brown; [3]) R. Cartwright; [4]) B. C. Hiatt; [5]) L. A. Jones; [6]) A. M. Koerner; [7]) M. E. Russell; [8]) N. R. Tuttle; [9]) D. A. Young.

IV–VI **TUTTON,** Alfred Edwin Howard. Chem., Kristallogr. — 1895–1924 Inspector of Techn. Schools, Board of Educat.; '12–15 Pres., Mineralogical Soc. — '26 Hon.D.Sc. (Univ. of Manchester). — 1883 Murchison Medal (Geol. Soc., London); 1886 Tyndall Prize, 1886 Hatton Prize (Roy. College of Sci., London).

* 1864, Aug. 22, Cheadle Mosely, Stockport, Cheshire;
† 1938, Juli 14, Dallington, Sussex.

Nekr. *Sir W. Bragg, Proc. roy. Soc. London, Ser. A **169** ('38/39) 9f.; ~ Ser. B **126** ('38/39) 271f. — *J. R. Partington, Nature [London] **142** ('38) 321f. — *L. J. Spencer, Mineralogical Mag. and J. mineral. Soc. **25** ('39) 301–03 (m. Bildn.). — Chemical Age **39** ('38) 68. — J. chem. Soc., London **1939**, 734–37. — Obituary Notices Fellows roy. Soc. London **2** ('39) 621–26 (m. Bildn. u. Faks.). — Proc. physic. Soc. **51** ('39) 1048.

W. Crystallography and practical crystal measurement **1**: Form and structure, **2**: Physical and chemical. Neudruck d. 2. Aufl. ['22] ²(New Delhi '65) 17 + 1446 S.

Nature [London] Victor Goldschmidt †: **131** ('33) 791f. — Recent glacier survey: **134** ('34) 992–95. — Twenty-fifth anniversary of Laue's diagrams: **139** ('37) 517–19. — Ice: **142** ('38) 192–95.

Philosophical Trans. roy. Soc. London, Ser. A Determination of the yard in wave-lengths of light: **230** ('32) 293–322.

VI **van der TUUK,** Jacob Harmannus. Elektrotechn. — 1928– Physik. Mitarbeiter, Röntgenlabor, N. V. Philips' Gloeilampenfabr., Eindhoven. — — Weitere Daten nicht bekannt. (⊠)

* 1902, Apr. 18, Warffum.

British J. Radiol. A new x-ray tube for 700 K.V. and some measurements of penetrating radiation [1]): (N.S.) **9** ('36) 431–41.

Nederlandsch Tijdschr. Natuurkunde Moderne Röntgentechnik: **3** ('36) 129–40 [niederländ.].

Philips' techn. Rdsch. Automatische makroskopische Werkstoffuntersuchung mit Röntgenstrahlen [2]): **3** ('38) 232–39. — Die "Rotalix"-Röntgendiagnostikröhre: 296–302. — Eine Röntgenröhre für 1 Million Volt: **4** ('39) 161–70. — Hartglas-Röntgenröhren in Öl: **6** ('41) 314–20.

Physica Secondary electrons in x-ray tubes [1]): **12** ('32) 274–83 [niederländ. m. engl. Zusammenfassg.].

Verhandlungen dtsch. Röntgenges. Messungen an Röntgenstrahlen bis 1 Million Volt: **32** ('38) 84–86.

Mit: [1]) A. Bouwers; [2]) J. E. de Graaf.

VI **TUVE,** Merle Antony. Physik, Geophysik. — 1926–28 Assoc. Physicist, '28–38 Physicist, '38–46 Chief Physicist, '46–66 Dir., Departm. of Terrestr. Magnetism, '66–82 Distinguished Service Member, Carnegie Instn., Washington, D. C.; '40–45 Chairman of Sect. T, U.S. Office of Scient. Research and Developm.; '42–46 Dir. of Appl. Physics Labor. (Silver Spring, Md.), '55– Trustee, Johns Hopkins Univ., Baltimore, Md.; '47– Vice-Pres., Amer. Assoc. for the Advancem. of Sci.; '48–53 Adviser, Sloan-Kettering Inst. for Cancer Research, New York; '54– Chairman, Advisory Panel on Radio Astron., Nation. Sci. Foundat.; '60–70 Chairman, Geophysical Research Board, Nation. Acad. Sci./Nation. Research Council. — '48 Hon. Sc.D. (Case Inst. of Technol., Cleveland, O.); '49 Hon. Sc.D. (Kenyon College, Gambier, O.); '49 Hon. Sc.D. (Williams College, Williamstown, Mass.); '50 Hon. D.Sc. (Johns Hopkins Univ., Baltimore, Md.); '52 Hon. LL.D. (Augustana College, Sioux Falls, S. D.); '53 Hon. D.Sc. (Univ. of Alaska, College Fairbanks, Alas.); '61 Hon. LL.D. (Carleton College, Northfield, Minn.). — '31 Prize (Amer. Assoc. for the Advancem. of Sci.); '46 Presidential Medal for Merit (U.S.A.); '47 Award (Research Corporat., New York); '48 Commander of the Order of the Brit. Empire; '48 John Scott Award (Girard College, Philadelphia, Pa.); '49 Cyrus B. Comstock Prize (Nation. Acad. Sci., Washington, D. C.); '50 Howard N. Potts Medal (Franklin Inst., Philadelphia, Pa.); '50 Outstanding Achievem. Medal (Univ. of Minnesota, Minneapolis, Minn.); '55 Barnard Medal (Columbia Univ., New York); '63 Condor de los Andes (Bolivia); '63 William Bowie Medal (Amer. Geophysical Union); '66 Award (Cosmos Club).

* 1901, Juni 27, Canton, S. D.

Zur Biogr. The third Cosmos Club Award: Merle A. Tuve (Washington, D.C. '66) 20 S.; darin eig. Beitr.: Physics and the humanities – the verification of complementarity.

Zum 65. Geb.tag The earth beneath the continents; a volume of geophysical studies in honor of Merle A. Tuve (J. S. Steinhart, T. J. Smith) (Washington, D.C. '66) 17 + 663 S. (American Geophysical Union, Geophysical monograph 10 = National Academy of Sciences/National Research Council, Publication 1467); darin eig. Beitr. 420–22: Preface to Crustal structure in coastal Alaska.

HZ. J. geophysic. Res. **54** ('49)–**63** ('58).

S. C.R. Congrès international d'électricité, Paris 1932 (R. de Valbreuze) (Paris '33) 1re Section, Rapp. No. 26: Recherches expérimentales sur les tubes à vide à très hautes tensions (15 S.). — Cancer research. Joint hearings before a subcommittee of the Committee on Commerce, U.S. Senate, and a subcommittee of the Committee on Interstate and Foreign Commerce, House of Representatives. 75th Congress, 1st Session, July 8, 1937 (Washington, D.C. '37) 119–21: Statement of Dr. M. A. Tuve. — Cooperation in research (Washington, D.C. '38) (Carnegie Institution of Washington publication Nr. 501) 161–81: Magnetism and the atomic nucleus [23][28]. — 6e Rapport au Conseil internationale des unions scientifiques de la Commission pour l'Etude des Relations entre les Phénomènes Solaires et Terrestres (Orléans '48) 74–77: Proposed research by the Department of Terrestrial Magnetism, Carnegie Institution of Washington. — A report on the 8th General assembly of the [International] Union [of Geodesy and Geophysics], Oslo 1948 (J. M. Stagg) (London–Southampton '-) (International Union of Geodesy and Geophysics, Publ. Nr. 11) 146–50: Geophysics – vocation or avocation? — Teamwork in research (G. P. Bush, L. H. Hattery) (Washington, D.C. '53) 135–42: Development of the Section T pattern of research organization. — C.R. des séances de la 10e Conférence, Association Internationale de Séismologie et de Physique de l'Intérieur de la Terre, Rome 1954 (Conseil International des Unions Scientifiques. Union Géodésique et Géophysique Internationale) (Strasbourg '55) (Comptes rendus, 11) 140–: Seismic investigation of crustal structure [45]. — New horizons in astronomy (F. L. Whipple) (Washington, D.C. '56) (Smithsonian contributions to astrophysics, 1,1) 31–36: Interferometers in radio astronomy [7]. — Contributions in geophysics in honor of Beno Gutenberg (H. Benioff u. a.) **1** (London '58) (International series of monographs on earth sciences, 1) 152–57: Seismic observations at one kilometer depth [45]. — Paris symposium on radio astronomy, 1958 (R. N. Bracewell) (Stanford, Calif. '59) (IAU [International Astronomical Union] symposium Nr. 9 = URSI [International Scientific Radio Union] symposium Nr. 1) 374–89: Atomic hydrogen survey near the galactic plane [7][12][16][45]. — The scientific revolution: challenge and promise (G. W. Elbers, P. Duncan) (Washington, D.C. '59) 215–26: Science and the humanities. — Symposium on basic research, New York 1959 (D. L. Wolfle) (Washington, D.C. '59) (Publications of the American Association for the Advancement of Science, 56) 169–84: Basic research in private research institutes. — Science in the Americas; cooperation of the scientists and engineers of the Americas in furthering scientific training and research (National Academy of Sciences/National Research Council for the U.S. National Commission for UNESCO) (Washington, D.C. '59) 76–85: Scientific opportunities and challenges in Latin America. — Proc. 2nd Image intensifier symposium, Fort Belvoir, Va., 1961 (Washington, D.C. '62) 205–10: Astronomical applications of image intensifiers [17]). — The Galaxy and the Magellanic clouds, IAU-URSI-Symposium Nr. 20, Canberra 1963 (F. Kerr, A. W. Rodgers) (Canberra '64) 99–102: A high-resolution study of M 31 [7])[47]); 131–34: A high-resolution study of the outer parts of the Galaxy [7])[47]); 183–86: Hydrogen motions in the central region of the Galaxy [7]). — The search for understanding; selected writings of scientists of the Carnegie Institution (C. P. Haskins) (Washington, D.C. '67) 41–55: Physics and the humanities – the verification of complementarity (Remarks of the 3rd Cosmos Club Award); 73–76: Radio echoes (The origin of radar). — Facets of physics (D. A. Bromley, V. W. Hughes) (New York '70) 163–77: Radio ranging and nuclear physics at the Carnegie Institution.

American Scientist Basic research: **47** ('59) 447.

Astronomical J. Speed gains obtained with a cascaded image converter [17])[24]): **64** ('59) 346f. — 21-cm hydrogen observations of the central region of the Galaxy [7]): **67** ('62) 268f. — Hydrogen line observations of M 31 and M 33 with NRAO 300-ft telescope [7])[12])[29])[47]): **68** ('63) 70. — Hydrogen motions in M 31 [7])[47]): 274. — Hydrogen line observations of M 33 [47])[7]): 295. — Velocity structures in hydrogen profiles [32]): **77** ('72) 652–60. — Second finding list of faint blue stars in the anticenter region of the Galaxy [54])[55]): **79** ('74) 1406–09, 1501–05.

Biographical Mem., Nation. Acad. Sci. USA John Adam Fleming †: **39** ('67) 103–40.

Bull., Assoc. terrestr. Magnetism and Electr. Various hypotheses regarding the origin and maintenance of the Earth's magnetic field [49])[56]): Nr. **11** ('40) 354–60.

Bull. atom. Scientists Technology and national research policy: **9** ('53) 290–93.

International Geophysics Bull. Termination of the International Geophysics Bulletin: Nr. **96** ('65) 1.

J. atmospher. and terrestr. Physics Early days of pulse radio at the Carnegie Institution: **36** ('74) 2079–83.

J. Franklin Inst. The atomic nucleus and high voltages: **216** ('33) 1–38.

J. geophysic. Res. Greetings from the new editor: **54** ('49) 1–3. — William Joseph Rooney, 1890–1949: 397. — Note on publication costs: **58** ('53) 428f. — Note on the nature of a seismogram, 1 [45]): **59** ('54) 287f.; ~ 2 [45]): 289–94. — Crustal structure from seismic exploration [45])[26]): 415–22. — The editor's final note: **63** ('58) 882.

Literary Digest [New York] Atom splitters – twentieth-century alchemists: **117** ('34) 18, 35.

Nature [London] The problem of stellar energy [9]) [19]): **141** ('38) 982.

Naturwissenschaften Die Gleichspannungstechnik für quantitative Untersuchungen zur Kernphysik [23])[10]): **24** ('36) 625–32.

News Rep., Nation. Acad. Sci., Nation. Res. Council International upper mantle project, proposed U.S. program: **12** ('62) 89–93.

News Service Bull., Carnegie Instn. Washington Producing high-speed protons and tracing their paths: **2** ('32) 174–78.

Occasional Publ., Amer. Assoc. Advancement Sci. High-frequency radiations and their applications: **4** ('37) 183–95.

Physical Rev. High-speed protons [23])[10]): **39** ('32) 384f. — Search by deflection-experiments for the Dirac isolated magnetic pole: **43** ('33) 770f. — Disintegration-experiments on elements of medium atomic number [23])[10]): 942. — The emission of disintegration-particles from targets bombarded by protons and by deuterium ions at 1200 kilovolts [23]): **45** ('34) 651–53. — A stable hydrogen isotope of mass three [23])[10]): 840f. — Artificial radioactivity using carbon targets [23]): 902f. — A low-power positive-ion source of high intensity [10])[3]): **46** ('34) 1027f. — Induced radioactivity using carbon targets [23]): **47** ('35) 506. — Resonance transmutations by protons [23]): 506f. — The carbon reactions and the corrected mass-scale [23]): **48** ('35) 106f. — The production and focusing of intense positive-ion beams [10])[23]): 241–56. — Carbon radioactivity and other resonance transmutations by protons [23]): 306–15. — High voltage technique for nuclear physics studies [23])[10]): 315–37. — A new experimental method for study of the upper atmosphere [56])[53]): 917. — The scattering of protons by protons [Letter to the editor] [28])[23]): **49** ('36) 402. — The scattering of neutrons by protons [23]): **50** ('36) 490f. — Excitation-curves for fluorine and lithium [23])[28]): 504–14. — The scattering of protons by protons[, 1] [28])[23]): 806–25; ~ [2] [23])[28]): **53** ('38) 239–46; ~ 3 [28])[23]): **56** ('39) 1078–91. — Nuclear forces: **50** ('36) 869. — Neutron yields from artificial sources [57])[23]): **51** ('37) 896–912.

Physics today Technology and national research policy: **7** ('54) 6–9.

Proc. amer. philos. Soc. Studies of the earth's crust using waves from explosions [45])[1]): **97** ('53) 658–69.

Proc. nation. Acad. Sci. USA Symposium on radio astronomy. Chairman's introduction: **46** ('60) 1 f. — Symposium on the years of quiet sun (IQSY): Introductory remarks: **58** ('67) 2131–35.

Publ. astron. Soc. Pacific Results of preliminary tests of cascaded image converters [17][24][5]: **70** ('58) 592–94.

Radiology Depth-dose calculations for super-voltage x-rays: **21** ('33) 289–95. — "The new alchemy": **35** ('40) 174–83.

Review sci. Instruments On the technique and design of Wilson cloud-chambers [10][23]: (N.S.) **4** ('33) 373–78.

Saturday Rev. [New York] Is science too big for the scientist?: **1959**, 6. Juni, 48–51.

Science [USA] Nuclear-physics symposium. A correction: **80** ('34) 161 f. — The fifth Washington conference on theoretical physics [40][6][46]: **89** ('39) 180–82. — Droplet fission of uranium and thorium nuclei: 202 f. — The sixth Washington conference on theoretical physics [46]: **91** ('40) 621–23. — Coherent seismic wave patterns [45]: **112** ('50) 452 f.

Scientific Monthly The forces which govern the atomic nucleus: **47** ('38) 344–63 (auch als Monographie: Carnegie Institution of Washington, Supplementary publication No. 41). — Splitting of uranium atoms: **48** ('39) 282–84. — Nuclear physics and high-voltage accelerators [23][10]: **67** ('48) 161.

Special Papers, Geol. Soc. America Seismic exploration of a continental crust [45]: **62** ('55) 35–50.

Terrestrial Magnetism and atmospher. Electr. The energy acquired by a Dirac isolated magnetic pole in a magnetic field: **38** ('33) 260 f. — A new experimental method for study of the upper atmosphere [56][53]: **40** ('35) 452–54. — Summary of the year's work, to June 30, 1947, Department of Terrestrial Magnetism, Carnegie Institution of Washington [25]: **52** ('47) 523–30.

Trans. amer. geophysic. Union The geophysical significance of radio measurements of the ionized layer: **[13]** ('32) 160–66. — Studies of deep crustal layers by explosive shots [21][22][36][11][13]: **29** ('48) 772. — Twelfth award of the William Bowie Medal: Citation: **31** ('50) 341–43. — Cooperative geophysics in the Andes (Response, acceptance and address of the evening, Twenty-fifth award of the William Bowie Medal): **44** ('63) 289–300. — Solid-earth geophysics: **46** ('65) 203 f. — Citation for Dr. Lloyd Viel Berkner, twenty-ninth award of the William Bowie Medal, Apr. 19, 1967: **48** ('67) 313 f. — [Note to:] Solid-earth geophysics after the termination of the Upper Mantle Project: **49** ('68) 448 f.

Trav. sci., Sect. Séismol., Union géodés. et géophys. int. Progress report on studies of deep crustal layers by explosive shots [21][22][36]: **17** ('50) 5 f.

Yearb., Amer. philos. Soc. Lloyd Viel Berkner: **1967**, 109–16.

Yearb., Carnegie Instn. Washington The earth's crust, seismic studies [2][4][52]: **58**.1958/59 ('59) 234–36; ~ [41][39][38][42][44][35][31][2]: **62** ('63) 280–89. — Radio astronomy [7][14][16][27][45][51]: **56**.1956/57 ('57) 86–93; ~ [7][47][48]: **64**.1964/65 ('65) 300–07; ~ [47][48]: **65**. 1965/66 ('66) 70–72. — Committee on Image Tubes for Telescopes (Annual report) [5][24][33]: **58**.1958/59 ('59) 309–12; **59**.1959/60 ('60) 295–305; **60**.1960/61 ('61) 339–43; **61**.1961/62 ('62) 296–301; **62**.1962/63 ('63) 333–39; **63**.1963/64 ('64) 405–10; **64**.1964/65 ('65) 355–61; **65**.1965/66 ('66) 191–94; **66**.1966/67 ('67) 135–40; **67**.1967/68 ('68) 389–91; **68**.1968/69 ('69) 493–96; **69**.1969/70 ('70) 555 f. — Earthquake seismology [38][2][41][42]: **63**.1963/64 ('64) 298–311; ~ [38][43][30][34][37][35][18][8][15][50][20][2]: **65**.1965/66 ('66) 36–48.

Ferner: "In defense of freedom". Address at Naval Ordnance Laboratory, White Oak, Md., August 15, 1946 [publiziert durch: Johns Hopkins University, Applied Physics Laboratory] (Silver Spring, Md. '46) 9 S. — Privatdrucke einiger Ansprachen, darunter: "Science and the humanities" (Address on occasion of receiving the Research Corporation Award, November 19, 1947) 10 S.; Address on occasion of receiving the John Scott Award, Girard College, Philadelphia, Pa., December 15, 1948, 13 S.; "Science and higher education" (Address at the Graduate College, Princeton, N.J., December 30, 1949) 19 S.

Mit: 1) L. H. Adams; 2) L. T. Aldrich; 3) C. M. van Atta; 4) M. N. Bass; 5) W. A. Baum; 6) F. G. Brickwedde; 7) B. F. Burke; 8) R. Cabre; 9) S. Chandrasekhar; 10) O. Dahl; 11) J. B. Doak; 12) E. T. Ecklund; 13) J. L. England; 14) W. C. Erickson; 15) L. Fernandez; 16) J. W. Firor; 17) W. K. Ford, jr.; 18) E. Gajardo; 19) G. Gamov; 20) A. Giesecke, jr.; 21) R. W. Goranson; 22) J. W. Greig; 23) L. R. Hafstad; 24) J. S. Hall; 25) H. D. Harradon; 26) P. J. Hart; 27) H. L. Helfer; 28) N. P. Heydenburg; 29) P. A. Johnson; 30) A. Kamitsuki; 31) C. Lomnitz; 32) S. Lundsager; 33) L. L. Marton; 34) M. Otsuka; 35) A. Rodriguez; 36) W. J. Rooney; 37) G. Saa; 38) I. S. Sacks; 39) T. J. Smith; 40) C. F. Squire; 41) J. S. Steinhart; 42) R. Sumner; 43) S. Suyehiro; 44) Z. Suzuki; 45) H. E. Tatel; 46) E. Teller; 47) K. C. Turner; 48) C. M. Varsavsky; 49) E. H. Vestine; 50) F. Volponi; 51) H. W. Wells; 52) G. W. Wetherill; 53) O. R. Wulf; 54) V. C. Rubin; 55) D. Westpfahl, jr.; 56) E. A. Johnson; 57) E. Amaldi.

VI **TVERSKOJ,** Pavel Nikolaevič. Geophysik, Meteorol. — 1911–15 Stud., Univ. Petersburg; '15–18 Adjunkt, '18–25 Physiker am Observat. f. atmosphär. Elektrizität, '25–31 Leiter einer Spezialabteilung, '31–38 Stellvertreter d. wiss. Dir., '38–59 wiss. Mitarbeiter, Physikal. → ('24) Geophysikal. Hauptobservat., Petersburg → Leningrad; '21–26 Assist., '26–34 Doz., '29–31 Leiter d. Lehrstuhls f. Geophysik, '34–59 Prof., Univ. Petrograd → Leningrad; außerdem Lektor, Hydrometeorol. Inst., Leningrad; '35 Dr. d. physikal.-math. Wiss. — '49 Universitätspreis (Univ. Leningrad); '49, '51 Leninorden (UdSSR); Ehrentitel "Hervorragender Wissenschaftler d. RSFSR".

* 1892, Nov. 10 (Okt. 28), Myškino, Gouv. Jaroslavl'; † 1962, Dez. 29.

Zur Biogr. *B. M. Janovskij, Vestn. leningr. Univ. **1946**, Nr. 3, 118–20 (m. Bildn.). — *M. N. Judin, Meteorologija i Gidrol. **1946**, Nr. 3, 87f. (m. Bildn.).

Zum 60. Geb.tag *R. I. Grabovskij, *K. Ja. Kondrat'ev, *E. S. Selezneva, Meteorologija i Gidrol. **1953**. Nr. 1, 59f. (m. Bildn.).

Nekr. *B. V. Kirjuchin, *V. A. Solov'ev, Meteorologija i Gidrol. **1963**, Nr. 3, 61–63 (m. Bildn.).

H. (Redakt.) *N. I. Leušin, K voprosu o važnosti issledovanija atmosferikov i nabljudenij nad nimi dlja služby pogody [Über die Bedeutung der Untersuchung und Beobachtung der atmosphärischen Störungen für den Wetterdienst] (Leningrad–Moskva '38). — (Redakt.) Kurs meteorologii; fizika atmosfery (Dopuščeno v kačestve učebnogo posobija dlja gidrometeorologičeskich vuzov i fizičeskich fakul'tetov gosudarstvennych universitetov) [Lehrgang der Meteorologie; Physik der Atmosphäre (Zugelassen als Lehrbuch für Hochschulen für Hydrometeorologie sowie für die physikalischen Fakultäten der staatlichen Universitäten)] (Leningrad '51); darin eig. Beiträge über optische, elektrische und akustische Erscheinungen in der Atmosphäre [russ.]; diese Beiträge tschech. als Monographie u. d. T.: Optické, elektrické a akustické jevy v atmosféře (Praha '55) 204 S. — (Redakt.) *K. Ja. Kondrat'ev, Lučistaja ėnergija Solnca [Die Strahlungsenergie der Sonne] (Leningrad '54). — (Redakt.) *K. Ja. Kondrat'ev, Lučistyj teploobmen v atmosfere [Wärmeaustausch durch Strahlung in der Atmosphäre] (Leningrad '56). — (Redakt.) *R. I. Grabovskij, Atmosfernye jadra kondensacii [Kondensationskerne in der Atmosphäre] (Leningrad '56).

MH. (Mitredakt.) Voprosy atmosfernogo ėlektričestva [Fragen zur atmosphärischen Elektrizität] (Leningrad '52) (Trudy Glavnoj geofizičeskoj observatorii im. A. I. Voejkova, Nr. 35 (97)). — (Mitredakt.) Atmosfernoe ėlektričestvo. Sbornik statej [Atmosphärische Elektrizität. Sammlung von Aufsätzen] (Leningrad '56) (~ Nr. 58 (120)). — (Mitredakt.) *E. G. Baranova, *P. K. Bulatov, *L. L. Vasil'ev, Metodičeskie ukazanija k lečeniju ionizirovannym vozduchom [Methodische Hinweise zur Behandlung mit ionisierter Luft] (Leningrad '57).

HZ. (Redakt.) Trudy glavn. geofizič. Observat. Nr. **4** ('35)–**28** ('39).

S. Glavnaja geofizičeskaja observatorija i polet v stratosferu 30 sentjabrja 1933 g. [Das Geophysikalische Hauptobservatorium und der Flug in die Stratosphäre am 30. 9. 1933] (Leningrad '34) 22–24: Der elektrische Zustand der oberen Schichten der Atmosphäre [russ.]. — Radioaktivnye geofizičeskie metody v priloženii k geologii [Auf Radioaktivität beruhende geophysikalische Verfahren in Anwendung auf die Geologie] (A. P. Kirikov) (Leningrad–Moskva '34): [Beitrag]. — Trudy Vsesojuznoj konferencii po izučeniju stratosfery [Arbeiten der Unionskonferenz über die Erforschung der Stratosphäre], Leningrad 1934 (Moskva–Leningrad '35) 253–68: Der elektrische Zustand der Atmosphäre [russ.]. — Solnečnoe zatmenie 21 sentjabrja 1941 g. v SSSR. Eclipse of the sun September 21, 1941, in USSR (V. G. Fesenkov) (Moskva–Leningrad '40) 49–55: Main geophysical problems to be investigated during the eclipse of September 21st 1941 [russ. m. engl. Zusammenfassg.]. — A. I. Voejkov i sovremennye problemy klimatologii [A. I. Voejkov und die modernen Probleme der Klimatologie] (M. I. Budyko) (Leningrad '56) 18–21: Der Meteorologe und Geophysiker A. I. Voejkov und seine pädagogische Tätigkeit an der Universität Petersburg [russ.].

W. Kurs geofiziki [Lehrgang der Geophysik] (Moskva–Leningrad '30) 568 S.; 2. Aufl. in 2 Bänden: **1** ²('32) 360 S., **2** ²('34) 216 S.; ³('36) 654 S.; 4. Aufl. gekürzt: ⁴('39) 392 S.; bulgar.: (Sofija '51) 356 S. — Groza i grozovye javlenija [Gewitter und Gewittererscheinungen] (Leningrad '45) 72 S. (Biblioteka estestvoznanija]. — Atmosfernoe ėlektričestvo [Atmosphärische Elektrizität] (Leningrad '49) 252 S. — Razvitie meteorologii v SSSR [Die Entwicklung der Meteorologie in der UdSSR] (Leningrad '49) 56 S. (Biblioteka gidrometnabljudatelja). — Kurs meteorologii; fizika atmosfery [Lehrgang der Meteorologie: Physik der Atmosphäre] (Leningrad '51) 888 S.; (E. S. Seleznevoj) ²('62) 700 S.

Ėlektričestvo [Moskva] Die Meteorologie und die Voraussage von Gewittererscheinungen: **1936**, Nr. 9, 23–27 [russ.].

Izvest. Akad. Nauk SSSR, Ser. geogr. i geofizič. Untersuchung der oberen Schichten der Atmosphäre mit dem Radiowellen-Verfahren: **1937**, 75–84 [russ.]. — Aktinometrische Kennwerte der Transparenz der Atmosphäre: **8** ('44) 337–44 [~]. — Turbulenz und Vertikalprofil der elektrischen Feldstärke in der unteren Schicht der Atmosphäre: **1948**, 377–86 [~]. — Der tägliche Verlauf der elektrischen Feldstärke über den Kontinenten: 489–500 [~].

Materialy central'n. naučno-issled. geologorazvedočn. Inst., Geofizika Methode zur Bestimmung der Radioaktivität von Erzen und Gesteinen durch den Ionisierungseffekt der β-Strahlung ²)⁴): **4** ('37) 14–31 [russ.].

Meteorologija i Gidrol. Boris Pompeevič Mul'tanovskij zu seiner 35jährigen wissenschaftlichen Tätigkeit: **1936**, Nr. 5, 66f. [russ.].

Priroda [SSSR] Der gegenwärtige Stand der Theorie der Gewitterelektrizität (Zum 200. Jahrestag der Aufstellung der ersten wissenschaftlichen Theorie des Gewitters durch M. V. Lomonosov): **1954**, Nr. 2, 30–40 [russ.].

Trudy glavn. geofizič. Observat. Einige Schlußfolgerungen aus den Beobachtungen über das elektrische Feld der Atmosphäre in der Ortschaft Voejkovo während dreier Jahre (1948–1950) [5]): Nr. **35** (97) ('52) 12–20 [russ.]. — Einfluß der Frequenz und der Intensität akustischer Schwingungen auf die Geschwindigkeit des Verschwindens von Nebel: Nr. **104** ('60) 85–94 [~].

Uč.Zap. leningr. gos. Univ. Die Verteilung der Raumladungsdichte in der erdnahen Schicht und in der freien Atmosphäre [3]): Nr. **210** (Ser. fizič. nauk Nr. 9) ('56) 64–71 [russ.]. — Die Untersuchung der Ionenrekombinationskonstante in der freien Atmosphäre [3]): 72–82 [~].

Vestn. leningr. Univ. Ungelöste Fragen der Physik der Wolken und der Niederschläge: **1947**, Nr. 1, 17–31 [russ.]. — Die Gewitterelektrizität und die Erhaltung der negativen Ladung der Erde: Nr. 6, 3–24 [~]. — Räumliche und zeitliche Veränderungen des elektrischen Feldes in der Atmosphäre: Nr. 12, 3–21 [~]. — Versuch der Erforschung des Vertikalprofils der Stärke des elektrischen Feldes in der unteren Schicht der Atmosphäre [3])[1]): **1953**, Nr. 5, 83–90 [~].

Vestn. Znanija Die Stratosphäre und die atmosphärische Elektrizität: **1933**, 566f. [russ.].

Ž. Geofiz. The methodics of defining the radioactivity after the ionization effect of β-emanation [2])[4]): **6** ('36) 487–511 [russ. m. engl. Zusammenfassg.].

Ferner ein Beitrag in: Trudy, Inst. ėksper. Med. [Riga] **20** ('59) 15–22.

Mit: [1]) G. E. Fedorov; [2]) A. Grammakov; [3]) V. B. Milin; [4]) N. P. Starovatov; [5]) D. E. Ogorodnov.

VI **TWISS,** Douglas Frank. Chem. — Until 1902 Stud., '10 D.Sc., Univ. of Birmingham; '02–03 Stud., Univ. of London; '04–14 Lecturer, Birmingham Techn. School → Municipal Techn. College, Birmingham; '14 Founder of Chem. Research Departm., '15–46 Chief Chemist, Dunlop Rubber Co., Birmingham; '34 Vice Pres., Instn. of Rubber Industry, London; '34 Chairman of Midland Sect., Soc. of Chem. Industry. — '34 Colwyn Gold Medal (Instn. of Rubber Industry, London).

* 1883, Febr. 19, Birmingham;

† 1951, Mai 23, Barton-on-Sea, Hamps.

Zur Biogr. *E. A. M[urphy], Dunlop Gaz. [Birmingham] **1946**, Mai/Juni-Nr., S. 4 (m. Bildn.). — Personalities of the first half century: India Rubber J. **121** ('51) zwischen 930–34 (m. Bildn.). — Nature [London] **158** ('46) 159. — Trans. Instn. Rubber Industry **11** ('35) 202f.

Nekr. *B. D., Dunlop Gaz. [Birmingham] **1951**, Mai/Juni-Nr., S. 3 (m. Bildn.). — *E. A. Murphy, Rubber Chem. and Technol. **25** ('52) 187–90. — *J. R. Scott, Nature [London] **168** ('51) 100. — Chemistry and Industry **1951**, 427. — India Rubber J. **120** ('51) 871.

S. The chemistry and technology of rubber (C. C. Davis, J. T. Blake) (New York '37) 610–34: Industrial uses of latex [9]) [8])[11]). — *R. B. Pilcher, *F. Butler-Jones u. a., What industry owes to chemical science [3](Cambridge '45, Brooklyn, N.Y. '46): India rubber.

W. A course of practical organic chemistry (m. T. S. Price) [4](London–NewYork '35) 13 + 238 S.

Chemical Markets Chemical treatment of rubber latex: **33** ('33) 133–35.

Chemical Trade J. and Chemical Engr. Rubber and its conversion products – their character as chemically resistant materials: **94** ('34) 230–32.

Chemistry and Industry Industrial uses of rubber latex: **11** ('33) 410–16. — The character of rubber as a chemically resistant material: **12** ('34) 723–28. — War gases and their identification [10]): **18** ('40) 13f. — Production of petrol from rubber: **1946**, 53f.

India Rubber J. Industrial uses of rubber latex: **85** ('33) 574, 601. — [Titel des Beitrags nicht ermittelt]: **92** ('36) 157f. — [~]: **93** ('37) 593–. — Formation of compounding ingredients in rubber [10])[3]): **103** ('42) 117f., 121f. — Dust explosions [7]): **107** ('44) 292f. — The role of oxygen in the plasticisation of rubber: **108** ('45) 731f., 734f.; **109** ('45) 14f. — Possibility of improvement in the quality of natural rubber: **112** ('47) 655f., 658f., 691f., 694.

Industrial and Engng. Chem. Control by individual incorporation of vulcanising agents: **31** ('39) 1461–64.

Industrial and Engng. Chem., Analyt. Edit. Measuring the permeability of rubber to various gases [2]): **12** ('40) 99–108.

J. Instn. electr. Engr. Electrodeposition of rubber: **75** ('34) 481–86.

J. and Proc. roy. Inst. Chem. Great Britain and Ireland Alexander Parkes: **1940,** Nr. 3.

J. roy. Soc. Arts Rubber latex as a manufacturing material: **83** ('35) 1075–96.

J. Soc. chem. Industry Coagulation of rubber latex and its control [1]: **59** ('40) 202–06.

J. Soc. chem. Industry, Trans. The restraining of vulcanisation in rubber manufacture [5]: **54** ('35) 13T–18T.

Nature [London] Reaction between oxygen and rubber [2]: **154** ('44) 673. — Physical and chemical degradation of rubber: **156** ('45) 9–11.

Proc. chem. Engng. Group Soc. chem. Industry The character of rubber as a chemically resistant material: **16** ('34) 50–56.

Proc. Rubber Technol. Conf. The composition and characteristics of the rubber in Hevea latex [2][6]: **1938,** 81–100.

Rep. Progr. appl. Chem. India rubber and allied materials: **29** ('44) 434–59.

Revue gén. Caoutchouc Note sur la préparation des mélanges du caoutchouc par formation "in-situ" des constituants du mélange [10][3]: **18** ('41) 134–36. — Possibilités d'amélioration de la qualité du caoutchouc naturel – un important et intéressant problème pour l'industrie de plantation: **25** ('48) 444–47, 489–91.

Rubber Age [London] Rubber latex as a manufacturing material: **16** ('35) 83f.

Rubber Age [New York] Latex applications: **31** ('32) 65–67. — Industrial uses of rubber latex. A summary of uses to which rubber latex is being put in many manufacturing processes: **34** ('33/34) 115–17, 172–74, 176. — Rubber as a chemically resistant material. A treatise on the characteristics of rubber from the standpoint of its chemical resistance: **36** ('34) 17–19, 75f.

Rubber Chem. and Technol. The restraining of vulcanization in rubber manufacture [5]: **8** ('35) 230–38. — Composition and characteristics of the rubber in Hevea latex [2]: **12** ('39) 448–64. — Coagulation of rubber latex and its control [1]: **14** ('41) 160–75. — Formation of compounding ingredients in rubber [10][3]: 342–46. — Role of oxygen in the plasticization of rubber: **18** ('46) 817–25.

Trans. Faraday Soc. Surface composition of the rubber globules in Hevea latex [6]: **32** ('36) 890–96. — Consequences of the electrical double layer in rubber technology [2][1]: **36** ('40) 264–71.

Trans. Instn. Rubber Industry Concentration and compounding of latex for industrial use: **7** ('32) 280–89. — A rapid method for the determination of concentration of inflammable solvent vapours in air up to the explosive limit [5][4]: **9** ('33) 266–74. — Note on the vulcanization process and the reinforcement of rubber [5][10]: 275–82. — Developments in the chemical technology of rubber: **10** ('34) 308–19. — Some practical consequences of the chemical character of rubber: **11** ('36) 491–504. — Indiarubber: man's modifications of a natural product: **12** ('36) 37–44. — Scientific knowledge of rubber: **14** ('38) 236–41. — Formation of compounding ingredients in rubber [10][3]: **16** ('40) 111–16.

Mit: [1] P. H. Amphlett; [2] A. S. Carpenter; [3] R. W. Hale; [4] L. E. Hickin; [5] F. A. Jones; [6] I. Kemp; [7] W. McCowan; [8] E. W. Madge; [9] E. A. Murphy; [10] A. E. T. Neale; [11] G. W. Trobridge.

VI **TWYMAN,** Frank. Optik. — 1898–1902 Sci. Assist., '02–04 Manager, '04–46 Managing Dir., '48–52 Dir., '52–59 Technical Adviser, Adam Hilger, Ltd. → ('48) Hilger & Watts, Ltd., London; '30–31 Pres., Optical Soc. — '26 John Price Wetherill Medal (Franklin Inst., Philadelphia, Pa.); '27 Duddell Medal (Physic. Soc., London); '56 Gold Medal (Soc. for Applied Spectroscopy, USA). (⊠)
* 1876, Nov. 17, Canterbury, Kent;
† 1959, März 6.

Erfindungen Twyman-Green-Interferometer und andere optische Geräte.

Zur Biogr. Nature [London] **179** ('57) 18.

Nekr. *A. C. Menzies, Biographical Mem. Fellows roy. Soc. **5** ('59) 269–79 (m. Bildn., Faks., Schr.-verz.); Nature [London] **183** ('59) 1158f. — J. opt. Soc. America **49** ('59) 834.

Autobiogr. An East Kent family; an account of the descendants of the author's grandparents, and his own autobiography (Glasgow '56) 19 + 399 S. (m. Bildnissen).

MHZ. Spectrochimica Acta **1** ('39/41) –.

H. The practice of spectrum analysis with Hilger instruments, including a note on the various types of emission spectra [6](London '33), Neudrucke: ('35), ('40).

S. Encyclopaedia Britannica; a new survey of universal knowledge, **13** (Chicago, Ill.–London–Toronto '57) 919A–923: Lens. [Auch in anderen Jahrgängen].

W. The practice of absorption spectrophotometry with Hilger instruments; a guide to the technique of absorption measurement in the visible, ultraviolet, and infra-red regions of the spectrum (m. anderen) (London '32) 80 S.; 2. Aufl. unter Mitarbeit von C. B. Allsopp: ('34) 17 + 140 S., Neudrucke: ('41), ('44). — Spectrochemical abstracts [, 1] 1933–1937 (London '38) 52 S. — Spectrochemical analysis in 1938; a companion book to "Spectrochemical abstracts 1933–1937" (m. G. F. Lothian, E. S. Dreblow, A. C. Candler) (London '38) 67 S.; deutsch: Spektrochemische Analyse im Jahre 1938 (Basel–London '39) 64 S.; französ.: Analyse spectrochimique en 1938 (Paris '39) 74 S. — Wavelength tables for spectrum analysis (m. D. M. Smith). Neuaufl. (London '41) 180 S. — The spectrochemical analysis of metals and alloys (London–Brooklyn, N.Y. '41) 8 + 355 S. (m. Bildn.); Neuaufl. u. d. T.: Metal spectroscopy (London '50) 10 + 569 S. — Prism and lens making; a textbook for optical glassworkers (London '42) 4 + 178 S., [2]('52) 8 + 629 S., Neudruck: ('57); verkürzte Ausgabe u. d. T.: Optical glassworking (London '55) 275 S. — Apprenticeship for a skilled trade (London '44) 6 + 70 S. — Sir Charles Parsons (1854–1931) and optical engineering (London '52) 14 S. (Parsons Memorial Lecture, 1951). — Some new proposals for the amelioration of the balance of payments position (London '53) 16 S.

Analyst Instrument used for spectrum analysis and absorption spectrophotometry: **60** ('35) 4–9.

Annual Rep. Progr. Chem. Analytical chemistry [4]) [9]): **34**.1937 ('38) 454–92.

Chemistry and Industry Determination of lead in organic substances: **10** ('32) 210.

Engineer [London] Spectrography in the nonferrous metallurgical industry: **167** ('39) 387f.

Engineering Spectroscopic estimation of nickel, manganese and chromium in steels [3]): **134** ('32) 487f. — Industrial application of spectrography in the nonferrous metallurgical industry: **147** ('39) 384–86.

Iron and Coal Trades Rev. Spectroscopic estimation of nickel, manganese and chromium in steels [3]): **125** ('32) 413–15.

J. Birmingham metallurg. Soc. Spectroscopic analysis: **21** ('41) 138–50.

J. Inst. Metals Industrial application of spectrography in the nonferrous metallurgical industry: **64** ('39) 379–416.

J. Iron and Steel Inst. Spectroscopic estimation of nickel, manganese and chromium in steels [3]): **126** ('32) 397–407 (Diskuss. S. 408–12).

J. opt. Soc. America On the refractive index changes in optical glass occasioned by chilling and tempering [6]): **26** ('36) 121.

J. sci. Instruments An optical rectangular rosette extensometer for large strains [8]): **25** ('48) 187–89.

J. Soc. chem. Industry, Trans. Quantitative spectrochemical analysis with the microphotometer [5])[2]): **57** ('38) 75–79. — Some experiments on the spectrochemical analysis of cadmium in copper [10])[2]): **59** ('40) 238–42.

Metal Industry [London] Spectrography in the nonferrous metallurgical industry: **54** ('39) 299–302. — Spectrum analysis of metals: **58** ('41) 382–86.

Metaux, Corrosion, Usure Industrial application of spectrography in the nonferrous metallurgical industry: **17** (18) ('42) 11–17 [ ].

Nature [London] x-Irradiation of fused silica [1]): **134** ('34) 180. — Prediction of earthquakes: **135** ('35) 1078. — Spectrum analysis: **136** ('35) 609. — The interferometer in lens and prism manufacture: **151** ('43) 43–46. — Angstrom units, A. or Å.?: **167** ('51) 245.

Obituary Notices Fellows roy. Soc. London William Taylor, 1865–1937: **2** ('38) 363–65.

Proc. physic. Soc. A new apparatus for rapid spectrophotometry of liquids in the ultraviolet region: **45** ('33) 1–19. — Conditions for securing accuracy in spectrophotometry [5]): 643–62.

Trans. opt. Soc. The validity of the Schwarzschild relation as applied to the use of the logarithmic sector [3]): **33** ('31/32) 1–8. — The "Spekker" photometer for ultraviolet spectrophotometry: 9–19. — Rapid spectrophotometry with bi-multiple spectra and a new type of wedge cell [7])[3]): 37–54. — A photometric eyepiece for visual quantitative spectrum analysis: 176–81.

Mit: [1]) F. Brech; [2]) E. S. Dreblow; [3]) A. Harvey; [4]) H. F. Harwood; [5]) G. F. Lothian; [6]) F. Simeon; [7]) L. J. Spencer; [8]) K. H. Swainger; [9]) L. S. Theobald; [10]) W. Zehden.

VI **TYKOCINER,** Joseph Tykocinski. Elektrotechn., "Zetetik" (Forschungswiss.). — 1921–29 Research Assist. Prof., '29–48 Research Prof., '49 Emer. Research Prof., Univ. of Illinois, Urbana, Ill. — '65 Hon. Dr.Eng. (Univ. of Illinois). — '64 National Electronics Conference Award of Merit; '67 Loyalty Award (Univ. of Illinois Alumni Assoc.).

* 1877, Okt. 17 (5), Vloclavek, Polen;
† 1969, Juni 11, Urbana, Ill.

Ehrung Tykociner Memorial Lectures (University of Urbana) 1972ff. (Gedruckte Wiedergabe jeweils m. Kurzbiogr. u. Bildn.).

Zur Biogr. *W. W. Crouch, Illinois Technograph **80** ('65) Nr. 5, S. 9, 11, 14, 18 (m. Bildn.). — *R. A. Kingery, *R. D. Berg, *E. H. Schillinger, Men and ideas in engineering; twelve histories from

Illinois (Urbana, Ill.–Chicago, Ill.–London '67) 19–31: The man history forgot; u. d. T.: The man who taught the movies how to speak, in: Saturday Review [New York] **51** ('68) Nr. 14, 56–58 (m. Bildn.).

S. Education and the structure of knowledge. 5th Annual Phi Delta Kappa symposium on educational research (Chicago, Ill. '64) 121–47: Zetetics and areas of knowledge.

W. Research as a science: zetetics (Urbana, Ill. '59) 11 + 205 S. — Evolution, history and zetetics (Urbana, Ill. '62) 21 S. — Zetetics and areas of knowledge (Urbana, Ill. '64) 31 S. — Outline of zetetics; a study of research and artistic activity (Urbana, Ill. '66) 20 + 201 S.; Neuaufl. [ohne Untertitel]: (Philadelphia, Pa. '71) 13 + 170 S. — A descriptive inventory of the arts and sciences; its basis and applications in zetetics and library science (Urbana, Ill. '67) 13 + 309 S. — Zetetics and its relation to education and research (Urbana, Ill. '68) 19 S.

Bridge of Eta Kappa Nu Evolution, history, and zetetics: **59** ('63) Nr. 4, 2–6 (m. Bildn.).

Bull., Univ. Illinois, Engng. Exper. Stat. Oscillations due to ionization in dielectrics and methods of their detection and measurement [2)][5)]: Nr. **259** ('33) 58 S. — Investigation of cable ionization characteristics with discharge detection bridge [2)][5)]: Nr. **260** ('33) 43 S. — Oscillations due to corona discharges on wires subjected to alternating potentials [6)][5)]: Nr. **278** ('35) 53 S. — Flexural vibrations of piezoelectric quartz bars and plates [7)]: Nr. **291** ('37) 33 S. — Photoelectric sensitization of alkali surfaces by means of electric discharges in water vapor [4)][3)]: Nr. **325** ('40) 32 S. — Properties and applications of phase-shifted rectified sine waves [1)]: Nr. **339** ('42) 54 S.

Circular Ser., Univ. Illinois, Engng. Exper. Stat. Magnetron oscillator for instruction and research in microwave techniques [1)]: Nr. **48** ('44) 30 S.

J. opt. Soc. America Water vapor in the construction of more sensitive photoelectric cells of alkali metals [4)][3)]: **27** ('37) 224, 354. — An automatic recorder of spectral sensitivity of photoelectric surfaces [1)]: **31** ('41) 689–92.

Phi Kappa Phi Journal Zetetics and its principles: **44** ('64) Nr. 2, 20–30 (m. Bildn.).

Philosophical Mag. and J. Sci. Measurement of current in electrodeless discharges by means of frequency variations: (7) **13** ('32) 953–64.

Physics A photoelectric valve [4)]: **4** ('33) 246–54.

Proc. IRE Magnetron oscillator for instruction and research in microwave techniques [1)]: **32** ('44) 299–308.

Trans. Illinois State Acad. Sci. Methods of detection and measurement of ionization in dielectrics: **26** ('34/35) 111 f. — Flexural vibrations of piezoelectric quartz bars [7)]: **29** ('36) 225–27. — Wave forms of phase-shifted sine pulses and their applications [1)]: **35** ('42) 156–58.

Mit: 1) L. R. Bloom; 2) H. A. Brown; 3) L. P. Garner; 4) J. Kunz; 5) E. B. Paine; 6) R. E. Tarpley; 7) M. W. Woodruff; 8) W. A. Laning, jr.

IV–VI **TYLER,** Harry Walter. Math. — 1890–91 Assist. Prof., 1892 Assoc. Prof., 1893–1930 Prof., '01–30 Head of Departm., '30 Prof. Emer., Massachusetts Inst. of Technol., Cambridge, Mass.; '16–34 General Secretary, '34–35 Vice-Pres., Amer. Assoc. of University Professors. (⊠)
* 1863, Apr. 16, Ipswich, Mass.;
† 1938, Febr. 3, Washington, D.C.

Nekr. *R. C. Archibald, Proc. amer. Acad. Arts and Sci. **75** ('42/44) 178 f. — Science [USA] **87** ('38) 181.

W. A short history of science (m. W. T. Sedgwick), Neuaufl. (New York '35) 15 + 474 S.; Revidierte Neuaufl. (m. R. P. Bigelow): ('39) 21 + 512 S., Neudrucke: ('46), ('48), ('52).

VI **TYNDALL,** Arthur Mannering. Physik. — Until 1903 Stud., '03–07 Assist. Lecturer, '07–14 Lecturer, '10–14 Acting Head of Departm., '13 D.Sc., '19–48 Henry Overton Wills Prof., '27–48 Dir. of the Henry Herbert Wills Physic. Labor., '40–47 Pro-Vice-Chancellor, '44–45 Acting Vice-Chancellor, '48 Prof. Emer., Univ. College → ('09) Univ. of Bristol; '12 D.Sc., Univ. of London; ['32 and/or '53?] Pres., Science Masters' Assoc.; '42 Vice-Pres., Roy. Soc.; '46–48 Pres., Inst. of Physics; '46–49 Chairman, Executive Committee of the Nation. Physic. Labor.; '52 Pres., Physics Sect. of the Brit. Assoc. for the Advancem. of Sci. — '58 Hon. LL.D. (Univ. of Bristol). — '50 Commander of Order of the Brit. Empire.
* 1881, Sept. 18, Bristol;
† 1961, Okt. 29, Bristol.

Zur Biogr. Nature [London] **161** ('48) 755 f.

Nekr. *N. F. Mott, *C. F. Powell, Biographical Mem. Fellows roy. Soc. **8** ('62) 159–65 (m. Bildn., Faks., Schr.verz.). — *N. F. Mott, Proc. physic. Soc. **78** ('61) 1565–68. — *C. F. Powell, Nature [London] **193** ('62) 825 f.

MHZ. Philosophical Mag. (7) **39** ('48)–(8) **5** ('60).

S. Proc. 7th International congress of refrigeration, TheHague–Amsterdam 1936, **1** (Utrecht '37) 298–301: Effect of temperature on the mobility of gaseous ions [2]). — Bristol and its adjoining counties (C. M. MacInnes, W. F. Wittard) (London '55) 323–335: A university in Bristol.

W. The mobility of positive ions in gases (Cambridge '38) 8 + 93 S.; (New York '39) 10 + 90 S.

Advancement Sci. Some contributions to experimental physics from Britain: Nr. **34** ('52).

Bristol medico-chirurg. J. Air as a conductor of electricity: **55** ('38) 211–16.

Chemistry and Industry The University of Bristol: **1960**, 729–31.

Endeavour Recent work on gaseous ions: **4** ('45) 29–33.

Nature [London] E. T. S. Appleyard †: **144** ('39) 14.

Proc. physic. Soc. A. P. Chattock †: **46** ('34) 900f. — John Edward Lennard-Jones, 1894–1954: **67** ('54) Sect. A, 1128f.; Sect. B, 916f.

Proc. roy. Soc. London, Ser. A Mobility of positive alkali ions in argon, neon and helium [3]): **136** ('32) 145–52. — The variation of the mobility of gaseous ions with temperature, 1: Positive ions in their own gas [2]): **149** ('35) 426–34. — The mobility of alkali ions in gases, 1: The attachment of water molecules to alkali ions in gases [1]): **172** ('39) 28–42. — The mobility of positive ions in their own gas [1]): **177** ('41) 187–91.

School Sci. Rev. Gaseous ions (Presidential address to Schoolmasters' Association): **1933**, März-Nr.

Science Progr. [London] The mobility of gaseous ions: Nr. **122** ('36) 268–81.

Ferner: Gabrielle Howard Memorial Lecture 1938: The atmosphere as a conductor of electricity. [Bibliographisch nicht nachgewiesen].

Mit: [1]) R. J. Munson; [2]) A. F. Pearce; [3]) C. F. Powell.

VI **TYNDALL,** Edward Philip Theodore. Physik. — 1924–25 Associate, '25–28 Assist. Prof., '28–47 Assoc. Prof., '47–60 Prof., '60 Prof. Emer., State Univ. of Iowa, Iowa City, Iowa.
* 1893, Apr. 29, Durban, Natal, S. Africa;
† 1979, Sept. 29, Long Beach, Cal.

S. A Symposium on the plastic deformation of crystalline solids, Pittsburgh, Pa., 1950 (Washington, D.C. '50) 49–59: Creep of zinc crystals.

American J. Physics George Walter Stewart, 1876–1956 [3])[4])[8]): **25** ('57) 276f.

J. appl. Physics [USA] Internal friction and plastic extension of zinc single crystals [5]): **17** ('46) 713–20. — Elasticity of zinc crystals [9]): **20** ('49) 587–89. — Creep-time law for zinc crystals: **21** ('50) 939. — Creep of zinc crystals [1])[9])[2]): **26** ('55) 286–94.

J. opt. Soc. America Chromaticity sensibility to wave-length difference as a function of purity: **23** ('33) 15–24.

Physical Rev. Note on the probable values of the elastic constants of the zinc crystal: **47** ('35) 398f. — Elasticity and creep of lead single crystals [7]): **61** ('42) 359–64.

Proc. Iowa Acad. Sci. Mosaic zinc crystals [6]): **40** ('33) 156. — Effect of additions of cadmium on growth of zinc crystals: **41** ('34) 252. — Hysteresis in zinc crystals: **44** ('37) 147.

Mit: [1]) R. A. Artman; [2]) R. Eisner; [3]) J. A. Eldrige; [4]) M. W. Lampe; [5]) T. A. Read; [6]) H. K. Schilling; [7]) I. H. Swift; [8]) J. A. Van Allen; [9]) C. A. Wert.

VI **TZENOFF** (eigentlich: **CENOV**), Ivan. Math., Mech. — 1904–08 Stud., '09–14 Assist., '14–19 Doz., '19–22 außerord. Prof., '22–58 ord. Prof. u. Dir. d. Math. Inst., '58 Prof. emer., Univ. Sofija.
* 1883, Jan. 2, Vraca;
† 1967, Sept. 19, Sofija.

Zum 75. Geb.tag Izvest. mat. Inst., Bŭlgarsk. Akad. Nauk. **4** ('60) kn. 2, 224 S. (m. Bildn.).

S. Jubileen sbornik na Fiziko-matematičeskoto druženstvo v Sofija po slučaj 40-godišnija mu jubilej [Jubiläumsband anläßlich des 40-jährigen Jubiläums der Physikalisch-mathematischen Gesellschaft in Sofija] (Sofija '39) Teil II, 6–12: Der Abstand zwischen Punkt und Gerade und die Gleichung der Winkelhalbierenden eines von zwei Geraden eingeschlossenen Winkels [bulgar.]. — Proc. XIII International astronautical congress, Varna 1962 (N. Boneff, I. Hersey) **1** (Wien '64) 472–76: Nouvelles formes des équations différentielles du mouvement des systèmes matériels holonomes et non holonomes.

W. Analitična mechanika [Analytische Mechanik] **1**: Vektorno smjatane; Kinematika; Ravnovesie i dviženie na materialna točka; Ravnovesie na materialna sistema [Vektorrechnung; Kinematik; Gleichgewicht und Bewegung des Massenpunktes; Gleichgewicht des materiellen Systems] ²(Sofija '46) 678 S. [1. Aufl. '23]; **2**: Dviženie na materialni sistemi; Chidrostatika; Chidrodinamika [Bewegung materieller Systeme; Hydrostatik; Hydrodynamik] ²('51) 384 S. [1. Aufl. '24]. — Vektorni funkcii na edno promenlivo nezavisimo i tjachnoto priloženie v krivite linii [Vektorfunktionen einer unabhängigen Veränderlichen und deren Anwendung auf die Kurven] (Sofija '47) 147 S. — Zakraten kurs po techničeskaja mechanika [Einführungslehrgang "Technische Mechanik"] (Sofija '47) 159 S. — Sbornik ot rešeni zadači po analitična mechanika [Aufgabensammlung mit Lösungen zur analytischen Mechanik] ²(Sofija '50) 504 S. [1. Aufl. '29]. — Visša matematika [Höhere Mathematik] **1** (Sofija '56) 770 S.; **2** ('57) 311 S.

Buletinul Inst. politehn. Iaşi Nouvelles équations de la dynamique analytique: (N.S.) **5** ('59) 119–24 [russ. m. französ. Zusammenfassg.].

Čas. Pěst. Mat. a Fysiky Sur les lignes géodésiques et les éléments fondamentaux des courbes tracées sur une surface: **64** ('35) 198 f.

C.R. Acad. bulgare Sci. Sur la déformation d'un élément infiniment petit d'un système matériel continu: **1** ('48) Nr. 1, 17–20. — Quelques formes nouvelles des équations générales du mouvement des systèmes matériels: **2** ('49) Nr. 1, 13–16. — Sur une transformation des équations du mouvement des systèmes matériels: **9** ('56) Nr. 3, 5–8 [m. russ. Zusammenfassg.]. — Nouvelle démonstration du principe d'Ostrogradski-Hamilton pour les systèmes holonomes et non holonomes: **15** ('62) 13–16 [~]. — Sur le principe d'Hamilton-Ostrogradski: **16** ('63) 225–28 [~]. — Sur le principe de Lagrange: 345–48 [~]. — Sur le principe de la moindre action (Principe de Maupertuis): 461–64 [~]. — Sur les équations de la dynamique analytique lorsque la fonction des forces dépend aussi des vitesses généralisées: **18** ('65) 501–04. — Equations du mouvement d'un système matériel, subordonné à des liaisons non holonomes linéaires et non linéaires concernant les vitesses et les accélérations généralisées: 711–14. — Application du principe de d'Alembert-Lagrange à la déduction des équations de mouvement des systèmes matériels holonomes et non holonomes: 899–902. — Déduction des équations de mouvement de systèmes matériels sans faire appel aux principes de d'Alembert-Lagrange et de Hölder: **19** ('66) 85–88. — Les équations de Lagrange et de Nielsen à terme supplémentaire s'appliquent aussi à un système non holonome: **20** ('67) 401–04.

Dokl. Akad. Nauk SSSR Über eine neue Form der Gleichungen der analytischen Dynamik: **89** ('53) 21–24 [russ.]. — Über gewisse Transformationen der Bewegungsgleichungen und über die geodätischen Trajektorien mechanischer Systeme: 225–28 [~]. — Über das Gaußsche Prinzip des kleinsten Zwanges: 415–18 [~]. — Über die integralen Variationsprinzipien der analytischen Mechanik: 623–26 [~].

Enseignement math. Sur une loi corrective de la loi de Newton pour la détermination du déplacement du périhélie et de la déviation des rayons lumineux: **31** ('33) 77–89. — Points simples et points singuliers des courbes planes: **38** ('40) 92–116.

Godišnik sofijsk. Univ., Fiziko-mat. Fak., Kniga 1 Sur quelques formes nouveaux des équations de la dynamique: **27**.1930/31 ('31) 177–234; **28**.1931/32 ('32) 1–56. — Sur une loi corrective de la loi de Newton pour la détermination du déplacement du périhélie et de la déviation des rayons lumineux: **29**.1932/33 ('33) 127–54. — Sur certaines questions de la relativité généralisée: 155–94. — Sur quelques applications mécaniques d'une fonction du second degré: **30**.1933/34 ('34) 181–247. — Sur les lignes géodésiques et les éléments fondamentaux des courbes tracées sur une surface: **31**.1934/35 ('35) 87–122. — Sur les surfaces réglées et leur application à la théorie des surfaces, 1: **32**.1935/36 ('36) 227–83; ~ 2: **33**.1936/37 ('37) 195–241. — Sur les surfaces admettant un élément linéaire ds^2 donné: 163–94. — Calcul vectoriel avec coordonnés curvilignes. Applications diverses: **34**.1937/38 ('38) 129–275. — Points simples et points singuliers des courbes planes: **35**.1938/39 ('39) 251–356. — Sur les points simples et singuliers des courbes gauches: **37**.1940/41 ('41) 131–48. — Sur la déformation d'un élément infiniment petit d'un système matériel continu: 373–94. — Vecteurs libres et glissants et leur application dans la géométrie des systèmes de droites: 523–80; **38**.1941/42 ('42) 1–48. — Quelques formes nouvelles des équations générales du mouvement des systèmes matériels: **45**.1948/49 ('49) 239–61. — Equilibre d'un point assujetti à se déplacer sur la surface d'un ellipsoïde homogène de révolution animé d'une rotation uniforme autour de son axe et attiré suivant la loi de Newton par les éléments de l'ellipsoïde: **46**.1949/50 ('50) 1–8. — Détermination des forces intérieures dans un corps solide en équilibre dont les déformations sont négligeables: **47**.1950/52, I ('51) 75–91. — Sur les théorèmes généraux du mouvement d'un corps solide par rapport à un système de coordonnées mobiles: II ('52) 33–58. — Détermination de la translation et la rotation d'un corps solide, étant donnés les vitesses de trois de ses points: 59–66. — Sur les équations de la dynamique analytique: **49**, II ('56) 1–23. — Quelques applications des nouvelles équations de la dynamique analytique: **51**.1956/57 ('58) 69–97. — — Alle Arbeiten bulgar. m. französ. Zusammenfassg.

Godišnik sofijsk. Univ., Mat. Fak. Sur les principes de variation intégrals de la dynamique analytique: **57**.1962/63 ('64) 221–53. — Equations générales de la dynamique analytique quand la fonction des forces dépend des vitesses: **59**.1964/65 ('66) 23–33. — Equations du mouvement d'un système matériel subordonné à des liaisons non holonomes linéaires et non linéaires concernant les vitesses et les accélérations généralisées: 49–60. — Sur les équations de mouvement des systèmes matériels holonomes et non holonomes: **60**.1965/66 ('67) 243–74. — — Alle Arbeiten bulgar. m. französ. Zusammenfassg.

Izvest. mat. Inst., Bŭlgarsk. Akad. Nauk. Sur une forme nouvelle des équations de la mécanique analytique et quelques applications de ces équations: **1** ('53/54) kn. 2, 91–134 [bulgar. m. französ. Zusammenfassg.]. — Sur le mouvement d'un corps solide avec un point fixé: **3** ('59) kn. 2, 177–86 [bulgar. m. französ. u. russ. Zusammenfassg.]. — Application des nouvelles équations de la dynamique analytique au mouvement relatif des corps solides: **4** ('60) kn. 2, 81–137 [~]. — Application du principe de d'Alembert-Lagrange à déduction des équations du mouvement des systèmes holonomes et non holonomes: **9** ('66) 295–301 [~]. — Deduction of the movement equations of material systems without applying the principles of d'Alembert-Lagrange and Hölder: **12** ('70) 29–43 [bulgar. m. engl. u. russ. Zusammenfassg.].

Sborn. bŭlgarsk. Akad. Nauk. Freie Vektoren und ihre Anwendung in der analytischen Geometrie: **38** ('42) 1–128 [bulgar.].

U

VI **UDA,** Shintarô. Hochfrequenztechn. — 1924 Graduated, '24–26 Lecturer, '27–36 Assist. Prof., '36–60 Prof., '60 Prof. Emer., Tôhoku (Imp.) Univ., Sendai. — '32 Academy Prize (Imp. Acad., Tokyo); '61 Purple Ribbon Medal (Japan Governm.).
* 1896, Juni 1, Toyama Prefecture;
† 1976, Aug. 18, Tokyo.

W. Chô kôshûha denshi kan [Ultrahochfrequenzröhren] (m. K. Okabe) (Tokyo '49) 357 S. — Dôha kûchûsen no kenkyû [Studie über Antennen] (Sendai '53) [Als Manuskript vervielfältigt]. — Yagi-Uda antenna (m. Y. Mushiake) (Sendai '54) 9 + 183 S. — Musen kôgaku [Funktechnik] **1.2** (Tokyo '55); Neuaufl.: ('64/65). — Denpa kôgaku enshû [Übungen zur Hochfrequenztechnik] (Tokyo '63). — Denshi ryôshi kôgaku no kiso [Grundlagen der Quantenelektronik] (Tokyo '67) 8 + 403 S. — Handôtai erekutoronikusu [Halbleiterelektronik] (Tokyo '70). — Rêda kôgaku enshû [Übungen zur Radartechnik] (Tokyo '72).

Collection Papers annual Convent. Inst. electr. Engr. Japan Propagation of ultra-short waves through oil and water [13]): **1932**, 166–68 [japan.]. — Heating of electrolytes in high-frequency field [12]): 168–70 [~].

E.T.J. Variable-frequency quartz-crystal oscillator [1])[7]): **2** ('38) 243f. — Variable-frequency quartz crystals [1]): **3** ('39) 47.

J. Inst. electr. Engr. Japan Electron oscillations in triode vacuum tubes [9]): **52** ('32) 485–89. — Directing action of wave resonators and their effects on the plane of polarization of electromagnetic waves [11]): 614–17. — Tests for broadcasting and other special communications by ultra-short waves [8]): 655–59. — Intermodulation in radio receivers [10]): **55** ('35) 981–85. — On the effect of a secondary circuit on quenched oscillators [14]): **56** ('36) 964–67. — — Alle Arbeiten japan.

J. Inst. Telegraph and Telephone Engr. Japan Some considerations on modulation and on its related problems [4]): Nr. **156** ('36) 157–64 [japan.]. — On the action of a secondary circuit in suppressing noise in super-regenerative receivers of ultra-short waves: Nr. **161** ('36) 630–35 [~]. — Performance characteristics of multi-electrode vacuum tubes as modulator amplifiers [4]): Nr. **167** ('37) 260–73 [~]. — On the new vacuum tube "Sentron" for ultra-short waves [6])[5]): Nr. **171** ('37) 552–58 [~].

Nippon electr. Communicat. Engng. Performance characteristics of multi-electrode vacuum tubes as modulator amplifiers [4]): **9** ('38) 59–71. — On new vacuum tubes "Sentron" for ultra-short waves [6])[5]): **10** ('38) 171–77.

Rep. Radio Res. Japan Duplex radio telephony on few-metre waves between ship and shore: **2** ('32) 1–8. — Communication tests for radio telephony by means of ultra-short waves between Niigata and Sado: 55–61. — Sentron - a new tube for ultra-short waves: **8** ('38) 47–56.

Technology Rep. Tôhoku (imp.) Univ. Communication tests for radio telephony by means of ultra-short waves between Niigata and Sado: **10** ('31/32) (379)–(386) [oder 45–52?]. — The input impedances of slit antennas [3]): **14** ('49) 46–59. — On the theory of antenna with discontinuous thickness [3]): 105–16. — Equivalent networks of klystrons [2]): 177–29.

Vermutlich einige weitere Beiträge in Zeitschriften in japanischer Sprache, insbes. nach 1938.

Mit: [1]) S. Honda; [2]) J. Ikuchi; [3]) Y. Mushiake; [4]) K. Numazawa; [5]) H. Sekimoto; [6]) H. Utida; [7]) H. Watanabe; [8]) I. Arisaka; [9]) T. Mikami; [10]) S. Miki; [11]) S. Nakamura; [12]) T. Seki; [13]) N. Takao; [14]) T. Takeya.

VI **UEMURA,** Taku. Chem. — 1921 Graduated, Tokyo Imp. Univ.; '28–30 postgrad. Stud., France and America; '31–39 Assist. Prof., '39–54 Prof., '54 Prof. Emer., Tokyo Imp. Univ. of Technics → Tokyo Inst. of Technol. — '60 Chevalier de la Légion d'Honneur, '62 Palmes académiques (France); '70 Order of the Sacred Treasure, 2nd class (Japan).
* 1893, Juli 26, Osaka;
† 1980, Mai 31, Tokyo.

Nekr. Asahi Shinbun **1980**, 1. Juni.

S. Proc. Symposium on the chemistry of co-ordination compounds, Agra, India, 1959, **2** (Allahabad '60) 19–34: The nature of the co-ordinate bond in cobalt(III) complexes as revealed by their absorption spectra [15][6][9].

W. Kagaku shinkô [Neue Chemievorlesungen] (Tokyo '49) 8 + 406 S. — Kûki to mizu [Luft und Wasser] (Tokyo '50) 4 + 83 S.

Ber. dtsch. chem. Ges. Die Absorptionsspektren substituierter Nitrosobenzole. Der Resonanzeffekt der Substituenten [4][14]: **74** ('41) 616–21.

Bull. chem. Soc. Japan The stick antimony electrode for measuring hydrogen-ion concentration [12]: **8** ('33) 1–10. — Recherches sur la concentration des ions d'hydrogène contenus dans les solutions aqueuses des ammines-cobaltiques complexes et sur leurs spectres d'absorption, 1 [12]: **10** ('35) 50–73; ~ 2 [12]: 85–97; ~ 4: Solutions aqueuses des complexes renfermant la molécule d'éthylènediamine [4]: **13** ('38) 377–87; ~ 5: Solutions aqueuses des complexes renfermant le radical oxalique [4]: **15** ('40) 161–66. — Les spectres d'absorption des composés azoïques mixtes et ceux de leurs isomères [5]: **10** ('35) 169–82. — Recherches sur la concentration des ions d'hydrogène contenus dans les solutions aqueuses des ammines-chromiques complexes et sur leurs spectres d'absorption [12]: 267–89. — Etudes spectrochimiques des matières colorantes dérivées de la quinone-imine [1]: **12** ('37) 59–70. — Les spectres d'absorption des hydrocarbures azoïques et l'halochromie [5]: **13** ('38) 509–16. — Etudes spectrochimiques des matières colorantes complexes, 1: Sur les complexes métalliques d'o,o'-dioxyazobenzène [5]: 623–30. — Etudes spectrochimiques des complexes métalliques renfermant la molécule triazène, 1: Sur les triazènes dinitres [10][2]: **21** ('48) 9–18. — Etudes spectroscopiques des complexes métalliques du diphénylthiocarbazone, 1 [7]: **22** ('49) 115–20; ~ 2 [7]: **24** ('51) 25–27. — Professor Jitsusaburo Sameshima: **23** ('50) 69. — Le dichroïsme de la molécule des matières colorantes dans l'alcool polyvinylique [7][3]: 260. — Etudes spectrochimiques du cyclooctatétraène (C_8H_8) et du $C_{10}H_{10}$ [7][13]: **24** ('51) 136–40.

J. chem. Soc. Japan, Pure Chem. Sect. Effect of temperature on the absorption spectra of the complex salts, 1: Change in absorption spectra of potassium chromate at high temperature: **74**, 1 ('53) 670–72.

J. japan. Chem. Anorganische Papierchromatographie [11]: **4** ('50) 406–11 [japan.].

Kagaku [Kyoto] Das Werner-Symposium: Alfred Werner: **16** ('61) 189–93 [japan.].

Nippon Kagaku Zasshi Anorganische Papierchromatographie, 4 [11]: **72** ('51) 541–44; ~ 5 [11]: 757f.; ~ 6: Mechanismus der papierchromatographischen Trennung [11]: **73** ('52) 176–79. — Unterwasserfunken als Lichtquelle für die Absorptionsspektroskopie [5][6][8]: **72** ('51) 650–52. — Herstellung transparenter, Metallkomplexsalze enthaltender Polymerfilme [6]: **73** ('52) 645f. — Einfluß der Temperatur auf die Absorptionsspektren von Komplexsalzen, 1: Absorptionsspektren von Kaliumchromat bei hohen Temperaturen [6][16]: **74** ('53) 670–72. — — Alle Arbeiten japan.

Revue Chim. minérale L'état actuel des recherches sur la chimie de coordination au Japon: **3** ('66) 757–69.

Science Light [Tokyo] Etudes spectrochimiques des complexes métalliques du troponoïde [7]: **2** ('52) 146–49.

Tôkyo Kôgyô Daigaku Gakuhô The ultra-violet absorption of hydroxyazo compounds in aqueous solution and its relation to p_H, 1: **1** ('32) 327–47. — Spectrochemical investigation of complex dyes, 2: Chromium complexes of the azo dyes of salicylic acid [2]: **8** ('39) 347–80; ~ 5: The metallic compounds of dihydroxyazo dyes [4]: **12** ('43) 226–41. — Spectrochemical studies of nitroso compounds, 1: Nitrosotoluene and halogen-substitution products [4]: **12** ('43) 70–84; ~ 3: Molecular compounds between p-nitrosodimethylaniline and some metallic chlorides [7]: **13** ('48) 18–24. — — Alle Arbeiten japan., zum Teil m. engl. oder französ. Zusammenfassg. im gleichen Band.

Mit: [1]) M. Abe; [2]) S. Arikawa; [3]) K. Hasegawa; [4]) N. Hirasawa; [5]) Y. Inamura; [6]) Y. Kondo; [7]) S. Miyakawa; [8]) K. Morinaga; [9]) H. Okuno; [10]) Y. Sato; [11]) M. Shibata; [12]) H. Sueda; [13]) I. Tanaka; [14]) Y. Tsuzuki; [15]) H. Yamatera; [16]) S. Nakahara.

VI **UENO,** Sei-ichi. Chem. Technol. — D.Eng.; 1929–48 Prof., Osaka Technol. College → ('31) Osaka (Imp.) Univ.; '51–71 Prof., Kinki Univ., Fuse (now: Higashi), Osaka.
* 1888, Febr. 7 [oder 3?];
† 1971, Mai 11, Osaka.

S. Proc. 5th Pacific science congress, Victoria, B.C. – Vancouver, B.C., 1933, **5** (Toronto '34) 3673–: Nutritive value of hydrogenated oils.

W. Yushi kagaku oyobi yushi kakuron [Die Chemie der Öle und Fette und spezielle Abhandlungen über die Öle und Fette] (Tokyo '33) 19 + 895 + 32 S. — Yushi jikken hô [Methoden der Analyse von Ölen und Fetten] (m. Z. Okamura) (Tokyo '35) 4 + 6 + 630 + 38 S.

Analyst Composition of the saturated fat acids of Japanese chrysalis oil [10]: **59** ('34) 745f.

Bull. chem. Soc. Japan On the occurrence of many new constituents in the unsaponifiable matter of sperm blubber oil [30]: **11** ('36) 394–403. — Occurrence of new highly unsaturated acids, $C_{26}H_{40}O_2$, in tunny oil [91]: 437–42. — On the oil of hokke (Pleurogrammus monopterygius Pallas), with special reference to the occurrence of new highly unsaturated C_{28} acids [16]: 643–49. — On a new unsaturated fat acid, $C_{10}H_{18}O_2$, present in the oil Rindera obtusiloda [29]: **12** ('37) 226. — Unsaturated lower fat acids. Crystalline derivatives of the unsaturated lower fat acids [29]: 433–35. — A highly unsaturated fat acid $C_{24}H_{38}O_2$ from the oil of the tunny fish, Tynnus tynnus L. [61]: 453–55. — On the composition of "Akebi" seed oil [29]: **13** ('38) 505–07.

Fettchemische Umschau Aus Fischöl ausgefällte Chlorjod- und Bromjod-Verbindungen [16]: **40** ('33) 25f.

Fette u. Seifen, Anstrichmittel Der Mechanismus der Hydrierung der Linolensäure [38][87]: **54** ('52) 467f. — Seetieröle in Hokkaido: **55** ('53) 685–87. — Über die Qualität japanischer Seifen: **56** ('54) 801f.

J. agric. chem. Soc. Japan North China sunflower-seed oil [80]: **19** ('43) 735–39. — Alcoholic extraction of rice-bran oil, 1 [94][7]: 940–44. — Foreign castor beans [4]: **20** ('44) 227f. — Composition of pili nut oil from the Philippine Islands [33]: 465–67. — Nutritional values of oils from South Seas, 1 [42]: 523–27. — — Alle Arbeiten japan.

J. chem. Soc. Japan Unsaponifiable matters in sperm blubber oil [30]: **57** ('36) 1–9. — Occurrence of a highly unsaturated acid, $C_{26}H_{40}O_2$, in tunny oil [91]: 180–82. — Highly unsaturated acid in tunny oil [91]: 322–25. — Composition of hokke (Pleurogrammus monopterygius) oil, especially the occurrence of new highly unsaturated fat acids [16]: 462–68. — Hydrogenation of unsaturated acids with deuterium [78]: 794–97. — Saturated fatty acids of tunny oil [91]: **58** ('37) 430–37. — Constitution of unsaturated fat acids, 1: Constitution of $C_{24}H_{38}O_2$ in tunny oil [61]: 850–52. — New unsaturated fat acids of lower carbon number, 1: New unsaturated fat acid $C_{10}H_{18}O_2$ [29]: 885–89; ~ 2: Crystalline derivatives of the unsaturated lower fat acids [29]: **59** ('38) 122–24. — Bonito oil (preliminary report) [35]: **58** ('37) 234f.; ~ 1.2 [35]: **59** ('38) 289–94; ~ 3 [35]: 1061–65; ~ 4 [35]: **60** ('39) 49–55. — Easy separation of the highly and slightly unsaturated acids in the fatty oils, 1 [35]: **61** ('40) 861–63. — Liver oil, 1: Constituents of the liver oil of Tetrapturus mitsukurii Jordan and Snyder [35]: **62** ('41) 281–85. — Seed oil, 2: Seed oil of Spinacia oleracea Mill. [35][51]: 544–46; Vegetable seed oil, 3: Constituents of candle-nut oil produced in Philippine Islands [35][22]: **65** ('44) 748–52. — Determination of the oil content of seeds [22]: **63** ('42) 83–86. — On the Manchurian sunflower seed oil [74]: 888–90. — The study on saturated acid of completely hydrogenated sunflower seed oil by fractional distillation [74]: 891f. — On the carrier of Nickel-catalyser of fatty oil hardening, 1: Behaviour of some carriers: 976f. — Sulphation of oils and allied substances, 1: Sulphation of destructive distillation products from sodium oleate [2]: 978–82. — Hamashimagatsuo oil of the neighbouring sea of the Bonim Islands [69]: 1088–92. — On a chief cause of the fishy odour of marine animal oils. (Preliminary report) [35]: 1093f. — On the separation of fatty acids by the absorption of bentonite [69][46]: **64** ('43) 135–38. — — Alle Arbeiten japan.

J. Nippon Oil Technologist Soc. Relation between forms and the rate of drying of soap [11]: **2** ('48/49) Nr. 1, 1–4. — Quality of soap after World War II [83][26]: 5–8. — Partial hydrogenation of linolenic acid [35][88]: Nr. 2/3, 10–16. — Synthesis of lubricating oil from cuttle-fish oil: 21–25. — Seed oil of Perilla frutescens [35][22]: 37–43. — Seed oil of Nandina domestica [35][22]: 43–47. — Recovery of nickel catalyst used for hydrogenation of oil [35][49]: Nr. 5, 1–10. — Constituent of seed oil of Cycas revoluta [35][22]: 10–15. — Deodorized detergent from marine animal oils, 1.2: **3** ('50) Nr. 1/2, 101–13.

J. Oil Chemists' Soc. Japan The oil-hydrogenation industry: **2** ('53) 54–62 [japan.]. — Properties and compositions of some Japanese vegetable oils: 241–46 [~].

J. japan Oil Chemists' Soc. Occurrence of highly unsaturated, triethenoid, and diethenoid alcohols in the liver oil of Laemonema morosum [9][52]: **4** ('55) 26f. — The quality of domestic [Japanese] soaps at present [9][95]: 30–32. — The component fatty acids of oil from Cololabis saira, 1: Saturated and monoethenoid fatty acids [9]: 313–18; ~ 2: Approximate composition of unsaturated fatty acids: **6** ('57) 165f. — Behaviour of some vegetable oils during deodorization heating [79]: **4** ('55) 327f. — Properties of some Japanese vegetable oils [37]: **5** ('56) 14f. — Properties of some vegetable oils [37]: **6** ('57) 20–23. — Fatty acids of the liver oil from Laemonema morosum [37]: 221f. — Higher alcohols in the liver oil from Laemonema morosum [37]: 222–25. — Composition of the oil from Balaenoptera acutorostrata Lacépède [37]): **7** ('58) 341–44. — Fish oils from fish caught in the Inland Sea of Japan, 1: Oils from Harengula zunasi, Saurida and half-beak [6]): **11** ('62) 526–32; [~ 2: nicht nachwiesen;] ~ 3: Composition of the oils from Mugil cephalus and Sciana schlegellii [6]): **14** ('65) 191–94; ~ 4: Properties of Inimicus japonicus, Platycephalus indicus, Limanda angustirostris and Cantherines modestus oils [6]): **15** ('66) 30–32; ~ 5: Composition of the oil of Trachurus japonicus, mackerel, conger (Astroconger myriaster, Muraenesox cinereus), Sillago sihama, Sciana schlegellii, perch, Ditrema teminckii, Milio macrocephalus and Pagrosomus major [6]): **16** ('67) 419–23. — Mandarin, wistaria and soy-bean seed oil [6]): **14** ('65) 23f. — Loquat, leek, common (Scotch) broom, soap-berry and persimmon oils and acetone-insoluble matter obtained from the loquat seeds [6]): **16** ('67) 677–80. — Lipids of mollusks, 1: Lipids of the snails Batillaria multiformis, Lunella coronata, Tritia festivus, Semisulcospira libertina and Cipangopaludina japonica oils [6]): **17** ('68) 39–42. — — Alle Arbeiten japan., meist m. engl. Zusammenfassg.

J. Soc. chem. Industry, Japan; Suppl. Binding A method of the animal tests for vitamin A [54])[70])[90]): **35** ('32) 491B f. — On the new compounds produced during the hydrogenation of fish oils, 4: Fatty acids [86]): 492B–495B. — On the chloro-iodo and bromo-iodo compounds precipitated from fish oils [16]): 592B–594B. — Application of fish oils as soap-making material, 1: Preparation and properties of soap-making material from fish oils [53])[32]): **36** ('33) 313B–316B; ~ 2: The components of treated oils and the properties of soap [53])[32]): 316B–322B; ~ 3: Influence of various substances [53])[32]): 392B–395B; ~ 4: Influence of pressures [53])[32]): 395B f.; ~ 5: Electrical conductivity of the soap solution of polymerized oils [94]): 456B f. — The quality of Japanese fish oils from the standpoint of the hardened-oil industry, 3: The quality of herring oils, 2 [12])[27]): 322B–324B; ~ 4: The quality of sardine oils, 2 [12])[27]): 396B–400B; ~ 5: The quality of sardine and herring oils [12]): **38** ('35) 693B–698B; ~ 6: ≈ [12]): **40** ('37) 476B–478B. — The constituents of menuke oil, 1: Determination of the fatty acids [16]): **37** ('34) 52B f.; ~ 2: Determination of the unsaponifiable matter [16]): **38** ('35) 189B f. — On the composition of saturated fatty acids of Japanese chrysalis oil [10]): **37** ('34) 124B–126B. — On the chemical composition of "Hiragashira" liver oil, especially on a new highly unsaturated fatty acid, $C_{24}H_{38}O_2$ [16]): 251B–255B. — On the Hokke-oil (preliminary report) [16]): 355B. — The formation of isomeric unsaturated fatty acids (so-called iso-oleic acid) in the hydrogenation of oils, 7: The effect of hydrogenation temperature and the quantity of catalyst to the formation of solid unsaturated fatty acid: 457B f. — On the negative catalysers of hydrogenation of (fatty) oils, 10: On the inhibiting influences of dyestuffs at a lower temperature: 497B–505B; ~ 11: Behaviour of nickel, zinc, nickel-barium and nickel-lead catalysts: **40** ('37) 314B f.; ~ 12: Effects of metallic soaps on the nickel-copper catalyst [39])[2]): **43** ('40) 434B f. — The composition of blue-shark liver oil, 1: On the composition of unsaponifiable matters and saturated fatty acids [10]): **37** ('34) 506B f. — On the oil of milliped [86]): 507B–510B. — On a new method for pre-estimating of browning of soaps [29]): 650B–654B. — Koryan (kaoliang) oil [86]): **38** ('35) 113B–116B. — Vitamin E, 1: Isolation from rice oil [54])[90])[35]): 190B–192B; ~ 2: Measurement of the adsorption band [54])[90])[35]): 192B–195B; ~ 3 [54])[77]): **39** ('36) 110B–112B. — The synthesis of fats, 1: Manufacture of synthetic tallow and butter: **38** ('35) 237B–241B. — The composition of Itoyo fish oil [29]): 345B–352B. — The unsaponifiable matter of some fish-liver oils, 1 [29]): 352B–356B. — The preparation of edible hardened fish oils [32])[35]): 357B–361B. — The fractional distillation of the saturated fatty acids of extremely hydrogenated oils[, 1] [35]): 398B–400B; ~ 2 [35]): 691B f.; [~ 3 [63]) und ~ 4 nicht nachgewiesen]; ~ 5: Hardened olive and hardened rapeseed oil [16]): **41** ('38) 256B f.; ~ 6: Fractional distillation of the fat acids of the extremely hydrogenated cottonseed oil [93]): **43** ('40) 336B f. — Apparatus for the fractional distillation of solid fatty acids and alcohols under diminished pressure and in a current of superheated steam: **38** ('35) 401B f. — The solvent power of tetralin, decalin, hexalin and methylhexalin: 402B–405B. — The conversion of fat acids and their esters into higher alcohols by catalytic reduction at moderate pressures [62]): 479B–482B. — The conversion of fat acids and their esters into higher alcohols by catalytic reduction at high pressures [75]): 482B–486B. — The investigation of saturated acids of completely hydrogenated oils by the method of fractional distillation, 1: Hardened cottonseed oil [16]): 602B f. — The properties of alkyl alkali sulfates prepared from higher fatty alcohols as detergent and wetting agents[, 1] [90])[17]): 603B–608B; Wetting, detergent and toilet agents prepared from the alkali sulfates of the higher aliphatic alcohols, 2.3: **40** ('37) 24B. — The occurrence of some new alcohols and hydrocarbons in sperm oil: **38** ('35) 608B–611B. — The practical value of technical stearin for candle-making purposes [72]): 693B. — The colour reactions of vitamins A, D and E and of some sterols [54])[77]): 742B–744B. — Cooling curves of natural and hardened oils, fats and waxes, and of paraffins, 1: Solid fats, waxes, and similar substances [44]): **39** ('36) 79B–82B; ~ 2: Cooling curves of oils, natural liquid waxes and similar substances [44]): 244B–248B. — Splitting of fats by the autoclave process and the synthesis of some glycerides[, 1] [12]): 107B–110B; ~ 2: Extreme hydrolysis of oils [12])[72]): **43** ('40) 101B; ~ 3: On fat splitting by calcium hydroxide [12])[72]): 101B f. —

Nutritive value of some commercial margarines and of natural butter [54][77]: **39** ('36) 112Bf. — Hydrogenation of castor oil under high pressure: 150Bf. — Preparation of a gold soap solution in chaulmoogra oil. Its therapeutic effect on lepers: 151B–154B. — The influence of refining with Japanese acid clay and activated acid clay upon the rancidity exhibited by the refined oils and fats during storage [8]: **40** ('37) 66B–70B. — The influence of refining with active charcoal upon the rancidity exhibited by the refined oils and fats during storage [8]: 70B–73B. — The unsaponifiable matter contained in the liver oil and body oil of sea fishes [44]: 85Bf. — Rice oil and its utilizations, 1: Preparation, properties and constituents of rice oil: 200B–202B; ~ 2: Preparation of stearin, olein and hair-dressing oil from rice oil: 202B; ~ 3 [5]: 289B–291B; ~ 4: Constituents of liquid acids in rice oil [76]: **41** ('38) 325Bf.; ~ 5: Refining of rice oil by alcohol extraction [64]: **42** ('39) 46B; ~ 6: Alkali refining of rice oil [54]: **43** ('40) 74B; ~ 7: Refining of rice oil by esterification with glycerol [54]: 74Bf.; ~ 8: Refining of rice oil by vacuum distillation: 75Bf.; ~ 9: Refining of rice oil of extraordinarily high acid value: **44** ('41) 291B; ~ 10.11 [35][50]: 687B–689B. — Butters, margarines and other edible oils and fats [54]: **40** ('37) 291Bf. — Hydrogenation of oils with a multicomponent catalyst under high pressures [53][75]: 292B–294B. — Qualities of some washing soaps made at present in our country [Japan] [8]: 294B–296B. — Synthesis of hydrocarbons by reduction under pressure of the residue from purifying fish oil [30]: 296B–298B. — The composition of Japanese nut oil [45]: 313Bf. — Heat requirements for glycerol distillation [16]: 430B–432B. — Fatty substances of the Japanese wild bees and the combs [29]: 432B–434B. — Composition of Ikanago fish oil, especially of the highly unsaturated acids [13]: 435B–437B. — Preparation of higher fatty alcohols by the method of hydrogenating copper soaps under pressure [28]: **41** ('38) 62Bf. — Thiocyanogen value of some marine animal oils, 1: Thiocyanogen value of sardine and herring oils: 200B. — Relation between thiocyanogen value and iodine value in the course of oil hardening: 200B–202B. — Syntheses of ethylene chlorophydrin and ethylene glycol [61]: 254B –256B. — Characteristics of some antarctic whale oils obtained from various parts [16]: 297Bf. — Hardening of oil at lower pressure with nickel-copper catalyst [12][23]: 298Bf. — Properties of glyptal resins [94][64]: 299Bf. — Whale oils from the point view of their industrial applications (especially in the textile industry), 1: 323B. — The hardening of fatty oils with quadruple-component catalysts, 1 [67]: 323Bf.; ~ 2 [31]: 324Bf. — The composition of two vegetable oils, 1: Chinese tea-seed oil [76]: 326Bf. — Composition of penguin oil [3]: 362B–364B. — The composition of Okigisu fish (Argentina kagoshimae, Jordan and Snyder) oil, 1: The composition of saturated fatty acids [65]: **42** ('39) 150Bf. — Some experiments on the properties of different wetting agents [18]: 163B. — Steam distillation of glycerol under reduced pressure, 1: Distilled quantity and quality of glycerol prepared from saponification crude glycerol, soap-lye crude glycerol and recovered glycerol [91]: 342B–345B; ~ 2: Steam requirements in the saturated steam and superheated steam distillation of saponification crude glycerol and soap-lye crude glycerol [91]: 346B–350B. — Hardening of fatty oil with quincuncial component catalysers [60]: 350Bf. — Composition of the antarctic-seal oil [16]: 371B–373B. — The reduction of aliphatic acid amides under high pressure, 1 [61]: 409Bf.; ~ 2 [61]: **44** ('41) 29Bf.; ~ 3: Reduction of anilides [61][66]: 58Bf.; ~ 4 [29][40]: **45** ('42) 214Bf. — On the preparation of lubricating oil from fish oil [47][29]: **43** ('40) 74B. — Reaction process of the hydrogenation of cottonseed oil under medium pressure [69]: 292B–294B. — Softening agents for textile materials, 1: **44** ('41) 59B; ~ 2: 101B–103B; ~ 3: [nicht nachgewiesen]; ~ 4 [74]: 820Bf. — Wool oils in Japan: **45** ('42) 451Bf. — Synthesis of mono- and diglycerides, 1: Reaction velocity of the formation of monoglycerides [84]: **46** ('43) 19B. — Calophyllum oil produced in Hainan Island [69]: 19Bf. — —Einige Beiträge deutsch.

J. Soc. chem. Industry, Japan **Vorbemerkung: Die Arbeiten in **35** ('32)–**46** ('43), deren englische bzw. deutsche Auszüge bereits im vorangehenden Abschnitt enthalten sind, werden hier nicht noch einmal zitiert. — — Characteristics and the composition of Calophyllum oil produced in Hainan Island, 1 [93]: **44** ('41) 689–91. — Fractional distillation of the saturated fatty acids of highly hydrogenated oils, 7: Composition of the completely hardened oil of the Antarctic finback whale and Japan wax [72]: **45** ('42) 203–06; ~ 8: Highly hardened Chinese tea oil [92]: **47** ('44) 680f. — Characteristics and composition of hempseed oil, 1: Composition of mixed fatty acids [69]: **45** ('42) 201–03. — Hydrogenation of soybean oil [81][2]: 206f. — Life of nickel catalysts and the recovery of spent catalysts [2]: 648f. — Influence of the conditions of precipitation on the activity of nickel catalysts, 1: Precipitation with caustic soda: 650–52; ~ 2: Precipitation with sodium carbonate [42]: **46** ('43) 45–47. — Quality of Japanese butters and margarines [72]: **45** ('42) 871f. — Velocity of hydrogenation of oleyl alcohol, 1 [73]: **46** ('43) 481–83. — Utilization of coconut oil, 1: Synthesis of a higher fatty alcohol [35][71]: 483–85. — Composition of the evening-primrose oil [22]: 486–88. — Splitting agents for oils and fats, 1: Trial manufacture of splitting agents [55][82]: 488–90; ~ 2: Reaction velocity of hydrolysis [82]: 1215f.; ~ 6: Effect of sawdust and aluminum grains [25]: **48** ('45) 75f. — Lubricating oil, 1.2 [54][56][89]: **46** ('43) 652–57. — Synthesis of lubricating oil, 1: Lubricating oil prepared from polymerized methyl esters of fatty acids [35]: 657. — Preparation of cyclohexanone [94][8]: 903–06. — Syntheses of long-chain compounds, 1: Preparation of long-chain hydrocarbons from aliphatic acids [65]: 1213f. — Influence of permeation reagent on the permeation of dye solutions: **47** ('44) 151–55. — Synthesis of mono- and diglycerides, 2: Synthesis of monoglyceride of castor fatty acid [4]: 846f. — Alcoholysis of oil, 1: Effect of various catalysts under ordinary pressure [34]: 847f. — Rice oil and its utilization, 12: Unsaponifiable constituents of rice-oil wax [35][22]: 604–07; ~ 13: Decolourization of rice oil [4]: **48** ('45) 76. — Synthesis of higher alcohols by reduction at low pressure [35]: 18f. — Synthesis of higher alcohols at low pressure in the presence of Cu–Cr–Ba catalysts [35]: 19f. — Preparation of lubricating oil from vegetable oil [4]: 77. — Reduction of fatty acid esters to higher alcohols by means of Raney nickel [29][24]: 78. — Preparation of castor beam lipase [41]: **49** ('46) 16f. — Sudan III [41]: 17f. — Production of a higher unsaturated alcohol by low-temperature reduction [29]: 74f. — Higher aliphatic alcohols [29]: 161f. — Effect of the replacement of hydrogen in the preparation of unsaturated higher alcohols by low-pressure reduction [29]: 189f. — — Alle Arbeiten japan.

J. chem. Soc. Japan, Industry Chem. Sect. Splitting reagents for oils and fats, 7: Influence of alcohol, phenol, and acetic acid [43]: **51** ('48) 164f. — Preparation of olefin from higher fatty alcohols by means of a natural nickel ore catalyst: **52** ('49) 24. — Higher alcohols, 3: The action of Cu–Ba–Cr oxide catalyst for lauryl alcohol [29][85]: 25f. — Catalytic preparation of higher fatty alcohols at low pressure: 53f. — Concentration of oil-soluble vitamins by molecular distillation, 1: Molecular distillation of palm oil [29][1]: 67f. — Preparation of long-chain alkyl chlorides, 1: Dodecyl chloride [29][36][20]: 86–88; ~ 2: Identification of α- and β-dodecyl chlorides [29][20]: 88f. — Rice-bran oil and its applications, 15: Molecular distillation of rice-bran oil [29][1]: 90f. — Preparation of higher fatty aldehydes, 1: Lauraldehyde from dodecyl alcohol by vapor-phase catalytic dehydrogenation [29][57]: 140–42; ~ 2: Preparation of some saturated aldehydes and the use of difficultly reducible catalysts [29][57]: 295–97. — Preparation of some new perfumes from octanal [29][68]: 142–44. — Degeneration of hydrogenated oils and fats during storage, 1 [59]: 155–57; ~ 2: Relative oxidation of the stearic acids prepared from animal and vegetable hardened oil [59]: **53** ('50) 228f. — Preparation of lubricating oil from higher fatty alcohols, 1: From cetyl alcohol [59]: **52** ('49) 164f. — Hardening of fatty oil with use of multiple-component catalysis, 1: Catalytic activity of unreduced catalyst consisting mainly of nickel and copper [93][15]: 194–96; Practical hardening of fatty oil by unreduced catalyst[, 2] [59][14]: **53** ('50) 218f.; ~ 3 [15]: 252–54; Practical ways to harden fatty oil with unreduced catalyst, 4: Hardening oil under atmospheric pressure [6]: 140f. — Formation of conjugated double bonds by heating unsaturated oils, 1 [58]: **52** ('49) 256. — Hardening of rice oil with nonreduced nickel-copper-diatomaceous-earth catalyst [58][21]: **53** ('50) 43f. — Mechanism of hydrogenation of unsaturated fatty acids, 1: Hydrogenation of methyl linolenate with nickel-copper catalyst at atmospheric pressure [9]: **57** ('54) 73–75; ~ 2: Hydrogenation of methyl linoleate with nickel-copper catalyst under atmospheric pressure [9]: 133f.; ~ 3: Hydrogenation of methyl oleate with the unreduced nickel-copper catalyst under pressure [9]: **58** ('55) 944f. — — Alle Arbeiten japan.

Vermutlich noch weitere Arbeiten in japan. Zeitschriften.

Mit: 1) T. Agawa; 2) R. Anzai; 3) T. Aoki; 4) S. Asano; 5) M. Aso; 6) S. Hamada; 7) K. Hayashi; 8) Y. Hayas(h)i; 9) T. Hidaka; 10) H. Ikuta; 11) H. Imade; 12) G. Inagaki; 13) S. Ishihara; 14) Y. Ishiwatari; 15) S. Ito; 16) M. Iwai; 17) Y. Iwakura; 18) S. Izuha; 19) —; 20) I. Kato; 21) T. Kawanaka; 22) T. Kimura; 23) H. Kisaki; 24) A. Kishimoto; 25) M. Kodera; 26) Y. Koguro; 27) K. Koizumi; 28) R. Komatsu; 29) S. Komori; 30) R. Koyama; 31) H. Kubo; 32) N. Kuzei; 33) K. Man; 34) K. Manpo; 35) S. Mat(s)uda; 36) T. Matsuoka; 37) K. Matsushima; 38) M. Matuda; 39) Y. Miyake; 40) H. Morikawa; 41) E. Morita; 42) N. Morita; 43) T. Muraji; 44) S. Nakaguchi; 45) Y. Nishikawa; 46) M. Nishio; 47) T. Nitta; 48) —; 49) H. Ogąmi; 50) Y. Okada; 51) K. Okamoto; 52) T. Okamoto; 53) Z. Okamura; 54) Y. Ota; 55) T. Saida; 56) S. Sakaguchi; 57) S. Sakakibara; 58) H. Sakurai; 59) Y. S(h)igeno; 60) T. Susukawa; 61) S. Takase; 62) S. Takehara; 63) T. Takeuchi; 64) R. Takeuti [oder Takeuchi?]; 65) T. Tamura; 66) Y. Tazima; 67) T. Tazumi; 68) H. Terashima; 69) T. Tokunaga; 70) K. Tone; 71) R. Toyoda; 72) H. T(s)uchikawa; 73) S. Tsuda; 74) M. Tsujimura; 75) S. Ueda; 76) T. Ueda; 77) Z. Ueda; 78) Y. Ueno; 79) A. Uno; 80) P. Wan; 81) S. Yagi; 82) K. Yamada; 83) K. Yamamura; 84) T. Yamamura; 85) T. Yamanouchi; 86) R. Yamasaki; 87) K. Yamashita; 88) T. Yamashita; 89) Y. Yasuda; 90) S. Yokoyama; 91) C. Yonase [oder Yonese?]; 92) K. Yorozu; 93) T. Yos(h)izaki; 94) T. Yukimori; 95) I. Sakakibara.

VI **UHLENBECK,** George Eugene. Physik (theoret.). — 1927–28 Instructor, '28–30 Assist. Prof., '30–35 Assoc. Prof., '39–54 Prof., '54–61 Henry Smith Carhart Prof., Univ. of Michigan, Ann Arbor, Mich.; '35–39 Prof., Univ. Utrecht; '38–39 Visiting Prof., Columbia Univ., New York; '54–55 Lorentz Prof., Univ. Leiden; '63–64 Van der Waals Prof., Univ. Amsterdam; '61–74 Prof. and Physicist, '74 Prof. Emer., Rockefeller Inst. → ('65) Rockefeller Univ., New York; '43–45 Member of Staff, Radiat. Labor., Massachusetts Inst. of Technol., Cambridge, Mass.; '59 Pres., Amer. Physic. Soc. — Hon. D.Sc.: '54 (Univ. of Notre

Dame, Notre Dame, Ind.), '60 (Case Inst. of Technol., Cleveland, O.), '68 (Univ. of Colorado, Boulder, Colo.), '69 (Yeshiva Univ., New York), '76 (Rockefeller Univ., New York). — '53 Research Corporat. Award (Research Corporat., New York); '55 Oersted Medal (Amer. Assoc. of Physics Teachers); '64 Max-Planck-Medaille (Deutsche Physikal. Ges.); '70 Lorentz-Medaille (Kgl. Niederländ. Akad. Wiss., Abt. Naturwiss.); '77 Nation. Medal of Science (USA); '77 Commandeur van de Oranje-Nassau-Orde (Nederland); '79 Wolf Prize in Physics (Wolf Foundat. of Israel).

* 1900, Dez. 6, Batavia (Jakarta), Java.

Entdeckung '25 Spindrehimpuls des Elektrons (m. S. A. Goudsmit).

Zur Biogr. Jaarb. Rijksuniv. Leiden **1955**, 118f. — Kältetechnik **16** ('64) 190. — Nature [London] **203** ('64) 21.

Zum 70. Geb.tag Nederlands Tijdschr. Natuurkunde **36** ('70) 247–49. — Festschrift: Statistical mechanics at the turn of the decade. Lectures presented at a symposium to commemorate the 70th birthday of Professor G. E. Uhlenbeck, Evanston, Ill., 1969 (E. G. D. Cohen) (New York '71) 8 + 235 S. (m. Bildn.).

MH. Threshold signals (NewYork–London '50) (Massachusetts Institute of Technology, Radiation Laboratory series, 24), (New York '65); russ.: (Moskva '52). — Studies in statistical mechanics, **1** (Amsterdam–NewYork '62), darin eig. Beitr. S. 119–211: The theory of linear graphs with applications to the theory of the virial development of the properties of gases [12]; Neuaufl.: ('69); **2** ('64), darin eig. Beitr. S. 241–68: Heat conductivity and viscosity of polyatomic gases [4])[3]); **3** ('65); **4** ('69); **5** ('70), darin eig. Beitr. S. 1–100: The kinetic theory of gases: On the transport phenomena in rarified gases [u. evtl. weitere Untertitel?] [4]).

S. 1865 - 25 Mei - 1935. Verhandelingen, op 25 Mei 1935 aangeboden aan P. Zeeman ('s Gravenhage '35) 201–11: Statistical energy distributions for a small number of particles [14]). — Proc. International symposium on transport processes in statistical mechanics, Brussels 1956 (I. Prigogine) (NewYork–London '58) 161–67: A generalization of a problem of Rayleigh [4]). — *M. Kac, Probability and related topics in physical science (London–NewYork '59) (Lecture in applied mathematics; Proc. of the Summer seminar, Boulder, Colo., 1957, 1): The Boltzmann equation. — Proc. International congress of mathematicians, Edinburgh 1958 (J. A. Todd) (Cambridge–NewYork '60) 256–67: Some fundamental problems in statistical physics. — Fluid dynamics and applied mathematics. Proc. of the symposium, University of Maryland, 1961 (J. B. Diaz, S. I. Pai) (New York '62) 197–207: Some aspects of kinetic theory. — Statistical physics (New York '63) (Brandeis University summer institute in theoretical physics 1962, 3) 1–90: Selected topics in statistical mechanics. — 29. Physikertagung der Deutschen Physikalischen Gesellschaft, Düsseldorf 1964. Plenarvorträge (K. Hecht) (Köln '64) 1–19: Alte und neue Fragen der statistischen Mechanik. — Statistical mechanics of equilibrium and non-equilibrium. Proc. International symposium on statistical mechanics and thermodynamics, Aachen 1964 (J. Meixner) (Amsterdam '65) 241–52: On critical phenomena in a van der Waals gas [18]). — Statistical mechanics, foundations and applications. Proc. of the I.U.P.A.P. meeting, København 1966 (T. A. Bak) (NewYork–Amsterdam '67) 574–82: [Summary of the conference]. — Fundamental problems in statistical mechanics (E. G. C. Cohen) **2**: Proc. 2nd NUFFIC international summer course, Noordwijk, Netherland, 1967 (Amsterdam '68) 1–29: An outline of statistical mechanics. — The Boltzmann equation; theory and application. Proc. International symposium "100 years Boltzmann equation", Wien 1972 (E. G. D. Cohen, W. Thirring) (Wien '73) (Acta physica Austriaca, Suppl. 10) 107–19: The validity and the limitations of the Boltzmann equation. — The physicist's conception of nature. Symposium on the development of the physicist's conception of nature in the 20th century, Miramare, Trieste, 1972 (J. Mehra) (Dordrecht '73) 501–13: Problems of statistical physics.

W. Transport phenomena in very dilute gases (m. Ch'êng-shu Wang Chang), **1** (Ann Arbor, Mich. '49) (University of Michigan, Engineering Research Institute, CM 579); **2** ('50) (~ CM 654). — Transport phenomena in polyatomic gases (m. Ch'êng-shu Wang Chang) (Ann Arbor, Mich. '51) 46 S. (~ Project M 604-6, Report CM 681). — On the propagation of sound in monatomic gases (m. Ch'êng-shu Wang Chang) (Ann Arbor, Mich. '52) 52 S. (~ Project M 999). — The Couette flow between two parallel plates as a function of the Knudsen number (m. Ch'êng-shu Wang Chang) (Ann Arbor, Mich. '54) 23 S. (~ Technical report, Project 1999). — The kinetic theory of a gas in alternating outside force fields: a generalization of the Rayleigh problem (m. Ch'êng-shu Wang Chang) (Ann Arbor, Mich. '56) 3 + 28 Bl. (~ Technical report, Project 2457). — On the behavior of a gas near a wall; a problem of Kramers (m. Ch'êng-shu Wang Chang) (Ann Arbor, Mich. '56) 8 + 32 Bl. (~ Technical report, Project 2457). — Oude en nieuwe vragen der natuurkunde. Rede uitgesproken bij de aanvaarding van het buitengewoon hoogleraarschap in de theoretische natuurkunde, de Lorentzleerstoel, aan de Rijksuniversiteit te Leiden op 1 April 1955 (Amsterdam '55) 20 S. — Lectures in statistical mechanics (m. G. W. Ford u. einem Anhang von E. W. Montroll) (Providence, R.I. '63) 10 + 181 S. (Lectures in applied mathematics; Proc of the Summer seminar, Boulder, Colo., 1960, 1). — Van der Waals revisited. Rede, uitgesproken bij de aanvaarding van het bijzonder gasthoogleraarschap in de natuurkunde, de Van der Waals leerstoel, aan de Universiteit van Amsterdam op 13 April 1964 (Amsterdam '64) 16 S. — Fundamental problems in statistical mechanics; a lecture series (Ames, Ia. '68) 83 S.

American J. Physics Reminiscences of Professor Paul Ehrenfest: **24** ('56) 431–33. — Teaching of physics of fluids in U.S. colleges and universities [7][35]): **36** ('68) 886–95.

Faraday [Groningen] Die Vorstellungen von Bohr über die Struktur des Atomkerns: **9** ('38/39) 133–35 [niederländ.].

Handelingen nederl. natuur- en geneeskund. Congr. Die Chemie des Atomkerns: **26** ('37) 109–13 [niederländ.].

Ingenieur ['s Gravenhage] Kernkräfte: **52** ('37) Nr. 21, E56–E58 [niederländ.].

J. chem. Physics On the notion of pressure in a canonical ensemble [32]): **18** ('50) 1066–69. — On the theory of the virial development of the equation of state of monatomic gases [32]): **21** ('53) 2056–64.

J. Math. and Physics The probability of position in a canonical ensemble: **14** ('35) 10–16.

J. math. Physics On the van der Waals theory of the vapor–liquid equilibrium, 1: Discussion of a one dimensional model [19][18]): **4** ('63) 216–28; ~ 2: Discussion of the distribution functions [18][19]): 229–47; ~ 3: Discussion of the critical region [18][19]): **5** ('64) 60–74.

Michigan Alumnus, Quarterly Rev. The symmetry in time and other basic symmetry laws of nature: **63** ('56) 50–55.

Miscellaneous Publ., Nation. Bur. Standards The classical theories of the critical phenomena: Nr. **273** ('65) 3–6.

Nature [London] Statistical mechanics and quantum mechanics: **232** ('71) 449f.

Nederlands(ch) Tijdschr. Natuurkunde Das Prinzip der Erhaltung der Energie: **3** ('36) 33–46 [niederländ.]. — Transporterscheinungen in mehratomigen Gasen: **21** ('55) 329–36 [~].

Physica Emission of gamma radiation during the beta decay of nuclei [21]): **3** ('36) 425–39. — The quantum theory of the non-ideal gas, 1: Deviations from the classical theory [2]): 729–45; ~ 2: Behaviour at low temperatures [2]): **4** ('37) 915–24. — Some kinetic problems regarding the motion of neutrons through paraffine [29]): 478–86. — On the statistical calculation of the density of the energy levels of the nuclei [25]): 531–42. — Note on the law of Sargent [23]): 601–05. — On the theory of condensation [20]): 1155f.; **5** ('38) 399–416. — Stability of nuclear isomers [17]): 605–08. — On the theory of cosmic-ray showers, 1: The Furry model and the fluctuation problem [27][24]): **7** ('40) 344–60. — Successive approximation methods in classical statistical mechanics: **26** ('60) S17–S27.

Physica norveg. Some questions about quantum statistical mechanics: **5** ('71) 139–44.

Physical Rev. The velocity of sound in a Fermi-Dirac or Einstein-Bose ideal gas [36]): **39** ('32) 1014f. — The equation of state of a non-ideal Einstein-Bose or Fermi-Dirac gas [15]): **41** ('32) 79–90. — The two-minima problem and the ammonia molecule [5]): 313–21. — Transport phenomena in Einstein-Bose and Fermi-Dirac gases, 1 [36]): **43** ('33) 552–61. — On the recombination of electrons and positrons [9]): **44** ('33) 510f. — Disintegration of ^{6}Li by protons and deutons [39]): **45** ('34) 553f. — Spontaneous disintegration of proton or neutron according to the Fermi theory [38]): **46** ('34) 237. — On the Fermi theory of β-radioactivity[, 1] [22]): **48** ('35) 7–12; ~ 2: On the "forbidden" spectra [22]): **60** ('41) 308–20. — Higher order derivatives in the interaction "Ansatz" of the Fermi theory [22]): **48** ('35) 107f. — The formation of electron–positron pairs by internal conversion of γ-radiation [33]): 211–23. — A note on a problem of Rayleigh [37]): **61** ('42) 106. — Application of the W.K.B. approximation to the radical Dirac equations for the hydrogen atom [1]): 544. — On the theory of cosmic-ray showers, 2: Further contributions to the fluctuation problem [34]): **62** ('42) 497–508. — Directional correlation between successive β- and γ-emissions [8]): **73** ('48) 649f. — On field theories with non-localized action [30]): **79** ('50) 145–65. — On the directional correlation of successive nuclear radiations [8]): 323–33. — On the beta-gamma-angular correlation [8]): 334–40. — Is there a neutral μ-meson? [4]): **85** ('52) 684. — On the quantum theory of the third virial coefficient [30]): **116** ('59) 250–69.

Physical Rev. Letters Propagation of sound in monatomic gases [10]): **19** ('67) 1025–27. — Possible origin of the quantized vortices in He II [31][19]): **29** ('72) 546–49.

Physics Fluids Thermodynamic equilibrium of rotating superfluids [31]): **12** ('69) 2229–36. — Contributions to non-equilibrium thermodynamics, 1: Theory of hydrodynamical fluctuations [13]): **13** ('70) 1893–902; ~ 2: Fluctuation theory for the Boltzmann equation [13]): 2881–90. — Theory of sound propagation in mixtures of monatomic gases [11][26]): **15** ('72) 1224–32.

Physics today Some recent progress in statistical mechanics: **13** ('60) 16–21 (m. Bildn.).

Proc. nation. Acad. Sci. USA On the number of Husimi trees, 1 [16]): **39** ('53) 315–22. — Combinatorial problems in the theory of graphs, 1 [12]): **42** ('56) 122–28; ~ 2 [12])[28]): 203–08; ~ 3 [12]): 529–35; ~ 4 [12]): **43** ('57) 163–67.

Reviews modern Physics On the theory of the Brownian motion, 2 [37]): **17** ('45) 323–42.

Ricerca Sci. Sulla ricombinazione di elettroni e positroni [9]): **2** ('33) 157–60.

Rockefeller Inst. Rev. Is there an arrow of time ?: **1** ('63) Apr.-Nr., 10–15.

Science [USA] Paul Ehrenfest † [14])[6]): **78** ('33) 377f.

Umschau Wiss. u. Techn. Gibt es eine Richtung im Ablauf der Zeit?: **67** ('67) 237–41.

Ein weiterer Technischer Bericht: The heat transport between two parallel plates as a function of the Knudsen number (m. Ch'êng-shu Wang Chang) ('53).

Mit: [1]) R. J. Bessey; [2]) E. Beth; [3]) J. de Boer; [4]) Ch'êng-shu Chang (auch: Wang Chang); [5]) D. M. Dennison; [6]) G. H. Dieke; [7]) R. J. Emrich; [8]) D. L. Falkoff; [9]) E. Fermi; [10]) J. Foch; [11]) D. J. Foch, jr.; [12]) G. W. Ford; [13]) R. F. Fox; [14]) S. Goudsmit; [15]) L. Gropper; [16]) F. Harary; [17]) M. H. Hebb; [18]) P. C. Hemmer; [19]) M. Kac; [20]) B. Kahn; [21]) J. K. Knipp; [22]) E. J. Konopinski; [23]) H. Kuiper; [24]) W. E. Lamb, jr.; [25]) C. van Lier; [26]) M. F. Losa; [27]) A. Nordsieck; [28]) R. Z. Norman; [29]) L. S. Ornstein; [30]) A. Pais; [31]) S. J. Putterman; [32]) R. J. Riddell, jr.; [33]) M. E. Rose; [34]) W. T. Scott; [35]) H. A. Snyder; [36]) E. A. Uehling; [37]) Ming-Chen Wang; [38]) H. C. Wolfe; [39]) Ta-You Wu.

VI **UHLER,** Arvid. Math. — 1918–36 Lehrer bzw. Lektor an Schulen in Eslöv u. Linköping, '36– in Stockholm; '38– Doz., Univ. Stockholm.

* 1893, Febr. 6, Esphult, Kristianstad;
† 1947, März 28, Stockholm.

Tidskr. elementär Mat., Fysik och Kemi Einige Vorschläge zur individuellen Arbeit in Mathematik auf dem Gymnasium: **18** ('35) 237–43 [schwed.].

V, VI **UHLER,** Horace Scudder. Physik. — 1906–09 Instructor, '09–22 Assist. Prof., '22–25, '26–37 Assoc. Prof., '37–41 Prof., '41 Prof. Emer., Yale Univ., New Haven, Conn. — '37 Hon. A.M. (Yale Univ., New Haven, Conn.).

* 1872, Aug. 5, Baltimore, Md.;
† 1956, Dez. 6, Meriden, Conn.

Zur Biogr. *R. C. Archibald, Scripta math. [USA] **11** ('45) 244 (m. Bildn. zwischen S. 224 u. 225, Schr.verz. 8 Nrn.). — In: Leaders in education (J. M. Cattell, E. E. Ross) ²(NewYork–Lancaster, Pa. '41). — Yale Alumni Mag. **3** ('40) Apr. 26, S. 6 (m. Bildn.).

Todesanzeige Science [USA] **125** ('57) 21.

W. Original tables to 137 decimal places of natural logarithms for factors of the form $1 \pm n \cdot 10^{-p}$; enhanced by auxiliary tables of logarithms of small integers (New Haven, Conn. '42) 120 S. — Exact values of the first 200 factorials (New Haven, Conn. '44) 24 S.

American math. Monthly Negative reciprocal equations: **40** ('33) 327–33.

Biographical Mem., Nation. Acad. Sci. USA Charles Sheldon Hastings: **20** ('39) 273–91.

Bull. amer. math. Soc. Note on the Mersenne numbers M_{157} and M_{167}: **52** ('46) 178. — On Mersenne's number M_{199} and Lucas's sequences: **53** ('47) 163f. — On Mersenne's number M_{227} and cognate data: **54** ('48) 378–80.

J. opt. Soc. America Extension of the domain of validity of the general formula for oblique deviation: **26** ('36) 89f. — Approximations to the Cartesian oval: 128–30.

Mathematical Tables and other Aids Computat. A new result concerning a Mersenne number: **2** ('46) 94.

Proc. nation. Acad. Sci. USA log π and other basic constants: **24** ('38) 23–30. — Recalculation and extension of the modulus and of the logarithms of 2, 3, 5, 7 and 17: **26** ('40) 205–12. — The coefficients of Stirling's series for log $\Gamma(x)$: **28** ('42) 59–62. — Natural logarithms of small prime numbers: **29** ('43) 319–25; **30** ('44) 24. — First proof that the Mersenne number M_{157} is composite: 314–16. — Special values of $e^{k\pi}$, cosh $(k\pi)$ and sinh $(k\pi)$ to 136 figures: **33** ('47) 34–41. — On all of Mersenne's numbers particularly M_{193}: **34** ('48) 102f. — Twenty exact factorials between 304! and 401!: 407–12. — Many-figure approximations to $\sqrt{2}$, and distribution of digits in $\sqrt{2}$ and $1/\sqrt{2}$: **37** ('51) 63–67. — Approximations exceeding 1300 decimals for $\sqrt{3}$, $1/\sqrt{3}$, sin $(\pi/3)$ and distribution of digits in them: 443–47. — Omnibus checking of the 61-place table of denary logarithms compiled by Peters and Stein, by Callet, and by Parkhurst: **39** ('53) 533–37. — Hamartiexéresis as applied to tables involving logarithms: **40** ('54) 728–31.

Scripta math. [USA] The Arabian Nights' factorial and the weighted-mean factorial: **15** ('49) 94–96. — Table of exact values of high powers of 2: 247–51. — Miscellaneous hints for and experiences in computation: **16** ('50) 31–42. — A new constant property of the parabola: 161–67; **18** ('52/53) 35–38. — Many-figure values of the logarithms of the year of destiny and other constants: **17** ('51) 202–08. — A brief history of the investigations on Mersenne numbers and the latest immense primes: **18** ('52/53) 122–31. — Many-figure approximations for $\sqrt[3]{2}$, $\sqrt[3]{3}$, $\sqrt[3]{4}$, and $\sqrt[3]{9}$ with χ^2 data: 173–76. — On the evolution and scientific characteristics of the surtax table form 1040: 254–65. — A mathematical copying camera: **19** ('53) 40–44. — Humorous epithets as applied to the calculation of $\sqrt{2}$: 78f. — On the 16th and 17th perfect numbers: 128–31. — Exact location of the 10^{m}th digit in the consecutively written sequence of the natural numbers 1, 2, 3, 4 . . . : 201–04. — On a "human number": **20** ('54) 204f. — Full values of the first seventeen perfect numbers: 240. — Nine exact factorials between 449! and 751!: **21** ('55/56) 138–45. — Exact values of 996!, and 1000!, with skeleton tables of antecedent constants: 261–68.

Trans. Connecticut Acad. Arts and Sci. A new table of reciprocals of factorials and some derived numbers: **32** ('37) 381–434.

IV–VI **ULJANIN,** Vsevolod Aleksandrovič. Physik, Meteorol., Geogr. (physik.). — 1904–31 Prof. u. Dir. d. Physik. Kabinetts u. d. Kabinetts f. Physik. Geogr., Univ. Kazan'; '04–31[?] Dir. d. Meteorol. Observat., Kazan'. (⊠)
* 1869, Febr. 1 (Jan. 20), Moskva;
† 1931, März 16.

Nekr. *A. V. Šipčinskij, Uč. Zap. kazansk. gos. Univ. **93** ('33) Nr. 4/5 (Geofizika, Folge 2/3) 1–11 (m. Bildn. u. Schr.verz. 44 Nrn.).

Zur Biogr. Materialy godičnoj konferencii Leningradskogo otdelenija Sovetskogo nacional'nogo obedinenija istorikov estestvoznanija i techniki [Materialien der Jahresversammlung der Leningrader Abteilung der Sowjetischen Nationalen Gesellschaft der Historiker der Wissenschaft und Technik] 1968 (Leningrad '68) 60–: *B. A. Ostroumov: Kazaner Physiker zu Beginn dieses Jahrhunderts [russ.].

VI **ULRICH,** František. Mineral. (exper.). — 1921–24, '26–34 Assist., '22 RNDr, '28–34 Privat-Doz., '34–39 außerord. Prof., Karls-Univ., Praha; '24–25 postgrad. Stud., Univ. Christiania → Oslo; '25–26 Supplent, Bergakad. Příbram; '29–35 Vorsitzender d. Akadem. Sekt. d. Naturwiss. Klubs, Praha; '35–41 Generalsekretär, Nationaler Forschungsrat d. ČSR. — '67 (postum) Bořicky-Medaille (Naturwiss. Fak. d. Karls-Univ.).
* 1899, Sept. 11, Boharyně u Hradce Králové;
† 1941, Okt. 20, Praha [durch Gestapo ermordet].

Ehrungen '45 Gedenktafel am Geburtshaus in Boharyně. — '46 (postum) Ernennung zum ord. Prof. rückwirkend ab 1. 5. 1941.

Nekr. *F. Fiala, Věstn. státniho geol. Ústavu českoslov. Republ. **20**.1945 ('46) 10–22 (m. Bildn. u. Schr.verz. 191 Nrn.).

S. Selections from Czechoslovak literature and science, 1935 (The American Institute in Czechoslovakia) (Praha '36) 94–105: Jachymov radium [1]).

W. Zabezpečení badatelské práce v cizině a naše úkoly. [Přednáška] Na X. generálním shromáždění Československé národní rady badatelské 1934 (Praha '34) 8 S. — Přírodovědecké základy světového názoru. Závěr přírodopisného učiva pro nejvyšší třídu středních škol (m. J. Klika) (Praha '36) 165 S.

Anthropologie [Praha] La luminescence des os et des substances anorganiques apparentées sous la lumière ultraviolette [5]): **11** ('33) 227–31.

Archeion [Roma, Santa Fé] François Pošepný, 1836–1895, à l'occasion du centenaire de sa naissance: **18** ('36) 366–68.

Báňský Svět Die Magnesitlagerstätten der Tschechoslowakei und der Stand ihrer heutigen Ausbeutung: **12** ('33) Nr. 5, 52–60 [tschech.].

Bratislava Une paragenèse rare à Koterbachy [= Rudňany] (Slovaquie): **10** ('36) 247–52 [tschech. m. französ. Zusammenfassg.].

Brázda Die Reform des tschechoslowakischen Berggesetzes und ihr Leitmotiv: **13** ('32) 1. Nov. — Unsere Kohlewirtschaft und ihre Aufgaben: 250–53. — Die Gegenwart und Zukunft unserer Hochschulen: **14** ('33) 86–92. — Für zweckmäßige Sparmaßnahmen in unserem Schulwesen: 211–13. — Sind wir eine Nation des Komenský?: **15** ('34) 185–87. — Deutsche Hochschulen in der Tschechoslowakei: 249–51. — Der Ruf nach der Reform der Hochschulen: **16** ('35) 243–48. — Für ein zweckmäßiges Wirtschaften mit Rohstoffen in unserem Staat: **17** ('36) Nr. 10. — Zur Diskussion über den Regionalismus [6]): **18** ('37) Nr. 9/10. — Zweckmäßige Nutzung der Rohstoffe in unserem Staat: (N.S.) **2** ('39) Nr. 5 (Erweitert auch als Broschüre: (Praha '39) 20 S.). — Wissenschaft und Politik: 141–43, 157–59, 168–71 (Auch als Broschüre: (Praha '39) 31 S.). — — Alle Arbeiten tschech.

Bull., Assoc. int. Hydrol. sci. The ice cave of Dobšiná in Czechoslovakia [3]): **23**, 2 ('38) 695–98.

Čas. národn. Musea Die Minerale von der Horka bei Hřídelec in der Umgebung von Lazně Bělohrad: **106** ('32) 87–100 [tschech.]. — In memoriam Karel Vrba: **107** ('33) 11–13 [~]. — Contributions à la minéralogie topographique de la Bohême, 1: **109** ('35) 79–89 [tschech. m. französ. Zusammenfassg.].

Chemické Listy pro Vědu a Průmysl Zum 50. Geburtstag von Prof. Ing. Dr. Šplíchal: **29** ('35) [tschech.]. — Die zweckmäßige Nutzung unserer Rohstoffe: **33** ('39) Nr. 17/18 [~].

Chimie et Industrie Les gîtes de la giobertite en Tchécoslovaquie et leur exploitation actuelle: **29** ('33) No.spéc. 6 bis, 298–304. — Les gîtes de minerais de manganèse dans les Carpathes du Nord-Ouest en Tchécoslovaquie et leur genèse [7]): 305–12.

Kámen Womit ist Prag gepflastert?: **20** ('39) 143–47 [tschech.].

Kraj královohradecký Die Aufgaben der naturwissenschaftlichen Sektion des Landwirtschaftlichen Instituts für den kulturellen und wirtschaftlichen Aufschwung des nordöstlichen Böhmens: **25** ('34) Nr. 6/7 [tschech.].

Krása našeho Domova Die volkswirtschaftliche Bedeutung des Naturschutzes und seine dringenden Bedürfnisse in unserem Staat: **27** ('35) 69–71 [tschechisch].

Národní Rada Die Situation unserer Hochschulen im Jahre 1934: **14** ('34) Nr. 5 [tschech.].

Naší Přírodou Über das Prager Straßenpflaster: **3** ('39/40) 793–97 [tschech.]. — Über die Rübe: **4** ('41) 749, 794 [~].

Nature [London] Radio-geological survey of Czechoslovakia [10]): **133** ('34) 461. — Radioactivity of oil-waters in Czechoslovakia [1])[10]): **136** ('35) 910f.

Prager Rdsch. Die Erforschung des Riesengebirges vom Standpunkte der Radiologie [10]): **2** ('32) 492–507.

Příroda [Brno] Das Vorkommen von Chrysoberyll in Pegmatiten bei Dolní Bory: **25** ('32) 313–15; **26** ('33) 16–18. — Prof. Dr. K. Hinterlechner †: **25** ('32) 333f. — Geologisches Vorkommen und mineralogische Eigenschaften von Obsidian: **27** ('34) Nr. 2. — Boleslav Brauner †: **28** ('35) 121f. — Zum 100. Geburtstag von František Pošepný: **29** ('36) 168f. — Prof. Dr. h.c. Cyril Purkyně †: **30** ('37) Nr. 4. — In memoriam Prof. Dr. J. Š. Štěrba-Böhm: **31** ('38) 31–33. — Zum 60. Geburtstag des Universitätsprofessors Dr. Josef Kratochvíl: 177–80. — — Alle Arbeiten tschech.

Publikace zemědělského Ústavu pro kulturní a hospodářské Povznesení severovýchodn. Čech v Hradci Králové Kulturelle Ansprüche hierzulande: Nr. **2** ('36) [tschech.]. — Aufgaben und Mission des naturwissenschaftlichen Museums des nordöstlichen Böhmens: Nr. **6** ('39) 7–12 [~].

Sborn. českoslov. Společnosti zeměpisné In memoriam Jaroslav J. Jahn: **40** ('34) 158. — Zum 100. Geburtstag von František Pošepný: **42** ('36) 67f. — 4. Internationaler Kongreß für die Geschichte der Real- und technischen Wissenschaften in Prag 1937: **43** ('37) 145–48. — Zum 60. Geburtstag des Universitätsprofessors Dr. Josef Kratochvíl: **44** ('38) 114f. — — Alle Arbeiten tschech.

Sborn. štátn. bansk. Múzea Dionýza Štúra Les gisements de roches mélaphyriques dans le bassin de la Nitra supérieure [2]): **1** ('37) 58–65 [tschech. m. französ. Zusammenfassg.].

Schlägel u. Eisen [ČSR] Die Manganerzlagerstätten im Gebiete der tschechoslowakischen Nordwestkarpathen und ihre Genesis [7]): **34** ('36) 232–43.

Věda přírodní Erdgas, Erdöl und Salz in Rumänien: **13** ('32). — Einige Bemerkungen zu dem neuen Fund von Radiolarien in der Umgebung von Dobšiná und Železník (Slowakei) [11]): **14** ('33) 137–39. — Der 2. Kongreß der tschechoslowakischen Geographen: **15** ('34) 30–32. — Vorkommen von Jarosit und Natrojarosit in der Tschechoslowakei: 79–82. — Ein weiteres Vorkommen von Almandin-Spessartin in Skutečsko: 244. — Prof. Bohuslav Brauner †: **16** ('35) 78–. — Natürliche und künstliche Edelsteine und Halbedelsteine: 81–86. — Gediegenes Wismut von Dobšiná: **17** ('36) 232–34. — Die Eishöhle von Dobšiná und verwandte Erscheinungen in der Slowakei: **18** ('37) 25–28. — Pilze als Zerstörer und Schöpfer von Mineralen und Gesteinen. (Organogenes Lublinit und sein Vorkommen in unserem Staat): **19** ('38) 45–50. — Das Dionýz-Štúr-Museum in Banská Štiavnica: 92–94. — Die naturwissenschaftliche Sektion des Landwirtschaftlichen Instituts für den kulturellen und wissenschaftlichen Aufschwung des nordöstlichen Böhmens in Hradec Králové: **20** ('41) 157–60. — — Alle Arbeiten tschech.

Věda a Život Das Prinzip der Symmetrie in der Natur: **5** ('38) 3–16 [tschech.]. — Eine alte tschechische Tradition: **8** ('41) [~].

Vesmír Der Fortschritt der Naturwissenschaften [8])[9]): **13** ('34) Nr. 3, 57–61 [tschech.].

Věstn. balneol. a klimatol. Spol. českoslov. Neuere naturwissenschaftliche Erforschung der Mineralquellen von Luhačovice: **13** ('33) Nr. 1, 8–16 [tschech. m. deutscher Zusammenfassg.]. — La standardisation de l'étude géochimique des stations balnéaires: **14** ('34) Nr. [?], 63–71 [tschech. u. französ.]. — Mesures de gaz, échappant des eaux minérales dans les Carpathes du Nord Ouest: **14** ('35) Nr. 3, 21–26 [tschech. m. französ. Zusammenfassg.].

Věstn. státního geol. Ústavu českoslov. Republ. Manganerz-Lagerstätten der Nordwest-Karpathen und deren Genesis: **9** ('33) 106f. [tschech.]. — Zum 60. Geburtstag des Universitätsprofessors Dr. František Slavík; Verzeichnis seiner Publikationen 1927–1936: **12** ('36) 177–81 [~].

Zprávy veřejné Služby techn. Orientierungsvermessung der Radioaktivität von Wässern aus den Erdölgebieten der Tschechoslowakischen Republik [1][10]): **18** ('36) Nr. 12 [tschech.].

Einige weitere wissenschaftliche Beiträge. — Kurzberichte über mehrere seiner Vorträge. — Redakteur der Jahresberichte für 1935 und 1936 des Nationalen Forschungsrates der ČSR.

Mit: [1]) F. Běhounek; [2]) V. Čechovič; [3]) S. Hanzlík; [4]) —; [5]) J. Malý; [6]) J. Moschelesová; [7]) R. Munk; [8]) B. Němec; [9]) F. Nušl; [10]) V. (W.) Santholzer; [11]) J. Šuf.

VI **ULTÉE,** Arnoldus Johannes. Chem. (org.). — 1923–32 Dir. d. Versuchsstat. Malang, Java; '38–48 stellvertr. Dir. d. Techn.-Kommerziellen Abt., "Rubber-Stichting", Amsterdam; '50–52 Wiss. Hauptbeamter, Techn. Hochsch. Delft.
* 1878, Jan. 12, Utrecht;
†.

Chemisch Weekbl. Das ätherische Blattöl von Amomum dealbatum Roxb.: **34** ('37) 256f. [niederländ.]. — Chemie des Streptomycins: **45** ('49) 61–64 [~].

J. chem. Soc., London Action of hydrogen chloride on isoprene: **1948**, 530.

J. Polymer Sci. Preparation and properties of rubberlike high polymers, 6: Polymerization and dimerization of isoprene [6])[1])[5]): **4** ('49) 203–14.

Pharmaceutisch Weekbl. Das Phytosterin von Phyllanthus acidus Skeels: **70** ('33) 1173–75. — Das Harz der Früchte von Achras zapota L. (Sawo-Manila): **71** ('34) 1152–54. — Das ätherische Öl der Früchte von Pittosporum monticolum Miq.: **74** ('37) 666–69. — Bestandteile von Latexproben [von einer Anzahl tropischer Bäume]: **84** ('49) 65–70. — — Alle Arbeiten niederländ.

Proc., Koninkl. Akad. Wet. Amsterdam The inhibition of germination, caused by extracts of seedballs of the sugarbeet (Beta vulgaris) [2])[3])[7]): **50** ('47) 527–35.

Proc. Rubber Technol. Conf. Kinetic analysis of rubber halides [6])[4]): **2**.1948 ('49) 106–14.

Recueil Trav. chim. Pays-Bas Researches on rubber resins: **53** ('34) 953–60. — Die ätherischen Öle der Rhizome einiger Languas-(Alpinia)-Arten: **55** ('36) 993–99. — Die ätherischen Blattöle einiger Languas-(Alpinia)-Arten: **56** ('37) 409–12. — Halogen derivatives of isoprene: **68** ('49) 125–37. — 2-Methylbuten-3-yl 2-methyl ether and 2-methylbuten-2-yl 4-methyl ether: 352–54. — Hydrolysis of the addition products of hydrogen chloride to isoprene: 483f. — 3-Methyl-2-butene carbonitrile: 495f. — L'action de l'acide chlorhydrique gazeux sur la cyanhydrine acétonique: 579–84. — Kinetic analysis of organic halides, 1: Analysis of low molecular monohalides [6]): **69** ('50) 95–115; ~ 3: Analysis of low molecular polyhalides [6]): **70** ('51) 537–44.

Rubber [Amsterdam] Chlorierter Gummi: **1** ('38) Nr. 2, 3–5 [niederländ.]. — Gummi und Gasschutz: Nr. 3, 1–4 [~].

Rubber Chem. and Technol. Preparation and properties of rubberlike high polymers, 6: Polymerization and dimerization of isoprene [6])[1])[5]): **22** ('49) 956–65. — Kinetic analysis of rubber halides [6])[4]): **23** ('50) 447–56.

Mit: [1]) B. B. S. T. Boonstra; [2]) C. P. Duym; [3]) J. G. Komen; [4]) C. Koningsberger; [5]) S. van der Meer; [6]) G. Salomon; [7]) B. M. van der Weide.

VI **UNDERHILL,** Charles Reginald. Elektrotechn. — 1926–29 with Wappler Electr. Co., Inc., Long Island City, N.Y.; then living at Lower Bank, N.J. (☒)
* 1874, Nov. 2, Chappaqua, N.Y.;
† 1950, Okt. 3.

W. Electrons at work; a simple and general treatise on electronic devices, their circuits, and industrial uses (NewYork–London '33) 12 + 354 S.

J. Franklin Inst. Electrical resistance and heat in metals: **216** ('33) 629–34.

Science [USA] Observations of animal behavior: **78** ('33) 239. — The time constant: **80** ('34) 16.

VI **UNDERWOOD,** Henry Weeden, Jr. Chem.(org.). — 1920–29 Instructor, '29–34 Assist. Prof., Massachusetts Inst. of Technol., Cambridge, Mass. (☒)
* 1895, Aug. 14, Wakefield, R.I.;
† 1934, März 20, Cambridge, Mass.

Nekr. *A. A. Ashdown, Nucleus [USA] **1934**, Apr.-Nr. (m. Bildn.). — — Siehe auch Pogg. Bd. VI.

J. amer. chem. Soc. The preparation of derivatives for the identification of alkyl chlorides [3]): **56** ('34) 2117–20. — The preparation of substituted O-aroylbenzoic acids in the identification of aromatic hydrocarbons [5]): **57** ('35) 940–42. — Catalysis in organic chemistry, 5: Decompositions of esters and acids by anhydrous zinc chloride [1]): 2729f. — Studies in the diphenic acid series, 5 [2]): **58** ('36) 642f. — Absorption spectra of dipheneins [4])[2]): 643–45. —

Catalytic oxidations in aqueous solutions, 3: Oxidation of anthracene, hydroquinone and substituted hydroquinones [5]): 646f.

Mit: [1]) O. L. Baril; [2]) G. Barker; [3]) J. C. Gale; [4]) L. Harris; [5]) W. L. Walsh.

VI **UNMACK,** Augusta Marie. Chem. — 1921–65 Assist. → Abteilungsleiterin, Chem. Labor., Kgl. Tierärztl. u. Landwirtsch. Hochsch. København; '47 Studienaufenthalt in Leeds und Rothamsted, '50–51 in Uppsala.
* 1896, Aug. 18, Pelcowizna pr. Warszawa.

Årsskr., Kongel. Veterinær- og Landbohøjskole Untersuchungen über die Faktoren, die die Reaktion des Erdbodens bestimmen, 5: p_H-Bestimmung in schwach gepufferten Lösungen: **1933**, 19–43. — On the applicability of the quinhydrone electrode to fat emulsions: **1934**, 175–90. — Results of recent investigations on clay. The application of the roentgenographic method to two Danish clays [3]): **1944**, 33–59. — Constituents of calculi from the urinary tract of bulls and bullocks. Evidence of silica urolithiasis in cattle in Denmark: **1963**, 1–12.

J. sci. Instruments Two or four windows on x-ray tubes for crystallographic purposes [2]): **25** ('48) Nr. 11.

Kemisk Maanedsbl. og Nordisk Handelsbl. kem. Industri Einige Fehlerquellen bei p_H-Messungen und deren Bedeutung für den Wiegnereffekt: **1934**, Nr. 10, 133–37 [dän.]. — X-ray investigation of commercial preparations of aluminium hydroxide and oxide: **1949**, Nr. 1, 1–11 [~].

Mathematisk-fys. Medd., Kgl. danske Vid. Selsk. Über Potentialunterschiede in membranhaltigen Systemen: **15** ('37/38) Nr. 5, 40 S.

Nature [London] Constituents of dental calculus from sheep [4]): **197** ('63) 486f.

Z. physik. Chem., Abt. A Bestimmung der Dissoziationskonstante eines im Wasser schwerlöslichen Amins (Tri-n-butylamin) [1]): **172** ('35) 389–97.

Mit: [1]) P. Damsgaard-Sørensen; [2]) A. T. Jensen; [3]) K. Knakkergaard Mølles; [4]) S. L. Rowles.

III, IV, VI **UNWIN,** William Cawthorne. Hydraulik, Ingenieurwesen. — 1884–1904 Prof., '04 Prof. Emer., Central Techn. College of the City and Guilds of London, Kensington; 1892 Pres. of Engng. Sect., Brit. Assoc. for the Advancem. of Sci.; 1900–05, '11–28 Pres. of Senate, Univ. of London; '11- Pres., Instn. of Civil Engrs.; '15–16 Pres., Instn. of Mech. Engrs. — '05 Hon. LL.D. (Univ. of Edinburgh). — '21 Kelvin Medal (Instn. of Civil Engrs.). (⊠)
* 1838, Dez. 12, Coggeshall, Essex;
† 1933, März 17.

Nekr. *S.M.D., Nature [London] **131** ('33) 681f. — *J. S. Wilson, Obituary Notices Fellows roy. Soc. London **[1]** Nr. **3** ('34) 167–78 (m. Bildn. u. Faks.). — Proc. amer. Acad. Arts and Sci. **69**.1933/34 ('35) 553f.

Zur Biogr. *E. G. Walker, The life and work of William Cawthorne Unwin (London '38) 15 + 239 S. (m. Bildn. u. Schr.verz.) (Unwin Memorial Committee); Neuausgabe: ('47).

IV–VI **UPDEGRAFF,** Milton. Astron. — 1907–10 Dir., Nautical Almanac Office, Washington, D.C. (⊠)
* 1861, Febr. 20, Decorah, Ia.;
† 1938, Sept. 12, Mare Island, Calif.

Nekr. *T. J. J. See, Astronomische Nachr. **267** ('38/39) 119f. [engl.]. — Publ. astron. Soc. Pacific **50** ('38) 332–34 (m. Bildn.). — Revista astron. **11** ('39) 144f. (m. Bildn.).

III, IV, VI **UPHAM,** Warren. Geol., Archäol. — 1914–33 Archeologist, St. Paul, Minn. (⊠)
* 1850, März 8, Amherst, N.H.;
† 1934, Jan. 29, St. Paul, Minn.

Nekr. *W. H. Emmons, Proc. geol. Soc. America **1934** ('35) 281–94 (m. Bildn., Faks., Schr.verz.). — *C. R. Keyes, Pan-american Geologist **61** ('34) 321–28 (m. Bildn.).

VI **UPSON,** Fred Wilbert. Chem.(org.). — 1913–39 Prof. and Head of the Departm. of agric. Chem. → ('18) Departm. of Chem., '29–39 Dean of Graduate College, '39 Dean emer., Univ. of Nebraska, Lincoln, Nebr.
* 1883, Febr. 2, Byron, Ill.;
† 1942, Febr. 10, Lincoln, Nebr.

Nekr. Chemical and Engng. News **20** ('42) 348.

J. amer. chem. Soc. The action of alkalies on the monobasic sugar acids, 1: Conversion of gluconic to mannonic and of galactonic to talonic acids by the action of barium hydroxide [2]): **55** ('33) 1245–48; [~ 2:] The action of barium hydroxide on certain of the monobasic sugar acids [1]): **57** ('35) 132–34; ~ 3: ≈ [7])[1]): **61** ('39) 779–86. — A new method for the preparation of the free acids and the abnormal lactones of the monobasic sugar acids [3]): **55** ('33)

2512–14. — A study of the types of lactones formed from the monobasic sugar acids under varying conditions [3]): **56** ('34) 2659–62. — Acetyl derivatives of the monobasic sugar acid lactones [3])[6]): **58** ('36) 2549–52. — New derivatives of D-erythronic and L-erythronic acid [9]): **60** ('38) 355–57. — The preparation of fully acetylated amides of aldonic acids [8]): 1788f. — Some fully acetylated sugar acids and their derivatives [8]): **62** ('40) 1074–76.

J. biol. Chemistry Catalytic oxidation of D-glucose and related sugars by oxygen in the presence of iron pyrophosphates [4]): **94** ('31/32) 423–31.

J. physic. Chem. Solubility of several compounds of the mannose series in alcohols [5])[1]): **39** ('35) 1079–94.

J. Proc. and Addresses, Assoc. amer. Universities The present tendency toward overspecialization in the program for the Ph.D. degree: **1932**, 79–82.

Mit: [1]) W. D. Albert; [2]) H. T. Bonnett; [3]) J. M. Brackenbury; [4]) E. F. Degering; [5]) E. A. Fluevog; [6]) C. Linn; [7]) W. K. Noyce; [8]) G. B. Robbins; [9]) V. C. Jelinek.

VI **URAZOV,** Georgij Grigor'evič. Chem. (anorg., physik., techn., analyt.). — 1903–09 Stud., '09–11 Aspirant, '11–20 Assist., '20–38 Prof., Polytechn. Inst. Petersburg → Petrograd → Leningrad; '19–24 Leiter d. Labor. d. Verwaltung f. industrielle Erkundungen des Nordgebiets, Petrograd; '20–34 wiss. Mitarbeiter d. Inst. f. physik.-chem. Analyse, '34–43 wiss. Mitarbeiter u. '43–57 Leiter d. Abteilg. f. physik.-chem. Analyse d. Inst. f. allg. u. anorg. Chem. "N. S. Kurnakov", Akad. Wiss. UdSSR, Petrograd → Leningrad, später Moskva; '24–40 Leiter d. physik.-chem. Labor. u. Konsultant, Geol. Komitee → Zentrales wiss. Forschungsinst. f. geol. Erkundung, Leningrad; '34 Dr. d. techn. Wiss.; '35 Dr. d. chem. Wiss.; '37–57 Leiter d. Lehrstuhls f. anorg. Chem., '38–57 Leiter d. Lehrstuhls f. d. Technol. anorg.-feinchem. Produkte, Inst. f. feinchem. Technol. "M. V. Lomonosov", Moskva; '43–55 Leiter d. Lehrstuhls f. d. Metallurgie d. Schwer- u. Nichteisenmetalle, Inst. f. Nichteisenmetalle u. Gold "M. I. Kalinin", Moskva. — '14 Mendeleev-Preis (Chem. Abteilg. d. Russ. Physik.-Chem. Ges.); '44, '53 Lenin-Orden, '44 Rotbanner-Orden, '45 Orden "Roter Stern", '51 Orden "Ehrenzeichen" (UdSSR). (⊠)

* 1884, Jan. 18 (6), Šatoj (→ Sovetskoe), [jetzt:] Čečeno-Ingušskaja ASSR;
† 1957, Apr. 28, Moskva.

Zur Biogr. Obščee sobranie Akademii nauk SSSR [Allgemeine Versammlung der Akademie der Wissenschaften der UdSSR], 29. XI.–4. XII. 1946 (Moskva–Leningrad '47) 84f. — Vestn. Akad. Nauk SSSR **1947**, Nr. 1, S. 96 (m. Bildn.).

Zum 70. Geb.tag Festband: Izvest. Sekt. fiziko-chim. Analiza **25** ('54) 420 S. (m. Bildn.); darin S. 7–15: *S. A. Pogodin, *I. N. Lepeškov: Biogr. [russ.]. — Vestn. Akad. Nauk SSSR **1954**, Nr. 3, 59–61 (m. Bildn.).

Nekr. *I. N. Lepeškov, Ž. neorg. Chim. **2** ('57) 2497–506 (m. Bildn. u. Schr.verz.). — Izvest. Akad. Nauk SSSR, Otdel. chim. Nauk **1957**, 885f. (m. Bildn.). — Vestn. Akad. Nauk SSSR **1957**, Nr. 7, S. 67.

Zur Biobibliogr. *I. N. Lepeškov, *N. N. Sirota (Biogr.), *N. M. Nesterova (Bibliogr.), Georgij Grigor'evič Urazov (Moskva '57) 64 S. (m. Bildn. u. Faks.) (Materialy k biobibliografii učenych SSSR, Ser. chimičeskich nauk, 25).

H. (Redakt.) *F. M. Perel'man, *A. Ja. Zvorykin, *N. V. Gudima, Kobal't (Moskva–Leningrad '49); darin eig. Beitr. S. 3f.: Vorwort [russ.]. — (Redakt.) *A. G. Bergman, *N. P. Lužnaja, Fiziko-chimičeskie osnovy izučenija i ispol'zovanija soljanych mestoroždenij chlorid-sul'fatnogo tipa [Physikalisch-chemische Grundlagen der Untersuchung und Verwertung von Salzlagern vom Chlorid-Sulfat-Typ] (Moskva '51). — (Redakt.) *I. I. Kornilov, Železnye splavy [Eisenlegierungen], **2**: Tverdye rastvory železa [Feste Lösungen des Eisens] (Moskva–Leningrad '51); **3**: Splavy sistemy železo–chrom–nikel' [Legierungen des Systems Eisen–Chrom–Nickel] (Moskva '56). — (Redakt.) *G. B. Ravič, *G. G. Curinov, Fazovaja struktura trigliceridov [Phasenstruktur der Triglyceride] (Moskva '52). — (Redakt.) *E. Ja. Rode, Kislorodnye soedinenija marganca. Iskusstvennye soedinenija, mineraly i rudy [Sauerstoffverbindungen des Mangans. Künstliche Verbindungen, Minerale und Erze] (Moskva '52). — (Redakt.) *P. Ja. Sal'dau, Metod ėlektroprovodnosti pri vysokich temperaturach i primenenie ego dlja issledovanija metalličeskich splavov [Die Methode der elektrischen Leitfähigkeit bei hoher Temperatur und ihre Anwendung zur Untersuchung von Metall-Legierungen] (Moskva–Leningrad '52). — (Redakt.) *A. N. Krestovnikov, *A. S. Šachov, Akademik Nikolaj Semenovič Kurnakov. Raboty v oblasti cvetnoj metallurgii [Das Akademiemitglied Nikolaj Semenovič Kurnakov. Arbeiten auf dem Gebiet der Metallurgie der Nichteisenmetalle] (Moskva '54).

MH. (Mitredakt.). Neorganičeskie chloroprodukty. Sbornik rabot [Anorganische Chlorprodukte. Sammlung von Arbeiten] (Leningrad '34) (Trudy naučnych institutov Narodnogo kommissariata tjaželoj promyšlennosti SSSR, Gosudarstvennyj institut prikladnoj chimii, 20); darin eig. Beitr. S. 7–41: Verwendung von gasförmigem Chlor in der Metallurgie der Nichteisenmetalle [russ.] [34]). — (Mitredakt.) *A. A. Bajkov, Sobranie trudov, **4**: Trudy po metallurgii cvetnych metallov [Sammlung von Arbeiten, **4**: Arbeiten zur Metallurgie der Nichteisenmetalle] (Moskva–Leningrad '49); darin eig. Beitr. S. 5–8: Vorwort [russ.].

S. Bol'šaja sovetskaja ėnciklopedija [Große Sowjetenzyklopädie] **27** (Moskva '33) 126–28: Gold: Metallurgie des Goldes [russ.]; **50** ('44) 491–94: Blei [~]; 874–76: Silber [~]. — Proizvodstvo i obrabotka cvetnych metallov i splavov. Sbornik dokladov i statej [Produktion und Bearbeitung von Nichteisenmetallen und -legierungen. Sammlung von Vorträgen und Aufsätzen] **1** (Leningrad '33) 46–55: Kupfer–Silicium–Aluminium-Legierungen [russ.]. — Otbelivajuščie zemli SSSR [Bleicherden der UdSSR] (Leningrad–Moskva '33) 221–43: Physikalisch-chemische Untersuchung von Bleicherden aus Westgrusinien [russ.]. — Borovičskie ogneupory. Sbornik techničeskich statej [Die feuerfesten Stoffe von Boroviči. Sammlung technischer Aufsätze] (Boroviči '35): Physikalisch-chemische Untersuchung der feuerfesten Tone von Boroviči [russ.]. — *N. S. Kurnakov, Sobranie izbrannych rabot [Sammlung ausgewählter Arbeiten] **1** (Leningrad '38) 386–416: Chemische und thermische Analyse der Bauxite von Tichwin [russ.] [20]); **2** (Leningrad–Moskva '39) 198–233: Toxische Eigenschaften käuflicher Sorten von Ferrosilicium [~] [20]); 276–93: Legierungen des Eisens mit Aluminium [~] [20])[14]). — Jubilejnyj sbornik, posvjaščennyj tridcatiletiju Velikoj Oktjabr'skoj socialističeskoj revoljucii [Jubiläumssammelband zum 30. Jahrestag der Großen Sozialistischen Oktoberrevolution] (Akademija nauk SSSR) **1** (Moskva–Leningrad '47) 473–90: Die physikalisch-chemische Analyse und ihr Begründer N. S. Kurnakov [russ.]. — Ljudi russkoj nauki [Russische Wissenschaftler] **1** (Moskva–Leningrad '48) 354–63: Nikolaj Semenovič Kurnakov, 1860–1941 [russ.]. — Nikolaj Semenovič Kurnakov (Moskva '61) (Materialy k biobibliografii učenych SSSR, Ser. chimičeskich nauk, 30) 6–27: Kurzer Überblick über die wissenschaftliche, pädagogische und gesellschaftliche Tätigkeit [russ.]. — Redkie ščeločnye ėlementy. Sbornik dokladov Soveščanija po chimii, technologii i analitičeskoj chimii redkich ščeločnych ėlementov [Seltene Alkalimetalle. Sammlung der Vorträge der Konferenz über die Chemie, Technologie und analytische Chemie der seltenen Alkalimetalle] 1958 (Novosibirsk '60) 5–14: Hochtemperatur-Modifikation von Spodumen [russ.] [41])[48])[44]).

W. Materialy po metallurgii cvetnych metallov [Materialien zur Metallurgie der Nichteisenmetalle] (m. L. R. Ėdel'son) (Leningrad '32) 4 + 468 S. — Metallurgija nikelja [Die Metallurgie des Nickels] [2](Leningrad–Moskva '35) 2 + 208 S. — Akademik N. S. Kurnakov – sozdatel' fiziko-chimičeskogo analiza [Akademiemitglied N. S. Kurnakov, der Begründer der physikalisch-chemischen Analyse] (Moskva '52) 24 S.

Chimičeskaja Promyšl. 3. Unionskonferenz über Mineralsalze [23]): **1946**, Nr. 1/2, 42f. [russ.].

Chimija redkich Ėlementov Untersuchung des Systems $BiCl_3$–Bi [52])[21]): **1** ('54) 102–14 [russ.]. — Löslichkeiten im System Lanthansulfat–Ammoniumsulfat–Wasser bei 50° [58])[41])[8]): **3** ('57) 14–27 [~].

Cvetnye Metally Versuche zur Chlorierung von Nickel-, Kupfer- und Eisensteinen [34])[59]): **10** ('35) Nr. 6, 109–30 [russ.]. — Über die Anwendbarkeit der Chlorierung mit gasförmigem Chlor zur Aufarbeitung von goldhaltigen Kupfer–Zink-Erzen [34]): **15** ('40) Nr. 10/11, S. 89 [~]. — Das Entzinken von Blei mit Hilfe der Chlor-Methode [27])[28]): **19** ('46) Nr. 6, 28–33 [~]. — Die Löslichkeit von Zinkoxid in wässerigen Lösungen von Natriumhydroxid [25])[28]): **29** ('56) Nr. 7, 37–42 [~]. — Die alkalische Entzinkung von Blei [28])[25]): Nr. 12, 33–35 [~].

Dokl. Akad. Nauk SSSR Struktur der Skelettkatalysatoren und ihre Gewinnung [17])[22]): **55** ('47) 513–15. — Die Untersuchung der Struktur eines Nickelskelettkatalysators [17])[22]): 745–48. — Die Untersuchung der physikalisch-chemischen Natur der siliciumoxidhaltigen Nickelminerale und des Prozesses ihrer Calcinierung und Reduktion [4]): 849–51. — Physikalisch-chemische Untersuchung oxidischer Eisen–Nickel-Erze [4]): **56** ('47) 59–62. — Das System Al–Cu–Mg [33]): **83** ('52) 247–50. — Zur Frage der Auflösung von Metallen in ihren Chloriden [16]): **96** ('54) 535–38. — Untersuchung des Systems Tl_2SO_4–H_2SO_4–H_2O [3]): **101** ('55) 693f. — Über die Polymorphie von Thalliumsulfat [3]): 893f. — Untersuchung der Bedingungen der Bildung von Lanthan–Ammonium-Doppelsulfaten aus Lösungen [58])[41])[8]): **103** ('55) 635–38; **105** ('55) 884. — Untersuchung der Reaktion von Ammoniak mit Halogeniden zweiwertiger Metalle in wässerigem Medium. Löslichkeit von Cadmiumchlorid in wässerig-ammoniakalischen Lösungen [19]): **106** ('56) 290–93. — Über die monotrope Umwandlung von Spodumen [41])[44]): **113** ('57) 361–63. — Untersuchung der Umsetzung zwischen Ammoniak und Zinkchlorid in wässerigem Medium [19])[30]): **114** ('57) 564–67. — — Alle Arbeiten russ.

Izvest. Akad. Nauk Armjansk. SSR, (Ser.) chim. Nauk(i) Untersuchung der Löslichkeit von Zinkhalogeniden, -sulfat und -nitrat in wässerig-ammoniakalischen Lösungen [, 1] [30]): **10** ('57) Nr. 1, 3–19 [russ. m. armen. Zusammenfassg.]; ~ 2: Die Kristallisations- oder Aussalzzone der Ammoniakate [30]): Nr. 2, 83–96 [~]. — Über die Wechselwirkung zwischen Kupfersulfat und Ammoniak in wässerigem Medium [19])[13]): **11** ('58) 249–62 [~].

Izvest. Akad. Nauk SSSR, Otdel. techn. Nauk Chemisch-metallurgische Eigenschaften magerer komplexer Eisenerze und rationelle Wege zu deren komplexer Verwertung [4]): **1955**, Nr. 3, 108–21 [russ.].

Izvest. Akad. Nauk SSSR, Ser. chim. On the question of the ageing of ternary alloys [54]): **1936**, 321–47 [russ. m. engl. Zusammenfassg.].

Izvest. Akad. Nauk SSSR, Otdel. chim. Nauk A recovery of metallic tin from its chlorides by chemical means [52]): **1940**, 739–50 [m. engl. Zusammenfassg.]. — Aleksandr Aleksandrovič Bajkov zum 75. Geburtstag [62]): **1945**, 537–42. — Neue chemisch-metallurgische Richtungen in der kommenden Technologie der komplexen Eisen–Nickel–Kobalt-Erze [4]): **1948**, 194–204. — Grundlagen neuer Methoden der chemischen Verarbeitung von komplexen Eisen- und Nickelerzen [4]): **1956**, 1029–37. — Komplexe Reduktion polymetallischer Eisen- und Nickelerze als Grundlage neuer Methoden für ihre chemische Verarbeitung [4]): 1159–67. — Grundlagen einer neuen intensivierten Technologie der komplexen chemischen Verarbeitung von polymetallischen Eisenerzen [4]): **1957**, 898–908. — Grundlagen einer neuen komplexen Konversionsmethode für die chemische Verarbeitung oxidischer, silicatischer und gemischter Erze [4])[32]): **1959**, 1154–62. — — Alle Arbeiten russ.

Izvest. Sekt. fiziko-chim. Analiza Untersuchung spezieller Silumine [37]): **8** ('36) 201–53. — Physikalisch-chemische Natur und Eigenschaften der Legierungen vom Lautaltypus [64]): 255–67. — Untersuchung des reziproken Systems $Cu_2Cl_2 + Ag_2S \rightleftharpoons Ag_2Cl_2 + Cu_2S$ mit den Methoden der thermischen Analyse und der Mikrostruktur [6]): **13** ('40) 263–80. — Akademiemitglied N. S. Kurnakov – der Begründer der physikalisch-chemischen Analyse: **14** ('41) 9–14. — Untersuchung des reziproken Systems $Ag_2Cl_2 + PbS \rightleftharpoons PbCl_2 + Ag_2S$ mit den Methoden der thermischen Analyse und der Mikrostruktur [52]): 317–37. — N. S. Kurnakov und seine Arbeiten auf dem Gebiet der allgemeinen und anorganischen Chemie: **16**, Nr. 4 ('48) 5–18. — Gutachten über die Arbeit von I. V. Tananaev: "Messung der Lichtabsorption in Lösungen als Methode der physikalisch-chemischen Analyse" vorgelegt zur Bewerbung um den Kurnakov-Preis: **17** ('49) 8–13. — Das Zustandsdiagramm des Systems Aluminium–Magnesium–Kupfer [33])[35]): 522–30. — Die ternären intermetallischen Phasen des Systems Aluminium–Magnesium–Kupfer [33]): **19** ('49) 514–21. — Darstellung der Ammoniakate des Cadmiumsulfats und des Cadmiumammoniumsulfats aus wässerigen Lösungen, 1: Löslichkeitsisotherme des ternären Systems $CdSO_4$–NH_3–H_2O bei 25° [19]): **22** ('53) 255–60; ~ 2: Löslichkeitsisotherme des ternären Systems $CdSO_4 \cdot (NH_4)_2SO_4$–$NH_3$–$H_2O$ bei 25° [19]): 261–71; ~ 3: Löslichkeitsisotherme des Systems Cd, NH_4 || SO_4, OH – H_2O bei 25° [19]): **23** ('53) 249–57. — Löslichkeit von Cadmiumsulfat in wässerigen Ammoniaklösungen bei 25° [19]): 241–48. — Untersuchung des Systems Bi–$BiBr_3$ [52]): **24** ('54) 151–59. — Untersuchung des Systems Bi–BiJ_3 [52]): **25** ('54) 117–27. — Untersuchung der Reaktion zwischen Cadmiumsulfat und Cadmiumhydroxid, 1: Löslichkeitsisotherme des Systems $CdSO_4$–$Cd(OH)_2$–H_2O bei 25° [19]): 268–74; ~ 2: Basische Cadmiumsulfate und einige ihrer Eigenschaften [19]): 275–88. — Untersuchung des reziproken Fünfkomponentensystems 2Na, $2NH_4$ || $2HCO_3'$, 2OH', SO_4'' – H_2O im Kristallisationsbereich des Trona $Na_2CO_3 \cdot NaHCO_3 \cdot 2H_2O$ bei 35° [46])[57]): 361–74. — Einige Eigenschaften wässeriger Lösungen von Magnesiumchlorid und Magnesiumsulfat [55]): **26** ('55) 275–89. — Löslichkeit von Cadmiumnitrat in wässerigen Ammoniaklösungen [19])[26]): **27** ('56) 315–27. — — Alle Arbeiten russ.

Izvest. vysšich učebnych Zavedenij, Ordžonikidze, Cvetnaja Metallurgija Die Reinigung des Bleis von Arsen, Zinn und Antimon mittels geschmolzener Alkalien [28])[25]): **1958**, Nr. 2, 77–84 [russ.]. — Die Oxydation von Arsen, Zinn und Antimon bei der Raffination des Bleis durch Alkalischmelzen [28])[25]): Nr. 4, 96–102 [~]. — Wismutgewinnung aus Schlammen der Bleiraffination durch Elektrolyse [5])[56]): **3** ('60) Nr. 4, 94–101 [~].

Materialy central'n. naučno-issled. geologorazvedočn. Inst., Obščaja Ser. Application of physical and chemical analysis for the study of processes associated with formation of ores of coloured metals [38]): **3** ('38) 59–62 [russ.].

Metallurg Die Betrachtung der Umwandlungen im ternären System Schwefel–Blei–Sauerstoff: **10** ('35) Nr. 3, 27–37 [russ.]. — Untersuchung über die Substitutionsreaktion $PbS + Fe \rightleftharpoons FeS + Pb$ durch thermische Analyse des ternären Systems Fe–Pb–S [63])[1]): **11** ('36) Nr. 2, 9–26; Nr. 3, 15–27 [~]. — Die Konstitution von Aluminium–Silicium–Eisen-Legierungen [45]): **12** ('37) Nr. 4, 27–41 [~]. — Untersuchung der Legierungen im ternären System Eisen–Nickel–Schwefel [12]): **13** ('38) Nr. 2, 3–17 [~]. — Das Schmelzdiagramm des ternären Systems Aluminium–Magnesium–Zink [45]): **15** ('40) Nr. 6, 3–11 [~].

Priroda [SSSR] Kara-Bogaz-Gol-Forschung. Aus der Arbeit des Instituts für allgemeine und anorganische Chemie "N. S. Kurnakov" der Akademie der Wissenschaften der UdSSR [42]): **45** ('56) Nr. 9, 61–67 [russ.].

Sborn. naučn. Trudov, Mosk. Inst. cvetn. Metallov i Zolota im. Kalinina Untersuchung des Charakters der Reaktion von Kupfer(II)-oxid mit Nickel(II)-oxid bei hohen Temperaturen [31]): Nr. **20** ('50) (= Jubilejnyj sbornik 1930–1950) 79–86 [russ.]. —

Zur Theorie des Blei-Kupfer-Schachtofenschmelzens [39]: Nr. **24** ('54) 66–74 [~]. — Formen der Verbindungen von Verunreinigungen, die bei der Sauerstoffraffination des Bleis entstehen [15]: 90–103 [~]. — Untersuchung des Zustandsdiagramms des Systems Kupfer–Gold–Blei [60]: Nr. **25** ('55) 112–24 [~]. — Die physikalisch-chemische Analyse als Teil der allgemeinen und anorganischen Chemie und der Physik kondensierter Systeme [49]: Nr. **30** ('57) (= Fizika i fiziko-chim. Analiz Nr. 1) 3–36 [~].

Trudy central'n. naučno-issled. geologo-razvedočn. Inst. Experimentelle Untersuchung der Reihenfolge der Abscheidung der Sulfide des Eisens, des Kupfers und des Bleis aus ihren gleichartigen flüssigen Lösungen [38]: **19** ('35) 36 S. [russ.].

Trudy glavn. geologo-razvedočn. Upravlenija NKTP SSSR Über die Reihenfolge der Abscheidung der Salze der Solikamsker Kalilagerstätte: Nr. **43** ('32) 28–58 [russ.].

Trudy Inst. Chim., Akad. Nauk Uzbeksk. SSR Die Salzschätze des Dengiz-Kul'-Sees [23]: Nr. **2** ('49) 89–93 [russ.].

Trudy mosk. Inst. tonk. chim. Technol. im. Lomonosova Untersuchung der Löslichkeit in dem ternären System Ammoniumsulfat–Aluminiumsulfat–Wasser bei 0, 25, 50, 75 und 90° [18]: Nr. **7** ('58) 81–89 [russ.]. — Untersuchung der Löslichkeit in dem quaternären System Ammoniumsulfat–Berylliumsulfat–Aluminiumsulfat–Wasser bei 25° und in dem ternären System Berylliumsulfat–Aluminiumsulfat–Wasser bei 0, 25, 50 und 75° [18][7]: 90–102 [~]. — Untersuchung der Löslichkeit in dem System Thalliumsulfat–Natriumsulfat–Wasser [51][43]: 123–26 [~]. — Untersuchung der Löslichkeit in dem System Wismutoxid–Salzsäure–Wasser [18][51]: 140–43 [~]. — Untersuchung der Löslichkeit in dem ternären System Wismutoxid–Schwefeltrioxid–Wasser bei 25° [18][9]: 144–48 [~].

Trudy okeanogr. Komissii, Akad. Nauk SSSR Komplexe Sulfat–Chlorid-Salze im Golf von Kara-Bogaz-Gol [42]: **5** ('59) 323–27 [russ.]. — Das hydrochemische System des Golfs von Kara-Bogaz-Gol und die Perspektiven für die sich daraus ergebende industrielle Entwicklung [46]: 329–32 [~].

Usp. Chim. Untersuchungen des Instituts für allgemeine und anorganische Chemie der Akademie der Wissenschaften der UdSSR auf dem Gebiet der Metallgleichgewichte: **5** ('36) 1083–107 [russ.]. — Akademiemitglied Nikolaj Semenovič Kurnakov und seine Arbeiten auf dem Gebiet der Chemie [36]: **8** ('39) 785–812 [~]. — N. S. Kurnakov, der Begründer der physikalisch-chemischen Analyse: **21** ('52) 1019–33 [~]. — Die Arbeiten des Akademiemitglieds I. V. Grebenščikov auf dem Gebiet der physikalischen Chemie von Silicatsystemen und -gläsern [2]: **23** ('54) 273–94 [~].

Vestn. Akad. Nauk SSSR Physikalisch-chemische Untersuchung von Salzen und ihre Verwertung: **16** ('46) Nr. 11/12, 54–57 [russ.].

Ž. chim. Promyšl. Akademiemitglied Nikolaj Semenovič Kurnakov † [u.a.]: **18** ('41) Nr. 15/16, 58 f. [russ.].

Ž. fizič. Chim. Untersuchung des Zustandsdiagramms des Systems Al–Cu–Mg [40]: **20** ('46) 387–98 [russ.].

Ž. neorg. Chim. Physikalisch-chemische Untersuchung der binären Systeme Wasser–Natriumsulfat und Wasser–Magnesiumsulfat [10]: **1** ('56) 100–24. — Untersuchung der Austauschreaktion 2AgCl + Pb $\rightleftharpoons$ $PbCl_2$ + 2Ag durch thermische Analyse des ternären Systems Ag–Pb–Cl [16]: 733–50. — Physikalisch-chemische Untersuchung der Reaktion von Blei(II)-oxid mit den Oxiden von Antimon und Zinn [53][15]: 1413–17. — Die Reaktion von Blei(II)-oxid mit Antimonoxiden [53]: 1418–29. — Viskosität und statische Scherspannung von basischen Legierungen, die Natriumantimonat oder -arsenat enthalten [28][25]: 1857–66. — Untersuchung der Löslichkeit in wässerigen Systemen, die von Lanthannitrat und einigen anderen Metallnitraten gebildet werden, 1: Löslichkeitsisothermen der Systeme $La(NO_3)_3$–$Mg(NO_3)_2$–H_2O bei 25 und 50° und $La(NO_3)_3$–NH_4NO_3–H_2O bei 25° [47]: **2** ('57) 655–58; ~ 2: Löslichkeitsisothermen der Systeme $La(NO_3)_3$–$Ni(NO_3)_2$–H_2O und $La(NO_3)_3$–$Zn(NO_3)_2$–H_2O bei 25° [47]: 659–61. — Untersuchung der Wechselwirkung zwischen Ammoniak und den Halogeniden von zweiwertigen Metallen in wässerigem Medium, 1: Die Löslichkeit von Kupferchlorid in wässerig-ammoniakalischen Lösungen [19][13]: 1094–104; ~ 2: Die Löslichkeit von Kupferbromid in wässerig-ammoniakalischen Lösungen [19][13]: 1105–14; ~ 3: Löslichkeit von Cadmiumchlorid in wässerig-ammoniakalischen Lösungen [19]: 1332–40. — Physikalisch-chemische Untersuchung der Sulfate des einwertigen Thalliums [3]: 1922–37. — Untersuchung der Umsetzungen zwischen Ammoniak und Zinksalzen in wässerigem Medium, 1: Löslichkeit von Zinkchlorid in wässerig-ammoniakalischen Lösungen [19][30]: **3** ('58) 464–74; ~ 2: Löslichkeit von Zinkbromid in wässerig-ammoniakalischen Lösungen [19][30]: 475–83; ~ 3: Löslichkeit von Zinkjodid in wässerig-ammoniakalischen Lösungen [19][30]: 484–90; ~ 4: Löslichkeit von Zinknitrat in wässerig-ammoniakalischen Lösungen [19][30]: 491–97. — Die Löslichkeitsisothermen des Systems Na_2O–H_2O–Sb_2O_5 bei 25 und 75° [25][28]: **4** ('59) 439–44. — Löslichkeitsisothermen für das System Na_2O–H_2O–SnO_2 bei 25 und 75° [25][28]: 2380–83. — Untersuchung des ternären Systems Antimon–Eisen–Schwefel [5][11][61]: **5** ('60) 449–55. — Das ternäre System Wismut–Eisen–Schwefel (Zur Theorie des Niederschlagsschmelzens von Wismut) [5][61]: 630–36.

— Die Löslichkeitsisotherme des Systems Na_2O–H_2O–As_2O_5 bei 75° (Zur Frage der basischen Raffination des Bleis) [25][28]: 950–52. — Der gegenseitige Einfluß von Natriumarsenat, -stannat und -antimonat auf ihre Löslichkeit in alkalischen Lösungen [25][28]: 2509–11. — — Alle Arbeiten russ.

Ž. obščej Chim. Untersuchung der Austauschreaktion $Zn + PbCl_2 \rightleftharpoons Pb + ZnCl_2$ mit dem Verfahren der thermischen Analyse [52]: **14** ('44) 40–56 [russ.].

Ž. prikl. Chim. Überblick über die Arbeiten auf dem Gebiet der Metallurgie der Nichteisenmetalle in der UdSSR während der letzten 15 Jahre: **6** ('33) 162–81. — Die Chlorierungsverfahren in Anwendung auf die Verarbeitung von seltene Elemente enthaltenden Mineralien [34][50]: **10** ('37) 6–18. — Überblick über die Arbeiten auf dem Gebiet der Erforschung von Verfahren zur Gewinnung von Nichteisenmetallen in der UdSSR während der letzten 20 Jahre: 1752–74 (m. Bildn.). — Die Verarbeitung des Loparitkonzentrats nach der Chlorierungsmethode [34] [29]: **13** ('40) 1760–69 [m. deutscher Zusammenfassg.]. — Untersuchung der gemeinsamen Löslichkeit von Lithiumcarbonat mit Natrium- und Kaliumcarbonat in Wasser. Die Löslichkeitsisothermen bei 25° für die Systeme Li_2CO_3–Na_2CO_3–H_2O und Li_2CO_3–K_2CO_3–H_2O [24]: **17** ('44) 16–21 [m. engl. Zusammenfassg.]. — Wege zur chemischen Anreicherung und zur Verarbeitung scheinbar nicht aufbereitbarer Nickelerzabgänge [4]: **31** ('58) 203–10. — Chlormethode der komplexen Verarbeitung silicatischer Erze der Metalle der Eisengruppe [4]: 325–32. — Einfluß von Kochsalz auf die Löslichkeit von Natriumantimonat, -stannat und -arsenat in wässerigen Natriumhydroxidlösungen [25][28]: **32** ('59) 995–97. — — Alle Arbeiten russ.

Znanie - Sila Die sowjetische Halurgie [Lehre bzw. Technologie der Salzgewinnung und -verarbeitung]: **1950**, Nr. 4, 1–5 [russ.].

Ferner einige spezielle Lehrprogramme für Hoch- und Fachschulen ('49, '50). — Mehrere Vortragsthesen und -referate.

Mit: [1] Ja. V. Ajnbinder; [2] V. P. Barzakovskij; [3] N. I. Bašilova; [4] D. P. Bogackij; [5] K. A. Bol'šakov; [6] L. A. Čelidze; [7] A. V. Chochlova; [8] N. I. Čujkina; [9] A. K. Čukan; [10] L. S. Efimenko; [11] P. I. Fedorov; [12] N. A. Filin; [13] V. D. Galstjan; [14] A. Grigor'ev; [15] Z. F. Guljanickaja; [16] A. S. Karnauchov; [17] L. M. Kefeli; [18] P. S. Kindjakov; [19] A. K. Kirakosjan; [20] N. S. Kurnakov; [21] V. G. Kuznecov; [22] S. L. Lel'čuk; [23] I. N. Lepeškov; [24] Z. I. Lifatova; [25] B. M. Lipšic; [26] M. N. Ljašenko; [27] F. M. Loskutov; [28] V. S. Lovčikov; [29] T. A. Maksimova; [30] R. S. Mchitarjan; [31] V. I. Milent'eva; [32] I. A. Mineeva; [33] M. S. Mirgalovskaja; [34] I. S. Morozov; [35] N. D. Nagorskaja; [36] V. I. Nikolaev; [37] I. R. Nižaradze; [38] N. N. Noginov; [39] S. S. Novoselov; [40] D. A. Petrov; [41] V. E. Pljuščev; [42] V. D. Poljakov; [43] T. V. Prjanišnikova; [44] I. V. Šachno; [45] A. V. Šašin; [46] G. S. Sedel'nikov; [47] Z. N. Ševcova; [48] Ju. P. Simanov; [49] N. N. Sirota; [50] M. P. Šmancar'; [51] L. I. Snajderman [Sniderman]; [52] M. A. Sokolova; [53] E. I. Speranskaja; [54] T. I. Šušpanova; [55] S. M. Tavkeševa; [56] V. I. Titov; [57] M. Ja. Titova; [58] V. B. Tulinova; [59] G. V. Ustavščikova; [60] A. V. Vanjukov; [61] I. I. Vasilevskaja; [62] S. I. Vol'fkovič; [63] P. A. Vorob'ev; [64] G. M. Zamoruev.

VI **URBACH,** Franz. Festkörperphysik, Photochem. — 1926–31 Physiker, Inst. f. Radiumforschg., Wien; '31–34 Leiter d. physik. Labor., Stadtkrankenhaus Wien-Lainz; '34–38 privater Wissenschaftler; seit '39 in d. U.S.A.; '41–45 Research Physicist at Office of Sci. Research and Developm., '45–50 Head of Phosphor Research Labor., '50–57 Scientist at Solid State Research Sect. and '57–67 Head and '67–69 Consultant of Solid State Physics Departm. of the Research Laboratories, '55 Senior Research Assoc., Eastman Kodak Co., Rochester, N.Y. — '47 Certificate of Merit (U.S. Army and Navy).

* 1902, Juni 28, Wien;
† 1969, Apr. 29, Rochester, N.Y.

Nekr. J. opt. Soc. America **59** ('69) 1009f. (m. Bildn.).

S. Procès-verbaux, rapports et mémoires. 9e Congrès international de photographie scientifique et appliquée, Paris 1935 (L. P. Clerc) (Paris '36) 432–37: Etudes sur la photochimie du bromure d'argent colloïdal; 438–40: Le tirage des négatifs à très grand contraste [11]; 784f.: Sur la photographie des cordes vocales. — Preparation and characteristics of solid luminescent materials. Symposium, Ithaka, N.Y., 1946 (American Physical Society, Division of Electron Optics) (New York '48) 115–40: Storage and release of light by phosphors; 190–204: Photoluminescence of some sulfide phosphors as a function of intensity [6][7]; 279–300: Absorption, storage, and release of light by infrared-sensitive phosphors [2][7]; 358–71: Stimulation of some zinc sulfide phosphors [7][6].

Acta physica austriaca Über die spontane Regression der Bromsilber-Photolyse [12]: **3** ('49) 422–47.

Anz. österr. Akad. Wiss. Über die Erreichung eines photochemischen Gleichgewichts mit Bromsilber [3]: **72** ('35) 53f. — Über eine spontane Veränderung des latenten (photographischen) Bildes: 222f.; ~ [13]: **75** ('38) 1f. — Die mechanisch-akustische Kennzeichnung von Klavieren [8]: **73** ('36) 208f.

Chimie et Industrie Etudes sur la photochimie du bromure d'argent colloïdal: **35** ('36) 380.

Fortschr. Geb. Röntgenstrahlen Ein Röntgen-Kontrollgerät [15]): **48** ('33) 370–73.

J. chem. Physics Ionic mobility at grain boundaries [1]): **20** ('52) 1975.

J. opt. Soc. America Studies on the characteristic curve of photographic papers [12]): **31** ('41) 581–87. — Note on specular densities and forward scattering: **34** ('44) 592–94. — Infrared-sensitive phosphors [7])[2]): **36** ('46) 372–81. — The brightness of apparent fluorescence as a function of the exciting intensity [12])[10]): **37** ('47) 122. — New observations on super-linear luminescence [6])[7]): **39** ('49) 628, 690–94. — Some applications of non-linear phosphors [6])[7]): 629. — The asymptotic behavior of spontaneous and forced decay [6])[7]): 675–80. — Simplified Lenard phosphors [7])[1]): 695–98. — The observation of temperature distributions and of thermal radiation by means of non-linear phosphors [6])[7]): 1011–19. — An incremental photometer and optical measurements in the photographic latent-image range [6])[5]): **46** ('56) 218–22.

J. Soc. Motion Picture and Televis. Engr. Temperature-sensitive phosphors for the evaluation of air jets designed to cool motion-picture film [4]): **62** ('54) 364–76.

Kinotechnik Kopieren sehr kontrastreicher Negative [11]): **17** ('35) 261–.

Nordisk Tidskr. Fotogr. Compensation of extreme contrasts in photographic contact printing: **24** ('40) 8–[ ].

Photographic J., Sect. B Thermography: **90** ('50) 109–11.

Photographische Korrespondenz Die Photochemie der Alkalihalogenide und der photographische Elementarprozeß [14]): **68** ('32) 61–66.

Physical Rev. The long-wavelength edge of photographic sensitivity and of the electronic absorption of solids: (2) **92** ('53) 1324. — Optical absorption of pure silver halides [5]): **102** ('56) 1519–23. — Luminescence of silver bromoiodide crystals [5]): **106** ('57) 852–58.

Physics and Chemistry Solids Note on the darkening of silver chloride [6])[6]): **3** ('57) 153–55. — Optical absorption studies of the volume photolysis of large silver chloride crystals [5])[6]): **9** ('59) 217–34.

Review sci. Instruments Preparation of silver halide crystals of high purity [6])[5])[1]): **28** ('57) 275–78.

S.-Ber. Akad. Wiss. Wien, Math.-naturwiss. Kl., Abt. IIa Über eine spontane Veränderung des latenten photographischen Bildes [13]): **147** ('38) 29–36.

Science et Industries photogr. Etudes sur la photochimie du bromure d'argent colloïdal: (2) **6** ('35) 288.

Strahlentherapie Zur Strahlentherapie des Peniskarzinoms [9]): **47** ('33) 443–52.

Z. ges. Krankenhauswesen Einiges aus dem physikalischen Laboratorium eines Krankenhauses: **1933**, 537–.

Z. wiss. Photogr., Photophysik u. Photochem. Zur lichtelektrischen Theorie des latenten Bildes. Vorläufige Mitteilung [14]): **31** ('32) 77–79.

Mit: [1]) P. E. Goddard; [2]) H. Hemmendinger; [3]) W. Hoff; [4]) F. J. Kolb, jr.; [5]) F. Moser; [6]) N. R. Nail; [7]) D. Pearlman; [8]) H. Schlesinger; [9]) W. Schloss; [10]) M. Schwartz; [11]) A. Sonn; [12]) A. Urbach; [13]) A. Wolinski; [14]) G. Schwarz; [15]) F. Melchart.

IV–VI **URBAIN,** Georges. Chem. (allg. u. anorg.). — 1906–08 Chargé de cours, '08–38 Prof., '18–38 Dir. de l'Inst. de Chim., '28–38 Co-Dir. de l'Inst. de Biol. physicochim., Univ. de Paris; '09– Prés., Soc. de Chim. physique de France; '37–38 Prés., Soc. franç. de Minéral. — '06 Prix Nicolas Leblanc (Soc. Chim. de France, Paris); '12 Prix la Caze de Chim. (Acad. Sci., Paris); '18 Chevalier et '33 Commandeur de la Légion d'Honneur. (⊠)
* 1872, Apr. 12, Paris;
† 1938, Nov. 5, Paris.

Zur Biogr. *G. Champetier, *C. Boatner, J. chem. Educat. **17** ('40) 103–09. — *R. E. Oesper, J. chem. Educat. **15** ('38) 210. — *E. Pilgrim, Entdeckung der Elemente (Stuttgart '50) 319–21. — *A. K. in: Centenaire de la Société chimique de France (1857–1957) (Paris '57) 200–02. — Annales Univ. Paris **22** ('52) 399–413. — Hommage à Georges Urbain. Allocutions pronocées à la Maison de la Chimie le 10 juin 1938 (Paris '39) 62 S. (m. Schr.-verz.). — Nature [London] **141** ('38) 1130.

Nekr. *A. Cotton, C.R. hebd. Séances Acad. Sci., Paris **207** ('38) 813–16. — *M. Delépine, Annales Chim. **11** ('39) 5–9 (m. Bildn.). — *G. Champetier, Bull. Soc. chim. France **6** ('39) 245–47. — *T. L. Davis, Proc. amer. Acad. Arts and Sci. **74**.1938/42 ('40/42) 160. — *M. Fauré-Fremiet, J. Chim. physique **35** ('38) 414. — *E. Glasser, Bull. Soc. franç. Minéral. **61** ('38) 248–52. — *P. Job, Annales Univ. Paris **13** ('38) 509–17 (m. Bildn. S. XII); Bull. Soc. chim. France (5) **6** ('39) 745–66 (m. Bildn. u. Schr.-verz. 118 Nrn.). — *A. S. Russel, Chemistry and Industry **18** ('40) 343f. — Bull. Assoc. Chimistes **55** ('38) 962. — Bull., Soc. chim. Belgique **48** ('39) Nr. 3, IIIf. — Chemické Listy pro Vědu a Průmysl **32** ('38) 409f. — Chemistry and Industry **16** ('38)

1082. — J. Chim. physique **35** ('38) 299. — Nature [London] **142** ('38) 1108f.

H. Théories chimiques **1–17** (Paris '33ff.) (Actualités scientifiques et industrielles, 52–54, 75, 111, 151, 174, 204, 216, 298, 315–317, 330, 365, 366, 374); davon eig. Beiträge: **1.2**: La coordination des atomes dans la molécule et la symbolique chimique, 1.2 ('33) 51 S., 54 S. (Actualités scientifiques et industrielles, 52.53).

MH. Mathématiques, physique, chimie. La science, ses progrès, ses applications **1**: La science jusqu'à la fin du XIXe siècle (Paris '33), ^{2}('34); **2**: Les applications et les théories actuelles ('34), ^{2}('43).

MHZ. Annales Chim. (11) **1** ('34) – **10** ('38).

W. Théorie générale de la co-ordination moléculaire (Lisboa '35) 73 S. (Academia das Ciências de Lisboa, Biblioteca de altos estudos). — Funérailles de Victor Grignard, à Lyon le 16 décembre 1935 [im Orig. fälschlich: 1936]. Discours (Hendaye '35) 8 S. (Institut de France, Académie des sciences, 1935, 34bis). — Traité de chimie générale (m. P. Job, G. Allard, G. Champetier) (Paris '39) 281 S.

Bull. Soc. chim. France Remarques relatives aux valences et coordinences du carbone: (4) **51** ('32) 853–62. — Remarques sur la nature des valences en chimie organique: **53** ('33) 637–52. — Henri Pied †: (5) **1** ('34) 473–76. — Jean-Baptiste Dumas (1800–1884) et Charles-Adolphe Wurtz (1817–1884), leur rôle dans l'histoire des théories atomiques et moléculaires: 1425–47. — A propos de la conférence de M. Delépine relative à l'œuvre de Gaudin: **2** ('35) 16f. — Les principes de la théorie coordinative et quelques-unes de leurs applications à la chimie organique: 555–69. — L'homéomérie, identité de caractères physico-chimiques des substances de compositions différentes: **4** ('37) 1612–21.

Bull. Soc. Encouragement Industrie nation. Le rôle du Jean-Baptiste Dumas dans l'histoire des théories atomiques et moléculaires: **133** ('34) 633–44.

C.R. hebd. Séances Acad. Sci., Paris Essai de théorie coordinative de la constitution des composés organiques: **194** ('32) 1993–97, 2247. — Un nouveau métal ferromagnétique, le gadolinium [2][1]: **200** ('35) 2132–34.

J. Chim. physique Capacité affinitaire – affinité – électroaffinité: **29** ('32) 325–38. — Oxydations et réductions des composés organiques: **30** ('33) 309–18.

Notices et Discours, Acad. Sci., Paris Funérailles de Victor Grignard. Discours: **1**.1924/1936 ('37) 620–25. — Adresse de la Section de Chimie de l'Académie des Sciences: **2**.1937/1948 ('49) 75–78.

Revue sci. Comment les idées de Mendéléeff ont été accueillies en France: **72** ('34) 657–61.

Revue Synthèse Le problème des structures moléculaires: **6** ('33) 17–26.

Revue univ. Mines, Métallurgie, Trav. publ., Sci. et Arts appl. Industrie Théorie générale de la coordination moléculaire: **11** ('35) 89–94, 124–33.

Scientia Théorie coordinative de la constitution des composés organiques et métalloïdiques: **56** ('34) 71–82.

Ferner Mitarbeit an den Berichten 1–3 der Atom-Kommission der Internationalen Union für Chemie (1936–1938).

Mit: [1]) F. Trombe; [2]) P. Weiss.

VI **UREY,** Harold Clayton. Chem. (physik.), Geochem., Kosmochem. — 1929–34 Assoc. Prof., '34–45 Prof., '39–42 Executive Officer, Departm. of Chem., '40–45 Dir. of War Research Atomic Bomb Project (SAM [Special Alloy Materials] Laboratories), Columbia Univ., New York; '45–52 Distinguished Service Prof., '52–58 Martin A. Ryerson Distinguished Service Prof., Inst. for Nuclear Studies, Univ. of Chicago, Ill.; '58–70 Prof. Chemistry-at-Large, '72 Prof. Emer., Univ. of California, San Diego, La Jolla, Calif.; '56–57 George Eastman Visiting Prof., Univ. of Oxford; '71 Visiting Prof. at various universities of United Kingdom; '59–61 Chairman, Univ. of California State-wide Advisory Committee on Space Sci.; Consultant, NASA Lunar Sci. Subcommittee, Washington, D.C. — Hon.D.Sc.: '35 (Princeton Univ., Princeton, N.Y.), '35 (Univ. of Montana, Helena, Mont.), '39 (Rutgers Univ., Newark, N.J.), '46 (Columbia Univ., New York), '46 (Univ. of Oxford), '48 (Washington and Lee Univ., Lexington, Va.), '51 (Yale Univ., New Haven, Conn.), '51 (McMaster Univ., Hamilton, Ont., Can.), '53 (Indiana Univ., Bloomington, Ind.), '57 (Univ. of Birmingham), '57 (Univ. of Durham), '60 (Univ. of Saskatchewan, Saskatoon, Can.), '62 (Israel Inst. of Technol., Haifa), '63 (Univ. of Pittsburgh, Pa.), '63 (Univ. of Chicago, Ill.), '63 (Gustavus Adolphus College, St. Peter, Minn.), '66 (Victoria Univ. of Manchester), '67 (Univ. of Michigan, Ann Arbor, Mich.), '69 (Franklin and Marshall College, Lancaster, Pa.), '70 (McGill Univ., Montreal, Quebec, Can.); Hon. LL.D.: '55 (Univ. of California, Berkeley, Cal.), '58 (Wayne State Univ., Detroit, Mich.), '65 (Univ. of Notre Dame, Ind.);

'51 Dr. h.c. (Univ. Athēnai); '59 Hon.Dr. of Humane Letters (Hebrew Union College – Jewish Inst. of Religion, Cincinnati, O.). — '34 Nobel Prize for Chem. — '34 Willard Gibbs Medal (Amer. Chem. Soc., Chicago Sect.); '40 Davy Medal (Roy. Soc. London); '43 Franklin Medal (Franklin Inst., Philadelphia, Pa.); '45 Certificate of Award for Service (U.S. War Departm./Manhattan Project); '46 Medal for Merit (U.S.A.); '50 Distinguished Service Award (Phi Beta Kappa Fraternity); '50 Centennial Award (Northwestern Univ., Evanston, Ill.); '54 Cordoza Award (Tau Epsilon Rho Law Fraternity); '54 Honor Scroll Award (Amer. Inst. of Chemists, Chicago Chapter); '55 Joseph Priestley Award (Dickinson College, Carlisle, Pa.); '61 Alexander Hamilton Award (Columbia Univ., New York); '62 J. Lawrence Smith Award (National Acad. of Sci., Washington, D.C.); '63 Remsen Memorial Award (Amer. Chem. Soc., Baltimore, Md.); '64 Medaille (Univ. de Paris); '64 National Medal of Sci. (U.S.A.); '66 Gold Medal (Roy. Astron. Soc., London); '66 Amer. Acad. Achievem. Award; '69 Chemical Pioneer Award, '72 Gold Medal Award (Amer. Inst. of Chemists); '69 Fr. C. Leonard Medal (Int. Meteorit. Soc.); '69 Arthur L. Day Award (Geological Soc. of America); '70 Linus Pauling Award (Oregon State Univ., Corvallis, Ore.); '71 Johann Kepler Medal and Citation (Amer. Assoc. for the Advancem. of Sci.); '73 Exceptional Scient. Achievem. Award (N.A.S.A. Johnson Space Center, Houston, Tex.); '73 Priestley Medal Award (Amer. Chem. Soc.); '73 Medalla (Consejo Superior de Investigaciones Científicas, España); '74 Medallion (Indiana Acad., Indianapolis, Ind.); '74 Headliner Award (San Diego Press Club); '75 V. M. Goldschmidt Medal (Geochem. Soc. of America); '80 Outstanding Montanan Award (Montana Arts Council, Missoula, Mont.); Silver Medal for 1935/1960 (Research Inst. of America); many further honors and decorations.

* 1893, Apr. 29, Walkerton, Ind.;
† 1981, Jan. 5.

Entdeckung '31 Deuterium.

Ehrung '74 Harold C. Urey Laboratory for Isotopic Paleotemperature Research, University of Miami, Coral Gables, Fla.

Zum 70. Geb.tag Festschrift: Isotopic and cosmic chemistry (H. Craig, S. L. Miller, G. J. Wasserburg) (Amsterdam '64) 25 + 553 S. (m. Bildn. u. Faks.); darin S. V–VII: *R. M. Hutchins, The man we love; VIIIf.: *J. H. Hildebrand, The air that H. C. Urey breathed in Berkeley; XI–XVII: *H. Craig, *S. L. Miller, *G. J. Wasserburg, Preface.

Zur Biogr. *S. Bolton, Famous men of science [3](NewYork–Toronto '46) 298–308. — *W. Bragg, Proc. roy. Soc. London, Ser. A **177** ('40/41) 23. — *F. G. Brickwedde, Harold Urey and the discovery of deuterium: Physics today **35** ('82) Sept.-Nr., 34–39. — *W. D. Harkins, Heavy hydrogen and the work of Harold C. Urey: Chemical Bull. **21** ('34) 83–87. — *T. R. Hogness, Harold C. Urey, the man: ibid. 87f. — *V. K. La Mer, Scientific Monthly **38** ('34) 387–90 (m. Bildn.). — *S. R. Riedman, Men and women behind the atom (London–NewYork '58) 172–78. — *A. E. Ringwood, Origin of the Earth and Moon (New York '79) V–VIII. — *A. Silverstein, *V. B. Silverstein, Harold Urey, the man who explored from Earth to Moon (New York '70) 79 S. (Great men of science). — *S. Thomas, Men of space **6**: Profiles of scientists who probe for life in space (Philadelphia, Pa. '63) 212–41. — *G. J. Wasserburg, Introduction of H. C. Urey for the V. M. Goldschmidt medal: Geochimica et cosmochim. Acta [London] **40** ('76) 569f. (m. Bildn.). — Significance of the hydrogen isotopes: Industrial and Engng. Chem. **26** ('34) 803–06. — Nature [London] **133** ('34) 284; **146** ('40) 751; **159** ('47) 668. — Physics today **18** ('65) Nr. 2, 78. — Publ. astron. Soc. Pacific **78** ('66) 188. — Quarterly J. roy. astron. Soc. **7** ('66) 117–19. — Sky and Telescope **32** ('66) 79.

Zur Verleihung des Nobelpreises *R. W. Asmussen, Fysisk Tidsskr. **32** ('34) 97–99 (m. Bildn.). — *E. Farber, Nobel Prize winners in chemistry 1901–50 (New York '53) 138–42 (m. Bildn.); ~ 1901–1961 (NewYork–London '63) 137–41. — *H. S. Taylor, Scientific Monthly **40** ('35) 90–92 (m. Bildn.). — Chemiker-Ztg. **58** ('34) 1009 (m. Bildn.). — Nature [London] **134** ('34) 803. — Les Prix Nobel en 1934 (Stockholm '35) 87f. (m. Bildn. u. Faks.). — The Nobel Prize winners and the Nobel Foundation 1901–1937 (Zürich '38) 162 (m. Bildn. S. 470). — Nobel Lectures, Chemistry, 1922–1941 (Amsterdam–London–NewYork '66) 333–38, 355f.

Nekr. Gedenkheft: J. molecular Evolut. **17** ('81) Nr. 5; darin S. 263–: Nekr. von *S. Miller. — *C. C. Addison, Chemistry in Britain **17** ('81) 383–. — *K. P. Cohen, *S. K. Runcorn, *H. E. Suess, *H. G. Thode, Biographical Mem. Fellows roy. Soc. **29** ('83) 623–59 (m. Bildn., Faks. u. Schr.verz.). — *S. K. Runcorn, Quarterly J. roy. astron. Soc. **26** ('85) 575–78 (m. Bildn.). — *C. Sagan, Icarus [New York] **48** ('81) 348–52. — Chemical Engng. News **59** ('81) Nr. 2, S. 8–.

Interviews New Yorker **21** ('45) 15. Dez., 23f. — The beginning and the end of the world: Chemistry in Britain **10**('74) 345–49. — Origen del sistema solar, in: El sistema solar (Barcelona '73) 8–19, 102–09; französ. in: Le système solaire (Paris–Lausanne '75) (Bibliothèque Laffont des grands thèmes, 12).

Autobiogr. Scienziati e tecnologi contemporanei **3** (Milano '74) 95f.

MH. *A. H. Kimball, Bibliography of research on heavy hydrogen compounds (NewYork–Toronto–London '49) (National nuclear energy series, Div. 3, 4 C). — *J. Kirshenbaum, Physical properties and analysis of heavy water (New York '51) (~ Div. 3, 4 A). — Production of heavy water (NewYork–Toronto–London '55) (~ Div. 3, 4 F); darin eig. Beitr.: Einleitung zum 2. Teil [engl.]; russ.: Proizvodstvo tjaželoj vody (Moskva '61). — The Moon. Proc. of the 2nd International symposium, Newcastle-upon-Tyne 1971 (Dordrecht '72) (International Astronomical Union, Symposium 47); darin eig. Beitr. S. 429–40: Origin of the Moon and solar system; russ.: Luna (Moskva '75).

HZ. Geochimica et cosmochim. Acta [London] **27** ('63). — J. chem. Physics **1** ('33)–**8** ('40).

S. Les Prix Nobel en 1934 (Stockholm '35): Some thermodynamic properties of hydrogen and deuterium (16 S.). — Recent advances in surface chemistry and chemical physics (F. R. Moulton) (Washington, D.C. '39) (Publications of the American Association for the Advancement of Science, 7) 73–87: The separation of isotopes. — One world or none (D. Masters, K. Way) (New York '46): How does it all add up? — A Symposium on the use of isotopes in biology and medicine, Madison, Wis., 1947 (Madison, Wis. '48) 16–42: Separation of stable isotopes (m. Bildn.); vor S. 257: Bildn.; 423–32: International aspects of atomic energy. — Supplement to the United States Naval Medical Bulletin on Preparation and measurement of isotopes and some of their medical aspects, March–April 1948 (L. H. Roddis) (Washington, D.C. '48) (Navmed P-112) 1–5: Symposium on preparation and measurement of isotopes for use in biochemistry: Introductory remarks. — The H bomb (New York '50): Should America build the H bomb? — L. Farkas memorial volume **1** (Jerusalem '52) 3–12: Condensation processes and the origin of the major and terrestrial planets. — Review of programme [and] Plenary lectures. 13th International congress of pure and applied chemistry, Stockholm and Uppsala 1953 (Paris '53) 188–214: Chemical evidence regarding the Earth's origin. — Proc. [1st] Conference on nuclear processes in geologic settings, Williams Bay, Wis., 1953 (Washington, D.C. '55) (National Research Council, Publ. 400) 71f.: Measurement of paleotemperatures. — Vistas in astronomy (A. Beer) **2** (London–NewYork '56) (J. atmospher. and terrestr. Physics, Spec. Suppl. 4) 1667–80: The origin and significance of the Moon's surface. — Encyclopaedia Britannica; a new survey of universal knowledge **7** (Chicago, Ill.–London–Toronto '57) 279f.: Deuterium and tritium. [Auch in anderen Ausgaben]. — Handbuch der Physik (S. Flügge) **51**: Astrophysik, 2: Sternaufbau (Berlin–Göttingen–Heidelberg '58) 296–323: Die Häufigkeit der Elemente in den Planeten und Meteoriten [92]); **52**: Astrophysik, 3: Das Sonnensystem ('59) 363–418: The atmospheres of the planets. — Space research. Proc. 1st International space science symposium, Nice 1960 (H. Kallmann-Bijl) (Amsterdam–NewYork–London '60) 1114–22: Lines of evidence in regard to the composition of the Moon. — Lunar and planetary exploration. Proc. 2nd Colloquium, 1960, **1** (— '61) Nr. 3, 1–15: Lunar physics and topography. — Science in space (L. V. Berkner, H. Odishaw) (New York '61) (Report by the Space Science Board, National Academy of Science) 185–98: The Moon; 199–217: The planets. — Physics and astronomy of the Moon (Z. Kopal) (NewYork–London '62) 481–523: Origin and history of the Moon [104]); 2('71) 213–89. — The Moon. Proc. of an International symposium, Pulkowo near Leningrad 1960 (Z. Kopal, Z. K. Mikhailov) (London–NewYork '62) (International Astronomical Union, Symposium 14) 133–48: The origin of the Moon and its relationship to the origin of the solar system. — Proc. of the Conference on lunar exploration, Blacksburg, Va., 1962 (Blacksburg, Va. '63) (Virginia Polytechnic Institute, Engineering Experiment Station series, 152 = Bull. Virginia polytechn. Inst. 56, Nr. 7) Part A, S. III/1–III/25: Age of the Moon, chemical composition, geological aspects, stress and cooling history; Part C: Comments on Dr. Baldwins paper on "The nature of the lunar surface and major structural features". — Topics in modern inorganic chemistry. Proc. 6th Robert A. Welch Foundation conference on chemical research, Houston, Tex., 1962 (Houston, Tex. '63) 165–84: Origin of the Moon. — Space science (D. P. Le Galley) (New York '63) 123–68: The origin and evolution of the planets. — The nature of biological diversity (J. M. Allen (NewYork–London '63) 1–13: The origin of organic molecules. — Bioastronautics - Fundamental and practical problems. Proc. of an American Astronautical Society symposium as part of the 130th Annual meeting of the American Association for the Advancement of Science, Cleveland, O., 1963 (North Hollywood, Cal. '64) (Advances in the astronautical sciences, 17) 61–64: Man in space. — C.R. Congrès international de physique nucléaire, Paris 1964, **1**: Rapports et discussions (Paris '64) 41–45: Allocution. — Ranger VII, **2**: Experimenters' analyses and interpretations (Pasadena, Cal. '65) (U.S. National Aeronautics and Space Administration) (California Institute of Technology, Jet Propulsion Laboratory, Technical Report 32–700) 135–

48: Observations on the Ranger VII craters. — Ranger VIII and IX, **2**: Experimenters' analyses and interpretations (Pasadena, Cal. '66) (~) (≈ 32–800) 339–62: Observations on the Ranger VIII and IX pictures. — Nobel Lectures, Chemistry, 1922–41 (Amsterdam–London–NewYork '66) 339–54: Some thermodynamic properties of hydrogen and deuterium. — Biology and the exploration of Mars; report of a study 1964/1965 (C. S. Pittendrigh, W. Vishniac, J. P. T. Pearman) (Washington, D.C. '66) (National Academy of Sciences/National Research Council, Publ. 1296) 114–24: Biological materials in carbonaceous chondrites [6]). — Extraterrestrial life; an anthology and bibliography (E. A. Shneour, E. A. Ottesen) (Washington, D.C. '66) (~ 1296A) 182–95: Organic compound synthesis on the primitive Earth [62]). — The nature of the lunar surface. Proc. of the International Astronomical Union/National Aeronautics and Space Administration symposium, Greenbelt, Md., 1965 (W. N. Hess, D. H. Menzel, J. A. O'Keefe) (Baltimore, Md. '66) 3–21: Observations on the Ranger photographs. — Mantles of the Earth and terrestrial planets. Conference, Newcastle-upon-Tyne 1966 (S. K. Runcorn) (London–NewYork '67) 251–60: The origin of the Moon. — The Earth in space (H. Odishaw) (NewYork–London '67) (A series of lectures prepared for the Voice of America) 136–45: The Moon. — International dictionary of geophysics (S. K. Runcorn, E. Bullard u. a.) **2** (Oxford–London–. . . '67) 964–66: Meteorites, Parent body of; 997–1000: Moon, Composition of; 1224–28: Primary objects. — John Dalton and the progress of science. Papers of a Conference of historians of science, Manchester 1966 (D. S. L. Cardwell) (Manchester–NewYork '68) 329–43: Dalton's influence on chemistry. — Origin and distribution of the elements. Papers of an international symposium, Paris 1967 (L. H. Ahrens u. a.) (Oxford–NewYork '68) (International series of monographs in Earth science, 30) 247–53: The problem of elemental abundances. — Proc. 4th International symposium on bioastronautics and the exploration of space, San Antonio, Tex., 1968 (C. H. Roadman u. a.) (Brooks Air Force Base, Tex. '68) Chapter 3: Some remarks on the evolution of the atmospheres and the oceans. — Proc. Apollo 11 Lunar science conference, Houston, Tex. 1970 (A. A. Levinson) **2**: Chemical and isotope analyses (New York '70) (Geochimica et cosmochim. Acta [London], Suppl. 1) 1357–67: Solar wind gases, cosmic ray spallation products, and the irradiation history of Apollo 11 samples [58])[51]); 1879–90: Analysis of Apollo 11 lunar samples by chromatography and mass spectrometry: pyrolysis products, hydrocarbons, sulfur, aminoacids [68])[65])[70])[87])[103])[23])[36]). — Proc. 2nd Lunar science conference, Houston, Tex., 1971, **2** (Cambridge, Mass. '71) (Geochimica et cosmochim. Acta [London], Suppl. 2) 987–98: Model history of the lunar surface [58])[37])[49]). — *Z. Kopal, A new photographic atlas of the Moon (New York '71) 3–9: Introduction. — L'origine du système solaire. On the origin of the solar system. Symposium, Nice 1972 (Paris '72) (Centre National de la Recherche Scientifique, Colloques internationaux, 207) 206–16: Evidence for objects of lunar mass in the early solar system and for capture as a general process for the origin of satellites. — Oceanography; the last frontier (R. C. Vetter) (New York '73) 31–44: Birth and growth of the oceans. — Highlights of astronomy, **3**: As presented at the 15th General assembly and the Extraordinary general assembly of the International Astronomical Union 1973 (Dordrecht '74) 475–81: Evidence for lunar-type objects in the early solar system. — Foundations of space biology and medicine (M. Calvin, O. G. Gazenko), **1**: Space as a habitat (Washington, D.C. '75) 115–32: The Moon and its nature; gleichzeitig veröffentlichte russ. Ausgabe: Osnovy kosmičeskoj biologii i mediciny, **1**: Kosmičeskoe prostranstvo kak sreda obitanija (Moskva '75) 121–38. (Gemeinschaftsausgabe der U.S. National Aeronautics and Space Administration [NASA] und der Akademija Nauk SSSR]. — Living systems as energy converters. Proc. of the European conference, Pont-à-Mousson 1976 (R. Buvet, M. J. Allen u. a.) (Amsterdam '77) 7–19: Energy conversion in the context of the origin of life [74])[62]). — Life: origin and evolution. Readings from Scientific American (San Francisco, Cal. '79) 18–23: The origin of the Earth.

W. Atomic energy: master or servant? 53rd Charter day address, Febr. 18, 1946, Montana State University (Missoula, Mont. '46) 15 S. — I'm a frightened man; as told to Michael Amrine (New York '46) 7 S. — The measurement of paleotemperatures; scientific report to the Geological Society of America, the American Petroleum Institute and the Office of Naval Research (m. S. Epstein u. a.) (Task order XXVIII, Contract N6ori-20, Office of Naval Research) ('50) 146 S. — The planets; their origin and development (NewHaven, Conn.–London '52) 17 + 245 S. (Yale University, Mrs. Hepsa Ely Silliman Memorial Lectures 1951); Neudruck: (Ann Arbor, Mich. '67). — Atomic scientist asks justice for Morton Sobell (New York '55) 8 S. (Committee to secure justice for Morton Sobell). — The intellectual revolution; an address on the occasion of the 25th anniversary celebration of the Chatham College Louise C. Buhl Hall of Science, May 10, 1956 (Pittsburgh, Pa. '56) 23 S. — The atmospheres of the planets (Oxford '57) 113 S. — Some cosmochemical problems (University Park, Pa. '63) 181 S. (Pennsylvania State University, Priestley Lectures, 37). — Atoms, molecules, and quanta (m. A. E. Ruark) **1** [2](New York '64) 463 S.; **2** [2]('64) 370 S. — A review of evidence for biological material in meteorites (San Diego/LaJolla, Calif. '65) 30 S.

Acta ci. venezolana Evidencias químicas con respecto al origen de la Tierra: **7** ('56) Nr. 1, 3–10.

Air Affairs [Washington, D.C.] Atomic energy, aviation and society: **1** ('46) 21–29.

American Naturalist Some general problems relative to the origin of life on Earth or elsewhere: **100** ('66) 285–88.

American Scientist Cosmic abundances of the elements and the chemical composition of the solar system: **39** ('51) 590–609.

Angewandte Chem. Einige thermodynamische Eigenschaften von Wasserstoff und Deuterium (Nobelvortrag): **48** ('35) 315–20. — Zum Ursprung der Oberflächenstruktur des Mondes: **68** ('56) 533–39.

Annales Géophysique Distribution of elements in the meteorites and in the Earth and the origin of heat in the Earth's core: **11** ('55) 65–72.

Annals New York Acad. Sci. Interstellar molecules and cosmochemistry (Conference 1971): Abundances of the elements: **194** ('72) 35–44.

Annual Rep. Board Regents Smithsonian Instn. The origin and nature of the Moon: **1960** ('61) 251–65 (= Nr. 4437).

Astronautics and Aeronautics The contending moons: **7** ('69) 37–41.

Astronomical J. The surface of the Moon: **57** ('52) 27.

Astrophysical J. On the dissipation of gas and volatilized elements from protoplanets: **120** ('54) 373–75. — On the mechanism of comet outbursts and the chemical composition of comets [22]: **123** ('56) 339–42. — Chemical heating for meteorites [22]: **124** ('56) 307–10. — Diamonds, meteorites, and the origin of the solar system: 623–37. — The blue haze of Mars: **128** ('58) 736f. — Note on the internal structure of the Moon [27][82]: **129** ('59) 842–48. — The duration of intense bombardment processes of the Moon: **132** ('60) 502f. — On possible parent substances for the C_2 molecules observed in the Alphonsus Crater: **134** ('61) 268f. — The time of formation of the solar system relative to nucleosynthesis [69]: **135** ('62) 626–31.

Astrophysical J., Suppl. Ser. On the dissipation of gas and volatilized elements from protoplanets: **1** ('54) 147–74.

Astrophysics and Space Sci. Evidence for objects of lunar mass in the early solar system and for capture as a general process for the origin of satellites: **16** ('72) 311–23.

Atomes L'origine de la Terre: **8** ('53) 147–52.

Bild Wiss. Urey-Hypothese: Kometen als Epochemacher: **10** ('73) 1339–54 (m. Bildn.).

Bioscience A symposium on microanalysis and carbonaceous meteorites [70]: **14** ('64) 59f.

Bull. astron. Inst. Czechoslovakia Multiple fall of Příbram meteorites photographed, 3: Rare gas isotopes in the Velká stone meteorite [89]: **13** ('62) 106–08 [m. russ. Zusammenfassg.].

Bull. atom. Scientists An alternative course for the control of atomic energy: **3** ('47) 139–42, 166. — Chemically pure: **11** ('55) 65, 72. — Affording the space program: **23** ('67) Nr. 2, 24f. — The space program and problems of the origin of the Moon: **25** ('69) Nr. 4, 24–26, 30. — Origin and history of the Moon: Nr. 7, 45–51. — The Moon and its origin: **29** ('73) Nr. 11, 5–10.

Bull. geol. Soc. America Measurement of paleotemperatures and temperatures of the Upper Cretaceous of England, Denmark, and the southeastern United States [50][28][54]: **62** ('51) 399–416. — Carbonate–water isotopic temperature scale [28][15][50]: 417–26; **64** ('53) 1315–26. — Deuterium content of natural waters [33]: **63** ('52) 1252. — Regarding the early history of the Earth's atmosphere: **67** ('56) 1125–28.

Bull. Virginia polytechn. Inst. (siehe oben bei **S.**: Proc. of the Conference on lunar exploration, Blacksburg, Va., 1962).

Chemical and Engng. News Power from nuclear fission: **31** ('53) 4660–63. — Comments on the identification of lunar amino acids: **50** ('72) 8. Mai, S. 45. — Chemistry and physics of the Moon (Priestley Medal Address): **51** ('73) 16. Apr., 13–18.

Chemist Acceptance of the Pioneer Award of the American Institute of Chemists 1969: **53** ('76) Bicentennial issue (July), S. 21.

Christian Century Case for world government: **66** ('49) 785f., 818–20.

Cold Spring Harbor Sympos. quantitat. Biol. Aspects of growth: Deuterium and its compounds in relation to biology: **2** ('34) 47–56.

Congressional Digest Federal world government now?: **27** ('48) Aug.-Nr., 204.

Discovery Atomic energy control is impossible without world government: **9** ('48) 273.

Electrical Engng. [USA] Cascades used in isotope separation: **1948**, 581–86.

Endeavour Ursprung und Aufbau des Mondes: **19** ('60) 87–99.

Energy [Oxford] Testimony on the California nuclear initiative [105]: **1** ('76) 105–08.

Foreign Policy Rep. Atomic energy in international politics: **22** ('46) Nr. 7, 82–91.

Geochimica et cosmochim. Acta [London] The origin and development of the Earth and other terrestrial planets: **1** ('51) 209–77; **2** ('52) 263–68. — Chemical fractionation in the meteorites and the abundance of the elements: 269–82. — The composition of the stone meteorites and the origin of the meteorites [20]): **4** ('53) 36–82. — Determination of alkali metals in meteorites by a distillation process [25]): **7** ('55) 154–68. — Diamonds in stone meteorites [61])[59]): **13** ('57/58) 1–4. — Comments on two papers by John F. Lovering concerning a typical parent meteorite body: 335–38; **16** ('59) 194f. — The metallic particles of some chondrites [59]): **17** ('59) 113–24. — On the chemical evolution and densities of the planets: **18** ('60) 151–53. — Deuterium content of minerals, rocks, and liquid inclusions from rocks [44])[59]): **21** ('61) 247–56. — Evidence regarding the origin of the Earth (Presidential address): **26** ('62) 1–14. — Comments on meteoritic hydrocarbons [60])[70]): **32** ('68) 665. — Acceptance speech for the V. M. Goldschmidt Medal: **40** ('76) 570.

Icarus [New York] Parent bodies of the meteorites and the origin of chondrules: **7** ('67) 350–59. — Mass spectrometric analysis of organic compounds, water, and volatile constituents in the atmosphere and surface of Mars: The Viking Mars lander [4])[9])[72])[74])[75])[88])[97]): **16** ('72) 111–38.

Industrial and Engng. Chem. Significance of the hydrogen isotopes: **26** ('34) 803–06. — Separation of oxygen isotopes by a fractionating column [39]): **29** ('37) 531–35.

Industrial and Engng. Chem., News Edit. Accomplishments and future of chemical physics: **15** ('37) 190f.

International Conciliat. Atom and humanity: **416** ('45) 790–800.

J. amer. chem. Soc. Isotopic analysis of water [21])[67]): **55** ('33) 5060f. — Freezing points of mixtures of $^{1}H_2O$ and $^{2}H_2O$ [46])[26]): **56** ('34) 248f. — The thermal decomposition of deuterium iodide [80]): 1885–89. — An investigation of the relative abundance of the oxygen isotopes ^{16}O:^{18}O in stone meteorites [56])[10]): 2601–09. — Isotopic exchange equilibria [35]): **57** ('35) 321–27. — A concentration of ^{15}N by a chemical exchange reaction [31])[39])[95]): **59** ('37) 1407f. — Oxygen exchange reactions of organic compounds and water [19]): **60** ('38) 679–87. — The exchange of oxygen between benzil and water and the benzilic acid rearrangement [81]): 880–82. — A study of the esterification of benzoic acid with methyl alcohol using isotopic oxygen [81]): 2391–93. — Oxygen exchange between carbon dioxide, bicarbonate ion, carbonate ion and water [63]): **61** ('39) 534. — Kinetics of the exchange of oxygen between benzoic acid and water [81]): 2580–84. — The mechanisms of acid catalyzed ester hydrolysis, esterification and oxygen exchange of carboxylic acids [81]): 2584–87. — The kinetics of isotopic exchange between carbon dioxide, bicarbonate ion, carbonate ion and water [63]): **62** ('40) 1019–26. — Kinetics of gaseous reactions by means of the mass spectrometer. The thermal decomposition of dimethyl ether and acetaldehyde [47]): **64** ('42) 994–1001.

J. appl. Physics [USA] Separation and use of stable isotopes: **12** ('41) 270–77, 340f.

J. chem. Physics Some thermodynamic properties of the $^{1}H^{2}H$, $^{2}H^{2}H$ molecules and compounds containing the ^{2}H atom [80]): **1** ('33) 137–43. — A name and symbol for ^{2}H [67])[14]): 512f. — The equilibrium between the three hydrogens [80])[10]): **2** ('34) 48f. — The diffusion of hydrogen through metals: Fractionating the hydrogen isotopes [30])[45]): 105f., 301. — Thermal decomposition of deuterium iodide [80]): 106f. — The use of the interferometer in the isotopic analysis of water [21])[67]): 112–15. — Observations on the synthesis of tetradeuteromethane [78]): 300. — The vapor pressures and derived thermal properties of hydrogen and deuterium [86])[14])[98]): 454–64. — Fractionation of the oxygen isotopes in an exchange reaction [102])[98]): **3** ('35) 129. — Vapor pressures of the isotopic forms of water [98]): 411–14. — Raman spectrum of methyl deuteride (methane-d) [55]): 650f. — The Raman spectra of the deuteriomethanes [55]): **4** ('36) 402–06. — Concentration of the carbon isotope [7])[42]): 622f. — Concentration of the oxygen isotopes [76])[39]): 623. — The electrolytic and chemical-exchange methods for the separation of the lithium isotopes [93]): **5** ('37) 597f. — Concentration of ^{15}N by chemical methods [39])[95])[31]): 856–68. — Concentration of ^{15}N and ^{34}S [95])[34]): **6** ('38) 296. — Fractionation of the lithium and potassium isotopes by chemical exchange with zeolites [93]): 429–38. — The further concentration of ^{15}N [95]): **7** ('39) 34–39. — The concentration of ^{13}C by chemical exchange [81])[95]): 137f. — Vapor pressures and exchange constants of isotopic compounds [63])[81])[95])[39]): 138. — Van der Waals' forces and the vapor pressures of ortho- and para-hydrogen and ortho- and para-deuterium [18]): 157–63, 438, 1068. — The concentration of ^{13}C [40])[90]): **8** ('40) 532–37. — The differences in the vapor pressures, heats of vaporization and triple points of nitrogen-14 and nitrogen-15 and of ammonia and trideuterioammonia [43]): **10** ('42) 706–17. — The use of the exchange between CO_2, H_2CO_3, HCO_3 ion and H_2O for isotopic concentration [79]): **11** ('43) 403–12. — Kinetics of the isotopic exchange reaction between carbon monoxide and carbon dioxide [12]): **13** ('45) 351–62.

J. chem. Soc., London The thermodynamic properties of isotopic substances: **1947**, 562–81.

J. Franklin Inst. Chemistry in the twentieth century: **251** ('51) 23–32.

J. geophysic. Res. Primary and secondary objects: **64** ('59) 1721–37 (auch in: The exploration of space; a symposium on space physics, Washington, D.C., 1959 (R. Jastrow) (New York '60) 77–93). — Criticism of the melted moon theory: **65** ('60) 358f. — Criticism of Dr. B. Mason's paper on "The origin of meteorites": **66** ('61) 1988–91. — Potassium and aluminum-26 contents of three bronzite chondrites [5] [84]): **69** ('64) 564f.

J. Heredity "I greatly fear ...": **39** ('48) 150–52.

J. molecular Evolut. Origin of organic compounds on the primitive Earth and in meteorites [62][74]: **9** ('76) 59–72.

J. Washington Acad. Sci. Separation of isotopes by chemical means: **30** ('40) 277–94.

Life Sci. and Space Res. Organic geochemical investigations in relation to the analyses of returned lunar rock samples [70]: 7.1968 ('69) 31–46.

Mémoires Soc. roy. Sci. Liège On the deficiencies of elements in meteorites: (4) **14** ('54) 481–94, Diskussion S. 544–46. — Chemical heating processes in astronomical objects [22]: **18** ('57) 124–32.

Monthly Notices roy. astron. Soc. Chemical evidence relative to the origin of the solar system: **131** ('66) 199–223.

Moon [Dordrecht] Evidence for objects of lunar mass in the early solar system: **4** ('72) 383–89.

Nation [New York] Task before us: **161** ('45) 719.

Nature [London] Nuclear structure: **130** ('32) 403. — Designation of heavy hydrogen [14][67]: **133** ('34) 173. — Origin and age of meteorites: **175** ('55) 321–23. — Origin of tektites: **179** ('57) 556f.; **181** ('58) 1458; **182** ('58) 1078; **187** ('60) 855–57. — Chemical composition of tektites: **183** ('59) 1114. — Origin of life-like forms in carbonaceous chondrites: **193** ('62) 1119–23. — Cometary collisions and tektites: **197** ('63) 228–30. — Electron probe microanalysis of organized elements in the Orgueil meteorite [70][32][17][3][77]: **198** ('63) 121–25. — Water on the Moon?: **216** ('67) 1094f. — Carbon compounds in Apollo 11 lunar samples [70][87][65][71][23][53][96][36]: **225** ('70) 1028–32. — Carbon compounds in Apollo 12 lunar samples [70][64][65][66][71][87][23][96][100][36]: **232** ('71) 94–98. — Cometary collisions and geological periods: **242** ('73) 32f.

Nature [London], Physical Sci. Carbon compounds in pyrolysates and amino acids in extracts of Apollo 14 lunar samples [65][64][66][71][70][53][36]: **242** ('73) 50–52.

Naturwissenschaften The origin of some meteorites from the Moon: **55** ('68) 49–57.

Naturwissenschaftliche Rdsch. Ergebnisse zur Strukturuntersuchung des Mondes: **24** ('71) 64.

Observatory The Moon's surface features: **76** ('56) 232–35.

Philosophical Mag. Comments on planetary convection as applied to the Earth: **44** ('53) 227–30.

Philosophical Trans. roy. Soc. London, Ser. A The deficiency of siderophile elements in the Moon [73]: **285** ('77) 569–75.

Physical Rev. A hydrogen isotope of mass 2 [14][67]: **39** ('32) 164f. — A hydrogen isotope of mass 2 and its concentration [14][67]: **40** ('32) 1–13. — Relative abundance of ^{1}H and ^{2}H in natural hydrogen [14][67]: 464f. — Relative abundance of hydrogen isotopes in natural hydrogen [11]: 889f. — On the relative abundances of the nitrogen and oxygen isotopes [67]: **41** ('32) 141–48; **42** ('32) 312. — The spin of the sodium nucleus [41]: **43** ('33) 761. — On the chemical differences between nitrogen isotopes [7]: **50** ('36) 575. — The structure and chemical composition of Mars: **80** ('50) 295. — The abundances of the elements: **88** ('52) 248–52; **90** ('53) 1131.

Physics and Chem. Earth Boundary conditions for theories of the origin of the solar system: **2** ('57) 46–76.

Popular Mech. If I were a student today: **104** ('55) 103–06.

Priroda [SSSR] Primitive planetary atmospheres: **48** ('59) Nr. 4, 33–38 [russ.].

Proc. amer. philos. Soc. Methods and objectives in the separation of isotopes: **90** ('46) 30–35. — A review of the structure of the Moon: **115** ('71) 67–73.

Proc. chem. Soc., London The early history of the solar system as indicated by the meteorites (Hugo Müller lecture): **1958**, 67–78.

Proc. nation. Acad. Sci. USA Concentration of the ^{2}H isotope of hydrogen by the fractional electrolysis of water [101]: **18** ('32) 496–98. — On the early chemical history of the Earth and the origin of life: **38** ('52) 351–63. — On the origin of continents and mountains: **39** ('53) 933–46. — On the origin of tektites: **41** ('55) 27–31. — The cosmic abundances of potassium, uranium and thorium and the heat balances of the Earth, the Moon and Mars: 127–44; **42** ('56) 889–91. — Some criticisms of "On the origin of the lunar surface features" by G. P. Kuiper: **41** ('55) 423–28.

Proc. roy. Soc. London, Ser. A On the concentration of certain elements at the Earth's surface: **219** ('53) 281–92. — Fluorescence in planetary atmospheres [13]: **241** ('57) 37–43. — Study of the Ranger pictures of the Moon: **296** ('67) 418–31.

Publ. astron. Soc. Pacific On the escape of water from Mars: **68** ('56) 220–22.

Quarterly J. roy. astron. Soc. The abundance of the elements with special reference to the problem of the iron abundance (Harold Jeffreys lecture): **8** ('67) 23–47.

Record chem. Progr. Isotopic exchange reactions: **1948**, Sommer-Nr., 69–80.

Reference Shelf Atom bomb and war: **19** ('46/47) Nr. 4, 95–108.

Rep. Progr. Physics Separation of isotopes: **6**.1939 ('40) 48–77.

Review sci. Instruments A hydrogen discharge tube for the continuous ultra-violet spectrum [67][24]: **3** ('32) 497f. — Accomplishments and future of chemical physics: **8** ('37) 223–27. — Improvements in mass spectrometers for the measurement of small differences in isotope abundance ratios [54][52][28][1]: **21** ('50) 724–30.

Reviews Geophysics A review of atomic abundances in chondrites and the origin of meteorites: **2** ('64) 1–34.

Reviews modern Physics The hydrogen isotope of atomic weight two [94]: **7** ('35) 34–94. — Abundances of the elements [92]: **28** ('56) 53–74.

Saturday Rev. [New York] Research frontier: **39** ('56) 1. Sept., S. 46.

School Sci. and Math. Some observations on educational problems in the United States with particular reference to mathematics and science: **58** ('58) 168–74.

Science [USA] The separation and properties of the isotopes of hydrogen: **78** ('33) 566–71. — Names for the hydrogen isotopes [14][67]: 602f. — Research on the isotopes of hydrogen: **80** ('34) 332f. — Concerning the taste of heavy water [29]: **81** ('35) 273. — Chemistry and the future: **88** ('38) 133–39. — Atom and humanity: **102** ('45) 435–39. — Oxygen isotopes in nature and in the laboratory: **108** ('48) 489–96. — The Earth is born: **117** ('53) 509f. — Molecules in heavenly bodies: **124** ('56) 496. — Surface ionization of silver; silver in meteorites [38][57]: **126** ('57) 1291–93. — Organic compound synthesis of the primitive Earth [62]: **130** ('59) 245–51. — Letter to editor of Science regarding Dr. Sidney W. Fox's paper [62]: 1622–24. — Lifelike forms in meteorites: **137** ('62) 623f., 626, 628. — Origin of tektites: 746–48. — Isotopic abundance variations in meteorites [69]: **140** ('63) 385f. — Meteorites and the Moon: **147** ('65) 1262–65. — Organic material in meteorites: **150** ('65) 387f. — Biological material in meteorites: a review: **151** ('66) 157–66. — Organic matter in carbonaceous chondrites [48]: **152** ('66) 102–04. — "Dust" on the Moon: **153** ('66) 1419f. — Surveyor results and the composition of the Moon [58]: **161** ('68) 1030–32. — Mascons and the history of the Moon: **162** ('68) 1408–10. — Water on the Moon: **164** ('69) 1088. — Early temperature history of the Moon: **165** ('69) 1275. — Solar wind gases, cosmic ray spallation products, and the irradiation history [58][51]: **167** ('70) 548–50. — Organic compounds in lunar samples: Pyrolysis products, hydrocarbons, amino acids [70][23][36][65][68][87][103]: 770–73. — Tektites from the Earth. Comments: **171** ('71) 312f. — Was the Moon originally cold?: **172** ('71) 403–05. — Lunar basalts [58]: **176** ('72) 117, 119. — Kí lo mé ter: 229. — A new theory of lunar magnetism [83]: **180** ('73) 636–38.

Science Educat. The social implications of the atomic bomb: **30** ('46) 189–96.

Science J. Geophysics of the Moon [104]: **5** ('69) Nr. 5 (= Special issue: Man on the Moon) 60–64.

Scientific American Deuterium oxide: **152** ('35) 300–02. — Currents in the Earth: **181** ('49) Dez.-Nr., S. 30. — The origin of the Earth: **187** ('52) Okr.-Nr., 53–60.

Scientific Monthly Dr. Langmuir, recipient of the Nobel Prize in chemistry: **36** ('33) 95f. — Heavy-weight hydrogen: **37** ('33) 164–66.

Sky and Telescope The origin of the Moon's surface features: **15** ('56) 108–11, 161–63.

Technion Yearb. The state of the primitive Earth: **9** ('50) 82–.

Texas Quarterly Science and society: **3** ('60) Nr. 3.

Trans. Kentucky Acad. Sci. Some observations on technical education: **16** ('55) 33–39.

United Nations World The future of American atomic research, 1: The fatal myth of "the secret": **3** ('49) Nov.-Nr., 17f.

Universo [México] Origen y naturaleza de la Luna: **15** ('61) 61–78.

Vital Speeches Day Social importance of scientific work: **3** ('37) 524–26.

Yearb., Amer. philos. Soc. Maria Goeppert Mayer: **1972**, 234–36.

Yearb., Carnegie-Instn. Washington Studies on separation of heavy hydrogen isotopes: Nr. **35**.1935/36 ('36) 299–301.

Yearb. physic. Soc., London Meteorites and the origin of the solar system (41st Guthrie lecture): **1957**, 14–29.

Z. physik. Chem., Abt. B Bemerkung zu einer Arbeit von K. Schäfer über die thermischen Eigenschaften von Ortho- und Parawasserstoff und Ortho- und Paradeuterium [18]: **43** ('39) 432–38.

Z. physik. Chem. [Frankfurt/M.] Composition of the Moon's surface: **16** ('58) 346–57.

Ferner einige Berichte für die U.S. Atomic Energy Commission, zum Teil unter der Bezeichnung "SAM-Reports": Comparison of different methods applicable to the separation of uranium (A-49) ('42[?]) 22 S.; Production of D_2O for use in the fission of uranium (m. A. V. Grosse, G. H. Walden) (A-94) ('41); Progress on isotope separation (A-170) ('42); The heavy water slurry pile (A-743) ('43) 104 S.; Liquid thermal diffusion process (Reports and letters) (m. anderen) (A-781) ('43); Boiling water experiments relative to boiling reactors (CF-51-8-45) ('51); Utilization of heavy water (m. I. Kirshenbaum, G. M. Murphy) (TID-5226) ('51) 212 S.; Distribution and origin of the elements and their isotopes in nature (UCSD-34-P-43-X-9) ('70) 18 S.

Mit: [1]) H. A. Allen; [2]) —; [3]) C. A. Andersen; [4]) D. M. Anderson; [5]) E. C. Anderson; [6]) J. R. Arnold; [7]) A. H. W. Aten, jr.; [8]) J. Bainbridge; [9]) K. Biemann; [10]) W. Bleakney; [11]) C. A. Bradley, jr.; [12]) J. D. Brandner; [13]) A. W. Brewer; [14]) F. G. Brickwedde; [15]) R. Buchsbaum; [16]) —; [17]) G. Claus; [18]) K. Cohen; [19]) M. Cohn; [20]) H. Craig; [21]) R. H. Crist; [22]) B. Donn; [23]) C. M. Drew; [24]) J. A. Duncan; [25]) G. Edwards; [26]) W. C. Eichelberger; [27]) W. M. Elsasser; [28]) S. Epstein; [29]) G. Failla; [30]) C. G. Fink; [31]) M. Fox; [32]) K. Fredriksson; [33]) I. Friedmann; [34]) J. E. Gorham; [35]) L. J. Greiff; [36]) P. B. Hamilton; [37]) J. W. Hawkins; [38]) D. C. Hess; [39]) J. R. Huffman; [40]) C. A. Hutchison; [41]) J. Joffe; [42]) A. S. Keston; [43]) I. Kirshenbaum; [44]) N. Kokubu; [45]) D. B. Lake; [46]) V. K. La Mer; [47]) E. Leifer; [48]) J. S. Lewis, jr.; [49]) M. K. Liu; [50]) H. A. Lowenstam; [51]) G. W. Lugmair; [52]) J. M. McCrea; [53]) W. S. McEwan; [54]) C. R. McKinney; [55]) G. E. MacWood; [56]) S. H. Manian; [57]) R. R. Marshall; [58]) K. Marti; [59]) T. Mayeda; [60]) W. G. Meinschein; [61]) A. Mele; [62]) S. L. Miller; [63]) (G.) A. Mills; [64]) J. E. Modzeleski; [65]) V. E. Modzeleski; [66]) M. A. J. Mohammad; [67]) G. M. Murphy; [68]) Sister M. E. Murphy; [69]) V. R. Murthy; [70]) B. Nagy; [71]) L. A. Nagy; [72]) L. E. Orgel; [73]) J. A. O'Keefe; [74]) J. Oro; [75]) T. Owen; [76]) G. B. Pegram; [77]) J. Percy; [78]) D. Price; [79]) A. F. Reid; [80]) D. Rittenberg; [81]) I. Roberts; [82]) M. G. Rochester; [83]) S. K. Runcorn; [84]) M. W. Rowe; [85]) —; [86]) R. B. Scott; [87]) W. M. Scott; [88]) G. P. Shulman; [89]) H. Stauffer; [90]) D. W. Stewart; [91]) —; [92]) H. E. Suess; [93]) T. I. Taylor; [94]) G. K. Teal; [95]) H. G. Thode; [96]) J. E. Thomas; [97]) P. Toulmin III; [98]) M. H. Wahl; [99]) = [98]); [100]) R. Ward; [101]) E. W. Washburn; [102]) L. A. Webster; [103]) M. Young; [104]) G. J. F. MacDonald; [105]) H. Alfvén.

VI **van URK,** Arend Thomas. Physik. — 1925–51[?] Physiker, Naturwiss. Labor., N. V. Philips' Gloeilampenfabr., Eindhoven.
* 1891, Sept. 6, Leiden;
† 1977, Apr. 21, Eindhoven.

Annalen Physik Messung der Radialschwingungen von Aluminiumkegelschalen [3]): (5) **17** ('33) 915–20.

Filmtechnik Saalakustik und Nachhall: **14** ('38) 181–.

Philips' techn. Rdsch. Der Tonschreiber des Philips-Miller-Systems: **1** ('36) 135–41. — Saalakustik und Nachhall: **3** ('38) 65–73. — Ein einfaches Gerät zur Tonaufzeichnung [2]): **4** ('39) 111–18. — Schallstrahlung [4]): 225–34. — Der Gebrauch moderner Stahlsorten für permanente Magnete: **5** ('40) 29–36. — Einige Einzelheiten beim Richtungshören [2]): **6** ('41) 363–68. — Betrachtungen über elektrisches Rasieren: **12** ('50) 26–30.

Physica Verwendung von Metall-Einkristallen für Schallplatten [1]): **1** ('34) 425 f. — On the cohesive forces of liquids with simple molecules and the so-called law of Stefan: **4** ('37) 1025–33 [m. deutscher Zusammenfassg.].

Mit: [1]) A. E. van Arkel; [2]) K. de Boer; [3]) G. B. Hut; [4]) R. Vermeulen.

VI **van URK,** Hendrik Willem. Pharm. — 1904–10 Stud., '10 Dipl.-Apotheker, Univ. Utrecht; '10–33 Apotheker, Marine-Hospital, Willemsoord (Den Helder); '24 Dr. wisen natuurk., Univ. Leiden; '33– Apotheker, Velsen.
* 1886, Dez. 22, Harlingen;
† 1945, Apr. 14, Deventer.

Pharmaceutisch Weekbl. Freie Standortwahl oder nicht?: **69** ('32) 569 f. [niederländ.]. — Leserbrief [Kolorimetrische Wertbestimmung von Mutterкorn]: **70** ('33) 484 [~].

VI **URQUHART,** Leonard Church. Bautechn. — 1911–18 Instructor, '18–25 Assist. Prof., '25–41 Prof. and Head of the Departm. of Engng., Cornell Univ., Ithaca, N.Y.; '25 Prof., Drexel Inst., Philadelphia, Pa.; '25–41 Consulting Engr., Ithaca, N.Y.; '40 Prof., Univ. of Hawaii, Honolulu, Hawaii; '46–49 Chief of Engng. Divis., Office of Chief Engrs., Corps of Engrs., U.S. Army; '49–60 Partner, Porter, Urquhart & Beavin → Porter, Urquhart, McCreary & O'Brien, Consulting Engineers, Newark, N.J.
* 1886, Okt. 24, Cleveland, O.;
† 1960, März 4, Short Hills, N.J.

H. (Chefredakt.) Civil engineering handbook (NewYork–London '34), [2]('40), [3]('50), [4]('59).

W. Stresses in simple structures (m. C. E. O'Rourke) [2](NewYork–London '32) 9 + 339 S. — Design of concrete structures (m. C. E. O'Rourke) [3](New York–London '35) 9 + 556 S.; [4]('40) 9 + 564 S.; (5. u. 6. Aufl. m. C. E. O'Rourke, G. Winter) [5]('54) 508 S.; [6]('58) 546 S.; (7. Aufl. bearb. v. G. Winter, C. E. O'Rourke, A. H. Nilson) [7]('64) 11 + 660 S.; span.: Proyecto y dimensionamiento de las estructuras de hormigón; manual teórico-práctico para uso de las escuelas y facultades de ingeniería (Barcelona '62) 649 S. — Elementary structural engineering (NewYork–London '41) 9 + 348 S.

VI **URSELL,** Harold Douglas. Math. — 1929–33 Fellow of Trinity College, Cambridge; '33–39 Assist. Lecturer, '39–48 Lecturer, '48–67 Reader, Univ. of Leeds; '67–69 Prof., Univ. of Calgary, Alberta, Can. — '65 Sc.D. (Univ. of Cambridge). — '29 Smith's Prize (Univ. of Cambridge).

* 1907, Apr. 16, Erdington, near Birmingham;

† 1969, Dez. 8, Calgary, Alberta, Can.

Nekr. *L. C. Young, Bull. London math. Soc. 2 ('70) 344–46 (m. Schr.verz.). — University Leeds Rev. 13 ('70) 303–05.

Acta crystallogr. Choice of the standard unit cell in a triclinic lattice [1]: **10** ('57) 582–89.

Annals Math. Appendix to a paper of Cartwright and Littlewood: Some fixed point theorems: **54** ('51) 34–37.

Fundamenta Math. [Warszawa] Remark on a paper by Spława-Neyman: **31** ('38) 84f. — Some methods of proving measurability: **32** ('39) 311–30.

J. London math. Soc. Sets of fractional dimensions, 5: On dimensional numbers of some continuous curves [2]: **12** ('37) 18–25. — On the behaviour of a certain sequence of functions derived from a given one: 229–32. — Note on the transfinite diameter: **13** ('38) 34–37. — On the lightness and strong interiority of analytic functions [3]: **27** ('52) 260–71.

Memoirs amer. math. Soc. Remarks on the theory of prime ends [7]: Nr. **3** ('51) 29 S.

Nature [London] Transfinite numbers and cosmology: **196** ('62) 1015f. — Centenary of the birth of W. H. Young, F.R.S.: **200** ('63) 1274f.

Philosophical Trans. roy. Soc. London, Ser. A Random walk on a sphere and on a Riemannian manifold [5]: **252** ('59/60) 317–56.

Proc. Cambridge philos. Soc. The Cantor manifolds lying on a closed surface, 2: **31** ('35) 183–94. — The motion of a solid through an infinite liquid under no forces: **37** ('41) 150–67. — On one-dimensional regular assemblies [6]: **44** ('48) 263–71.

Proc. Edinburgh math. Soc. Simultaneous linear recurrence relations with variable coefficients: (2) **9** ('58) 183–206.

Proc. London math. Soc. On the convergence almost everywhere of Rademacher's series and of the Bochner-Fejér sums of a function almost periodic in the sense of Stepanoff: (2) **33** ('32) 457–66. — On the total variation of $\{f(t+\tau) - f(t)\}$: **37** ('34) 402–15. — Analysis of the conditions of generalized almost-periodicity: 535–46. — Inequalities between sums of powers: (3) **9** ('59) 432–50.

Proc. nation. Acad. Sci. USA The dissection of closed surfaces and the Phragmén-Brouwer-Alexandroff theorem [4]: **20** ('34) 662–66.

Quarterly J. Math., Oxford Ser. A note on reducible and irreducible dissections [4]: **6** ('35) 69–73.

Mit: [1]) V. Balashov; [2]) A. S. Besicovitch; [3]) H. G. Eggleston; [4]) B. Kaufmann; [5]) P. H. Roberts; [6]) G. S. Rushbrooke; [7]) L. C. Young.

VI **URUSHIBARA,** Yoshiyuki. Chem. (org.). — 1931 Sc.D., Imp. Univ. Tokyo; '33–45 Assist. Prof., '45–53 Assoc. Prof., '53–62 Prof., (Imp.) Univ. Tokyo; '62–72 Prof., '72– Lecturer, Sophia Univ., Tokyo. — '40 Sakurai Prize (Japan Chem. Soc.); '57 Hattori Prize (Hattori Foundat.).

* 1901, Mai 14, Matsuyama City, Ehime Prefecture.

S. Kagobutsu meimei ho [Nomenklatur der chemischen Verbindungen] (Tokyo '54) (Kagaku no ryoiki, Zôkan [= Supplement] 14) I f.: Vorwort [japan.].

W. Yûki kagaku meimei hô [Nomenklatur der organischen Chemie] (Tokyo '62) 210 S.; Yûki kagaku meimeihô yôsetsu [Kommentar zur Nomenklatur der organischen Chemie] (Tokyo '70) 293 S. — Yûki kagaku [Organische Chemie] (Tokyo '69) 216 S.

Annals New York Acad. Sci. Urushibara catalysts: **145** ('67) 52–57.

Bull. chem. Soc. Japan Formation of cholestane-3,6-dione from cholestenone dibromide and from Δ^4- and Δ^5-cholestenone [1]: **11** ('36) 434–36. — Nitrile esters of β-methylpropene-$\alpha,\alpha,\gamma,\gamma$-tetracarboxylic acid [23]: 557–68. — Electrolytic dissociation of $\alpha,\alpha,\gamma,\gamma$-tetracyanopropene and $\alpha,\alpha,\gamma,\gamma$-tetracyano-$\beta$-methylpropene [23]: 569–75. — Addition of hydrogen bromide to allyl bromide in the presence of various substances, 1 [23]: 692–94; ~ 2: Further experiments on the effects of ferromagnetic catalysts [23]: 754–56; ~ 3: A contribution to the elucidation of the so-called peroxide effect [23]: 798–801; ~ 4: The effect of the ferromagnetic metals free from oxides; remarks on the catalytic action of the ferromagnetic metals and oxygen [23]: **12** ('37) 51–54; ~ 5: A comparison of the effect of oxygen with that of peroxide; the relation between the amount of oxygen present and the result of addition [23]: 138–44; ~ 6: The homogeneity of the catalytic action of oxygen; a theory of the oxygen effect [23]: 173–76; ~ 7: Effect of nickel in the form of filings, and the influence of antioxidants on the actions of oxygen and reduced nickel [23]): **13** ('38) 400–04. — The formation of an isomeride of neo-ergosterol by the pyrolysis of ergopinacone [1]): **11** ('36) 757f. — The photochemical dehydrogenation of 7-dehydro-cholesterol [1]): 802. — The Cannizzaro reaction [23]): **12** ('37) 328f. — Some cholesterol derivatives [1])[2])[19]): 353–55. — The effect of oxygen on the addition of bromine to cinnamic acid in carbon tetrachloride [23]): 356–58. — Photochemical dehydrogenation of 7-dehydrocholesterol and the pyrolysis of the product [1]): 495–98. — Effects of oxygen and peroxides on the rate of addition of bromine to cinnamic acid in carbon tetrachloride [23]): 499–506. — Effect of oxygen and reduced nickel on the catalytic action of hydrogen bromide in the isomerization of isostilbene into stilbene [21]): 507–09. — Addition of hydrogen bromide to undecenoic acid in toluene solution, 1: Effect of reduced nickel [23]): **13** ('38) 331–35; ~ 2: Influence of antioxidants on the actions of oxygen and reduced nickel [23]): 404–06; ~ 3: Influence of the impurities in undecenoic acid on the effects of oxygen and reduced nickel [23]): 574–77. — Supposed activation of hydrogen bromide by oxygen [21]): 407. — Isomerization of isostilbene to stilbene by hydrogen bromide in the presence of oxygen and of ferromagnetic metals [21]): 566–69. — Reaction of gaseous hydrogen bromide with reduced nickel in the presence of oxygen [21]): 570–74. — Mechanism of the oxygen effect on hydrogen bromide reacting with ethenoid compounds [21]): **14** ('39) 323–36. — Addition of hydrogen bromide to cholesteryl bromide and the oxygen effect [15])[1]): **15** ('40) 442–48. — α-Estradiol dimethyl ether, 17-monomethyl ether and related compounds [17]): **16** ('41) 179–82. — Configurations of cholesterol oxides, Δ^4-3,6-cholestenediols and 3,6-cholestanediols: 182–85. — A new synthesis of testosterone [4]): **22** ('49) 1–3. — The scission reactions of the oxido ring in cholesterol oxides [4]): 69–74. — Stereochemical representation of the structures and the scission reactions of cholesterol oxide: 132–37. — Configurations of Δ^5-cholestenone oxides [4]): 273–76. — 1,2-Bis(p-hydroxyphenyl)-1,2-bis(methylmercapto)-ethane, an estrogenic sulfur analog of hexestrol [18]): **23** ('50) 35f. — 1,2-Bis(p-hydroxyphenyl)-1,2-dialkoxyethanes, estrogenic oxygen analogs of hexestrol [22]): 53f. — Synthesis of progesterone [4])[25]): **24** ('51) 83f. — 1,2-Bis(p-methoxyphenyl)-1-(methylthio)-butane, 1,2-bis(p-methoxyphenyl)-1-(methylthio)-2-methoxyethane, and 1,2-bis(p-methoxyphenyl)-1,2-bis(methylthio)ethylene. Estrogenic sulfur analogs of hexestrol dimethyl ether and of diethylstilbestrol dimethyl ether [18])[8]): **25** ('52) 66f. — Estrogenic action and molecular structure [18]): 109–11. — A new method of catalytic hydrogenation: 280. — 2,2′,4,4′-Tetrahydroxyazobenzene, a synthetic estrogen of a new type [22]): **26** ('53) 162f. — Preparation of the new nickel catalyst [16]): **27** ('54) 480. — A new preparation of catalytic nickel [16])[24]): **28** ('55) 446. — The synthesis and estrogenic activity of bis(2,4-dihydroxyphenyl) disulfide and the related thiophenol [12]): **29** ('56) 419–21. — The nature of the Urushibara nickel catalyst as revealed by electron diffraction [26])[11]): 815f. — Method for the preparation of Raney nickel catalyst with greater activity [16]): **30** ('57) 199. — Intramolecular interaction between hydroxyl group and aromatic nucleus in 2-hydroxy-4(or 4′)-nitrobiphenyl [18])[10]): **31** ('58) 769f. — Catalytic reduction of epicholesterol β-oxide [13]): 1068–71. — 2ξ,3-(3-Oxocyclohex-4-eno)cholest-4-ene and 2ξ,3-(3-oxocyclohex-4-eno)-5α-cholestane [9]): **32** ('59) 101f. — Isomerism and polymorphism of cinnamic acids and deuteriated allocinnamic acids [5]): 703–06.

J. chem. Educat. Japanese organic chemical nomenclature – problems of translation and transliteration [14]): **36** ('59) 482–85.

J. chem. Physics Polymorphism in solution of cis- and trans-β-methoxy-p-nitrochalcone [6])[7]): **22** ('54) 1943f.; **23** ('55) 759. — The coincidence of fusion points in the polymorphs of dibenzoylmethane and of its enol ethers [6])[7]): 1724f.

J. chem. Soc. Japan Mechanism of the addition of hydrogen bromide to ethenoid compounds in the presence of oxygen as well as of reduced nickel and the mechanism of the cis–trans isomerization by hydrogen bromide and oxygen as well as by hydrogen bromide and reduced nickel: **60** ('39) 717–28 [japan.].

J. chem. Soc. Japan, Pure Chem. Sect. Isomerism and polymorphism of cinnamic acids, 2: An addition compound between aniline and allocinnamic acid [5]): **81** ('60) 667f. [engl. Zusammenfassg. S. A45]; ~ 3: p-Methoxycinnamic acid [5]): **82** ('61) 351–54 [≈ S. A22]; ~ 4: α- and β-substituted cinnamic acids [5]): 354–58 [≈ S. A22]; ~ 5: The steric hindrance and the ultraviolet absorption spectra of substituted cinnamic acids [5]): 358–62 [≈ S. A?]; ~ 6: Polymorphism of p-chloro-cis-cinnamic acid [5]): 921–23 [≈ S. A58]. — The syntheses and the estrogenic activities of diphenyl disulfide, 1: Bis(2,4-dihydroxyphenyl) disulfide [12]): **81** ('60) 1615–17; ~ 2: Some derivatives of bis(4-methoxyphenyl) disulfide [12]): 1617f.; ~ 3: Some derivatives of bis(4-methoxyphenyl) disulfide S-monoxide [12]): 1618–21; ~ 4: Some derivatives of bis(4-methoxyphenyl) disulfide S,S-dioxide [12]): 1736–39; ~ 5: Some derivatives of bis(4-methoxyphenyl) disulfone [12]): 1739f. — — Alle Arbeiten japan.

J. chem. Soc., London Synthetical experiments relating to carpaine, 1: Synthesis of a basic long-chain lactone [3])[20]): **1937**, 714f.

Kagaku no Ryôiki The transliteration of chemical names [into Japanese characters]: **6** ('52) 169–72.

— Biography of Dr. Koichi Matsubara: **10** ('56) 15. — Problems in the nomenclature of organic compounds: **11** ('57) 395–400. — — Alle Arbeiten japan.

Mit: [1]) T. Ando; [2]) H. Araki; [3]) G. Barger; [4]) M. Chuman; [5]) M. Hirota; [6]) F. Iimura; [7]) K. Ikeda; [8]) R. Ikeda; [9]) J. Inomata; [10]) H. Iwamura; [11]) M. Kobayashi; [12]) G. Koga; [13]) K. Mori; [14]) M. Nakamura; [15]) K. Nambu; [16]) Sh. Nishimura; [17]) T. Nitta; [18]) M. Oki; [19]) A. Ozawa; [20]) R. Robinson; [21]) O. Shimamura; [22]) T. Takahashi; [23]) M. Takebayashi; [24]) H. Uehara; [25]) Sh. Wada; [26]) Sh. Yamaguchi.

v, vi **USAI,** Giuseppe. Finanzmath. — Libero Doc., Analisi infinitesimale, Politecnico di Milano, poi Univ. di Pavia, poi Univ. di Genova; 1931–35 Prof. e Dir., R. Ist. Super. di Scienze Econ. e Commerciali, Catania → '36–50 Prof. ord., '50–56 Prof. fuori ruolo, '56 Prof. Emer., Facoltà di Econ. e Commercio, Univ. di Catania. — Ufficiale della Corona d'Italia; Commendatore al merito della Repubbl. Ital.

* 1880, Juli 13, Cagliari;
† 1965, Dez. 1, Catania.

Nekr. *E. De Luca, Annuario, Univ. Studi Catania **1965/66** [?], 510f.

S. Scritti matematici in onore di Filippo Sibirani (Bologna '57) 285–88: Considerazioni su valori attuali e premi in rendite.

W. Matematica e poesia. Discorso inaugurale (Catania '32) 19 S. (Istituto Superiore di Scienze Economiche e Commerciali di Catania). — Complementi di matematica finanziaria e attuariale (Messina–Milano '37) 485 S. — Complementi di matematiche generali (Torino '37) 251 S. — Totocalcio e totip (m. A. Bruno) (Catania '49) 55 S. — Il commercio estero del sughero (Sassari '68) 48 S. (Stazione sperimentale del sughero, Tempio Pausania, Collana economica, 2) [Identität des Autors fraglich]. — L'approvvigionamento delle materie e dei materiali (Cagliari '68) 235 S. [~]. — Il sistema dei fattori di marketing (Cagliari '71) 142 S. (Università di Cagliari, Istituto di tecnica economica e di ragioneria, Pubblicazioni, 1) [~].

Archimede [Firenze] Sui cilindri iscritti in un cono e sui coni circoscritti ad un cilindro: **11** ('59) 159–63. — Sui cilindri iscritti in una sfera: 295–301. — Sui cilindri ellittici circoscritti ad un'ellissoide a tre assi: **14** ('62) 256–60.

Atti Accad. Gioenia Sci. natur. Catania Inviluppi di cerchi soggetti a determinate condizioni: (6) **1** ('36) Mem. 14, 9 S. — Valor medio della potenza di una variabile casuale nel problema delle prove ripetute: **6**.1943/49 ('50) Mem. 8, 7 S. — Concordanze nelle permutazioni: Mem. 13, 8 S. — Probabilità su dadi e quadri di Tartaglia generalizzati: **7** ('51) 74–80. — Concordanze nelle disposizioni: 81–91. — Cilindri ellittici in relazione con ellissoidi: **13** ('60/61) 45–55 [m. französ., engl. u. deutscher Zusammenfassg.]. — Considerazioni su tre cilindri ellittici circonscritti ad un ellissoide a tre assi: **14** ('62) 164–67 [~].

Atti Accad. ligure Sci. e Lettere Sviluppi in serie su ellissi e cilindri ellittici: **19**.1962 ('63) 283–88 [m. französ. Zusammenfassg.].

Atti Soc. Sci. e Lettere Genova Inviluppi di cerchi che rappresentano podarie: **1** ('36) 314–22.

Boll. Sedute Accad. Gioenia Sci. natur. Catania Alcune considerazioni sulle medie: (3) **14** ('40) 9–15.

Boll. Unione mat. ital. Sopra equazioni integrali di nucleo x — y: **12** ('33) 72–77. - Sulla serie $\sum_{1}^{\infty} \frac{n^r}{n!} x^n$ e su un triangolo aritmetico: 131–33.

Esercitazioni mat. Inviluppi di cerchi in relazione con altre curve: (2) **9** ('36) 1–9. — Proprietà combinatoria in certe medie: **12** ('40) 129–33. — Rendite certe di tipo speciale: **14** ('42) 5–22.

Giorn. Ist. ital. Attuari Sui metodi di estrapolazione parabolica e dei quozienti e loro applicazione alle rendite vitalizie: **4** ('33) 514–29.

Matematiche Quadri di Tartaglia generalizzati: **1** ('45/46) 12–20. — Su una generalizzazione dei quadri di Tartaglia e su un problema di calcolo delle probabilità: 102f. — Rombi e quadrati in corrispondenza a punti di certe curve piane: **2** ('47) 84–107.

vi **USOV,** Michail Antonovič. Geol., Paläontol., Petrogr. — 1913–16 Außerord. Prof., '16–30 ord. Prof., '17–22 Dekan d. Bergbau-Fak., '20–26 Prorektor f. Studienangelegenheiten, '28–38 Prorektor f. Ausbildung u. wiss. Arbeit, Technol. Inst., Tomsk; '30–38 Prof. u. Leiter d. Lehrstuhls f. allg. Geol., Sibir. Inst. f. geol. Erkundung, Tomsk → ('34) Tomsker Industrie-Inst. "S. M. Kirov"; '34 Dr. d. geol.-mineral. Wiss.; '17–28 Lektor, Staatsuniv. Tomsk; '20–30 Dir. (→ Präs.) d. Sibir. (→ Westsibir.) Abteilg. d. Geol. Komitees; '26–30 Obergeologe, Sibir. Abteilg. d. Staatl. Inst. f. d. Projektierung neuer metallurgischer Werke; '27–30 Vorsitzender d. Abteilg. Tomsk d. Ges. f. d. Erforschung Sibiriens und seiner Produktivkräfte; '38–39 Dir. d. Geologischen Unionsforschungsinst. (⊠)

* 1883, Febr. 20 (8), Kainsk, Gouv. Tomsk (→ Kujbyšev, Geb. Novosibirsk);
† 1939, Juli 26, Belokuricha, Altai.

Zur 25jähr. wiss. Tätigkeit Sbornik po geologii Sibiri, posvjaščennyj dvadcatipjatiletnemu jubileju naučno-pedagogičeskoj dejatel'nosti prof. M. A. Usova [Sammelband zur Geologie Sibiriens; Prof. M. A. Usov anläßlich seiner 25jährigen wissenschaftlich-pädagogischen Tätigkeit gewidmet] (Tomsk '33) 348 S. m. Biogr. von *N. K. Gornostaev u. *M. K. Korovin S. I–IX u. Schr.verz.-Auszug S. IXf.; darin eig. Beitr. S. 1–50: Die Formen der disjunktiven Dislokationen in den Gruben des Kohlenbeckens von Kuzneck [russ.]. — *M. K. Korovin, Gornyj Ž. **1933**, Nr. 10, 70f.

Nekr. *V. A. Chachlov in: Trudy naučnoj konferencii po izučeniju i osvoeniju proizvoditel'nych sil Sibiri [Arbeiten der Wissenschaftlichen Konferenz über die Erforschung und Erschließung der Produktivkräfte Sibiriens], Tomsk 1939, **2** (Tomsk '40) 1–4 (m. Bildn.); Vestn. zapadno-sibirsk. geol. Upravlenija **1939**, Nr. 5, 1–8 (m. Bildn. u. Schr.-verz.). — *I. A. Molčanov, Gornyj Ž. **1940**, Nr. 1, 53f. — *V. A. Obručev, Izvest. Akad. Nauk SSSR, Ser. geol. **1939**, Nr. 6, 6–18 (m. Schr.verz. 118 Nrn.); Priroda [SSSR] **1940**, Nr. 2, 107–10 (m. Bildn.); Vestn. Akad. Nauk SSSR **1939**, Nr. 8/9, 165–70 (m. Bildn.). — Izvest. Akad. Nauk SSSR, Ser. geol. **1939**, Nr. 6, 4f. (m. Bildn.). — Izvest. tomsk. industr. Inst. **60** ('39) Nr. 1, 1f. (m. Bildn.). — Nature [London] **144** ('39) 358f. — Razvedka Nedr **1939**, Nr. 9, S. 71. — Sovetskaja Geol. **9** ('39) Nr. 9, 92f.

Gedenkbände Izvest. tomsk. industr. Inst. im. Kirova **62** ('42) Nr. 1, 294 S. (m. Bildn.), Neudruck: ('44); darin S. 1–18: *M. K. Korovin, Leben und Werk von M. A. Usov [russ.]. — Voprosy geologii Sibiri [Fragen der Geologie Sibiriens] (Akademija nauk SSSR) **1** (Moskva–Leningrad '45) 383 S.; darin S. 5–20: *V. A. Obručev, Biogr. [russ.] (m. Bildn. u. Schr.verz. 139 Nrn.); eig. Beiträge siehe unter **S.** — Osnovnye idei M. A. Usova v geologii [Die Grundgedanken M. A. Usovs auf dem Gebiet der Geologie] (Akademija nauk Kazachskoj SSR) (Alma-Ata '60) 541 S. (m. Bildn.); darin S. 3–12: *K. I. Satpaev, *I. I. Bok, Die Tätigkeit M. A. Usovs, seine progressiven Ideen und Theorien in der Geologie [russ.]; 13–20: Schr.verz.; 21–245: eigene Arbeiten (publiziert 1924–1945), darunter S. 140–71 eine bisher unveröffentlichte Arbeit: Die Grundtypen der Strukturen der Erdrinde und Erscheinungsformen des Vulkanismus [russ.].

Zum 10. Todestag *A. Bakirov, Izvest. Akad. Nauk SSSR, Ser. geol. **1949**, Nr. 5.

Zum 70. Geb.tag Nauka i Žizn' **1953**, Nr. 2, 46f. (m. Bildn.).

Zum 15. Todestag Izvest. Akad. Nauk SSSR, Ser. geol. **1954**, Nr. 4, 123f.

Zum 80. Geb.tag Materialy po geologii i poleznym iskopaemym Zapadnoj Sibiri. Doklady konferencii, posvjaščennoj 100-letiju so dnja roždenija akad. V. A. Obručeva i 80-letiju so dnja roždenija akad. M. A. Usova [Materialien zur Geologie und zu den Bodenschätzen von Westsibirien. Vorträge einer Konferenz anläßlich des 100. Geburtstags von Akademiemitglied V. A. Obručev und des 80. Geburtstags von Akademiemitglied M. A. Usov] (Tomsk '64) 425 S. (m. Bildn.); darin S. 5–18: *A. M. Kuz'min, *V. A. Chachlov, Die Akademiemitglieder V. A. Obručev und M. A. Usov – die Begründer der sibirischen Geologenschule; 21–25: *L. L. Chalfin, Über die Ansichten M. A. Usovs hinsichtlich der Natur der grundsätzlichen Einheit einer regionalen Stratigraphie; 26–36: *D. A. Vasil'ev, *A. G. Sivov, Der gegenwärtige Stand der Erforschung der stratigraphischen Reihenfolge der Sedimentschichten im Süden Westsibiriens im Lichte der Arbeiten des Akademiemitglieds M. A. Usov; 135–39: *I. K. Baženov, *A. Ja. Bulynnikov, Die Rolle der Akademiemitglieder V. A. Obručev und M. A. Usov bei der Erforschung der Erzvorkommen Sibiriens; 140–43: *A. Ja. Bulynnikov, *S. S. Il'enok, Die wissenschaftliche Tätigkeit M. A. Usovs auf dem Gebiet der Petrographie; 144–47: *A. V. Aksarin, M. A. Usov — der Erforscher der Geologie der Lagerstätten fossiler Brennstoffe. [Alle Beiträge russ.].

Zum 25. Todestag Sovetskaja Geol. **1965**, Nr. 1, 149f. (m. Bildn.).

Zur Biogr. *M. Kolobkov, Issledovateli Kuzbassa [Erforscher des Kohlenbeckens von Kuzneck] (Kemerovo '59) 54–57 (m. Bildn.). — *V. A. Obručev, Aus Erinnerungen an die Jahre 1912–1916: Očerki po Istorii geol. Znanij **12** ('63) 13 [russ.]. — *L. A. Ragozin, Akademiemitglied M. A. Usov und die Obručevsche Richtung in der Geologie des Quartärs Westsibiriens: Trudy tomsk. gos. Univ. im Kujbyševa **133** ('56) 85–90 [russ.]. — *L. Ė. Rotman, Die Rolle des Akademiemitglieds M. A. Usov bei der Entwicklung der sowjetischen Petrographie: Uč.Zap. leningr. gos. pedagog. Inst. im. Gercena **172** ('58) 253–58 [russ.]. — Vestn. Akad. Nauk SSSR **1939**, Nr. 2/3, S. 206 (m. Bildn.).

Zur Biobibliogr. *I. V. Lebedev (Biogr.), *O. V. Isakova (Bibliogr.), Michail Antonovič Usov (Moskva '67) 63 S. (m. Bildn. u. Faks.) (Materialy k biobibliografii učenych SSSR, Ser. geol. nauk, 22).

Zur Bibliogr. *O. V. Isakova, Dejstvitel'nyj člen Akademii nauk SSSR Michail Antonovič Usov [Das ordentliche Mitglied der Akademie der Wissenschaften der UdSSR Michail Antonovič Usov] (Moskva '39) 24 S. (Materialy k bibliografii trudov učenych SSSR, Ser. geol., 3).

H. (Redakt.) Poleznye iskopaemye Krasnojarskogo kraja [Die Bodenschätze der Gegend von Krasnojarsk] (Krasnojarsk '38).

MH. (Mitredakt.) Salair (Novosibirsk '36); darin eig. Beitr. S. 14–21: Allgemeiner Überblick über die geologische Geschichte und über die Bodenschätze des Gebirgszugs bei Salair [russ.].

HZ. (Redakt.) Materialy Geol. krasnojarsk. Kraja 1 ('37)–3 ('37).

S. Trudy 1-ogo Kraevogo ėnergetičeskogo s-ezda Zapadnoj Sibiri [Arbeiten der 1. Westsibirischen Energiekonferenz] (Novosibirsk '32) 60–75: Das Steinkohlenbecken von Kuzneck [russ.]. — Mineral'no-syr'evaja baza Kuzneckogo metallurgičeskogo kombinata im. V. I. Stalina. Sbornik statej [Die Mineralrohstoffbasis des Metallurgischen Kombinats von Kuzneck "I. V. Stalin". Sammlung von Aufsätzen] (Tomsk '33) 28–45: Die Gruppe der Eisenerzvorkommen von Tel'bes [russ.]. — Problemy Uralo-Kuzbasskogo kombinata [Probleme des Ural-Kuzbass-Kombinats] 2 (Leningrad '33) 296–306: Elemente der Stratigraphie und der Tektonik des Kohlenbeckens von Kuzneck [russ.]. — Poleznye iskopaemye Zapadno-Sibirskogo kraja [Die Bodenschätze Westsibiriens] 1: Metally [Metalle] (Novosibirsk '34) 6–9: Eisenerze [russ.]; 239–53: Aluminiumerze [~]; 3: Ugli [Kohlen] (Novosibirsk '35) 1–36: Geologische Übersicht über das Kohlenbecken von Kuzneck [russ.]. — Akademiku V. I. Vernadskomu k pjatidesjatiletiju naučnoj i pedagogičeskoj dejatel'nosti [Akademiemitglied V. I. Vernadskij zur 50jährigen wissenschaftlichen und pädagogischen Tätigkeit] 2 (Moskva '36) 883–900: Über die Methoden der Bestimmung des relativen geologischen Alters von magmatischen Gesteinen [russ. m. engl. Zusammenfassg.]. — Trudy Konferencii po genezisu rud železa, marganca i aljuminija [Arbeiten der Konferenz über die Entstehung von Eisen-, Mangan- und Aluminiumerzen], Moskva 1935 (Moskva–Leningrad '37) 161–79: Die Eisenerzlagerstätten Westsibiriens [russ.]. — Congrès géologique international, 17e Session, URSS 1937: Excursion sibérienne: la Sibérie occidentale (M. Tétiaev) (Leningrad '37) 16–25: Aperçu géologo-économique de la Sibérie occidentale; 26–32: Les environs de la ville de Novosibirsk [2]); 66f.: De Novosibirsk à Bielovo [2]); 67–82: La région de Gourievsk dans les monts Salaïr [2]); 104–19: La région du Telbess dans la Chorie montagneuse [1]); russ. im Original: Meždunarodnyj geologičeskij kongress, XVII sessija, SSSR 1937: Sibirskaja ėkskursija: Zapadnaja Sibir' (Leningrad–Moskva '37). — Sbornik poleznych iskopaemych rajonov Novosibirskoj oblasti i Altajskogo kraja. Kratkij perečen' mestoroždenij [Sammelband über die Bodenschätze der Regionen des Gebiets Novosibirsk und des Altai-Gebiets. Kurzes Verzeichnis der Lagerstätten] (Tomsk '38) 7–20: Die geologische Struktur des Gebiets Novosibirsk und des Altai-Gebiets [russ.]. — International geological congress. Report of the 17th session, USSR 1937, 1 (Moskva '39) 635f.: The tectonics of the Kuznetsk basin; 2 ('39) 623–28: Phases and cycles of tectogenesis of the West-Siberian region; 645f.: Compression and expansion in the history of the Earth; 5 ('40) 75–79: The main geochemical epochs of West Siberia; russ. im Original: Trudy XVII Sessii Meždunarodnogo geologičeskogo kongressa, SSSR 1937, 1 (Moskva '39), 2 ('39), 5 ('40). — Geologičeskaja izučennost' i mineral'no-syr'evaja baza SSSR [Der Grad der geologischen Erforschung und die Mineralrohstoffbasis der UdSSR] (Moskva–Leningrad '39) [Stücktitel nicht nachgewiesen] 237–52: Die wissenschaftlichen Forschungsinstitute von „Glavgeologija" vom XVII. bis zum XVIII. Parteitag der KPdSU(B) [russ.]. — Akademiku V. A. Obručevu k pjatidesjatiletiju naučnoj i pedagogičeskoj dejatel'nosti [Dem Akademiemitglied V. A. Obručev zur 50jährigen wissenschaftlichen und pädagogischen Tätigkeit] 2 (Moskva –Leningrad '39) 59–77: Die hyperbasitische Formation Westsibiriens [russ.]. — Trudy naučnoj konferencii po izučeniju i osvoeniju proizvoditel'nych sil Sibiri [Arbeiten der Wissenschaftlichen Konferenz für die Erforschung und Erschließung der Produktivkräfte Sibiriens], Tomsk 1939, 1 (Tomsk '40) 40–50: Grundzüge der geologischen Struktur Westsibiriens und die zukünftigen Aufgaben zur Erforschung von dessen Bodenschätzen [russ.]; 2 ('40) 63–65, 91–94, 167f., 237–39, 254: Diskussionsbeiträge [~]. — Geologija SSSR, 16: Kuzneckij bassejn [Geologie der UdSSR, 16: Das Kuznecker Becken] (Moskva–Leningrad '40) 224–52: Vulkanismus und Metamorphismus der Ablagerungen des Kuznecker Bekkens [russ.]; 264–89: Die Grubentektonik des Kuznecker Beckens [~]. — Voprosy geologii Sibiri [vgl. oben: Gedenkbände] 1 (Moskva–Leningrad '45) 23–30: Fazies und Formationen der Gesteine; 179–87: Geologie der magmatischen Gesteine; 315–27: Grundformen der tektonischen Bewegungen; 328–39: Zyklen, Phasen und Etappen der endogenen geologischen Prozesse; 340–48: Vertikale Zonen der Faltung. [Alle Arbeiten russ. u. engl.].

W. Facii i fazy intruzivov [Fazies und Phasen von Intrusivkörpern] [2](Tomsk '32) 44 S. — Bor'ba za nedra Zapadno-Sibirskogo kraja. Itogi geologorazvedočnych rabot po kraju [Kampf um die Bodenschätze Westsibiriens. Ergebnisse der geologischen Erkundungsarbeit] (Novosibirsk '32) 50 S. — Kakie poleznye iskopaemye nužny dlja černoj metallurgii Zapadno-Sibirskogo kraja [Für die Nichteisenmetallurgie Westsibiriens erforderliche Bodenschätze] (Novosibirsk '33) 35 S. — Kratkij kurs rudnych mestoroždenij [Kurzer Lehrgang über Erzlagerstätten] [2](Tomsk '33) 8 + 200 S. — Ėlementy geomorfologii i geologii rychlych otloženij [Elemente der Geomorphologie und der Geologie lockerer

Ablagerungen] (Tomsk '34) 87 S. — Geologija rudnych mestoroždenij Zapadno-Sibirskogo kraja [Geologie der Erzvorkommen in Westsibirien] (Tomsk '35) 87 S. — Fazy i cikly tektogeneza Zapadno-Sibirskogo kraja [Phasen und Zyklen der Tektogenese Westsibiriens] (Tomsk '36) 209 S. — Strukturnaja geologija [Strukturgeologie] (Moskva–Leningrad '40) 135 S. (m. Bildn.). — Vvedenie v geologiju [Einführung in die Geologie] (Alma-Ata '50) 168 S.

Izvest. Akad. Nauk SSSR, Ser. geol. Quellen der metasomatischen Veränderungen der niedersilurischen Schicht Westsibiriens: **1936**, Nr. 2/3, 281–99 [russ.]. — Trappformationen des Kuznecker Beckens: **1937**, Nr. 4, 743–63 [~]. — Abschluß der Vorbereitung der Mineralrohstoffbasis für die Nichteisenmetallurgie Westsibiriens: **1939**, Nr. 2, 45–52 [~]. — Geotectonic theory of the earth matter development: **1940**, Nr. 1, 3–11 [russ. m. engl. Zusammenfassg.].

Izvest. tomsk. industr. Inst. im. Kirova Geotektonische Theorie der Eigenentwicklung der Erdmaterie: **60** ('39) Nr. 1, 4–13 [russ.]. — Eisenerzlagerstätten des Chakassischen autonomen Gebiets in der Gegend um Minusinsk: **62** ('42) Nr. 1 (Neudruck '44) 19–38 [~].

Narodnoe Chozjajstvo omsk. Oblasti Der Grad der geologischen Erforschung des Gebiets Omsk: **1935**, Nr. 7/8, 69–80 [russ.].

Problemy sovetsk. Geol. Die Tektonik des Kuznecker Beckens: **5** ('35) 118–34 [russ.]. — Das Präkambrium Westsibiriens: 441–43 [~]. — Neue Daten zur Geologie des West-Sajan: 500f. [~]. — Fazies und Phasen von Effusivgesteinen: 795–812 [~]. — Methoden der Durchführung und der Planung der geologischen Prospektierungsaufnahmen: **7** ('37) 695–703 [~].

Razvedka Nedr Allgemeine Ergebnisse der geologischen Erkundungsarbeiten im Kuznecker Becken: **1935**, Nr. 16, 1–7 [russ.]. — Das Zinkerzlager von Salair: **1936**, Nr. 12, 3–8 [~].

Socialističeskoe Chozjajstvo zapadn. Sibiri Für eine gründliche Erforschung des Kuznecker Beckens im zweiten Fünfjahrplan: **1932**, Nr. 5, 46–54 [russ.]. — Tektonisch-geochemische Epochen Westsibiriens: **1936**, Nr. 9, 49–60 [~].

Sovetskaja Geol. Vladimir Afanas'evič Obručev zum 75. Geburtstag: **8** ('38) Nr. 10, 3–12 [russ.]. — Phasen der Tektogenese: Nr. 11, 9–21 [~]. — I. M. Gubkin als Wissenschaftler: **9** ('39) Nr. 4/5, XVI–XVIII [~]. — Die stratigraphische Position der Intrusivkörper: 14–22 [~].

Ugol' Vostoka Geologisches über die unterirdischen Brände im Bergwerk von Prokop'evsk: **1933**, Nr. 7, 7–9 [russ.].

Vestn. Akad. Nauk SSSR Einige grundlegende Aufgaben der theoretischen Geologie: **1939**, Nr. 2/3, 130–33 [russ.].

Vestn. zapadno-sibirsk. geologo-razvedočn. Tresta Die Grundtendenzen der Umstellung der geologischen Projektierungsaufnahme in unserem Gebiet für 1932: **1932**, Nr. 3/4, 1–11 [russ.]. — Die Ergebnisse der Erforschung der Geologie Westsibiriens im Verlauf des 1. Fünfjahrplans: **1933**, Nr. 2/3, 1–27 [~]. — Das Problem des erzreichen Salair: Nr. 4, 1–20 [~]. — Die unterirdischen Brände in der Grube Prokop'evsk - ein geologischer Prozeß: 34–39 [~]. — Die Formationen der Lagerstätten der Bodenschätze des Salair: Nr. 6, 1–26 [~].

Vestn. zapadno-sibirsk. geologo-gidrogeodez. Tresta Die Konferenz über die Stratigraphie des Kuznecker Beckens: **1934**, Nr. 3, 20–30 [russ.]. — Der durch die Struktur begründete Nachweis der nördlichen Fortsetzung des Kuznecker Beckens: Nr. 4, 11–15 [~]. — Zur Methodik der Suche nach Eisenerzen in den hiesigen Bergregionen: 48–53 [~]. — Neue Angaben zur Geologie von Westsibirien: Nr. 6, 13–24 [~].

Vestn. zapadno-sibirsk. geol. Tresta Über die Vorbereitung zum 17. Internationalen geologischen Kongreß: **1935**, Nr. 4, 1–6 [russ.]. — Der geologische Kenntnisstand und die nächsten Forschungsaufgaben im Salair: Nr. 5, 3–16 [~]. — Neue Angaben aus dem Jahr 1935 zur Geologie Westsibiriens: Nr. 6, 16–31 [~]. — Zur Erdölfrage in Westsibirien: **1936**, Nr. 3, 35–41 [~]. — Vorläufige Zusammenfassung neuer Angaben aus dem Jahr 1936 zur Geologie Westsibiriens: Nr. 6, 14–24 [~]. — Die Hauptergebnisse der Arbeiten des Westsibirischen Geologischen Trusts betreffend die Erforschung der Quartärgeologie Westsibiriens: **1937**, Nr. 1, 1–15 [~]. — Die Grundlinien der geologischen Erforschung Westsibiriens im 3. Fünfjahrplan: Nr. 3, 1–7 [~]. — Vladimir Afanas'evič Obručev zur 50jährigen wissenschaftlichen Tätigkeit: Nr. 4, 1–8 [~]. — Allgemeine Ergebnisse der Erforschung der geologischen Struktur Westsibiriens bis zum 20. Jahrestag der Oktoberrevolution: Nr. 5, 1–19 [~].

Vestn. zapadno-sibirsk. geol. Upravlenija Die Tektonik des Kuznecker Beckens: **1940**, Nr. 5, 18–38 [russ.].

Vysšaja Škola Mehr Aufmerksamkeit für den Zeitplan des Studenten: **1937**, Nr. 8/9, 98–101 [russ.].

Vysšaja techn. Škola Vielseitige wissenschaftliche Forschungen. Ergebnisse der wissenschaftlichen Forschungsarbeiten am Lehrstuhl für allgemeine Geologie des Tomsker Industrie-Instituts: **1936**, Nr. 5, 68–76 [russ.].

Mit: [1]) V. S. Baturin; [2]) B. F. Speranskij.

VI **USPENSKY,** James Victor, Math. — Stud., 1909 Ph.D., '17–23 Prof., Univ. Pe-

tersburg → Petrograd; '07–13 Instructor, '13–18 Assist. Prof., '18–29 Prof., Inst. of Engrs. of Ways of Communicat., Petersburg → Leningrad; '11–17 Lector, Univ. for Women, Petersburg; '29 Lector, Univ. of Minnesota, Minneapolis, Minn.; '29–47 Prof., Stanford Univ., Calif.; '26–27 Visiting Prof. in USA: Carleton College, Worthfield; Stanford Univ., Calif.; Univ. of California, Berkeley, Calif. (☒)
* 1883, Mai 11, Urga, Mongolia;
† 1947, Jan. 27, Stanford, Calif.

Nekr. Revue sci. **85** ('47) 576.

W. Introduction to mathematical probability (NewYork–London '37) 9 + 411 S.; Neudruck: ('65) 9 + 411 S. — Elementary number theory (m. M. A. Heaslet) (NewYork–London '39) 10 + 484 S. — Theory of equations (NewYork–London '48) 7 + 353 S.; Neudruck: ('63) 353 S.

American math. Monthly On the problem of runs: **39** ('32) 322–26. — A minimum problem: **40** ('33) 5–10.

Bull. amer. math. Soc. On an expansion of the remainder in the Gaussian quadrature formula: **40** ('34) 871–76.

Mathematicae Notae [Rosario] Elementare Ableitung der Reihen für sin x und cos x: **4** ('44) 1–10. — Ein neuer Beweis des Jacobischen Satzes: 80–89. — Über die arithmetisch-geometrischen Mittel von Gauß, 1: **5** ('45) 1–28; ~ 2: 57–88; ~ 3: 129–61. — — Alle Arbeiten span.

Publicaciones Inst. Mat., Univ. nacion. Litoral Sur la méthode de Laplace dans la théorie de l'attraction des ellipsoïdes homogènes: **5** ('45) 63–71. — Über das Problem des Ruins von Spielern: **7** ('45) 155–86 [span.].

Revista Unión mat. argentina Über ein Problem von John Bernoulli, 1: **11** ('45/46) 141–54; ~ 2: 165–83; ~ 3: 239–55; ~ 4: **12** ('46/47) 10–19. — — Alle Arbeiten span.

Trans. amer. math. Soc. On the expansion of the remainder in the Newton-Cotes formula: **37** ('35) 381–96.

VI **USSOW,** Michail Antonovitch →
VI **USOV,** Michail Antonovič

VI **UTTERBACK,** Clinton Louis. Physik. — 1927–30 Assist. Prof., '30–34 Assoc. Prof., '34–55 Prof., '41–51 Executive Officer of Departm., '42–51 Dir. of Labor., '55 Prof. Emer., Univ. of Washington, Seattle, Wash. (☒)
* 1887, Febr. 2, Cloverdale, Ind.;
†.

S. Proc. 5th Pacific science congress, Canada 1933 (Toronto, Can. '34) 2153–58: Submarine illumination.

Ecology Chemical, planktonic, and optical characteristics of Crater Lake [12])[14]): **23** ('42) 97–102.

J. amer. chem. Soc. Distribution of isotopic water in the sea [21])[18]): **57** ('35) 400–04. — Specific gravities of pure and mixed salt solutions in the temperature range 0 to 25° [4])[18]): **60** ('38) 2616–18. — Electrical conductances of pure and mixed salt solutions in the temperature range 0 to 25° [4])[18]): **61** ('39) 1219–23.

J. Cons. perm. int. Explorat. Mer The radioactivity of sea water [6])[18]): **7** ('32) 358–66. — The electrical conductivity of sea water [17])[18]): **9** ('34) 28–35. — Refractivity-chlorinity-temperature relationships of ocean waters [18])[17]): 35–38. — Absorption of daylight in the North Pacific Ocean [8]): 197–209. — Some meteorological observations [12]): **10** ('35) 315–17. — Variations in components of submarine daylight for 1935 and 1936 [9]): **12** ('37) 305–10. — Measurement of submarine daylight [2])[5])[11])[13])[1]): **13** ('38) 37–57. — Intensity fluctuations in components of solar radiation with atmospheric conditions [15]): **14** ('39) 193–200.

J. marine Res. Radium content of some inshore bottom samples in the Pacific Northwest [16]): **1** ('37/38) 187–91. — Periodic changes in spectral scattering and spectral transmission of daylight in tidal water: **2** ('39) 30–37. — Radium content of ocean bottom sediments from the Arctic Ocean, Bering Sea, Alaska Peninsula, and the coasts of southern Alaska and western Canada [16]): **4** ('41) 132–41. — Radium analyses of marine sediments in northern Pacific and adjacent waters [16]): **7** ('48) 635–43.

J. opt. Soc. America Light penetration in the waters of the San Juan Archipelago [3]): **23** ('33) 333–38. — Light penetration in the waters of southern Alaska: 339–41. — Seasonal changes in components of submarine daylight [19]): **25** ('35) 384–87. — Scattering of daylight in the sea [8]): **26** ('36) 257–59. — A submarine photometer for studying the distribution of daylight in the sea [7]): **28** ('38) 100–02. — Submarine illumination in photometric units [20]): **30** ('40) 136–39.

Physical Rev. Some thermal properties of tantalum [16]): **39** ('32) 1008–11.

Rapports et Procès-verb. Réun., Cons. perm. int. Explorat. Mer Spectral bands of submarine solar radiation in the North Pacific and adjacent inshore waters: **101**, 2 ('36) Nr. 4, 15 S.

Review sci. Instruments A low vapor pressure gauge [10]): **3** ('32) 593–95.

Science [USA] Variations in visible solar light during submarine measurements: **77** ('33) 118 f.

Trans. amer. geophys. Union Oceanographic laboratories, University of Washington [18]): **15** ('34) 218–20. — Submarine illumination: **16** ('35) 250–56. — Radium content of varved clay [16]): **34** ('53) 915–20.

Mit: [1]) A. Angström; [2]) W. R. G. Atkins; [3]) J. W. Boyle; [4]) R. Bremner; [5]) G. L. Clarke; [6]) D. Devaputra; [7]) P. M. Higgs; [8]) W. Jorgensen; [9]) E. K. Miller; [10]) K. Newbury; [11]) H. Pettersson; [12]) L. D. Phifer; [13]) H. H. Poole; [14]) R. J. Robinson; [15]) F. W. Ross; [16]) L. A. Sanderman; [17]) B. D. Thomas; [18]) T. G. Thompson; [19]) E. A. Williams; [20]) R. E. Wilson; [21]) H. E. Wirth.

V, VI **van UVEN,** Marie Johan. Math. (Statistik). — 1913–50 Prof., Landwirtsch. Hochsch. Wageningen. — Ritter d. Ordens d. Niederländ. Löwen; Ehrenbürger von Wageningen.
* 1878, Nov. 7, Gouda;
† 1959, Apr. 11, Wageningen.

Nekr. *N. H. Kuiper, Statistica neerland. **13** ('59) Nr. 3, 255–58 (m. Bildn.).

W. Mathematical treatment of the results of agricultural and other experiments (Groningen–Batavia '35) 6 + 309 S.; [2]('46) 8 + 309 S.

Annals Eugenics Adjustment of a ratio: **9** ('39) 181–202.

Archief Rubbercultuur Nederlandsch-Indië Ausgleichung der Versuchsfeldergebnisse im Gummianbau [1]): **19** ('35) [oder **13** ('29)?] Nr. 1, 27–46 [niederländ.].

Handelingen nederl. natuur- en geneeskund. Congr. Die Mathematik im Dienst der Landwirtschaft: **24** ('33) 4–27 [niederländ.].

Indagationes math. [Amsterdam] Extension of Pearson's probability distributions to two variables, 1: **9** ('47) 477–84; ~ 2: 578–90; ~ 3: **10** ('48) 12–23; ~ 4: 62–67.

Landbouwkundig Tijdschr. Korrelation I und II: **55** ('43) 622–38 [niederländ.]. — Die Entwicklung der Mathematik in den letzten 75 Jahren: **64** ('52) 69–78 [~].

Metron [Rovigo] Compensazione degli errori di un rapporto: **10** ('32) Nr. 3, 185–94.

Proc., Koninkl. nederl. Akad. Wet. Likelihood as conditioned probability: **44** ('41) 947–55. — Extension of Pearson's probability distributions to two variables, 1: **50** ('47) 1063–70; ~ 2: 1252–64; ~ 3: **51** ('48) 41–52; ~ 4: 191–96.

Statistica [Rijswijk] Schiefe und Exzess bei Häufigkeits- und Wahrscheinlichkeitsverteilungen: **1** ('46/47) 145–55 [niederländ.].

Z. Pflanzenernähr., Düng., Bodenkunde Die theoretischen Beziehungen zwischen Ernteertrag und Düngung und deren experimentelle Prüfung: **27** ('33) 162–93.

Mit: [1]) G. Posthumus.

Zum Zweck der Aktualisierung wurden die Biobibliographien bis zum Buchstaben U soweit wie möglich über den vorgegebenen Berichtszeitraum hinaus ergänzt. Im Hinblick auf den im Anschluß erscheinenden Fortsetzungsband VIII und im Interesse einer baldigen Fertigstellung des Bandes VII b sah sich die Sächsische Akademie der Wissenschaften veranlaßt, bei den Buchstaben V–Z die Bibliographien auf den ursprünglich vorgesehenen Berichtszeitraum bis 1962 einzuschränken.

V

V, VI **VACCA,** Giovanni Enrico Eugenio. Math., Geschichte d. Math. u. Naturwiss. — 1924–47 Prof. Storia e Geogr. dell'Asia Orientale, Univ. di Roma. (⊠)
* 1872, Nov. 18, Genova;
† 1953, Jan. 6, Roma.

Nekr. *R. Almagià, Rivista geogr. ital. **60** ('53) 56f. — *G. Bertucciolo, Italia scrive **36** ('53) 59 (m. Schr.verz.). — *E. Carruccio, Boll. Unione mat. ital. (3) **8** ('53) 448–56. — *U. Cassina, Archives int. Hist. Sci. **6** ('53) 300–05; Rend., Ist. lombardo Sci. e Lettere, Parte gen. e Atti uffic. (3) **17** ('53) 185–200 (m. Bildn. u. Schr.verz.). — *M. H. Laurent, Revue Hist. ecclésiast. **48** ('53) 1093. — *L. Petech, Rivista Studi orient. **29** ('54) 153–57 (m. Schr.verz.). — Oriente moderno **33** ('53) 65f. (m. Schr.verz.).

S. Enciclopedia italiana di scienze, lettere ed arti **14** (Milano '32) 549 f.: Euclide; **19** ('33) 181: Induzione (matematica); **20** ('33) 806–10: Leibniz; **21** ('34) 384–88: Logaritmo; **26** ('35) 429–32: Pascal, B.; **31** ('36) 789 f.: Silvestro II Papa; **32** ('36) 731: Stifel,

M.; **33** ('37) 236: Tannery, P.; **34** ('37) 69f.: Torricelli, E.; 105: Toscanelli, P.; 880: Vailati, G.; **35** ('37) 335f.: Viète, Fr.; 655: Wallis, J.; 667f.: Waring, E.; 774: L'opera matematica di J. de Witt; Appendice **II** (Roma '49) 226: Logica matematica. — Storia delle religioni (P. Tacchi Venturi) **1** (Torino '34) 565–604: La religione dei Cinesi. — Atti del III Congresso nazionale di studi romani (C. G. Paluzzi) **4** (Bologna '35) 399–402: Roma negli scrittori cinesi; **5** ('35) 102–04: Gli ultimi anni della vita di due matematici italiani in Roma: Michelangelo Ricci e G. A. Borelli. — Atti del IV Congresso nazionale di studi romani (C. G. Paluzzi) **5** (Roma '38) 88–90: La Società Italiana per il Progresso delle Scienze e la sua biblioteca. — Geografia universale illustrata; la fisonomia attuale del mondo considerata nell'aspetto fisico antropico ed economico (R. Almagià) **4** (Torino '36) 833–1280 [oder 1252?]: L'Asia orientale: La Cina e il Giappone. — Un secolo di progresso scientifico italiano, 1839–1939 (Società italiana per il progresso delle scienze. Anno 100° dalla 1ª riunione degli scienziati italiani) **6** (Roma '39) 173–87: Lingue e letterature dell'Estremo Oriente. — Umanesimo e mondo precristiano (Roma '50): Umanesimo cinese. Cenno storico-introduttivo.

W. Ideali della Cina moderna (Firenze '34) 28 S. (Istituto Italiano per il Medio ed Estremo Oriente, Pubblicazioni varie). — Origini della scienza **1**: Perchè non si è sviluppata la scienza in Cina; **2**: Matematica e tecnica; Origine e sviluppo dei concetti matematici; **3**: Logica matematica e logistica; Sui postulati dell'aritmetica e la loro compatibilità (Roma '46) 62 S. (Quaderni di sintesi, 1).

Acta, Pontificia Acad. Sci. Primo racconto della presentazione di un cannocchiale olandese al principe Maurizio di Nassau nel settembre 1608 e le prime osservazioni celesti: **6** ('42) 111–14.

Alfabeto Corea, nuovo stato indipendente: **1** ('45) Nr. 2.

Archives int. Hist. Sci. Sur l'histoire de la science chinoise: **1948**, 354f.

Astri Notizie sulla cronologia e sul calendario cinese: **2** ('33) Nr. 2, 62–68.

Atti Accad. nazion. Lincei, Cl. Sci. morali, stor. e filol., Rend. Un documento cinese sulla data del ritorno di Marco Polo: (8) **2** ('47) 348–50. — Osservazioni sopra alcune stampe anatomiche cinesi del Gabinetto delle Stampe dell'Accademia dei Lincei: **3** ('48) 41–44.

Atti e Mem. Accad. Sci., Lettere ed Arti Modena Abel e Ruffini: (5) **7** ('47) 203f.

Atti e Mem. Accad. Storia Arte sanit. Osservazioni sopra alcune stampe anatomiche cinesi del Gabinetto delle Stampe dell'Accademia dei Lincei: (2) **14** ('48) Nr. 1.

Atti (Relazioni) Soc. ital. Progr. Sci. Lo studio dei classici negli scritti matematici di Giuseppe Peano: **21**.1932 II ('33) 97–99. — La costante di Eulero e l'aritmetica analitica: **42**.1949 I ('51) 177–80.

Boll. Ist. ital. medio ed estremo Oriente Rassegna culturale (Cina e Giappone): **1** ('35) 11–13, 57–59, 141–43, 199f., 366f. — Filosofia cinese medioevale: 41–45. — Il dramma nella letteratura cinese: 295–99.

Asiatica [Roma] Filosofia cinese moderna: **5** ('39) 10–20.

Boll. R. Soc. geogr. ital. Sui manoscritti dell'opera sul Tibet del padre Ippolito Desideri e sulla nuova edizione inglese del dott. F. De Filippi: (6) **9** ('32) 525–32. — Il Tibet occidentale e le sue vicende nelle relazioni dei viaggi di Giuseppe Tucci (1930–1933): **12** ('35) 597–600.

Boll. Unione mat. ital. Pentagono regolare e dodecaedro regolare: (2) **2** ('39) 66–70. — Sugli specchi ustori di Archimede: **3** ('40) 71–73.

Calendario R. Osservat. astron. Roma La previsione delle eclissi lunari presso i Babilonesi: **9** ('33) 81–83. — Due astronomi cinesi del IV secolo a. Cr. ed i loro cataloghi stellari: **10** ('34) 81–85.

Giorn. Ist. ital. Attuari Sul concetto di probabilità presso i Greci: **7** ('36) 231–34.

Nuova Antol. Studi asiatici: Matteo Ricci apostolo della Cina: **425** ('43) 139–43.

Oriente moderno La prima traduzione araba del Lun yü (Dialoghi) di Confucio: **18** ('38) 184–86. — Una rivista giapponese di studi islamici: **22** ('42) 211f.

Periodico Mat. Sopra una proprietà dei numeri interi: (4) **15** ('35) 251f.

Rend. Semin. mat. e fisico Milano L'opera matematica di Gerolamo Cardano nel quarto centenario del suo insegnamento in Milano: **11** ('37) 22–40.

Rivista geogr. ital. Sull'opera geografica del P. Matteo Ricci: **48** ('41) 66–74.

Svizzera ital. La Svizzera e gli studi cinesi: **8** ('48) 57f.

Ferner ein Aufsatz in der Wochenschrift "1945" [Roma] vom 6. Oktober 1945 u. d. T.: Il popolo cinese ed un suo vero amico (Henri Maspero).

VI **VÄISÄLÄ,** Kalle. Math. — 1922–38 Prof., '34–38 Prorektor, Univ. Turku; '39–60 Prof., '60 Prof. Emer., Techn. Hochsch. Helsinki; '39–57 Doz., Univ. Helsinki; '23–30 Mathematiker, Versicherungsges. Tarmo.

* 1893, Aug. 19, Kontiolahti, Nord-Karelien;

† 1968, Sept. 16, Helsinki.

Zur Biogr. *A. Koivusalo in: Joensuun lyseo 1865–1965 (100-vuotisjulkaisu) (Joensuu '65).

Nekr. *K. Inkeri, Arkhimedes [Helsinki] **1969**, Nr. 1, 27–29 (m. Schr.verz.); S.-Ber. finn. Akad. Wiss. **1969** ('71) 77–85 (m. Bildn.).

W. Vektorianalyysi (Porvoo '54) 159 S.

Suomalaisen Tiedeakatemian Toimituksia, Sarja A Über die Kongruenzaxiome der Geometrie: **44** ('35) Nr. 4, 12 S. — Zur Theorie der geometrischen Wahrscheinlichkeiten: **51** ('39) Nr. 6, 22 S.

Ferner mehrere weitere Lehrbücher in finnischer Sprache: Lehr- und Beispielbuch der Algebra (2 Teile, '45/46); Lehrbuch der Trigonometrie ('47); Lehrbuch der Geometrie ('48); Die Zahlentheorie und die Anfangsgründe der höheren Algebra ('50). — Einige weitere Zeitschriftenaufsätze.

VI **VÄISÄLÄ,** Vilho. Meteorol. — 1919–48 Dir. d. Aerol. Abt., Meteorol. Zentralanst., Helsinki; '19–22 Assist., '26–48 Privatdoz., '48–58 außerord. Prof. u. Dir. d. Meteorol. Inst., '58 Prof. emer., Univ. Helsinki; '30, '37–38 Lehrer, Militärakad. Helsinki; '44– Begründer, Generaldir. u. Präs., Mittari (→ Vaisala) Aktienges.; '60–61 Präs., Finn. Akad. Wiss. — '38 Hällström Preis (Societas Scientiarum Fennica); '54 Prämie (Finn. Akad. Wiss.).
* 1889, Sept. 28, Kontiolahti, Nord-Karelien;
† 1969, Aug. 12, Helsinki.

Erfindungen und Entwicklungen auf dem Gebiet meteorologischer Beobachtungsmethoden, insbesondere Radiosonden.

Zum 70. Geb.tag *L. A. Vuorela, Geophysica [Helsinki] **8** ('60) 1–5 (m. Bildn.). — Vaisala News [Helsinki] Nr. **3** ('59) 3f.

Zur Biogr. *A. Koivusalo in: Joensuun lyseo 1865–1965 (100-vuotisjulkaisu) (Joensuu '65).

Nekr. *L. A. Vuorela, S.-Ber. finn. Akad. Wiss. **1970** ('72) 69–73 (m. Bildn.).

HZ. Geophysica [Helsinki] 1950–1958.

S. Pohjoismainen (19. Skandinaavinen) luonnontutkijain kokous, Helsinki 1936 (Helsinki '36): Die finnische Radiosonde.

W. Handbook of sounding (m. M. Tommila) (Helsinki '47) 70 S. (Mitt. meteorol. Inst. Univ. Helsingfors, 58 = Mitt. meteorol. Zentralanstalt [Helsinki], 31).

Aero [Helsinki] Aerologische Flüge und Pilotbeobachtungen in Schweden während des Polarjahres 1. 8. 1932–31. 8. 1933: **13** ('33) [finn.].

Commentationes physico-math., Soc. Sci. fennica Bestrebungen und Vorschläge zur Entwicklung der radiometeorographischen Methoden: **6** ('32/33) Nr. 2, 10 S. (= Mitt. meteorol. Inst. Univ. Helsingfors, 20). — Über die Wirkung der Windschwankungen auf die Pilotbeobachtungen, 2: Nr. 5, 33 S. (= ~ 21). — Eine neue Radiosonde: **8** ('35/36) Nr. 14, 12 S. (= ~29). — The Finnish radio-sound and its use: **9** ('37/38) Nr. 9, 28 S. (= ~35).

Geophysica [Helsinki] Aerologische Beobachtungen in Finnland in den Jahren 1911–1933: **1** ('35) 17–20 (= Mitt. meteorol. Inst. Univ. Helsingfors, 28 [, 3]. — Solar radiation intensity at the ascending radiosonde: **3** ('48). — Entropy, adiabats and potential temperatures: **4** ('51/53) 4–13. — Gradient wind parabola: 28–30. — Renewed diagram paper (aerogram) for aerological sounding work: 31f. — The lag coefficient of hygroscopic hygrometers: 87–93 (= Mitt. meteorol. Inst. Univ. Helsingfors, 74). — Tracking the satellite 1957α2 "Sputnik I" by means of the Finnish radiotheodolite: **5** ('57) 216–20 (= ~84). — Radiation error of different radiosondes at Payerne, 1956: **6** ('57/58) 1–6 (= ~79). — A graphical method for computing wind values from the Finnish radiotheodolite record [7]): 7–12 (= ~78). — Erik Herbert Palmén sixty years [6]): 127–29. — Some features of aerological sounding dependent on instrument weight: 597–606 (= Mitt. meteorol. Inst. Univ. Helsingfors, 85).

Kuukausikatsaus suomen Sääoloihin Pilotbeobachtungen und Radiosondierungen im Jahre 1946: **40** ('46) Nr. 12, S. 4; ~ 1947: **41** ('47) Nr. 12, S. 4; ~ 1948: **42** ('48) Nr. 12, S. 4 [Alle Beiträge finn.].

Matemaattisten Aineiden Aikakauskirja Radiosonden: **1** ('37) [finn.].

Publ., Organisat. météorol. int. Eine neue Konstruktion des Kleinmeteorographen: Nr. **21** ('35) 2 S. — Bericht über die aerologischen Arbeiten in Finnland während des Polarjahres 1932–1933: 3 S. — Neues Radiosondenmodell: Nr. **27** ('36) 1 S.

S.-Ber. finn. Akad. Wiss. Die aerologische Untersuchung in Finnland während des internationalen Polarjahres 1. 8. 1932–31. 8. 1933: **1933** ('35) 115–22.

Suomalaisen Tiedeakatemian Toimituksia, Sarja A Steiggeschwindigkeit von Pilotballonen. Nach Doppelvisierungen am Observatorium Ilmala [3]): **48** ('37/38) Nr. 5, 23 S. (= Mitt. meteorol. Inst. Univ. Helsingfors, 36). — Ein Gasbarometer: Nr. 7, 6 S. (= ~37). — Über die Elastizität der Kautschukballone, 1: Überdruck, Spannung und Festigkeit: Nr. 8, 19 S. (= ~38). — Einleitung zu: *M. Tommila, *N. Raunio, Aerologische Beobachtungen mit Radiosonden im Sommer 1937 in Spitzbergen (φ = 78°56′ N, λ = 11°58′ E) und in Petsamo (φ = 69°32′ N, λ = 31°15′ E): **53** ('39) Nr. 5, 5–8 (= ~41). —

Bitte Bemerkung S. 5629 vor dem Buchstaben V beachten!

Der Strahlungsfehler der finnischen Radiosonde: **57** ('41) Nr. 1, 63 S. (= ~47).

Suomalaisen Tiedeakatemian Toimituksia, Sarja A I Entropie der atmosphärischen Luft. Theoretische und praktische Unterlagen zu ihrer Bestimmung: Nr. **18** ('43) 60 S. (= Mitt. meteorol. Inst. Univ. Helsingfors, 51). — Theory of the lag coefficient of hygroscopic hygrometers: Nr. **112** ('52) 10 S. (= ~ 71).

Suomalaisen Tiedeakatemian Toimituksia, Sarja A III Solar eclipse as laboratory experiment for checking the radiation error of radiosondes, 1: Total solar eclipse 1945, July 9: **61** ('61) 285–303 (= Mitt. meteorol. Inst. Univ. Helsingfors, 92[a]); ~ 2: Partial solar eclipse 1961, February 15: 303–05 (= ~92[b]).

Suomalaisen Tiedeakatemian Toimituksia, Sarja A VI A method for the direct recording of sounding data on aerological diagram paper. A preliminary report: Nr. **2** ('57) 12 S. (= Mitt. meteorol. Inst. Univ. Helsingfors, 81). — A mixing hygrostat [2]): Nr. **3** ('57) 12 S. (= ~82). — Practicable recording methods for the Finnish radiosonde: Nr. **102** ('62) 27 S. — On radiotheodolite errors: Nr. **114** ('62) 71 S.

Suomen hyönteistieteellinen Aikakauskirja New type of multiple thermohygrostate for use in experimental entomology [5])[1]): **1** ('35) 49–55.

Suomen meteorol. Vuosikirja Meteorologische Beobachtungen im Jahre 1930 [4]): **30**.1930, Teil 1 ('32) 7 + 146 S.; ~ 1931 [4]): **31**.1931, Teil 1 ('33) 7 + 146 S.; ~ 1932 [4]): **32**.1932, Teil 1 ('34) 8 + 150 S.; ~ 1933 [4]): **33**.1933, Teil 1 ('35) 8 + 155 S.; ~ 1934 [4]): **34**.1934, Teil 1 ('36) 7 + 154 S.; ~ 1935 [4]): **35**.1935, Teil 1 ('37) 8 + 156 S.; ~ 1936 [4]): **36**.1936, Teil 1 ('38) 10 + 130 S.; [Berichte für 1937 und 1938 nicht nachgewiesen]. — Die aerologischen Beobachtungen in den Jahren 1932–1933: **32/33**. 1932/1933, Teil 3 ('36) 5 + 2 + 66 S.; ~ 1934–1935: **34/35**.1934/1935, Teil 3 ('38) 9 + 52 S. — — Alle Beiträge finn. u. deutsch.

Suomi Merellä Ein neuer Anemograph: **1934**, 7 S. [finn.].

Mit: [1]) J. Hukkinen; [2]) S. Huovila; [3]) N. Kallio; [4]) J. Keränen; [5]) P. Kontkanen; [6]) L. A. Vuorela; [7]) Y. Wilska.

VI **VÄISÄLÄ,** Yrjö. Astron., Physik, Geod. — 1915–18 Hilfsmathematiker, Lebensversicherungsges. "Suomi"; '18–27 Geodät, Finn. Geodät. Inst., Helsinki; '23–24 stellvertr. Prof., '24–51 ord. Prof., '41–47 Dekan d. Math.-Naturwiss. Fak., '51 Prof. emer., '52–71 Dir. d. Astron.-Opt. Forschungsinst. in Tuorla, Univ. Turku; '21 Begründer u. Präs. d. Astron. Ges. "Ursa" in Helsinki, später einer gleichnamigen Ges. in Turku; Präs., Int. Wiss. Ges. d. Esperantisten. — '55 Dr. h.c. (Univ. Turku). — '39, '42, '44 Donohoe Medal (Astron. Soc. of Pacific).

* 1891, Sept. 6, Kontiolahti, Nord-Karelien;

† 1971, Juli 21, Rymättylä.

Ehrung '61 Kleiner Planet 1573 Väisälä.

Entdeckungen Komet 1939b Väisälä; Komet 1942c Väisälä; Komet 1944b Väisälä. — Zahlreiche Kleine Planeten. — Zahlreiche astronomisch-optische Erfindungen.

Zum 60. Geb.tag Urania [København] **8** ('51) 151.

Zum 70. Geb.tag Festschrift: Commentationes in honorem Yrjö Väisälä die natali eius septuagesimo = Suomalaisen Tiedeakatemian Toimituksia, Sarja A III Nr. **61** ('61) 328 S. (m. Bildn. u. Faks.); darin S. 7–10: *A. I. Virtanen, Yrjö Väisälä 70 years; 11 f.: Schr. verz.-Auszug 37 Nrn.; 15–30: *L. Oterma, Petite histoire des découvertes de Y. Väisälä.

Nekr. *T. J. Kukkamäki, S.-Ber. finn. Akad. Wiss. **1972** ('74) 59–66 (m. Bildn.). — *L. Oterma, Procès-verbaux Séances, Comité int. Poids et Mesures (2) **39** ('71) 129–33 (m. Bildn. u. Faks.); Scienca Revuo **22** ('71) 133–44 (m. Bildn. u. Schr.-verz.).

HZ. (Begründer) Tähtitaivas **1** ('42)–.

S. Tähtitiedettä harrastajille, **2** (Porvoo '38) (Ursan julkaisuja, 2) 25–35: Über die astronomischen Arbeitsstellen in Turku [finn.]. — *W. Jordan, *O. Eggert, *M. Kneißl, Handbuch der Vermessungskunde. 10. Ausgabe (M. Kneißl), **4**, 1 (Stuttgart '58) 482–501: Anwendung des Interferenzkomparators von Väisälä bei Grundlinienmessung. — Sciencaj studoj bazitaj sur originalaj esploroj kaj observoj. Eldonita okaze de la 50-jara jubileo de Internacia Scienca Asocio Esperantista (P. Neergaard) (København '58) 129–32: Über einfache astronomische Objektive [in Esperanto].

Aktuelle Medd. astron. Selsk., København Elemente und Ephemeride zu Komet 1941a Friend-Reese-Honda: Nr. **217** ('41); ~ [1]): Nr. **218** ('41). — Elemente zu Komet 1942c Väisälä: Nr. **243** ('42).

L'Astronomie (BSAF) Eléments au comète 1942c Väisälä: **56** ('42) 78.

Astronomische Nachr. Über den Sternschnuppenfall vom 9. Oktober 1933: **250** ('33) 167f. — Anastigmatisches Spiegelteleskop der Sternwarte der Universität Turku: **254** ('35) 361–64. — Über Spiegelteleskope mit großem Gesichtsfeld: **259** ('36) 197–204. — Beobachtungen von Kleinen Planeten an der Sternwarte der Universität Turku: **267** ('39) 115–18; **269** ('39) 176–79; **271** ('40) 35–40; **272** ('42) 231–35; **274** ('43) 41–47. — Über die Planetenbeobachtungen an der Sternwarte der Universität Turku: **268** ('39) 7–10.

Beob.-Zirk. der Astronomischen Nachr. Elemente und Ephemeride zu Komet 1941a Friend-Reese-Honda: **23** ('41) 17; ~ [1]): 17, 21. — Ephemeride zu Komet 1942b Oterma: **24** ('42) 23. — Elemente und Ephemeride zu Komet 1942c Väisälä: 37, 55.

Ciel et Terre Eléments au comète 1942c Väisälä: **58** ('42) 200.

Circulaire, Union astron. int. [København] Elemente und Ephemeride zu Komet 1941a Friend-Reese-Honda: Nr. **845** ('41); ~ [1]): Nr. **846** ('41), Nr. **847** ('41). — Ephemeride zu Komet 1942b Oterma: Nr. **901** ('42). — Ephemeride und Elemente zu Komet 1942c Väisälä: Nr. **905** ('42), Nr. **906** ('42), Nr. **910** ('42).

Coelum Elemente zu Komet Väisälä: **12** ('42) 52 [ ].

Gazette astron. Elemente zu Komet 1939b Väisälä [1]): **26** ('39) 34 [ ].

J. brit. astron. Assoc. Elements to comet 1939b Väisälä [1]): **49** ('39) 228.

Nachrichtenbl. astron. Zentralstelle, Karlsruhe Auffindung des Otermaschen Kometen (1942 VII) am 26. Okt. 1948. Vorläufige Mitteilung: Nr. **2** ('48) 30.

Nordisk astron. Tidsskr. Komet Friend (1941a) [1]): **22** ('41) 30 [schwed.]. — Komet Väisälä (1942c): **23** ('42) 55f. [~].

Populär astron. Tidskr. Über Planetenbeobachtungen und Instrumentenkonstruktionen an der finnischen Universität in Turku: **19** ('38) 85–94. — Anzeige zu den Kometen 1942b Oterma und 1942c Väisälä: **23** ('42) 76. — Eine astronomische Triangulationsmethode: **29** ('48) 105–10. — Über billige Riesenteleskope: **30** ('49) 98–105. — — Alle Arbeiten schwed.

Popular Astron. Elements to comet 1939b Väisälä [1]): **47** ('39) 282.

Procès-verbaux Séances, Comité int. Poids et Mesures Etalons à bouts en quartz fondu: (2) **26B** ('58) Annexe M 28.

Říše Hvězd Ephemeride zu Komet 1942b Oterma: **23** ('42) 80 [tschech.].

S.-Ber. finn. Akad. Wiss. An astronomical method of triangulation: **1946** ('47) 99–107 (= Informo, Astronomia Observat. Univ. Turku, 2).

Suomalaisen Tiedeakatemian Toimituksia, Sarja A Eine einfache Methode der Bahnbestimmung: **52** ('38/40) Nr. 2, 32 S. (= Informo, Astronomia Observat. Univ. Turku, 1).

Suomalaisen Tiedeakatemian Toimituksia, Sarja A III Das neue Zenitrohr der Sternwarte Turku-Tuorla: Nr. **66** ('62) 14 S. (= Informo, Astronomia-optika Inst., Univ. Turku, 23).

Suomen geod. Laitoksen Julkaisuja Une modification de la méthode extrafocale dans la photométrie stellaire: Nr. **36** ('48) 251–53 (= Informo, Astronomia Observat. Univ. Turku, 4). — Bemerkungen zur Methode der Basismessung mit Hilfe der Lichtinterferenz: Nr. **47** ('55) 12 S. (= Informo, Astronomia-optika Inst., Univ. Turku, 10). — Anwendung der astronomischen Triangulationsmethode [1]): Nr. **53** ('60) 21 S. (= ~19).

Tähtitaivas Genaue Methode zur Beobachtung von Sternbedeckungen: Nr. **10** ('49) [finn. m. Zusammenfassg. in Esperanto]. — Aus mehreren Teilen bestehende Objektivprismen: Nr. **11** ('51) 10–13 [~]. — Über die Verwendung von Teleskopen mit großer Brennweite für astronomische Messungen in Tuorla: Nr. **14** ('54) 10–12 [~]. — "Sternfanggeräte": 13 [~]. — — Zahlreiche weitere Beiträge in dieser Zeitschrift.

Tähtitieteellis-optillinen Seura Astronomisch-Optisches Forschungsinstitut der Universität Turku: **1** ('55) 20 S. (= Informo, Astronomia-optika Inst., Univ. Turku, 14). — Tieteellistä ohjelmaani I – Mia scienca programo I: **3** ('59) 4 S. — Modifications de l'astrolabe: **4** ('61) 8 S. (= Informo, Astronomia-optika Inst., Univ. Turku, 21).

Teknisk Tidskr. Über die Anwendung der Lichtinterferenzen bei Längenmessungen: **65** ('35) 49–52, 57–59 [schwed.].

Turun Yliopiston Julkaisuja, Sarja A Beobachtungen von Kleinen Planeten an der Sternwarte der Universität Turku [1]): **10** ('49/51) Nr. 1, 54 S. (= Informo, Astronomia Observat. Univ. Turku, 5). — Minor planet work at the Astronomical Observatory of the Turku University: Nr. 2, 23 S. (= ~6). — Formulae and directions for computing the orbits of minor planets and comets [1]): Nr. 3, 32 S. (= ~7).

Turun Yliopiston Julkaisuja, Sarja A I Zur Theorie der Kompensatoren: **24** ('56) 24 S. (= Informo, Astronomia-optika Inst., Univ. Turku, 15).

Urania [Barcelona] Nuevo procedimiento para construir telescopios gigantes: **34** ('49) Nr. 220, 89–93.

Urania [København] Einfache Objektive: **8** ('51) 97–102 [dän.].

Zahlreiche weitere Beobachtungsmitteilungen, insbesondere über Kleine Planeten.

Mit: [1]) L. Oterma.

Bitte Bemerkung S. 5629 vor dem Buchstaben V beachten!

VI **VAIDYANATHASWAMY,** R. Math. — 1915 B. A. and '17 M. A. at Presidency College, '17–21 Forschungsstipendiat, '27–52 Reader and Head of the Departm. of Math., Univ. of Madras; '22–25 postgraduate Stud., Univ. of St. Andrews (Ph.D., D.Sc.), Univ. of Edinburgh, Univ. of Cambridge; '26 Lecturer, Benares Hindu Univ., Benares; later on activities (Prof. ?) at Statistical Inst., Calcutta, and Sri Venkateswara Univ., Tirupati, Madras.

* 1894, Okt. 24, Sethalappathy, Tanjore Distr., Madras;

† 1960, März 17, Madras.

Nekr. *A. Narasinga Rao, *V. Ganapati Iyer, Mathematics Student **29** ('61) 1–14 (m. Schr.verz.).

Gesammelte Werke Collected papers (Madras '57) 7 + 589 S. (m. Bildn.).

S. The cultural heritage of India. Sri Ramakrishna centenary memorial publication, **3** (Calcutta '35) 402–09: Mathematics in modern India.

W. A treatise on set topology **1** (Madras '47) 6 + 304 S.; 2. Aufl. u. d. T.: Set topology [2](New York '60) 6 + 305 S.

Bull. Allahabad Univ. Math. Assoc. Mathematical researches in Indian universities: **15** ('51) 33–37.

J. indian math. Soc. The theory of bilinear and double-binary forms: **19** ('31/32) 181–90. — A theorem on apolar quadric loci: 92–94 kursiv. — On the foci of a conicoid: 232 kursiv. — On the affine types of real quadratic forms: **20** ('32/33). — The theory of the pedal line: (N.S.) **1** ('34/35) 143–54. — An extension of the determinant concept based on group characters: 186–98. — On the rational norm curve [1]): 199–202. — On the affine classification of quadric loci: 259–65. — A note on the Morley-Peterson theorem: **2** ('36/37) 144–46. — The algebra of quadratic residues: 239–49. — On the group operations of a Boolean algebra: 250–54. — Canonical basis for ideals in a polynomial domain over a commutative ring with finite basis for ideals [2]): **3** ('38/39) 49–53. — The algebra of cubic residues: **21** ('57/58) 57–66.

J. London math. Soc. On the rational norm curve, 2: **7** ('32) 52–57.

J. Madras Univ., Sect. B A hyper-isogonal Cremona involution of conic-envelopes: **27** ('57) 247–50.

Mathematics Student On the θ-normals of a conic: **1** ('33) 121–30. — Mathematics and modern physics: **4** ('36) 19–32. — Ramaswamy Iyer on pedal tetrads: 107–10. — Foundations of mathematics: **6** ('38) 33–42. — Creative research in modern mathematics: **10** ('42) 12–17. — Partially ordered sets: **12** ('44) 1–6. — Address at the 22nd Conference of the Indian Mathematical Society at Benares 1955: **23** ('55) 163–74.

Proc. indian Acad. Sci., Sect. A A fundamental property of Hart systems of circles: **1** ('34) 67–73. — The apolar invariant of bilinear forms: 315–20. — On the arithmetico-logical symmetric functions of n attributes: **2** ('35) 54–62. — A remarkable property of the integers mod N, and its bearing on group-theory: **5** ('37) 63–75. — Quasi-Boolean algebras and many-valued logics: **8** ('38) 165–70. — On continuous functions of a real variable: **9** ('39) 67–71. — The ideal theory of the partially ordered set: **13** ('41) 94–99. — On the lattice of open sets of a topological space: **16** ('42) 379–86. — On disjunction in intuitionist logic: **17** ('43) 41–45. — On the localisation theory in set topology: **20** ('44) 51–61.

Proc. indian Sci. Congr. On the canonical reduction of Hermitian forms: **19** ('32) 135. — A generalisation of the theory of parallel transference: 136. — The new mathematics (Presidential address): **36** ('49).

Mit: [1]) B. Ramamurti; [2]) T. Venkatarayudu.

V, VI **VAILLANT,** Pierre. Physik. — 1902 Dr. ès sci., '02–06 Chef de travaux, Univ. de Lyon; '06–39 Prof., Univ. de Grenoble.

* 1871, Sept. 25, Cluny, Saône-et-Loire;

† 1947, Jan. 23, La Tronche, Isère.

C.R. hebd. Séances Acad. Sci., Paris Sur un artifice susceptible d'augmenter la précision des mesures spectrophotométriques visuelles: **195** ('32) 487f. — Le passage du courant dans l'iodure de cuivre: **208** ('39) 32–34.

Nature [London] Sixth centenary of the University of Grenoble: **144** ('39) 42.

VI **VAKSELJ,** Anton. Math. — 1922–25 Assist., Philos. Fak., '46–57 ord. Prof., Techn. Fak. ('49– selbständige Techn. Hochsch.), '58–61 Honorarprof. u. '61–71 ord. Prof., Fak. f. Maschinenwesen, Univ. Ljubljana; '25–42 Lyzealprof., '45–46 Gymnasialprof., Ljubljana; '42–45 Beamter d. städt. Finanzabteilg., Ljubljana.

* 1899, Dez. 9, Ljubljana.

Zum 80. Geb.tag *F. Križanić, Obzornik za Mat. in Fiziko **27** ('80) Nr. 2, S. 59 (m. Bildn.).

Zur Biobibliogr. Univerza v Ljubljani, Biografije in bibliografije univerzitetnih učiteljev in sodelavcev

Bitte Bemerkung S. 5629 vor dem Buchstaben V beachten!

[1] (Ljubljana '57) 207 (m. Schr.verz.); **2**: 1956–1966 ('69) 409.

W. Osnove matematike, **1** (Ljubljana '52) 7 + 308 S. — Višja matematika, **2** (Ljubljana '60) 375 + 6 S.

Bull. sci., Conseil Acad. RPF Yougoslavie Algebraische Grundlage der Vektorrechnung: **4** ('58/59) Nr. 1, 7f. — Vektordreibein einer analytischen Funktion: 8f.

C.R. hebd. Séances Acad. Sci., Paris Contribution à la géométrie d'une fonction analytique: **234** ('52) 797–99.

Glasn. mat.-fizički i astron. Faktorhalbgruppen: (2) **12** ('57) 9–16 [m. serbokroat. Zusammenfassg.]. — Algebraische Grundlage der Vektorrechnung: 161–69 [~]. — Vektordreibein einer analytischen Funktion: 171–80 [~].

Mathematische Z. Beiträge zur Flächentheorie: **38** ('33/34) 443–64. — Kreiskurven zweiter Ordnung: **43** ('37/38) 573–617.

Publ. math. Univ. Belgrade Ein Existenztheorem in der Theorie der Flächenverbiegung für den Fall nichtanalytischer Funktionen: **3** ('34) 179–94. — Eine neue Form der Gruppenpostulate und eine Erweiterung des Gruppenbegriffes: 195–211. — Eine Anwendung der linearen Substitution einer komplexen Veränderlichen in der Flächentheorie: **6/7** ('38) 161–70.

Razprave, Slovenska Akad. Znanosti in Umetnosti, Mat.-prirod. Razred La fonction de monodromie de l'équation différentielle linéaire: **3** ('47) 5[?]–18 [sloven. m. französ. Zusammenfassg.]. — Le calcul des matrices des substitutions linéaires du 2ᵉ ordre: 19[?]–39 [~]. — Contribution à la géométrie du triangle: 40[?]–75 [~].

Ferner ein Vorlesungskript: Matematika II (Ljubljana '49) 230 S.

VI **VALASEK,** Joseph. Physik (Optik). — 1922–27 Assist. Prof., '28–40 Assoc. Prof., '41–65 Prof., '65 Prof. Emer., Univ. of Minnesota, Minneapolis, Minn. — '83 Hon. D.Sc. (Univ. of Minnesota).
* 1897, Apr. 27, Cleveland, O.

Bildn. J. appl. Physics [USA] **10** ('39) 270. — Physics Teacher **1** ('63) 217.

S. Encyclopaedia Britannica; a new survey of universal knowledge (H. S. Ashmore) **3** (Chicago, Ill.–London–Toronto '62) 625–28: Binocular instrument; **15** ('65) 384–92: Microscope; **16** ('65) 997–1011: Optics [2]); **19** ('62) 49–51: Refractometer [1]). [Alle Artikel auch in anderen Auflagen].

W. Elements of optics ²(NewYork–London '32) 15 + 254 S. — Introduction to theoretical and experimental optics (NewYork–London '49) 10 + 454 S.

American J. Physics Resolving power: **13** ('45) 50–. — Review of principles of physics, 3: Optics: **17** ('49) 392–.

J. appl. Physics [USA] A survey of crystal optics. With emphasis on the parts finding application in photoelasticity: **10** ('39) 209–21.

Physical Rev. Effects of chemical combination on the x-ray emission spectrum of sulfur: (2) **43** ('33) 612–14. — Infrared absorption by Rochelle salt crystals: **45** ('34) 654f. — Variation of the dielectric constant of Rochelle salt crystals with frequency and applied field strength [3]): **46** ('34) 450–53. — Effect of chemical combination of the Kβ_1 lines of sulfur, chlorine and potassium: **47** ('35) 896–98. — x-Ray emission spectra of sulfides and sulfates: **51** ('37) 832–34. — x-Ray spectroscopic data in regard to the electronic energy bands in potassium and sodium chlorides: **53** ('38) 274–77. — x-Ray emission spectra and electronic energy bands of compounds: **58** ('40) 213–18.

Mit: [1]) N. Bauer; [2]) T. Smith; [3]) A. Zeleny.

VI **VÂLCOVICI,** Victor. Mech. — 1915–18 Außerord. Prof., '18–27 ord. Prof., Univ. din Iaşi; '20 Mitbegründer, '21–30 Rektor, zugleich Dir. d. Labor. f. Mech., Şcoala Politehnică, Timişoara; '30–62 Titularprof., Begründer d. Labor. f. Mech. u. d. Labor. f. Aerodyn., '62 Prof. emer., Univ. din Bucureşti; '23 Begründer d. Wiss. Ges. Timişoara; '31–32 Minister für Öffentl. Arbeit, '32 Justizminister; Präs. d. Rumän. Ges. d. Wiss. — '62 Orden d. Arbeit 1. Kl. u. Ehrentitel "Verdienter Wissenschaftler" (Volksrepubl. Rumänien); mehrere ausländ. Auszeichnungen.
* 1885, Sept. 21 (9), Galatz (→ Galaţi);
† 1970, Juni 21, Bucureşti.

Zur Biogr. *G. Şt. Andonie, Istoria matematicii în România **2** (Bucureşti '66) 326–48 (m. Bildnissen, Faks. u. Schr.verz. 148 Nrn.).

Nekr. *C. Iacob, Analele Acad. Republ. socialiste România (4) **20**. 1970 ('76) 215–24 (m. Bildn.).

H. (Redakt.) *Sir Isaac Newton, Principiile matematice ale filozofiei naturale (Bucureşti '56).

MH. (Chefredakt.) Mecanică teoretică (Bucureşti '59), ²(63); darin eig. Beiträge.

HZ. (Begründer) Bull. sci. Ecole polytechn. Timişoara **1** ('25)–. — (Begründer) Disquisitiones math. et physicae [Bucureşti] **1** ('40)–.

MHZ. (Mitbegründer) Revista mat. Timişoara **1** ('21)–.

Gesammelte Werke Opere (S. Popp), **1**: Mecanică generală şi astronomie (Bucureşti '69) 488 S.; **2**: Mecanică fluidelor şi teoria elasticităţii ('71) 483 S.; **3**: Lucrări diverse ('73) 500 S.

S. C.R. Congrès international des mathématiciens, Oslo 1936, **2** (Oslo '37) 250f.: Sur le sillage derrière un obstacle circulaire. — Omagiu lui Constantin Kiriţescu (Bucureşti '37) 798–802: Über den involutorischen Charakter der Gleichungen der relativen Bewegung [rumän.]. — Darea de seama asupra celui de-al IX-lea Congres al Asociaţiei Române pentru Înaintarea Ştiinţului, Bucureşti 1937 (Bucureşti '37 [?]): Die Konstitution des Atoms [rumän.] (12 S.). — Grigore Antipa. Hommage à son œuvre, 1867–1967 (Bucureşti '38) 663–67: Über einige Konfigurationen der vektoriellen Statik [rumän.]. — Comemorarea lui Spiru Haret (Bucureşti '43) (Publicaţiile Academiei de Ştiinţe din România, Ser. III: Memorii şi monografii, 1) 8–13: Die soziale Mechanik Spiru Harets [rumän.]. — Rolul ştiinţei in formarea spirituală a omului cult (Bucureşti '44 [?]) (~ 10) 1–16: Die Rolle der Mathematik [rumän.]. — *D. Germani, *C. Budeanu, Forţă de inertie. Symposion (Bucureşti '46) (~20): Einleitungs- und Schlußwort [rumän.]. — *S. Burileanu, Curs de mecanică raţională, **2**: Dinamica (Bucureşti '44) 497–501: Über die vektorielle Notation [rumän.]. — Materia şi viaţa (Bucureşti '44) 11–34: Die astronomische Periode der Erde. Kosmogonische Hypothesen [rumän.]. — Problemele fizicei moderne şi energia nucleară (Bucureşti '47) 13–35: Die Grundprinzipien in der modernen Physik [rumän.]; 191–213: Differentialgleichungen in der Physik [~]. — Lucrările celui de al IV-lea Congres al matematicienilor romîni, Bucureşti 1956 (Bucureşti '60) 177–80: Sur les liaisons non holonomes et sur les principes variationnels de la dynamique. — Probleme filozofice ale ştiinţelor naturii. Lucrările Consfătuirii romîno-sovietice din 25–27 iunie 1959 (Bucureşti '60): Über die Grundlagen der Mechanik [rumän.]. — Lucrările Consfătuirii de geometrie şi topologie, Iaşi 1958 (Bucureşti '62) 67–75: Relativistische Modelle des Universums [rumän.]. — Celebrazioni Archimedee del sec. XX, Città di Siracusa 1961, **3**: Simposio di meccanica e matematica applicata (Gubbio '62) 151–60: Sur le principe du travail virtuel.

W. Curs de mecanică, 1: Statică, dinamică punctului şi a sistemelor (Bucureşti '58) 822 S.

Analele Acad. române, Mem. Secţ. şti. Das Unbestimmtheitsprinzip: (3) **13** ('38) 125–44 [rumän.]. — Die Mechanik im Rahmen der positiven Wissenschaften: **21** ('46) 355–81 [~].

Analele econ. şi statist. Das Transportproblem in Rumänien: **16** ('33) Nr. 4/6, 13–28 [rumän.].

Analele şti. Univ. "Al. I. Cuza" Iaşi, Secţ. I Mécanique analytique avec frottement de glissement: (N.S.) **6** ('60) 707–19 [rumän. m. russ. u. französ. Zusammenfassg.].

Archive ration. Mech. and Analysis Nouveau fondement fonctionnel de la mécanique: **5** ('60) 249–62.

Atti Accad. nazion. Lincei, Rend. Sur les principes de Hamilton et de la moindre action: (8) **19** ('55) 441–48. — Sur le mouvement des fluides barotropes: **21** ('56) 288–96. — Sur la loi linéaire de E. P. Hubble concernant la récession des nébuleuses extragalactiques, 1: **24** ('58) 294–300; ~ 2: Autres corrections appliquées à la loi de Hubble: **25** ('58) 474–80.

Ber. Verh. sächs. Akad. Wiss. Leipzig Une extension des liaisons non holonomes et des principes variationnels: **102** ('58) Nr. 4, 39 S.

Buletinul Şedinţelor, Soc. română Şti., Secţ. Mat. Über die Festigkeit der Festkörper in viskosen Flüssigkeiten: **1** ('36) 47f. [rumän.].

Buletin şti., Acad. Republ. popul. române, A Über die Bewegung eines Körpers von variabler Masse, insbesondere der Rakete: **1** ('48/49) 573–85 [rumän.].

Buletin şti., Acad. Republ. popul. române, Ser. Mat., Fiz., Chim. Sur le flambage des barres élastiques: **2** ('50) 167–76. — L'aspect énergétique du flambage des barres élastiques: 219–29. — Sur la ligne élastique d'une barre dans un champ discontinu: 441–52. — Le principe de la superposition concernant les barres élastiques: 519–26. — Sur le problème général de la détermination de la ligne élastique et des conditions de flambage concernant les colonnes fines immergées dans un fluid: 759–67. — — Alle Arbeiten rumän. m. russ. u. französ. Zusammenfassg.

Buletin şti., Acad. Republ. popul. romîne, Secţ. Şti. mat. şi fizice Sur l'approximation des formules asymptotiques pour les fonctions de Bessel: **3** ('51) 87–96 [rumän. m. russ. u. französ. Zusammenfassg.]. — Sur le flambage des colonnes pesantes immergées: 107–15 [~]. — Sur la détermination des zéros des fonctions $J_{\pm 1/3}(z)$, $J_{\pm 2/3}(z)$ et de quelques autres fonctions qui s'y rattachent: 219–25 [~]. — Sur les conditions initiales en mécanique: 303–10 [~]. — Détermination de la longueur critique dans le flambage des colonnes pesantes immergées dans un fluide: 341–75 [~]. — Die Berechnung schwerer Stangen zur Vermeidung des Knickens von Erdbohrerpfeilern: **4** ('52) 109f. [rumän.]. — Sur le mouvement tourbillonnaire des fluides barotropes: 541–45 [rumän. m. russ. u. französ. Zusammenfassg.]. — Sur une théorie des alluvions: 653–60 [~]. — Les lignes de courant et les lignes de tourbillon dans le mouvement permanent d'un fluide idéal, barotrope: **5** ('53) 147–54 [~]. — Sur le théorème des valeurs extrêmes (TVE): **7** ('55) 741–49 [rumän.].

Bull. Math. et Physique pures et appl. Ecole polytechn. Bucarest Sur le mouvement d'un solide rigide: **3** ('32/33) 171–79. — Le problème de l'autoréducteur à l'horizon: **9** ('38) 75–81.

Bull. math. Soc. roumaine Sci. Sur l'équilibre d'un solide rigide appuyé sur une surface: **35** ('33) 255–61. — Sur les théorèmes généraux du mouvement des systèmes: **40** ('38) 245–52.

Bull. sci. Ecole polytechn. Timişoara Das 25jährige Bestehen der Technischen Hochschule Timişoara: **12** ('45) Nr. 1/2, 3–7 [rumän.].

Bull. Sect. sci., Acad. roumaine Sur certains mouvements ayant des trajectoires planes: **23**.1940/41 ('42) 414–19. — Sur certaines intégrales premières des équations du mouvement des systèmes: **25**.1942/43 ('43) 61–75. — Sur le principe de d'Alembert-Lagrange dans le cas des liaisons avec frottement de glissement: **26**.1943/44 ('46) 440–52. — Le principe du "torseur": **27**.1944/45 ('47) 599–611. — Le torseur d'un solide dans un champ de forces centrifuges: **30**.1947/48 ('48 [?]) 70–74.

Comunicările Acad. Republ. popul. române Sur les relations entre les tensions: **1** ('51) 337–39 [rumän. m. russ. u. französ. Zusammenfassg.]. — Le flambage d'une colonne pesante immergée dans un fluide et appuyée de tout son poids au fond: 559–61 [~]. — La solution graphique du problème du flambage des barres élastiques minces pesantes, immergées dans un fluide: 727–30 [~]. — La formule de flambage des colonnes pesantes, immergées dans un fluide et soumises à une forte compression: 905–07 [~]. — Les diagrammes de flambage dans le cas des barres élastiques lourdes, immergées dans un fluide: **2** ('52) 185–88 [~].

C.R. hebd. Séances Acad. Sci., Paris Sur l'équilibre d'un solide appuyé sur une surface élastique: **197** ('33) 739f. — Sur le mouvement relatif d'un solide dans un fluide visqueux: **203** ('36) 1054–56. — Sur les équations du mouvement d'un solide de masse variable: **228** ('49) 52f. — Une extension des liaisons non holonomes: **243** ('56) 1012–14. — Sur une extension des principes variationnels de la mécanique et sur l'existence d'autres principes analogues: 1096–98. — Introduction du frottement de glissement dans la mécanique analytique: **253** ('61) 1651f.

C.R. Séances Acad. Sci. Roumanie Sur la distribution des axes principaux d'inertie: **7** ('43/45) 23–26.

Disquisitiones math. et physicae [Bucureşti] Sur le mouvement d'un solide dans un milieu résistant: **1** ('40) 93–100.

Gazeta mat. [Bucureşti] Prof. Gh. Ţiţeica: **44** ('38/39) 281. — Spiru Haret: **48** ('42/43) 241–44. — Über eine Matrix der Vektorrechnung: 401–05. — Ein Problem der Artilleriemechanik: **49** ('43/44) 279–88. — Eine Verallgemeinerung der Identität von Lagrange: **50** ('44/45) 122–26. — Das Mathematische Institut [in Bukarest]: **51** ('45/46) 665f. — Die Multiplizität isomorpher Vektorsysteme: **52** ('46/47) 70–77. — Über einige neue transzendente Funktionen: **53** ('47/48) 193–96. — — Alle Arbeiten rumän.

Gazeta mat. şi fizică, Ser. A Die Methodik der mathematischen Wissenschaften im Unterricht: **1** ('49) Nr. 2, 51–59 [rumän.]. — Die Rakete als interplanetares Verkehrsmittel: **3** ('51) Nr. 8, 5–20 [~]. — Anton Davidoglu, 1876–1958: **10** ('58) 504f. [~].

Libertatea Die Reform des Mittelschulunterrichts: **1934**, 5–11 [rumän.].

Mathematica [Timişoara, Cluj] Sur la distribution des axes principaux d'inertie: **20** ('44) 113–36. — Sur une interprétation cinématique du tourbillon et sur la rotation des directions principales de la déformation: **22** ('46) 57–65. — The new form of the principle of virtual displacements: (N.S.) **3** ('61) 371–86.

Natura [Bucureşti] Ansprache bei der Feier für die Professoren Ţiţeica und Pompeiu: **12** ('33) Nr. 10, 3– [rumän.]. — Der geistige Beitrag der Wissenschaft zur Bildung des modernen Menschen: **33** ('44) Nr. 1, 4–9 [~].

Revista Fundaţiilor regale Die positiven Wissenschaften (1930–40): **7** ('40) 686–704 [rumän.].

Revista gen. a Învăţămîntului Eine Abiturprüfung in der Prüfungssession September 1929/32: **1933**, Nr. 1/2, 3–18 [rumän.].

Revista mat. Timişoara Über einige Probleme der Vektoralgebra: **25** ('45/46) 39–41 [rumän.].

Revista Univ. "C. I. Parhon" şi Politehn. Bucureşti Le calcul des tiges pesantes dans le forage des terrains pétrolifères: **1** ('52/53) Nr. 2, 22–31 [rumän. m. russ. u. französ. Zusammenfassg.]. — Sur les équations générales du mouvement d'un solide à liaisons: **4** ('55) Nr. 6/7, 77–91 [~].

Analele Univ. "C. I. Parhon" Bucureşti, Ser. Şti. Naturii Sur une équation fonctionnelle [1]): **9** ('60) Nr. 25, 21–24 [rumän. m. russ. u. französ. Zusammenfassg.].

Revue Math. pures et appl. [Bucureşti] Sur le théorème des valeurs extrêmes (TVE): **1** ('56) No. 1, 33–40. — Sur les principes fondamentaux de la théorie de la relativité: **2** ('57) 323–25. — Propriétés minimales du mouvement des systèmes: **3** ('58) 191–206. — Über die Grundbegriffe der Mechanik: **6** ('61) 5–24.

Bitte Bemerkung S. 5629 vor dem Buchstaben V beachten!

Revue Méc. appl. [Bucureşti] Sur les liaisons holonomes et non holonomes: **3** ('58) 365–71. — Bernoulli's surfaces: **6** ('61) 5–32.

România aeriană Die theoretische Untersuchung des Fluges: **17** ('43) Nr. 9, 3– [rumän.]. — Luft und Wasser: Nr. 12, 2– [~].

Schriften dtsch. Akad. Luftfahrtforsch. Über Windkanäle in Rumänien [2]: **7** ('43) 93–103.

Studia Univ. Babeş-Bolyai, Ser. Math.-Phys. Sur un axiome de statique du solide rigide: **7** ('62) 117–20 [rumän. m. russ. u. französ. Zusammenfassg.].

Studii şi Cercetări mat., Acad. Republ. popul. romîne, Bucureşti Les fondements de la mécanique: **7** ('56) 373–98 [rumän. m. russ. u. französ. Zusammenfassg.].

Studii şi Cercetări Mat., Acad. Republ. popul. romîne, Filiala Cluj La nouvelle forme du principe des déplacements virtuels: **13** ('62) 193–206 [rumän. m. russ. u. französ. Zusammenfassg.].

Studii şi Cercetări Mec. apl., Acad. Republ. popul. romîne, Bucureşti Sur les liaisons holonomes et non holonomes: **9** ('58) 811–18 [rumän. m. russ. u. französ. Zusammenfassg.]. — Les surfaces de Bernoulli: **11** ('60) 1507–33 [~].

Z. angew. Math. u. Mech. Über die Widerstandswerte der Relativbewegung eines starren Körpers in einer zähen Flüssigkeit: **17** ('37) 177–80.

Ferner zwei Sammelbände mit Rundfunkvorträgen: "Conferinţe radio" [1] (Bucureşti '35) 270 S., 2 ('40) 288 S. — Ein Rechenschaftsbericht über die Teilnahme der rumänischen Delegation am 6. Internationalen Kongreß für angewandte Mechanik in Paris 1946: "Un voyage scientifique en France" (Iaşi '47) 19 S. — Einige Vorlesungsskripten, darunter: "Introducere în mecanică relaţionistă" (Bucureşti '60) 289 S.

Mit: [1]) D. Vaida; [2]) I. Stroescu.

v, vi **VALIRON,** Georges Jean Marie. Math. — 1931–54 Chargé de cours → Prof. sans chaire, Univ. de Paris; en même temps Prof., Ecole Normale Supérieure, Paris; '40–48 Maître de Conférences, Ecole Polytechnique, Paris. — '39 Prix Petit d'Ormoy, '48 Prix Poncelet, '54 Prix Henri de Parville, '54 Médaille d'or Henri Poincaré (Acad. Sci. Paris). (⊠)

* 1884, Sept. 7, Lyon;

† 1955, März [oder 1954, Dez. ?].

Nekr. *G. Bouligand, Revue gén. Sci. pures et appl. **62** ('55) 67f. — *H. Milloux, Enseignement math. (2) **2** ('56) 217–23. — *J. Pérès, Annales Univ. Paris **25** ('55) 184f. (m. Bildn. nach S. 194).

Zur Bibliogr. Notice sur les travaux scientifiques de M. Georges Valiron (Paris '52) 36 S.

H. Œuvres de Henri Poincaré, publiées sous les auspices de l'Académie des sciences, par la Section de Géométrie, **4** (Paris '50).

S. Verhandlungen des internationalen Mathematiker-Kongresses, Zürich 1932, **1** (Zürich–Leipzig '33) 270–79: Le théorème de Borel-Julia dans la théorie des fonctions méromorphes. — Les grands courants de la pensée mathématique (F. Le Lionnais) (Paris '48) (L'humanisme scientifique de demain, 1) 157–72: Formation et évolution de la notion de fonction analytique d'une variable; Neudruck ('62). — 1er Congrès international de philosophie des sciences, Paris 1949, **3**: Philosophie, mathématique, mécanique (Paris '51) (Actualités scientifiques et industrielles, 1137 = Philosophie, 17) 27–35: Les notions de fonction analytique et de surface de Riemann. — Atti del IV Congresso dell'Unione Matematica Italiana, Taormina 1951, **2** (Roma '53) 239–43: Sur une construction de H. Poincaré.

W. Cours de mathématiques générales (Paris '36) 460 S. [Vorlesungsskript]. — (Neubearb.) *P. Appell, Analyse mathématique à l'usage des candidats au certificat de mathématiques générales et aux grandes écoles, **1**: Analyse des courbes, surfaces et fonctions usuelles, intégrales simples [5](Paris '37) 8 + 400 S.; **2**: Equations différentielles, développements en séries, nombres complexes, intégrales multiples [5]('38) 306 S.; 6. Aufl. in 1 Band: [6]('51) 850 S. — Sur les valeurs exceptionnelles des fonctions méromorphes et de leurs dérivées (Paris '37) 55 S. (Actualités scientifiques et industrielles, 570 = Exposés sur la théorie des fonctions, 9). — Directions de Borel des fonctions méromorphes (Paris '38) 70 S. (Mémorial des sciences mathématiques 89). — Fonctions de variables réelles (Paris '40) 368 + 2 S. [Vorlesungsskript]. — Cours d'analyse mathématique, **1**: Théorie des fonctions (Paris '42) 2 + 522 S., [2]('48) 2 + 523 S., Neudruck ('55), [3]('66); **2**: Equations fonctionnelles; applications (Paris '45) 2 + 607 S., [2]('50) 2 + 607 S. — Lectures on the general theory of integral functions. Neudruck (New York '49) 11 + 208 S. — Fonctions analytiques (Paris '54) 236 S. — Fonctions entières d'ordre fini et fonctions méromorphes (P. H. Milloux) (Genève '60) 150 S. (Monographies de l'Enseignement mathématique, 8) [Nach einem Manuskript von Vorlesungen in Kairo und Alexandria].

Anales Soc. ci. argentina Las nociones de area y de volumen: **149** ('50) 185–95.

Annali Mat. pura ed appl. Surfaces de Riemann simplement connexes dont des points de ramification sont donnés: (4) **29** ('49) 321–26.

Annali R. Scuola norm. sup., Pisa Méthodes de sommation et directions de Borel: (2) **2** ('33) 355–80.

Atti reale Accad. nazion. Lincei, Rend. Remarques sur un critère de normalité de M. Minetti: (6) **21** ('35) 145–48.

Boletín Fac. Ing. Montevideo Sobre algunos puntos de teoría de las funciones analíticas: **3** ('46) 185–206.

Bull. math. Fac. Sci. et grandes Ecoles Les théorèmes de M. Bloch sur la cyclide de Dupin: **1** ('34) 293–303.

Bull. Sci. math. Points de Picard et points de Borel des fonctions méromorphes dans un cercle: (2) **56** ('32) 10–32. — Sur la derivée angulaire dans la représentation conforme: 208–11. — Sur une classe de développements en série: **58** ('34) 22–40. — Sur les directions de Borel des fonctions méromorphes d'ordre nul: **59** ('35) 298–320. — Remarque sur les domaines complets d'univalence des fonctions entières: **63** ('39) 132–38. — Sur le domaine couvert par les valeurs d'une fonction algébroïde finie: **64** ('40) 199–206. — Remarques sur les domaines d'univalence des fonctions entières d'ordre inférieur à $\frac{1}{2}$: **71** ('47) 25–32. — Remarque sur la représentation approchée par des polynomes des fonctions continues de plusieurs variables: **72** ('48) 9–12. — Sur le rayon de convergence de la série de Lagrange: **73** ('49) 116–22. — Des théorèmes de Bloch aux théories d'Ahlfors: 152–62. — Fonctions entières et équations différentielles: **76** ('52) 144–48.

Bull. Soc. math. France Fonctions convexes et fonctions entières: **60** ('32) 278–87.

Compositio math. Sur une classe de fonctions entières admettant deux directions de Borel d'ordre divergent: **1** ('34) 193–206. — Sur les domaines d'univalence des fonctions entières d'ordre nul: **3** ('36) 129–35.

C.R. hebd. Séances Acad. Sci., Paris Sur les directions de Borel de certaines fonctions entières: **194** ('32) 1305–08; ~ d'ordre infini: 1552–55, 1868. — Sur quelques conséquences des théorèmes de M. Ahlfors: 1790–92. — Généralisations de théorèmes de MM. Lindelöf et Phragmén: **196** ('33) 748–50. — Sur une classe de fonctions entières admettant deux directions de Borel d'ordre ϱ divergent: 1458–60. — Sur les singularités des fonctions holomorphes dans un cercle: **198** ('34) 2065–67. — Sur les systèmes de fonctions entières: **200** ('35) 520–23, 1696. — Sur le nombre des singularités transcendantes des fonctions inverses d'une classe d'algébroïdes: 713–15. — Sur les directions de Borel des fonctions méromorphes d'ordre nul: 1008–10, 1499. — Sur une généralisation du théorème de Schottky: 1825–28. — Sur les variations du module des fonctions entières ou méromorphes: **204** ('37) 33–35. — Sur les courbes de module constant des fonctions entières: 402–04. — Sur un critère de famille normale: **205** ('37) 890–92. — Sur les directions de Borel des fonctions méromorphes d'ordre infini: **206** ('38) 575–77. — Sur les directions de Borel des fonctions algébroïdes méromorphes d'ordre infini: 735–37. — Sur les surfaces de Riemann définies par certaines fonctions entières: **208** ('39) 711–13. — Sur l'approximation des nombres réels et un théorème de M. Teissier du Cros: **219** ('44) 45–47. — Valeurs exceptionnelles et valeurs déficientes des fonctions méromorphes: **225** ('47) 556–58. — Sur un théorème de Poincaré: **228** ('49) 43f. — Sur les valeurs déficientes des fonctions méromorphes d'ordre nul: **230** ('50) 40–42, 491.

C. R. Séances Soc. math. France Remarques sur un théorème de M. Mandelbrojt: **1938** ('39) 26–28.

Enseignement math. Fonctions entières d'ordre fini et fonctions méromorphes, 1: (2) **4** ('58) 1–18; ~ 2: 124–56; ~ 3: 157–77; ~ 4: 229–71; ~ 5: **5** ('59) 1–28.

J. Analyse math. Sur les valeurs déficientes des fonctions algébroïdes méromorphes d'ordre nul: **1** ('51) 28–42 [m. hebräischer Zusammenfassg.].

J. Math. pures et appl. Sur les singularités de certaines fonctions holomorphes et de leurs inverses: (9) **15** ('36) 423–35. — Sur une équation fonctionnelle et certaines suites de facteurs: **17** ('38) 405–23. — Division en feuillets de la surface de Riemann définie par $w = \frac{e^z - 1}{z} + h$: **19** ('40) 339–58. — Fonctions analytiques et équations différentielles: **31** ('52) 293–303.

Mathematica [Cluj] Sur le minimum du module des fonctions entières d'ordre inférieur à un: **11** ('35) 264–69.

Mémorial Artillerie franç. Note sur l'interpolation: **20** ('46) 149–61.

Proc. math. and physic. Soc. Egypt Sur l'interpolation par les fonctions méromorphes: **4** ('49) 23–26.

Proc. nation. Acad. Sci. USA Entire functions and Borel's directions: **20** ('34) 211–15.

Publ. math. Univ. Belgrade Sur les singularités des fonctions définies par les séries de Taylor: **6/7** ('38) 283–89.

Publicaciones Fac. Ci. fisico-mat., Univ. nacion. La Plata, Ser. 2 Continuación analítica y funciones enteras: **4** ('47) 59–75.

Publicaciones Inst. Mat. y Estadíst., Montevideo Sobre algunos puntos de la teoría de las funciones analíticas: **1** ('47) Nr. 6, 137–58.

Rend. Circolo mat. Palermo Remarques sur les valeurs exceptionnelles des fonctions méromorphes: **57** ('33) 71–86. — Sur une classe de fonctions algébroïdes d'ordre nul: (2) **1** ('52) 63–70.

Revista Unión mat. argentina Directions de Julia et directions de Picard des fonctions entières: **12** ('46/47) 49–54. — Généralités sur les fonctions entières: 105–17. — Les fonctions entières d'ordre nul: 168–80. — Le théorème de Picard: 181–93. — Le théorème et le programme de Borel: 297–309. — Chemins de détermination: 310–25. — Remarques sur un théorème de S. Bernstein: **13** ('48) 141–44.

Tôhoku math. J. Croissance et zéros des fonctions entières définies par certaines séries d'exponentielles: **38** ('33) 358–74.

VI **VALLARTA,** Manuel Sandoval. Physik (theoret.). — 1917–22 Stud., '23–26 Research Assoc., '24 D.Sc., '26–30 Assist. Prof., '30–38 Assoc. Prof., '39–46 Prof., Massachusetts Inst. of Technol., Cambridge, Mass.; '35–36 Prof. invité, Univ. de Louvain; '39, '48 Research Assoc., Carnegie Inst. of Washington; '43–45 Prof., '46–63 Prof. investigador, '44–45 Dir. del Inst. de Física, '45–46 Coordinador de Ciencias, Univ. Nacion. Autónoma de México; '44–47 Dir. general, Inst. Politecn. Nacion. de México; '48 Visiting Prof., Tata Inst. of Fundamental Research, Bombay, India; '49 Visiting Research Assoc., Inst. for Advanced Studies, Princeton, N.J.; '56 Visiting Prof., Lawrence Radiat. Labor., Univ. of California, Berkeley, Cal., and California Inst. of Technol., Pasadena, Cal.; '43–51 Pres., Comisión Impulsora y Coordinadora de la Investigac. Cient., México; '44–46 Pres., Acad. Nacion. Ci., México; '46 Chief Representative of Mexico, United Nations Atomic Energy Commiss.; '51–63 Pres., Inst. Nacion. de la Investigac. Científica, México; '53–58 Subsecretario de Educac. Publ., México; '60 Pres., Consejo Latinoamer. de Radiac. Cósmica, Rio de Janeiro; '61–74 Pres., Consejo directivo, Inst. Mexicano-Norteamer. de Relaciones Culturales; '64 Pres., Consiglio Scient. del Centro int. de Fisica Teoret., Trieste; '64 Pres., Consejo Latinoamer. de Física del Espacio, Buenos Aires; '72–77 Subdir. cient., Inst. Nacion. de Energía Nuclear. — '33 Dr. h.c. (Univ. Nacion. Autónoma de México); '42 Dr. h.c. (Univ. Michoacana de San Nicolás de Hidalgo, Morelia, Michoacán, Méx.); '52 Prof. hon., Univ. de Buenos Aires; '57 Prof. hon., Univ. Mayor de San Andrés, La Paz, Bolivia; '65 Dr. h.c. (Univ. de las Américas, México, D.F.). — '46 Premio Manuel Avila Camacho (México); '52 Chevalier de la Légion d'Honneur (France); '52 Medalla "Luis G. León" (Soc. Astron. Mexicana); '61 Premio Nacion. de Ci. Exactas (México).
* 1899, Febr. 11, México, D.F.;
† 1977, Apr. 18, México, D.F.

Ehrung Simposium de física teórica en homenaje a Manuel Sandoval Vallarta de la Sociedad Mexicana de Física, México, D. F., 1974.

Zur Biogr. *J. F. Valdés, Vida y obra del Dr. M. S. Vallarta: Revista mexicana Física **24** ('75) Nr. 1/2, 1–3. — *R. Gall, Obra científica del Prof. M. S. Vallarta: ibid., 5–9. — *M. Moshinsky, M. S. Vallarta y su labor académica en México: ibid., 11–13.

Nekr. *H. Elliot, Nature [London] **267** ('77) 566.

H. Memoria, V Congreso internacional de radiación cósmica, Guanajuato, Méx., 1955 (México, D.F. '58).

S. Proc. 8th American scientific congress, Washington, D.C., 1940, **7**: Physical and chemical sciences (Washington, D.C. '42) 29–38: El campo magnético terrestre y su influencia sobre la radiación cósmica. — Ideological differences and world order; studies in the philosophy and science of the world's cultures (F. S. C. Northrop) (New Haven, Conn. '49): The impact of politics on science. — New research techniques in physics. Symposium, Rio de Janeiro–São Paulo 1952 (Rio de Janeiro '54) 9–: Sobre la relación entre la radiación electromagnética y la radiación cósmica emitides por el Sol; 57–: El espectro de energía de la radiación cósmica primaria determinada por las intensidades de neutrones. — Proc. International conference of theoretical physics, Kyoto–Tokyo 1953 (Tokyo '54) 57–69: On the albedo effect of cosmic rays. — El Colegio Nacional a Alfonso Reyes, uno de sus miembros fundadores, en su cincuentenario de escritor (México, D.F. '56) (Colegio Nacional, Biblioteca, 13) 145–: Dos descubrimientos científicos de nuestro siglo. — Encyclopaedia Britannica; a new survey of universal knowledge **10** (Chicago, Ill.–London–Toronto '57) 663–67: Gravitation, 1: Theories of gravitation. [Auch in anderen Ausgaben]. — Memoria de la II Asamblea regional de la Sociedad Mexicana de Física (— '59) [nicht nachgewiesen] 67–: Sobre el origen del anillo de radiación de alta intensidad que circunda la Tierra. — Handbuch der Physik (S. Flügge) **46**, 1: Kosmische Strahlung 1 (Berlin–Göttingen–Heidelberg '61) 88–129: Theory of the geomagnetic effects of cosmic radiation. — Proc. 5th Interamerican seminar on cosmic rays, La Paz, Bolivia, 1962, **1** (La Paz, Bolivia '62) 25–: Discurso inaugural; III/1–: Sobre la cavidad formada en el plasma solar por el campo magnético terrestre y el umbral de energía de la radiación cósmica.

W. An outline of the theory of the allowed cone of cosmic radiation (Toronto '38) 56 S. (University of Toronto studies, Applied mathematics series, 3).

Anales Inst. Geofis., Univ. nacion. autónoma México Sobre la relación entre la radiación electromagnética y la radiación cósmica emitidas por el Sol: **1** ('55) 134–. — On the albedo effect of cosmic rays: 140– [ ].

Annales Soc. sci. Bruxelles, Sér. A Contributions à la théorie des effets de latitude et d'asymétrie des rayons cosmiques, 4: Calcul d'une famille d'orbites asymptotiques [13]): **56** ('36) 102–30.

Anuario Observat. astron. nacion. Tacubaya Una recién llegada a la física cósmica: La radiación cósmica: **59** ('39) 271–79.

Boletín Soc. mat. mexicana Aspectos físicos de la teoría de la gravitación de Birkhoff: **1** ('44) No. 4/5, 47–53. — Nota sobre las raíces de algunas ecuaciones trascendentes: **2** ('45) 13f.

Boletín, Soc. mexicana Física En memoria de Alberto Einstein: **1** ('56) 19–. — Perspectivas del uso de la energía nuclear para usos pacíficos en México: **4** ('59) No. 2, 3–.

Ciencia [México] La radiación cósmica: **1** ('40) 289–. — El subjetivismo de Eddington: 386–90. — Aspectos físicos de la teoría de la gravitación de Birkhoff: **6** ('45) 9–.

Cuadernos americanos Diez años de teoría de la radiación cósmica primaria: No. **14** ('44) 69–. — En conmemoración del séptimo año de Cuadernos Americanos: No. **44** ('49) 78–. — La bomba: 149–. — La responsabilidad moral del hombre de ciencia: No. **56** ('51) 43–. — México en la Comisión de Energía Atómica de las Naciones Unidas: No. **90** ('56) 66–. — Ciencia y política: No. **100** ('58) 23–. — La situación energética de México: No. **115** ('61) 51–.

J. Franklin Inst. Present status of the theory of the effect of the Earth's magnetic field on cosmic rays: **227** ('39) 1–29.

Lectura [México] Algo más sobre el subjetivismo de Eddington: No. **20** ('41) 239–.

Memoria Colegio nacion. El desarrollo contemporáneo de las ciencias matemáticas y físicas en México: **1** ('46/49) No. 2, 19–. — El nombre del elemento 23 [1]): No. 3, 21–. — Sobre el mecanismo de los aumentos bruscos de la radiación cósmica que acompaña a algunas erupciones solares [6])[8]): 29–40. — La energía de la radiación cósmica permitida por el campo magnético de la Tierra: 41–. — Sobre el espectro de la radiación cósmica primaria en la región de la energía baja y el momento del dipolo magnético del Sol [17]): No. 4, 9–. — Sobre el espectro de energía de la radiación cósmica primaria y cálculo de experimentos de cohetes fuera de la atmósfera: 15–. — Sobre el espectro de energía de los núcleos pesados de la radiación cósmica primaria: 17–. — Los peligros de las bombas atómicas: **3** ('54/57) No. [1] [Gesamtno.] 9, 33–. — Radiactividad atmosférica y precipitación radiactiva: No. 4, 27–. — Coordenadas geomagnéticas y radiación cósmica [7])[14]): 33–. — En memoria de Max Planck: **4** ('58/61) No. 1, 21–. — La situación energética de México: No. 3, 11–. — Palabras pronunciadas en la ceremonia de entrega del Premio Nacional de Ciencias: No. 4, 197–.

Memorias y Rev. Acad. nacion. Ci. Investigaciones sobre la relación entre la teoría del quantum y la teoría de la relatividad: **53** ('35) 339–47.

Nature [London] Longitude effect of cosmic radiation and the position of the Earth's magnetic centre: **139** ('37) 24f. — Cosmic rays and the magnetic moment of the Sun: 839. — The name of element 23 [1]): **160** ('47) 163f. — Cosmic rays and the magnetic field of the Moon: **161** ('48) 646f.

Onda [Monterrey] The determination of the sign and the energy spectrum of primary cosmic radiation [16])[15]): **1947** [ ].

Physical Rev. Relativity and the uncertainty principle [18]): (2) **40** ('32) 569–77. — The relativistic Thomas-Fermi atom [18]): **41** ('32) 708–12. — On Compton's latitude effect of cosmic radiation [13]): **43** ('33) 87–91. — The interpretation of the azimuthal effect of cosmic radiation: **44** ('33) 1–3. — On the north–south asymmetry of cosmic radiation [13])[4]): **47** ('35) 434–36. — On the longitude effect of cosmic radiation: 647–51. — On the geomagnetic analysis of cosmic radiation [13]): **49** ('36) 719–26. — On the allowed cone of cosmic radiation [13]): **50** ('36) 493–504. — Galactic rotation and the intensity of cosmic radiation at the geomagnetic equator [10])[12]): **55** ('39) 1–5. — The scattering of cosmic rays by the stars of a galaxy [5]): 506f. — Are there multiple charged primary particles in cosmic radiation?: 583. — On Birkhoff's new theory of gravitation [2])[3])[10]): **66** ('44) 138–43. — The determination of the sign and the energy spectrum of primary cosmic radiation [16])[15]): **71** ('47) 393–98. — On the magnetic field of the Milky Way and its effect on cosmic radiation: **72** ('47) 519. — On the energy of cosmic radiation allowed by the Earth's magnetic field: **74** ('48) 1837–40. — On the low energy spectrum of primary cosmic radiation and the Sun's magnetic dipole moment [17]): **76** ('49)

Bitte Bemerkung S. 5629 vor dem Buchstaben V beachten!

1889f. — On the energy spectrum of heavy nuclei in primary cosmic radiation: **77** ('50) 419f. — Geomagnetic coordinates and cosmic radiation [7)][14)]: **109** ('58) 1403f.

Physics today Mexico: **2** ('49) 26–.

Proc. nation. Acad. Sci. USA Remarks on Zwicky's paper "On the formation of clusters of nebulae and the cosmological time scale": **26** ('40) 116f.

Reviews modern Physics Time variations of cosmic rays: A theory of world-wide periodic variations of the intensity of cosmic radiation [9)]: **11** ('39) 180–90. — Composition of cosmic rays: The determination of the energy spectrum of primary cosmic rays: 239f. — On the mechanism of sudden increases of cosmic radiation associated with solar flares [6)][8)]: **21** ('49) 44–48 [Diskussion S. 49f.]. — Galactic rotation effect and the origin of cosmic radiation: 356.

Revista mexicana Física El Simposio de física en el Brasil: **1** ('52) 204–.

Telescope A newcomer to cosmic physics: Cosmic rays: **5** ('38) 54–, 83–.

Trans. amer. geophysic. Union Geographic asymmetries of cosmic rays as related to the earth's magnetization [11)]: **18** ('37) 151–55.

Yearb., Carnegie Instn. Washington Motion of cosmic ray particles in the geomagnetic field: **39** ('40); **40** ('41).

Mit: [1)] A. Arnaiz y Freg; [2)] A. Barajas; [3)] G. D. Birkhoff; [4)] L. Bouckaert; [5)] R. P. Feynman; [6)] S. E. Forbush; [7)] R. Gall; [8)] P. S. Gill; [9)] O. Godart; [10)] C. Graef; [11)] W. P. Jesse; [12)] S. Kusaka; [13)] G. Lemaître; [14)] J. Lifshitz; [15)] J. de Oyarzábal; [16)] M. L. Perusquía; [17)] M. A. Pomerantz; [18)] N. Rosen.

VI **VALLAURI,** Giancarlo. Elektrotechn. — 1926–52 Prof. ord., '26–34 [?] Dir. della Scuola di Perfezionamento in Elettrotecn. "Galileo Ferraris", '33–38 Dir., R. Scuola d'Ingegneria di Torino = Politecnico di Torino; '34 Fondatore, '34–50 Pres., Ist. Elettrotecn. Nazion. "Galileo Ferraris", Torino; '27–29 Pres., Associazione elettrotecnica Italiana, Milano; '29–44 Vice-Pres. per la Classe delle Sci. fisiche, mat. e natur., R. Accad. d'Italia; '33–45 Pres., Gruppo Soc. Idroelettr. Piemonte; '34–43 Pres., Ente Ital. per le Audizioni Radiofoniche; '41–43 Pres., Consiglio Nazion. delle Ricerche; '54 [anche prima e poi?] Vice-Pres., Accad. Sci. Torino; Pres. della Commissione consultativa, Radio Audizioni Ital. — '16 Premio Marco Grassi (Accad. Sci. Napoli); '18 Cavaliere e '35 Commendatore dell'Ordine dei SS. Maurizio e Lazzaro, '24 Grande Ufficiale dell'Ordine della Corona d'Italia (Italia); '22 Officier de la Légion d'Honneur (France); '25 Premio Emanuele Jona (Assoc. Elettrotecn. Ital.); Medaglia d'oro dei Benemeriti della Scuola (Ministero della Pubbl. Istruzione).
* 1882, Okt. 19, Roma;
† 1957, Mai 7, Torino.

** Vorbemerkung: Die Ziffern in ⟨. . .⟩ bezeichnen die Heftnummern der Publikationen des "Istituto Elettrotecnico Nazionale Galileo Ferraris", in denen die betreffenden Arbeiten gleichzeitig erschienen sind.

Zur Biogr. Annuario reale Accad. Italia **4**.1931/32 ('33) 236f. (m. Schr.verz.-Auszug); **5**.1932/33 ('34) 199f. (~); **6**.1933/34 ('35) 210f. (~); **7**.1934/37 ('38) 244f. (~). — Annuario pontificia Accad. Sci. **1**.1936/37 ('37) 744–49 (m. Bildn., Faks., Schr.verz.).

Zum 70. Geb.tag *K. W. Wagner, Archiv elektr. Übertrag. **6** ('52) 397f. (m. Bildn.).

Nekr. *A. Carrer, Atti Accad. Sci. Torino **92** ('57/58) 149–54 (m. Bildn.), *P. Lombardi, ibid. 155–60: Schr.verz. ⟨492⟩. — *C. Egidi, Radio Industria **19** ('57) Nr. 9, 37f. (m. Bildn.) ⟨490⟩. — *H. Frühauf, Jahrb. dtsch. Akad. Wiss. Berlin **1963** ('64) 189f. — *R. Gatti, *C. Chiodi, Energia elettr. **34** ('57) 620f. (m. Bildn.) ⟨489⟩. — *F. Giordani, Elettrotecnica **48** ('58) 350–53; Ricerca sci. **28** ('58) 929–39. — *D. Graffi, Boll. Unione mat. ital. (3) **12** ('57) 351f. — *P. Lombardi, Alta Frequenza **26** ('57) 98–112 (m. Bildn. u. Schr.verz.) ⟨488⟩. — *R. Sartori, Annuario, Politecnico Torino **1956/57**, 331–38 (m. Bildn.) ⟨491⟩.

Teilsammlung (anläßlich des 100. Geb.tags) G. Vallauri, Elettrotecnica, Radiotecnica. Contributi scientifici ([L. Piglione, C. Egidi]) (Torino '85) 364 S. (m. Biogr. S. IV, Bildnissen S. V u. Schr.verz. S. 361–64); darin: XIII–XVI: *N. Carrara, Commemorazione; XVII–XXV: *A. Gigli, Ricordando Giancarlo Vallauri.

MHZ. Alta Frequenza **1** ('32)–**26** ('57). — Elettrotecnica **1** ('14) ff.

S. Atti del Congresso internazionale di telegrafia e telefonia, Como 1927 (Roma '32): Misure assolute di frequenze radiotelegrafiche. — La parola nel mondo. Collana di conferenze e prolusioni (F. Scarrone), Serie **1**, Nr. 2 (Padova '33) 35–72: Luigi Amedeo di Savoia-Aosta, duca degli Abruzzi; [Serie **1** oder **2**?] Nr. 3 ('38) 93–110: Marconi; commemorazione.

Bitte Bemerkung S. 5629 vor dem Buchstaben V beachten!

Gravitation und Kosmos

Beiträge zu Problemen der Allgemeinen Relativitätstheorie

Herausgegeben von Renate Wahsner

1988. Ca. 190 Seiten – 4 Abbildungen – 17 × 24 cm – Leinen

DDR ca. 35,– M; Ausland ca. 35,– DM

ISBN 3-05-500 417-5

Bestell-Nr. 763 754 3

Bestellwort: Gravitation/Kosmos 9078

Das Buch ist Akademiemitglied H.-J. Treder anläßlich seines 60. Geburtstages gewidmet. Die Autoren der zwölf wissenschaftlichen Originalarbeiten sind nicht nur Schüler, sondern auch langjährige unmittelbare Mitarbeiter des Jubilars. Sie behandeln in ihren Beiträgen Themen, die an Problemstellungen Treders anschließen, an Problemstellungen, die darauf ausgerichtet sind, die der Allgemeinen Relativitätstheorie zugrunde liegenden Prinzipien zu analysieren, um diese Theorie physikalisch zu verstehen und weiterentwickeln zu können.

Bestellungen richten Sie bitte an eine Buchhandlung.

AKADEMIE-VERLAG BERLIN
Deutsche Demokratische Republik
DDR-1086 Berlin, Leipziger Strasse 3-4 Postfach 1233

Kurt-R. Biermann

Die Mathematik und ihre Dozenten an der Berliner Universität 1810–1933

Stationen auf dem Wege eines mathematischen Zentrums von Weltgeltung

1988. Ca. 500 Seiten — 15 Porträts — 17 × 24 cm

Leinen DDR ca. 98,— M; Ausland ca. 98,— DM

ISBN 3-05-500402-7

Bestell-Nr. 763 732 4

Bestellwort: Biermann, Mathematik 9059

Auf ungedruckten Quellen, auf Primärliteratur von Quellenwert und auf Erinnerungen fußend, stellt der Verfasser die Geschichte der Mathematik und ihrer Vertreter an der heute den Namen Humboldts tragenden Universität dar, wobei diese gegenüber der von 1973 aktualisierte Ausgabe um ein Kapitel über den Zeitraum 1920 bis 1933 erweitert worden ist. Der Abdruck von Dokumenten veranschaulicht die Ausführungen. Verschiedene Aufstellungen und Verzeichnisse machen die Publikation zugleich zu einem Nachschlagewerk über die Mathematiker dieser Zeit.

Bestellungen richten Sie bitte an eine Buchhandlung.

AKADEMIE VERLAG BERLIN
Deutsche Demokratische Republik
DDR-1086 Berlin, Leipziger Strasse 3-4 Postfach 1233

Zeitfracht Medien GmbH
Ferdinand-Jühlke-Straße 7
99095 Erfurt, Deutschland
produktsicherheit@kolibri360.de